管道压缩机组典型故障处理与案例分析

朱喜平 刘保侠 主编

石油工业出版社

内 容 提 要

本书简要介绍了管道压缩机组的种类、结构组成等基础知识，对中国石油天然气股份有限公司管道压缩机组总体故障情况进行了统计分析；收集了燃气轮机及辅助系统、电动机及辅助系统、离心压缩机及辅助系统的典型故障案例，每个案例均详细阐述故障处理过程和故障原因分析，并且提出了改进措施和建议；最后介绍了压缩机机组整体可靠性提升措施。

本书适合天然气管道企业压缩机组管理人员、现场技术员、操作人员和维修人员阅读使用。

图书在版编目(CIP)数据

管道压缩机组典型故障处理与案例分析／朱喜平，刘保侠主编 .—北京：石油工业出版社，2020.9
ISBN 978-7-5183-4116-0

Ⅰ. ①管… Ⅱ. ①朱… ②刘… Ⅲ. ①石油管道-石油化工用压缩机-压缩机组-故障修复 Ⅳ. ①TE964.07

中国版本图书馆 CIP 数据核字(2020)第 113988 号

出版发行：石油工业出版社
（北京安定门外安华里 2 区 1 号楼　100011）
网　　址：www.petropub.com
编辑部：（010）64523757　图书营销中心：（010）64523633
经　　销：全国新华书店
印　　刷：北京晨旭印刷厂

2020 年 9 月第 1 版　2020 年 9 月第 1 次印刷
787×1092 毫米　开本：1/16　印张：20.5
字数：460 千字

定价：80.00 元
（如出现印装质量问题，我社图书营销中心负责调换）
版权所有，翻印必究

《管道压缩机组典型故障处理与案例分析》
编 写 组

主　　编：朱喜平　刘保侠
副 主 编：李　刚　郭　刚　谷思宇　贾东卓
编写人员：拜　禾　张衍岗　刘白杨　刘　超
　　　　　郑洪龙　袁　博　李星星　贾彦杰
　　　　　周代军　王多才　刘小龙　王　辉
　　　　　梁　俊　李　毅　程万洲　张　盟
　　　　　高晞光　潘　彪　王　帅　赵洪亮
　　　　　王世龙　王　猛　杨　阳　郭举林
　　　　　常维纯　李柏松　王久仁　朱贵平
　　　　　吕开钧　蒋　平　任永磊　吕文娥
　　　　　端木君　鲁留涛　韩　娜　林　勇
　　　　　刘东亮　杨　明　龚星昊　高　慧
　　　　　董云鹏　艾纯喜　吴天白　叶国元
　　　　　翟正斌　肖俊峰　罗易洲　杨晓东
　　　　　何鹏飞　张　彬　李宏君　张雪涛
　　　　　刘宗玉

前 言

随着国民经济持续快速发展，作为清洁能源的天然气年消费量已突破3000亿立方米，为促进能源消费革命、建设美丽中国提供源源不断的动力。2019年12月，国家石油天然气管网集团有限公司成立，国家骨干管网将很快实现集中建设、管理及运营，中国油气管道迎来全新的高速发展期，10年之后，油气长输管道总里程将从目前的 $14 \times 10^4 km$ 增至 $25 \times 10^4 \sim 30 \times 10^4 km$，将快速形成智慧互联大管网、公平开放大平台、创新成长新生态，安全、高效运营的全国管道"一张网"将很快实现。中国油气长输管道正在从石油天然气能源行业中的一个专业，快速转变为石油天然气能源管道储存和运输行业。

压缩机组作为天然气管道的心脏，是天然气管道输送的核心和关键设备。输气管道的运行可靠性和经济性很大程度上取决于压缩机组的性能和维护管理水平。管道进入成熟运行期后，压缩机组的维检修费用大概要占到公司总运行成本的60%以上，随着西气东输、中亚管道、中俄管道等管线大批量压缩机组的投运，天然气管道压缩机组的故障诊断、分析、维修将成为迫切需要考虑的问题。

基于天然气管道压缩机组运行管理的现状及未来发展需求，迫切需要有一本专门介绍天然气管道压缩机组典型故障及分析的参考书，为相关人员处理天然气管道压缩机组相关故障提供参考。在国家管网集团资产完整性管理本部的安排下，组织编写了本书，目的是使天然气管道压缩机站压缩机组的管理及运行维护人员掌握机组相关故障及维检修知识，提高压缩机组运行管理水平。本书坚持问题导向，基于天然气管道压缩机组的各类故障，透过设备表面问题探究深层原因，注重发现共性问题、找准要害问题、深挖根源问题。通过收集整理压缩机组日常运行中出现的典型故障案例，剖析原因，总结规律，运用先进技术掌握压缩机组运行状况和故障信息，为设备故障排查及维检修提供依据，从而有效预防故障及事故的发生，为管道压缩机组管理人员、操作人员、维修人员提供借鉴和帮助。

全书共分六章，第一章管道压缩机组概述，简要介绍压缩机组的种类、结构和原理等；第二章压缩机组故障统计与分析，包括压缩机组故障描述、按故障部位统计分析、按故障原因统计分析等；第三章燃气轮机及辅助系统故障分析与处理；第四章电机及辅助系统故障分析与处理；第五章离心压缩机及辅助系统故障分析与处理；第六章压缩机组可靠性提升措施，从技术和管理上提出可靠性提升的相关措施等。本书的编写内容主要基于现场压缩机组故障案例、压缩机组培训基础资料、各单位压缩机组运行维护技术资料以及相关通用文献资料等。

全书由国家管网集团资产完整性管理本部组织编写，第一章由朱喜平、李刚、刘超、张衍岗、贾东卓等编写，第二章由刘保侠、刘白杨、李刚、拜禾、高晞光等编写，第三章由朱喜平、郭刚、袁博、谷思宇、王帅、李星星等编写，第四章由刘保侠、贾东卓、郭刚、王多才、王久仁等编写，第五章由贾彦杰、周代军、李刚、李毅、潘彪等编写，第六章由朱喜平、刘保侠、谷思宇、郑洪龙等编写。全书由李刚、谷思宇进行统稿。

本书参与编写单位包括：国家管网集团资产完整性管理本部，中石油管道有限责任公司设备管理部，管道分公司生产处、压缩机组维检修中心、科技研究中心，西气东输管道分公司压缩机管理处、西部管道分公司生产运行处、西南管道公司技术中心、北京天然气管道有限公司压缩机处等。

参与编写单位提供了大量的资料和素材，合作单位提出了大量中肯的意见和建议；此外，本书编写过程中参考了许多相关领域专家、学者和工程技术人员的著作和研究成果，在此一并表示诚挚的感谢！

由于本书涉及技术领域广泛，编者的水平也有限，因此书中内容难免有错误和疏漏之处，恳请专家和读者批评指正。

目 录

第一章　管道压缩机组概述 (1)
第一节　压气站的功能与组成 (1)
第二节　压缩机组简介 (1)

第二章　压缩机组故障统计与分析 (24)
第一节　压缩机组故障总体情况 (24)
第二节　压缩机组故障部位统计分析 (26)
第三节　压缩机组故障原因统计分析 (54)

第三章　燃气轮机及辅助系统故障分析与处理 (61)
第一节　燃气发生器叶片故障 (61)
第二节　燃气发生器轴承故障 (88)
第三节　燃气发生器附件故障 (113)
第四节　燃气发生器可转导叶系统故障 (123)
第五节　燃气发生器附属仪表故障 (137)
第六节　燃气轮机箱体通风系统故障 (152)
第七节　燃气轮机燃料气系统故障 (165)

第四章　电动机及辅助系统故障分析与处理 (185)
第一节　变频器故障 (185)
第二节　冷却系统故障 (201)
第三节　电气设备故障 (213)
第四节　润滑油系统故障 (220)

第五章　离心压缩机及辅助系统故障分析与处理 (223)
第一节　离心压缩机本体故障 (223)
第二节　润滑油系统故障 (238)
第三节　控制系统故障 (247)

— I —

第四节　供电系统故障……………………………………………（268）
　　第五节　干气密封系统故障………………………………………（275）
　　第六节　工艺系统故障……………………………………………（279）

第六章　压缩机组可靠性提升措施………………………………………（304）
　　第一节　技术提升…………………………………………………（305）
　　第二节　管理改进…………………………………………………（308）

参考文献……………………………………………………………………（314）

缩略语………………………………………………………………………（316）

第一章　管道压缩机组概述

截至 2020 年初，全国天然气长输管道长度达到 $10.4×10^4$ km，2025 年将达到 $16.3×10^4$ km，预计 2030 年将超过 $20.0×10^4$ km，将形成"主干互联、区域成网"的全国天然气基础网络。天然气长输管道是我国能源网络的重要组成部分，压缩机组是天然气管道的核心设备，管道压缩机组种类和型号较多，主要功能是给管道中输送的天然气增压，提高管道的输送能力。

第一节　压气站的功能与组成

压气站是干线输气管道的主要工艺设施，按压气站在管输过程中的位置可分为首站、中间站和末站。末站增压除提高输气能力外，通常还具备增加末段管道储气调峰手段的作用，也有一些干线压气站和储罐（或地下储库）相连。在用气量低时将管道气压进储气库，而在用气高峰时抽取储气库气送往城市配气系统。此外，压气站通常还具有清管器收/发、越站旁通输送、安全放空、管路紧急截断等功能。如果压气站位于干线输气管道与整个供气系统的其他部分的交界处，例如管线的起点和终点、干线与支线的连接点，则还应该具有计量和调压功能。

压气站主工艺系统指管道所输天然气流经的部分，主要包括压缩机组、净化除尘设备、调压阀、流量计、天然气冷却器、工艺阀门以及连接这些设施的管线。各系统按工艺流程和各自功能划分为许多区块，如压缩机房、净化除尘区、冷却装置区、调压计量区、消防水池、电气间、仪表控制间等。

第二节　压缩机组简介

压缩机种类繁多，长输天然气管道压气站使用的压缩机，是天然气管道输送最核心的设备。管道压缩机一般分为往复式和离心式两种，需根据增压工况和安装地区的环境条件选择适用机型。压缩机组的选用，需要考虑适用功率、周围环境以及经济评价等因素，对驱动方式、功率大小、备用方式等进行比选。

往复式压缩机驱动方式包括天然气发动机和变频调速电动机，适用于工况不稳定、压力较高或超高、流量较小等场合。优点包括：总体热效率较高，能适应广泛的压力变化范围和超宽的流量调节范围；压比较高，适应性强。缺点包括：结构复杂，运动和易损部件多;外形尺寸和重量大,运转有振动且噪声大;需要频繁维护、保养和更换。

离心式压缩机的驱动方式包括变频调速电动机直联/增速齿轮箱驱动、定速电动机+液力耦合装置/行星齿轮装置驱动、燃气轮机直联/增速齿轮箱驱动。其单机功率较大,效率较高,压比较低,适用于输气量较大,且流量波动幅度不大(变化范围70%～120%)的工况。离心式压缩机的主要特点包括:无往复运动部件,排气压力稳定,转速高、排量大,运行平稳,振动较小,运行管理和维护保养简单;使用期限长,可靠性高,可直接与驱动机联动,便于调节流量。缺点包括:压比低,对输气量和压力波动适应范围小;低输量下易发生喘振;热效率低。

往复式压缩机更多地应用于气田内部、储气库管网以及口径较小的支线管道,单机功率2500kW以上的往复式压缩机组在国外长输管道的使用较为罕见,我国也仅在早期建成的少数管道中使用过。离心式压缩机更适于输气量大、工况相对稳定的场合,按照目前国内外新建长输天然气管道的高压、大口径、大流量的发展趋势,离心式压缩机将得到更广泛的使用。

一、燃驱压缩机组

自20世纪50年代起,燃气轮机成为中等至大功率范围天然气管道增压站中使用最为广泛的驱动机。燃气轮机按用途可分为航空、船舰和工业用三类,工业用燃气轮机主要包括重型燃气轮机和航改型的轻型燃气轮机。长输天然气管道压缩机的驱动燃气轮机主要使用航改型燃气轮机和一部分中小功率的重型燃气轮机,这些机组的结构介于轻型航空发动机和重型陆用固定式之间,即具有航空发动机经济性高、轻便灵活、体积小、启动快等优点,又具有重型结构可靠性高、寿命长的优点。

按转子数目划分,燃气轮机可分为单轴、双轴和多轴结构。不同轴系形式的燃气轮机结构、性能和应用范围有所差异。单轴机组适合于恒速运行工况,多用于发电设备。双轴和多轴更适合于驱动变转速负荷机组或作为牵引动力,在管道增压应用中多采用此类燃气轮机,其动力输出轴转速可变,可向压缩机提供一定范围内可调节的转速,以适应不同的工况。

由于燃气轮机驱动压缩机组使用所输的天然气作为燃料,不受管道所经过的各种外部环境的限制,因此得到了广泛应用,在环境较差、偏远地区占有绝对优势。

燃气轮机与其所驱动的离心压缩机及辅助系统合称为燃驱压缩机组。燃气轮机的主要辅助系统包括空气系统、燃料气系统、启动系统、润滑油系统、清洗系统、箱体通风系统、变几何控制系统、点火系统、火气(消防)系统等。离心式压缩机的主要辅助系统包括工艺气系统、后空冷系统、干气密封系统、润滑油系统、仪表风系统、防喘及机组控制系统等。

1. 燃气轮机

1) GE公司LM2500+SAC燃气轮机

LM2500+SAC燃气轮机(GT),主要由燃气发生器(GG)+动力涡轮(PT)组成,主要部件包括:进气过滤器室及进气道、压气机前机匣(CFF)、17级高压压气机(HPC)、压气机后机匣(CRF)、燃烧室部件(SAC)、高压涡轮(HPT)、涡轮中机匣(TMF)、附件齿轮箱、2级高速动力涡轮(PT)、排气蜗壳及烟道、箱体部分及辅助系统。

燃气发生器(GG)由17级高压压气机(HPC)、单环形燃烧室、2级高压涡轮(HPT)、附件齿轮箱、调节装置和附件设备组成。

燃气发生器运行时，空气由压气机进口进入。在压气机中，空气压力最大能被压缩到进口压力的21.5倍。压气机前7级的进气导叶的角度可以按燃气发生器的转速和进气温度来改变(可调导叶)，导叶位置的改变使压气机可在较宽的转速范围内有效的运行，保持有一个有效的喘振裕度，导叶位置是由转速传感器和伺服阀来控制的。

压气机的前部由滚柱轴承支撑，轴承在压气机前机匣轴(A收油池)。压气机静子安装在压气机机匣上，而转子的后端由滚珠轴承和滚柱轴承支撑，轴承在压气机后机匣B收油池内。压气机静子由前、后外部两个部分组成，静子上安装有可调导叶和固定导叶。涡轮中机匣具有支撑高压涡轮静子机匣和后端的滚柱轴承。

空气由燃气发生器进气道经过压气机前机匣的入口导向器叶片进入高压压气机。压气机的前7级定子叶片为安装角度可调节叶片(VSV)，其每级流向下一级的气体进气角度可以调节。压气机的后十级定子叶片为全固定叶片，其每级流向下一级的气体进气角度不变。压气机最后一级出口气体直接进入燃烧室。

该机组燃烧室为环形，燃烧室外机匣前沿圆周方向安装有30个分管型燃烧器。每个燃烧器进入的燃料气与进入燃烧室的空气混合燃烧，掺冷，直接进入高压涡轮，吹动高压涡轮转动。旋转的高压涡轮反过来通过轴驱动高压压气机旋转，以维持自循环运行。

动力涡轮由两级转子、静子和一个涡轮后机匣组成。燃气发生器后法兰直接与动力涡轮进口端法兰连接。燃气发生器排出的低压燃气驱动动力涡轮，旋转的动力涡轮通过输出轴将扭矩经过联轴器传递给离心式压缩机。

2) 西门子公司RB211-24G燃气轮机

RB211-24G燃气发生器由RB211涡扇航空发动机改型而成。在形式上去掉了航机的低压转子，该低压转子由前置风扇和低压涡轮构成，保留了中压转子和高压转子，并加以改型设计。该燃气发生器的目的就是为了给动力涡轮入口提供持续不断的大流量的高温高压燃气。

RB211-24G燃气发生器在结构上仍然采用航机RB211发动机模块化设计的单元体结构形式，主要分成五大单元体：01号单元体——进气机匣，02号单元体——中压压气机，03号单元体——中介机匣，04号单元体——高压系统，05号单元体——中压涡轮。除以上五个单元体之外，还把装在燃气发生器上的燃料气管、振动探测装置、润滑油管、热电偶和导线、防喘装置等附属控制系统统合为06号非单元体。

01号单元体——进气机匣由前整流罩、进气延伸段、进气机匣、中压压气机前轴承座、可调进气导向叶片等组成。

02号单元体——中压压气机对吸入燃气发生器的空气首先进行初压缩，并将压缩后的空气经中介机匣单元体送入高压压气机进一步压缩。中压压气机包括一个由转子鼓筒和7级叶片组成的转子以及一个带6级静叶的压气机机匣。

03号单元体——中介机匣包括中压压气机后轴、定位轴承、液压启动马达驱动和内齿轮箱等部分组成。中介机匣为一环管形机匣，前端固定到中压压气机后端，中介机匣为中压和高压压气机之间的过渡段，为中压和高压压气机定位轴承提供支撑。中介机匣前端装有中压压气机排气导向支板，环形通道内有10个空心支板支撑。

04号单元体——高压系统由高压压气机、燃烧系统和高压涡轮组成。高压压气机将来自中压压气机的空气进一步增压，然后供入燃烧系统。高压压气机是一个6级轴流式压气机，由一个转子鼓筒和6级转子叶片构成并由一个单级涡轮驱动。转子鼓筒包括三部分，前面部分包括第1和第2级，中间部分是第3级，后面部分则为第4、5、6级。转子鼓筒的后部与高压涡轮组件的前安装边相配。1级盘与高压曲线联轴器相连，受高压定位轴承（在03单元体中）的支承。高压压气机转子由分开的外机匣组件包住，这个组件支承5个级的静子叶片。第6级静子，即出口导流叶片，是04单元体组件整体的一部分。高压压气机机匣包括6个相互分离的外机匣组件和5个级的耐腐蚀钢制静子叶片，静子叶片的叶根安装到各自独立的对开护板环上。外机匣组件通过螺栓与外叶根固定在一起，外叶根安装在两个相邻机匣之间。前后衬圈装入到外机匣的叶片定位槽中。燃烧段的环形燃烧室，包容并支撑在燃烧段内机匣内。通过内机匣将压气机空气导入燃烧室，整个组件包含在一个独立的外机匣内。在燃烧室外机匣的前端和后端制有安装边，分别用来安装中介机匣和中压涡轮机匣。18个燃料喷嘴的定位衬套用螺栓安装在它们各自的沿机匣圆周分布的安装座上。环形燃烧室包括前火焰筒、后火焰筒和外火焰筒。高压涡轮转子向高压压气机提供驱动扭矩，并通过一根轴连接到压气机上。在轴上装有高压涡轮前空气封严装置的旋转件。连接到涡轮盘后端面上的是后空气封严装置和形成高压滚柱后轴承内座圈的短轴。高压涡轮叶片的叶型有整体的叶冠和封严齿，在圆周形成封严环，防止燃气通过叶端泄漏。叶片根部是枞树形榫头，装在盘的相应部分，通过位于盘和叶根槽中的定位板来固定。

05号单元体——中压涡轮包括中压涡轮转子、中压涡轮机匣以及驱动中压压气机的中压涡轮轴。单级中压涡轮是一个动平衡组件，包括有主轴、短轴和安装叶片的涡轮盘。该涡轮外机匣内安装有中压导向器叶片以及高压和中压滚动轴承座组件，它们通过径向支撑板被固定到机匣上。

RT62动力涡轮是将燃气发生器产生的高温燃气中的能量转化为机械能。RT62动力涡轮有两级，主要由涡轮支撑、轴承罩、转子轴、涡轮叶轮和喷嘴导向叶片、轴承、扩压器、排气罩、传动设备联轴器等组成。

3）Solar公司Titan 130燃气轮机

Titan 130是一个两轴、单循环轴流式燃气轮机，由附属传动齿轮箱、空气进气装置、压气机、扩散器和燃烧室、高压燃气涡轮、动力涡轮和排气系统等组成。

附属传动装置是一个整体的变速齿轮箱部分。该附属传动装置装在压气机进口端，在正常工作期间由压气机转子轴驱动，在启动期间由启动器进行驱动。附属传动装置上面装有启动器装置、润滑油泵和其他辅助设备。

空气进气装置的进气管道，装在压气机组件的前端，它能改变空气由径向流动方向为轴向流动进入压气机。进气装置上的一个环形开口被一个进气筛网盖住，防止固体异物进入燃气发生器压气机进口。空气进气装置上的前支撑轴承箱，装有燃机压气机止推轴承、径向支撑轴承等。

压气机机匣包括压气机前机匣和可调静子叶片组件、后机匣和静子叶片。压气机转子包括转子鼓、转子叶片及前后轴。压气机机匣的前部装有6个可调定子叶片装置。叶片旋转角度通过装在压气机机匣右侧的一个线性控制电子调节器来调节。

压气机扩散器/燃烧室组件用螺栓连到压气机机匣后法兰和第三级喷嘴组件前端。压气机扩散器是扩散器/燃烧室组件的前部分，包括压气机轴承支座、燃料气总管、燃料喷嘴、润滑油供油管、润滑油排放管和空气溢流管等装置。压气机排出的气体进入扩散器室，然后进入扩散器/燃烧室组件。燃烧室和扩散器在Titan130中是一个整体，扩散器占据燃烧室的进气侧，燃烧室组件在其后端。

燃气涡轮位于压气机燃烧室后、动力涡轮前，主要包括第一级导向喷嘴、第二级导向喷嘴和两级涡轮转子等组件。第一级涡轮导流盘组件用螺栓固定在燃机轴承支座上的轴承端盖上。涡轮导流盘组件由一个前涡轮式喷嘴和活塞环组成。前涡轮式喷嘴同一个空气动力条的叶片形成改变冷却空气的路径。第一级涡轮喷嘴组件由带密封条的喷嘴组、滑动环、传递管和喷嘴支撑环等组成，喷嘴组每组包括两个叶片。传递管安装在每个喷嘴组上，传递冷却空气冷却每个叶片。轮叶是空气内冷却的，采用的是冷却空气收集和转换冷却技术。叶片后缘附近的一排孔用于膜冷却。喷嘴支撑环把喷嘴组装在一起，支撑环装在涡轮室。

动力涡轮和排气系统由两级动力涡轮转子、动力涡轮轴承腔、第三级喷嘴和第四级喷嘴组件、排气蜗壳等组成。动力涡轮前部和后部均由轴承支撑，动力涡轮轴向力被推力轴承吸收。第三级喷嘴安装在燃气涡轮和动力涡轮支撑轴承腔之间。涡轮排气蜗壳位于支承动力涡轮轴承的后端，接收动力涡轮组件的轴向废气，并将其转向径向方向，其表面温度高的外部区域都覆盖着一层绝缘的不锈钢毯，以减少散热。

2. 进气过滤系统

进气过滤系统就是要在低的阻力下为燃气发生器提供清洁的空气，若吸入的空气含有颗粒物等杂质，会对燃气轮机的通流部件造成侵蚀、腐蚀以及结垢等问题，进而影响燃气轮机的运行寿命、降低运行效率。进气过滤系统主要由气滤室、进气消音器、进气蜗壳等组成。

要保证进入燃气发生器压气机的空气年平均含尘量不超过 $0.3mg/m^3$ 的要求，因此进入压气机的空气必须进行过滤。空气过滤器装在顶部并在进气消音装置的前面，空气过滤器可以是自闭式、脉冲型或惯性空气过滤器。在空气进入燃气发生器前，空气过滤器对空气进行净化，空气过滤器上装有各种仪表用来探测空气过滤器是否脏了或受到了污染，若空气过滤器变得太脏了以至于不能再有效地发挥作用，则压力变送器就会触发机组控制系统上的警告器。即使在警告器动作后，空气过滤器还是能清洁空气的，但当空气过滤器不再能有效地清洁空气时，压力变送器开关就会使设备停车。

进气消音器装在气滤室的下面，且位于进气室之前。来自气滤室的空气经过消音器而进入进气室。消音器或气流分散装置的作用就是通过使空气流过一系列消音板来减小所产生的噪音，消音板可在空气进入进气室前隔离并减小空气噪音，以符合对设备的噪音规定。

进气过滤系统的阻力损失对机组性能有明显的影响，一般认为进气损失增加1%，机组出力下降 2.2%，热耗增加 1.2%，对于轻型(航空改装)燃气轮机，吸入的空气每增加 1000Pa 的阻力，则导致功率下降 1.6%，热耗增加 0.7%。

根据机组所在地区的实际情况来考虑进气过滤系统，如寒冷地区要防冰霜，沿海地区要防盐雾，多风沙地区要除沙，等等。另外进气过滤系统必须考虑消音措施，防止压气机运转时高频噪音的传播扩散。

空气进气过滤系统的目的有两个：

(1) 提供燃烧空气至燃气发生器；

(2) 提供通风空气到燃气发生器箱体，以冷却燃气发生器和动力涡轮。

进气过滤系统安装有脉冲空气自清洗过滤装置。此系统前端高效过滤滤筒在正常运行时可以用压缩空气按顺序脉冲吹扫进行清洗。这种方式用于特殊的工质制作系统可延长无停机而清洗或过滤元件长周期的高效过滤。

3. 排气系统

燃气轮机的排气系统接受从动力涡轮排出的高温燃气(废气)。这股废气仍有相当高的温度，达 500℃ 左右，且流量相当大。

在简单循环装置中，废气便直接排入大气，为了提高装置效率，利用废气余热，配置余热锅炉，可以不消耗能量而获得适当温度的蒸汽或热水，作为发电、生活或生产用热水，比如霍尔果斯站安装了二台余热锅炉用于生活用热水及取暖。

排气的压力损失对机组的性能亦有一定影响，但比进气损失的影响要小一些。通常认为排气损失增加 1%，功率下降 1%，热耗增加 0.5%。因此降低排气系统的压力损失仍是一个基本要求，同时亦要考虑消音的适当措施(排气系统消音基本措施是低频)。

燃气轮机的排出物含有正常的燃烧产物，包括氮、氧、二氧化碳和水蒸气等，这些均没有被认为是空气的污染物。然而在排烟中还有少量的污染物，它包括氧化氮，氧化硫，一氧化碳和未燃尽的碳氢化合物，微粒和可见烟，这些会污染环境。

氧化氮(NO_X)是指一氧化氮和二氧化氮的总和。NO_X 是由在燃烧室中空气中的氧和氮反应，以及由燃料中的氮的化合物氧化而成的。NO_X 的浓度随燃烧室温度的升高而增加。为增加机组的功率和提高效率，NO_X 的排放量随之增大。为此在大功率机组中 NO_X 的排放成为环境保护必须注意的课题。抑制 NO_X 排放量的措施有：采用混合型喷嘴，注水或水蒸气。

排气系统由动力涡轮排气蜗壳、排气管道、消音器等组成。

排气蜗壳是由发动机制造厂负责生产的，由扩压器和集气壳组成。

扩压器是排气蜗壳的主要元件，其作用是将动能尽可能多的恢复成压力能，并使进出口有均匀的流动。通常燃气轮机使用的是轴—径向混合式扩压器。轴向段实现压力恢复和均匀气流，径向实现气流 90° 转向，为集气蜗壳汇集创造条件。集气蜗壳将扩压器环形面出来的气流汇集到一个或两个方向将气流排向预定的方向。

排气蜗壳在有限的尺寸内要有良好的气动性能。对排气蜗壳来说最大的制约是轴向长度和径向宽度。排气管往往成为燃气轮机庞大的尾部，其轴向长度常达燃气轮机全长的三分之一以上，而宽度又比燃气轮机其他部位大一倍以上。

在简单循环中，排气蜗壳出来的废气经排气烟道直接排入大气。要求排出的废气不会再被进气过滤系统采集而吸入。烟气的热辐射不影响其他建筑物。烟道要求足够的尺寸以减少流动损失。

在有余热锅炉的联合循环中，排气蜗壳出来的气流被引入余热锅炉，要求气流能均匀的进入锅炉内，使炉膛内有均匀的温度场。为了减少流动阻力，不致严重地影响燃气轮机的效率和出力，因此炉内气流速度亦不得不取的低一些，所以余热锅炉的尺寸往往很大。在进出余热锅炉时，配有扩张段和收缩段，使之能与排气蜗壳与烟囱合理配合，当使用余热锅炉时由于其中管排的作用，可不再配置消音器，但是最好配置防雨帽。

4. 润滑油系统

润滑油系统的作用是将一定压力的润滑油供给作相对运动的零件工作表面之间以形成液体摩擦，减少摩擦阻力，减轻机件的磨损，并冷却摩擦零件、清洗摩擦表面、缓和冲击，分散应力，辅助密封。根据所用润滑油分为矿物油系统和合成油系统。

1）主润滑油系统（矿物油系统）

矿物油是原油加以提炼而成的，其原料是石油经过常压蒸馏下来的塔底油。简单来说，就是提炼石油剩下的废油残渣，再经过添加化学成分而成。矿物油具有一定的润滑性能，但耐用性一般。

离心式压缩机和动力涡轮使用的润滑油是矿物油，同时若需要的话，也为驱动燃气发生器的液压马达提供液压油。矿物油系统经润滑油分配总管向动力涡轮和压缩机各工作点提供压力和温度都符合要求的矿物油，以润滑及冷却各工作点的轴承和齿轮。润滑油的作用就是把压缩机和动力涡轮轴承产生的大量热带走，同时也为其提供润滑。它也是推力从止推环向轴承和轴承支承结构传递的中介。

主润滑油系统包含的主要部件有：

（1）两个主润滑油泵，其中一个由电动机来驱动，另一个可以由电动机驱动，也可以动力涡轮所带动的辅助驱动装置来驱动，其功能是保证主润滑油在润滑系统中循环流动，并在任何转速下都能以足够高的压力供应足够量的润滑油。

（2）应急油泵，在万一失去两个主泵的情况下，还应有一设备能为涡轮盘端部的径向轴承提供应急润滑油冷却。这可以是一个直流电动机驱动的油泵，也可以来自高架油箱。

（3）润滑油箱。

（4）润滑油加热器及相关的控制阀门，以控制合适的润滑油温度。

（5）润滑油冷却器，润滑油温度过高会导致其黏度大幅度下降，不利于在摩擦表面形成油膜，而且加速润滑油老化变质。润滑油冷却器的作用是防止润滑油温度过高。

（6）润滑油过滤器用来滤除润滑油中的金属磨屑、机械杂质和润滑油氧化物，减少磨损，防止润滑油油路堵塞。

（7）油气分离器，抽回的润滑油或油气都含有高浓度的空气，因此需要对油气进行分离。

（8）为了对系统进行恰当的控制和监控，还应有一个相应的就地仪表盘，用来安装所需的各种仪表、压力开关、阀和变送器。

2）合成油系统

燃气发生器使用的润滑油是合成油，燃气发生器的润滑油系统为其前、中、后轴承，齿轮箱和垂直传动轴的轴承提供润滑油，并为可调导叶作动筒提供液压油，保证燃气发生器的正常运行和调节控制。合成油，顾名思义是100%合成的机油，由化学单体经由化学反应而成的聚合物，具有抗老化、抗磨损、抗发泡乳化、清洁、无设备腐蚀、黏度稳定性好等多项优点，品质高且耐用性强，价格上也高于矿物油。

合成油系统是由设备控制盘的PLC来控制的，正常工作程序是，在启动机接通之前，主润滑油泵就要启动，并对系统进行测试。即：让润滑油旁通燃气发生器并把润滑油引回油箱，直到润滑油压力得到核实为止。随着启动机带转燃气发生器，只允许少量的润滑油进入发动机，直到点火后，润滑油量随着转速的升高而增加，在润滑的同时以帮助带走燃气发生器轴承腔内因做功的增加而产生的热量。

如果由于某些原因，润滑油的压力不能保持，并当出现润滑油压力低警告时，PLC控制系统将会自动启动备用合成油泵，同时关闭合成油泵。若润滑油压力继续下降，则燃气发生器就将被迫停车。

燃气发生器的合成油油箱是单元式结构，其大多数部件都装在油箱内部或外面。润滑油箱部件包括润滑油温度控制装置和油箱液位计、加热器等。装在外部的其他部件还有油气分离器，以及向燃气发生器供油的连接管路，油气分离器用来把从燃气发生器抽回的热润滑油中的空气去掉。合成油系统是否有单独的油泵，不同型号厂家的设计有所不同，LM2500+SAC燃气发生器的油泵在燃气发生器的附件齿轮箱上，RB211—24G燃气发生器在合成油油箱上有两套供油回油泵。

低压润滑油用来润滑燃气发生器，润滑油从油箱中出来在允许进入燃气发生器前，首先必须把将润滑油加热或冷却到合适的工作温度，然后再经过双联过滤器过滤，去除杂质。在供油管路通常有一个释压阀或者调压阀，将供油压力限制在合适的范围内。RB211—24G燃气发生器上的流量控制阀是决定供往燃气发生器所需润滑油量的主要部件。控制软件利用发动机的转速来确定燃气发生器所需的润滑油流量，而GE公司的LM2500+SAC燃气发生器通过附件齿轮箱上的润滑油泵控制润滑油流量。

回油系统是通过油泵从燃气发生器前、中、后三个轴承腔中抽回合成油。当润滑油从燃气发生器轴承腔抽回时，要流过装在回油管路上的磁屑检测器。悬浮在润滑油中的金属颗粒被磁屑检测器磁头吸附。另外，随润滑油一起抽回来的空气，将通过油气分离器进行分离。在燃气发生器启动时，通过液压马达拖转燃气发生器转子；在燃气发生器变工况工作过程时，通过控制作动筒伸张改变进口导向叶片的角度位置，来控制进入压气机的空气流量。

5. 燃料气系统

燃料气系统由燃料气辅助系统及进入燃烧室前的控制调节系统两部分组成。燃料气辅助系统对燃料气进行净化、调温。控制调节系统为燃料气流量调节装置及燃料总管和燃料喷嘴。

燃气轮机燃料气供给及调节系统是为了给燃气轮机启动和运行的各种工况下，向燃气轮机供应满足燃烧室燃烧要求的燃料气流量，并且可以根据操作人员指令或在保护系统动作时，及时而快速地关断燃料供应，保证燃气轮机的安全。为了适应燃气轮机对气源的压力及品质要求，在天然气进入燃气轮机之前必须进行杂质的过滤和压力的稳定调节，同时为了保证燃气的温度超过工况状态下的露点温度，防止凝析液出现。因此，燃气进入燃烧室前需加热到一定的温度。

燃气轮机燃料气系统应具有如下功能：(1)保证供给燃气轮机燃烧室的天然气的清洁

度；(2)保证向点火器供给所需温度、压力和流量的天然气；(3)保证在机组正常停机和紧急停机时，快速切断燃料供给；(4)保证机组的运行要求，可及时调节供给燃烧室的天然气流量。

燃气轮机的燃料气系统主要是由流量测量装置、过滤分离器、电加热器、燃料气自动隔离阀、燃料气放空阀、压力调节阀、排污阀以及其他各类电磁阀等设备组成。整个系统可以看成是由计量系统、过滤系统、调压系统、加热系统组成，相应的燃气轮机的燃料气系统的燃料气的走向示意图如图1-1所示。

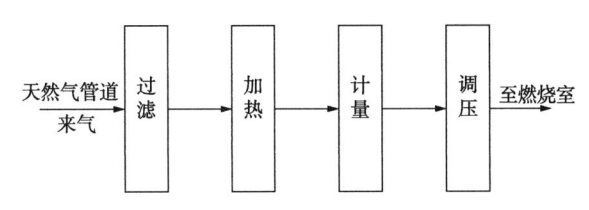

图1-1 燃料气系统的走向示意图

(1) 过滤系统，包括旋风分离器、过滤分离器、排污系统以及相应的管道阀门组成，它的主要作用是对燃料气进行过滤、净化，从而保证供给燃气轮机燃烧室的天然气的清洁度。经过计量之后的燃料气进入过滤系统，首先进入旋风分离器，除去直径较大的固体颗粒和液滴，然后进入过滤分离器除去直径更小的固体颗粒和液滴，此外分离器、排污系统，可在设备液位较高时进行排液。

(2) 加热系统，主要包括电加热器设备，它的功能是将燃料气在进入到燃烧室之前加热到一定的温度，实现对燃料气的温度控制。

(3) 计量系统，包括流量计、温度、压力测量仪表，它的主要作用是测量在管道中实际输送状态下的燃料气流量。

(4) 调压系统，包括燃料气调压阀，压力安全阀、切断阀及相应的管道和阀门组成，它的主要功能是调节燃气的进口压力，以满足燃气轮机对燃料气压力的调节和控制要求，实现对燃料气的压力进行控制。

燃料气系统的组成示意图如图1-2所示。

6. 启动系统

启动系统一般分为气动启动器(空气或天然气)和液压启动器。启动器带动燃气发生器转动和盘车，并带动燃气发生器点火后达到一定速度。

LM2500+SAC 和 RB211—24G 燃气发生器启动器常用液压启动器，Solar 燃气发生器通常使用气动启动器。西气东输管线的 LM2500+SAC 和 RB211—24G 这两种型号燃气轮机的液压启动器的供油方式有两种：一种是RR公司机组的液压启动器利用燃气发生器润滑油系统的润滑油；另一种是GE公司机组的液压启动器利用动力涡轮和压缩机的润滑油供油系统的润滑油。液压启动器的主要部件为变矩器，它带有一个摇板控制活塞冲程的机构。启动器装有一个超转离合器，防止当液压油供应压力和流量降低为零时，由燃气发生器来拖动旋转。Solar 燃气发生器常用气动启动器。气动启动器的主要部件为气动涡轮启动器，它可使用空气或天然气。只要选用一个适用于空气启动系统的启动器调节阀。启动器经齿轮箱来拖动燃气发生器的转子，但双转子燃气发生器只拖动高压压气机转子，来启动发动

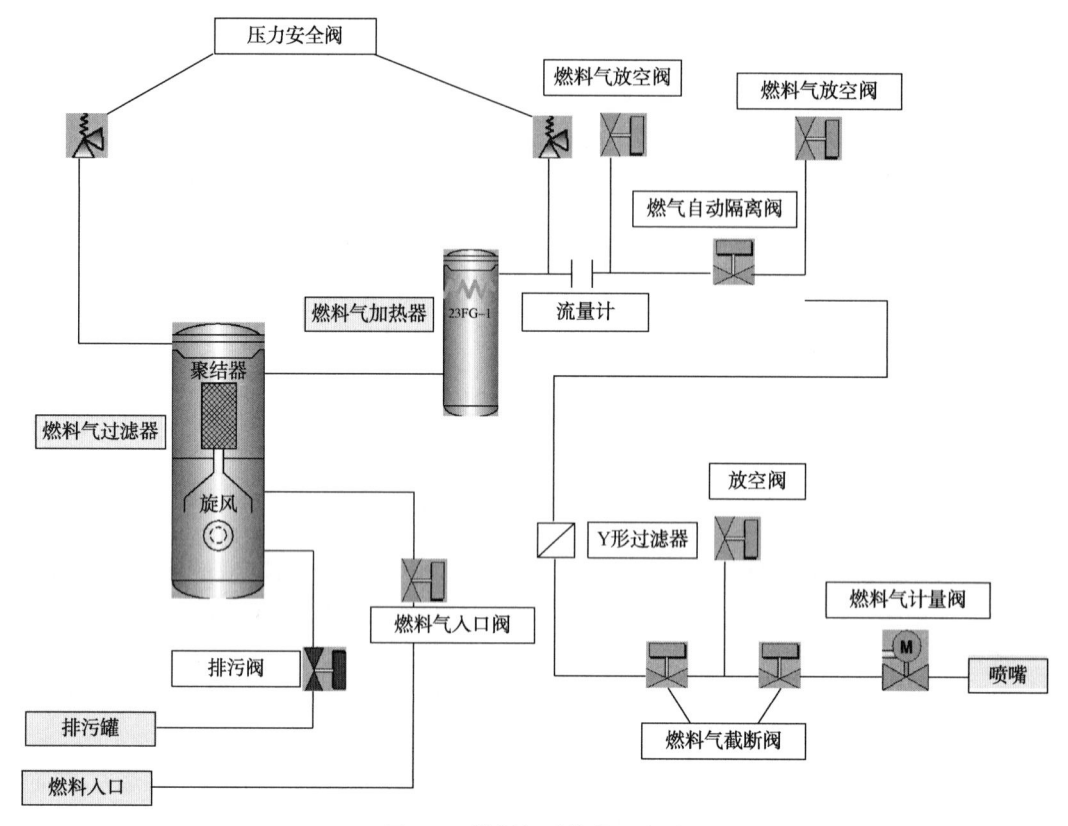

图 1-2 燃料气系统的组成图

机。启动器亦可用来清洗时拖动发动机,启动器调节阀允许或中断流体进入启动器,并调整流体介质达到合适的压力和流量。

7. 点火系统

当燃气轮机启动时,启动器将燃气发生器拖转到一定转速,触发点火系统产生一连串的高能量火花,由此火花引燃在燃烧室中的燃料和空气的混合物,产生高温燃气。

点火激发器是电容放电式,一般安装于燃气发生器中下部,并固定在吸收冲击和振动的专用支座上。激发器由输入、整流、放电和输出等电路组成。输入电路包括有一个用于防止射频干扰(RFI)(在激发器内发生的)的反馈和防止输入电磁影响(EMI)(外部发生器)的滤波器和一个用于升高整流电路电压的电源变压器。整流(全波)电路包括有对高压交流电流进行整流的二极管和用于布置成电压倍压器形式电容器。振荡回路电容器把整流电路中所产生的直流电压储存起来直到产生所要求的电压,在放电电路中达到火花间隙击穿点为止。放电回路包括火花间隙、高频电容器、电阻器和高频变压器。当火花间隙被击穿时,电流(由振荡回路电容器部分放电所产生的)经高频变压器与高频电容器一起,产生一系列存在共振条件和在输出电路产生高频振荡。这些高频振荡使点火器火花塞的槽形火花间隙产生电离作用。此时,对于振荡回路电容器的总放电存在一个低电阻电路,产生的高能火花以用来点燃燃烧室内的燃气。火花发生率是由总整流电路的电阻来确定的。后者控制着充电线路的阻容(RC)时间常数。

火花点火器为表面火花间隙式，它们有内部的空气冷却和通气通路，以防止内部通路积碳。点火器有一个安装法兰和与之相连的密封铜垫片。在头部的外表面有槽洞，在里面有轴向孔，以压气机的抽气来冷却内外电极。

点火导线是点火激发器与火花点火器之间的低损耗接线。它们是具有金属屏蔽的同轴电缆，金属屏蔽是由铜质内编织线、密封的挠性导管和镍质外编织线组成。

当干燥时为8500V和潮湿时15000V的条件下，表面火花间隙将起电离作用，穿过火花隙的放电能量是2J。该能量级是致命性的，因此点火激发器、导线或点火器输出端切勿与之接触。

点火激发器以不断的工作循环，间断性地发射出火花。

8. 变几何控制系统

在燃气发生器启停机和运转过程中，为防止因压气机喘振致使燃气发生器遭受破坏，目前可应用多转子技术、级间放气技术或调节可调进口导向叶片来进行防喘控制，其中调节可调进口导向叶片可使进入压气机的空气流速和转速具有良好的匹配关系，因此可调进口导向叶片主要作用是优化压气机性能、防止压气机喘振、提高发动机的启动性能。由于可调进口导向叶片工作在高流速、负荷重的条件下，所以燃气发生器对可调进口导向叶片的控制要求非常苛刻。

变几何控制系统在 RB211—24G、LM2500+SAC、Titan 130 等型号燃气轮机上都有应用。RB211—24G 燃气轮机使用 VIGV（入口导向叶片）进行控制，LM2500+SAC 燃气轮机上使用 VSV（可调静子叶片）进行控制，Solar 燃气轮机使用可调导叶系统控制。变几何控制系统一般包括液压泵、RVDT/LVDT（线性可变差动变压器）和伺服阀装置。

1）RB211—24G 的变几何控制系统

RB211—24G 的可调进口导向叶片控制系统主要由 34 片可调导向进气叶片、同步环、作动筒、可变差动传感器（RVDT）、莫格阀及润滑油管路构成。可调进口导向叶片的液压系统由莫格阀控制，而莫格阀是由燃气发生器控制系统（ECS）进行控制管理。莫格阀的工作原理是控制作动筒液压油流回油箱的溢流量，以改变作动筒活塞两侧液压油的压力差，促使作动筒运动。实际上，莫格阀接收来自 ECS 的控制信号，然后按比例变化液压油的溢流量，由此控制可调进口导向叶片作动筒的伸缩位置。作动筒通过连杆连接到同步环上，而同步环则连接了所有进气导向叶片的操纵臂。可调进口导向叶片控制系统通过 RVDT 测量作动筒的位置，作为可调进口导向叶片的角度反馈信号。

可调进口导向叶片的角度由无量纲转速参数 $N_L/\sqrt{T_1}$ 控制[其中 N_L 为燃气发生器中压压气机转速信号，T_1 为压气机进气温度的开氏（K）温度值]。

设计可调进口导向叶片的主要目的是调节压气机的空气流量，因此燃气发生器运行过程中，可调进口导向叶片的状态点必须在上下限之间的区域内，如超出限定区域，则会有发生喘振的危险。燃气发生器压气机可调进口导向叶片的旋转角由 ECS 内的可调进口导向叶片闭环控制系统控制，该系统使用可调进口导向叶片的角位置作为反馈。可调进口导向叶片由电液系统驱动，其中来自 ECS 的位置命令被转换为由伺服放大器产生并发送给莫格阀的驱动信号。同时，可调进口导向叶片位置反馈信号由双绕组 RVDT（旋转变量差分变压器）进行测量和输出，通过一个信号处理模块，将 4~20mA 信号发送到 ECS。控制角度设定值与实际角度反馈值的偏差信号用 PID(比例、积分、微分)运算法则处理之后输出控制电流控制伺服阀,进而控制作动筒的位置及可调进口导向叶片角度。

2) LM2500+SAC 的变几何控制系统

入口导流叶片(IGV)和可变定子叶片(VSV)的位置由控制系统向伺服阀的电流输入量确定。可变定子叶片是压气机定子(HPCS)的主要部分,由入口导流叶片、2 个可变定子叶片制动器和转矩轴、传动环和用于每个可变定子叶片级的不可调节联动装置组成。

入口导流叶片装置位于压气机(HPC)的前部,并且与可变定子叶片机械的连接起来。它允许在部分能量的情况下进行流动调节,从而增加发动机功率。控制装置设计用于线性可变差动变压器(LVDT)的激发和信号调节,并且用于控制入口导流叶片和可变定子叶片的位置。借助于对经过伺服阀的入口导流叶片启动器位置进行闭合循环调度。

3) Solar 燃气轮机的可调导叶系统

Solar 燃气轮机压气机的前六级装有可调导向叶片。这种设计使得压气机的中压级和高压级在空气动力学上能够相互匹配。叶片位置的变化改变进入压气机转控气的有效体积,叶片的角度决定了压缩特性。改变可调导叶的位置,新的中压级临界状态形成,维持一个气流的平衡和启动过程中的压气机特性。叶片位置的变化,使进入压气机的有效空气体积与启动期间直接进入燃烧室的体积相匹配。

可调导叶系统控制方法如下:修正燃气发生器转速低于 75%时,叶片在最小位置(闭合);修正燃气发生器转速高于 92%时,叶片在开的位置;当速度在两者之间时,叶片的位置与可调导叶相匹配。

电子线性伺服调节器决定可调导叶和定子叶片的位置。PLC 模块输出一个 4~20mA 模拟量控制可调导叶电子线性伺服作动筒,调节可调导叶与燃气发生器转速相匹配。导叶控制作动筒将持续移动叶片直到从导叶反馈的位置信号与程序给定的设定值一致。

导叶调节作动筒安装在空气进气室后垂直 2 点钟的位置。调节器由固定在空气进气室的调节电动机支架支撑,并在它的行程移动时允许电动机轴向移动。作动筒轴端贴着叶片调节器的臂,臂驱动螺丝扣组件。叶片调节器臂的后端由安装在压气机机匣的叶片调节器臂支架紧固。

9. 箱体通风系统

燃气轮机装在一个公共基板的箱体内,不仅为现场施工提供便利安装条件,还能在运行过程中起到消音、抗气候干扰等作用。箱体虽然具有较多优越性,但也出现一些问题,如发热量散发不出去,箱体内温度会很高;漏泄的油、气具有一定的火灾隐患等。为此在采用箱体的同时必须配有通风系统。

箱体通风的目的是用较低温的空气来置换箱体内的热空气,达到降温和消除隐患的目的。通风系统要求是:气流能不受阻地通过机组的热部件,不应出现大的滞流和逆流,充分地通过对流将辐射热带走。使得箱体内的通风系统,能以尽量少空气,取得较高的通风效果。

10. 清洗系统

燃气轮机所吸入的空气虽然已经过过滤处理,但也总是避免不了仍有一些细的粉尘随空气一起进入燃气发生器压气机,这些细的粉尘会在压气机叶片表面上附着、积聚,在工作一段时间以后,叶片表面上会出现结垢现象。叶片结垢会使流通面积减少,吸入的空气量亦会减少，涡轮发出的有用功率降低。为了使压气机的性能得到恢复，采取清洗的方法将叶片表面上的积垢清除掉。

清洗系统用清洗剂先向叶片表面喷注，使积垢溶解、松散掉落，再随清洗水排出机外。

管道用燃压机组的清洗系统是针对压气机的清洗，不包括涡轮清洗系统。因为两者的积垢性质不一样，因此必须采用不同的方法清洗。而涡轮的清洗仅在以原油为燃料时才必需配置。而用于压气机清洗的方法都是湿式，以水为主要工质，配加相应的清洗剂，所以通常称为水清洗系统。

11. 控制系统

机组控制系统通常以就地控制柜的形式安装在机组主橇上或机组主橇附近，由机组供应商成套提供。

机组控制系统主要由过程控制单元、操作员工作站、数据通信接口等构成，通常过程控制单元采用可编程序逻辑控制器(PLC)，做为人机界面的操作员工作站采用带触摸屏的计算机。因此，机组控制系统实际上是一套以 PLC 为控制核心，用于机组逻辑顺序控制、PID 控制、实时数据处理、报警停机保护、联网通信的自动控制系统，可完成单台机组及其辅助系统(空冷器系统、仪表气系统等)的控制。机组控制系统自成体系，独立于站控系统(SCS)以外。

机组控制系统自动、连续地监视和控制压缩机组及其辅助系统的运行，保证人身和设备安全。具体来说，该系统至少满足以下性能：根据命令或条件，按预定程序自动完成机组的启动、加载、卸载和停机/紧急停机等操作；在所有工况下执行对机组的保护；在系统故障或误操作的情况下避免不安全的因素发生；在触摸屏上显示各种工艺变量及其他有关参数；提供声光报警；与 SCS 交换信息；接受 SCS 的操作命令。

机组控制系统可实现多种操作方式选择，各种操作控制方式之间的切换无扰动且不会导致不安全因素的发生。因此，机组控制系统可实现以下操作方式：就地(LOCAL)人工或自动控制、远程(REMOTE)自动控制(SCS 或调度控制中心操作模式)、停机(OFF)。操作方式由安装在机组控制系统上的 LOCAL/REMOTE/OFF 选择开关确定。就地控制方式优先于远程控制方式。处于停机模式时，不能启动机组，但各种变量/参数仍处于机组控制系统的监视之下。在就地控制时，机组控制系统不接受 SCS 或调度控制中心的命令，但各种变量/参数仍处于 SCS 或调度控制中心的监视之下。

ESD(紧急停机)控制命令优先于任何操作方式。无论 ESD 命令从何处下达及机组控制系统处于何种操作方式，ESD 控制命令均能被立即按预定的顺序执行。所有 ESD 系统的动作将发出闭锁信号，使机组在未接到人工复位的命令前不能再次启动。ESD 系统和各种保护系统均设计为故障安全型。

机组控制系统全自动的完成对机组及其辅助系统和相关联部分的监控，比如：启动/停机顺序控制(包括各个阀门的顺序控制)、负荷控制、动力源控制(如电源等)、速度控制及保护停机、机组机械状态监测及保护停机、紧急停机(ESD)、辅助系统控制及保护、超温、过压控制及保护停机。

ControlLogix 是 Rockwell 公司在 1998 年推出 AB 系列的模块化 PLC，是目前世界上最具有竞争力的控制系统之一。目前管道上 RR、Solar 压缩机组等均使用的是 Rockwell 公司生产的 ControlLogix 控制系统，这套控制系统也广泛应用于管道站场工艺控制、ESD 保护控制等各个控制单元上，是一套使用率较高的控制系统。

GE 压缩机组所使用的控制系统，是 GE 公司专门为其燃气轮机开发的 MARK VIe 控制系统。从 1968 年采用电子管技术的 SPEEDTRONIC MARK I，经过 1973 年 MARK II、1976 年 MARK III、1982 年 MARK IV、1991 年 MARK V、1999 年 MARK VI，发展到了现在正在使用的 MARK VIe 控制系统。

ControlLogix 系统是罗克韦尔自动化有限公司（Allen-Bradley 艾伦布拉德利有限公司）继传统可编程控制器 PLC2、PLC5/SLC500 之后推出的第三代工业控制产品。它是高度模块化结构的、可灵活地进行任意组合和扩充的高性能控制平台；通过背板总线强大的网关功能完成信息层、控制层和设备层三个开放式的通信平台之间的自由转换，并兼容 DH+、RI/O、DH485 串口等传统通信网络。该控制系统基本结构包括控制器、I/O、通信网络、可视硬件及编程系统。

12. 消防系统

消防系统主要用来探测泄漏的燃气和防火。消防控制系统为火焰、过热、烟雾（润滑油雾）和泄漏的可燃气体提供保护。消防控制系统一般包括 CO_2 灭火罐、UV 火焰探测器、火焰探测器、热量探测器、可燃气体探测器等设备和仪表。UV、热量和燃气探测器安装在封闭空间和通风管道中，通过线路连接到专用的装在机组控制机柜中的消防和燃气控制和监视面板，出现隐患时，这些传感器自动报警，关闭进出口的百叶窗并释放 CO_2 灭火剂。

紫外线火焰探测器感受火焰发射出的 UV 辐射。当探测到 UV 辐射，系统迅速作出反应释放 CO_2 灭火剂。一探测到 UV 辐射，系统开始停机，通风系统的调节风门关闭 CO_2 灭火剂，并且关闭通风扇。

当温度到达很高的水平时，过热探测器给 UCP 发信号，放出 CO_2 灭火剂。一旦探测到高的热量，系统开始停机，通风系统的调节风门关闭 CO_2 灭火剂，并且关闭通风扇。

可燃气体传感器探测出现的氢气和碳氢化合物的浓度。这些气体可能易燃、易爆并且有毒。传感器专门校定以探测天然气和蒸汽。根据气体的浓度，系统激活报警且/或停机。在探测到高浓度的气体时排风扇打开。

消防控制系统能自动或人工启动。自动传感器装在 GG/动力涡轮和辅助封闭室内，并且使用紫外线（火焰感测）和热（火和常规过热感测）探测器。两个手动按钮装在 GG/动力涡轮封闭室门的外面。在 CO_2 制动器上也装有人工释放端。任何一个传感器探测到非正常的情况或人工启动均能执行自动停机程序。

消防和燃气控制面板也监测这些传感器和它们的电路是否有故障。

13. 仪表风系统

仪表风系统的作用就是当需要时为进气和排气系统、清洗系统、主润滑油系统和动力涡轮等提供压缩空气。进气系统利用仪表风对脉冲式自清空气过滤器进行自清扫；清洗系统利用辅助空气仪表风来增压装满溶剂的清洗槽，并为清洗液提供动力；主润滑油系统利用干空气做为轴端封严的密封气等。

二、电动机驱动压缩机组

随着大功率变频器技术的逐渐成熟,以及天然气价格的上涨,在技术经济比选中,电动机驱动逐渐占据优势。因其具有易维护、易运行控制以及对环境污染小的优点,在电力充足的地区,已开始采用大功率电动机驱动离心压缩机。与燃气轮机驱动压缩机组相比,电动机驱动压缩机组还具有效率高的优点。电动机驱动压缩机组一般配以变频调速装置,以在额定功率、转速、转矩及转速调节范围等方面满足压缩机在所有运行工况下的要求,交流电动机以其在电压、容量和转速等方面具有较大的选择范围而得到更多的应用。

电驱压缩机组主要由电气变频调速装置、变频同步或异步电动机和离心压缩机组成。

1. 电气变频调速系统

变频调速装置由整流单元、逆变单元和直流环节组成,长输管道所用变频器类型包括负载换向式 LCI 电流源型变频器和三电平、五电平及 H 桥级联式电压源型变频器等。以单元串联多电平结构为例,每相 8 个功率单元,总共 24 个功率单元,如图 1-3 所示。

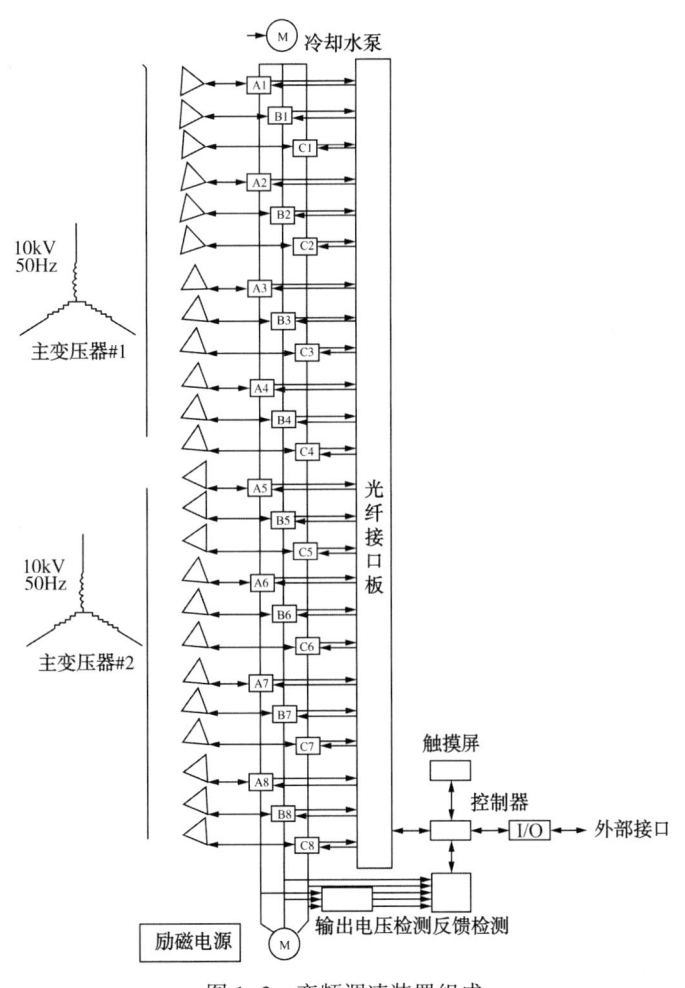

图 1-3 变频调速装置组成

变频调速装置的组成结构主要包括移相变压器、功率单元柜、励磁柜、水冷系统、阻尼柜和控制柜等。

1）移相变压器

移相变压器将电压变换到整流单元所需的二次侧电压，同时提供了电网和整流单元的隔离。移相变压器内部阻抗同时也限制了对下游设备故障的影响，使得系统更加可靠、安全。

移相变压器采用不同的变压器连接方式使各功率单元的电源有不同的相位关系，形成多重化连接。多重化可以改善变压器输入侧的电流波形，对电网的谐波污染小，输入功率因数高。

2）功率单元

功率单元原理如图1-4所示，整流单元由二极管组成，将三相交流电压变为直流电，并通过电容器来保持直流电压稳定。直流母线电压通过逆变单元向电动机输出电能。通过控制功率单元各个IGBT的开通或关断，每相由多个单元串联后输出，通过叠加，最终实现不同频率和电压输出到电动机的定子绕组。

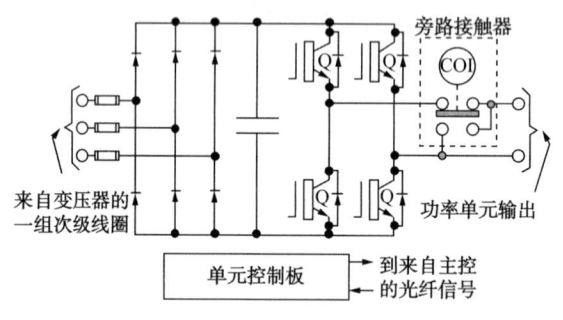

图1-4 功率单元组成

功率单元包含过压、短路、过热等保护，通过光纤和主控系统进行通信。

功率单元自动旁路功能、功率单元故障后，系统能在200ms内自动将故障功率单元旁路、变频调速装置继续满载运行，确保生产的连续性。

3）预充电系统

当移相变压器投入时会产生励磁涌流。这个励磁涌流可能会对电网和移相变压器造成冲击，同时还会影响功率单元直流环节电容的寿命。预充电系统可以给移相变压器预励磁，同时给直流电容器充电，防止了主断路器合闸时的电压降和励磁涌流。

预充电系统包括限流电阻，用于预充电结束后旁路限流电阻的断路器及相关的检测和保护电路。预充电整个过程大约5s，电网投入充电时间为600ms，启动瞬间电压跌落不高于5%，不会对电网和10kV母线其他负荷产生影响。

4）励磁系统

无刷励磁柜提供励磁机所需的可变交流电压，同时对励磁电流实现闭环控制和保护。其输入为两路AC 380V，采用两套交流调压装置，互为实时备用；其输出连接到励磁机定子绕组，通过可控硅交流调压电路，对励磁机的定子电压进行调节，从而调节励磁机转子绕组的输出交流电压，进而调节经过旋转整流器后同步电动机转子绕组的直流电压，对励磁电流实现间接控制。变频调速装置将励磁电流给定值和电动机转速通过 4~20mA 传送到励磁装置，结合励磁机模型，得到励磁机定子电流给定值，通过调节交流调压器输出电压，实现励磁机定子电流控制，从而间接控制同步机转子电流。励磁装置故障时，变频调速装置要进行连锁保护。变频调速装置故障停机时，励磁装置立即停止。

5) 水冷系统

水冷系统对功率单元进行冷却，采用水冷却，内部为密闭式循环高纯去离子水。水冷系统按照高压直流输电配置等级，水冷系统水泵、热交换器关键仪表均为冗余设计，确保可靠运行。变频调速装置可远程启停水冷系统，且水冷系统的故障信号与变频调速装置联锁实现保护(图 1-5)。

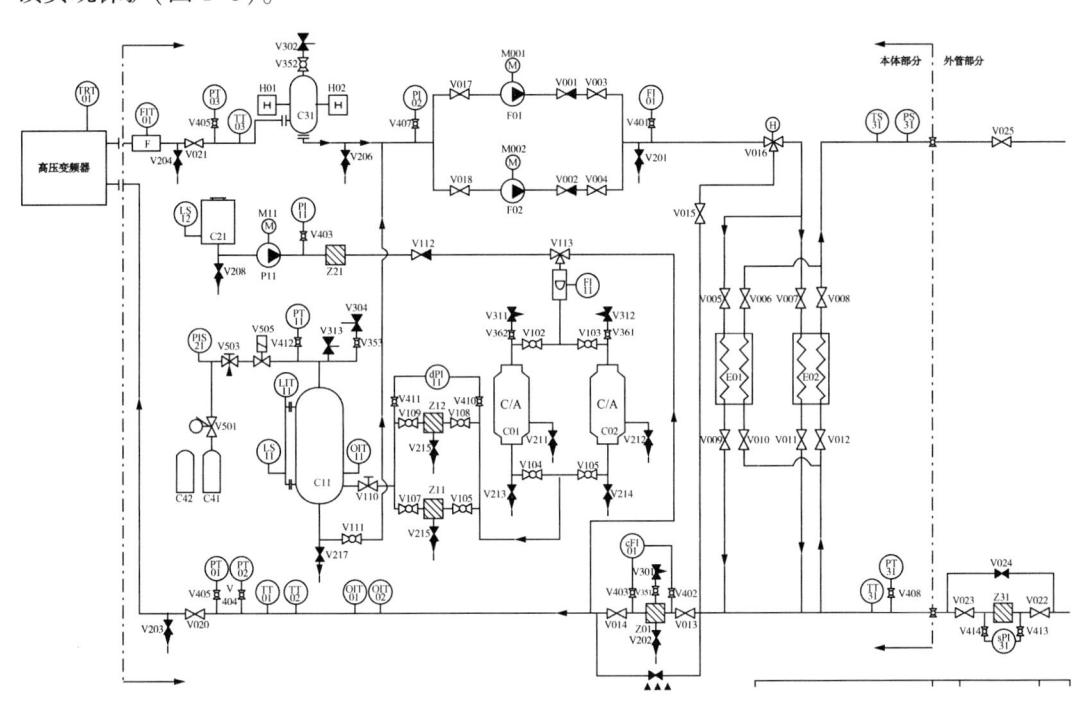

图 1-5 水冷系统组成

6) 控制系统

控制系统有如下特点和功能：

(1) 无速度传感器矢量控制，具有负载和电网自适应能力，无跳闸运行；
(2) 工业级 32 位 DSP，低功耗，强抗干扰，高可靠；
(3) 控制器全封闭无风扇设计，超强防尘能力；
(4) 高压电网电压波动范围可达-40%，允许切换间隔 5s，适应国内现状；
(5) 控制电源冗余设计；
(6) 故障自动复位功能和转速跟踪再启动功能。

2. 同步电动机

大容量高速同步电动机主机转子能量由交流励磁机提供，电动机为变频启动变频调速运行，具有较宽的调速范围(3120~5040r/min)，可满足额定转速至最高转速段的恒功率运行。变频电动机启动电流小,无冲击电流,具有显著的节能效益,而且减少了机械磨损。

电动机由同步电动机(定子、转子)、交流励磁机、旋转整流器、轴承、空水冷却器、压力控制器、防爆出线盒、端盖、外罩、底架和检测元件等组成,交流励磁机和旋转整流器与主电动机同轴配置,电动机为三支撑座式滑动轴承的轴系结构,底架为整体式并配有基础螺栓和预埋件(图1-6)。

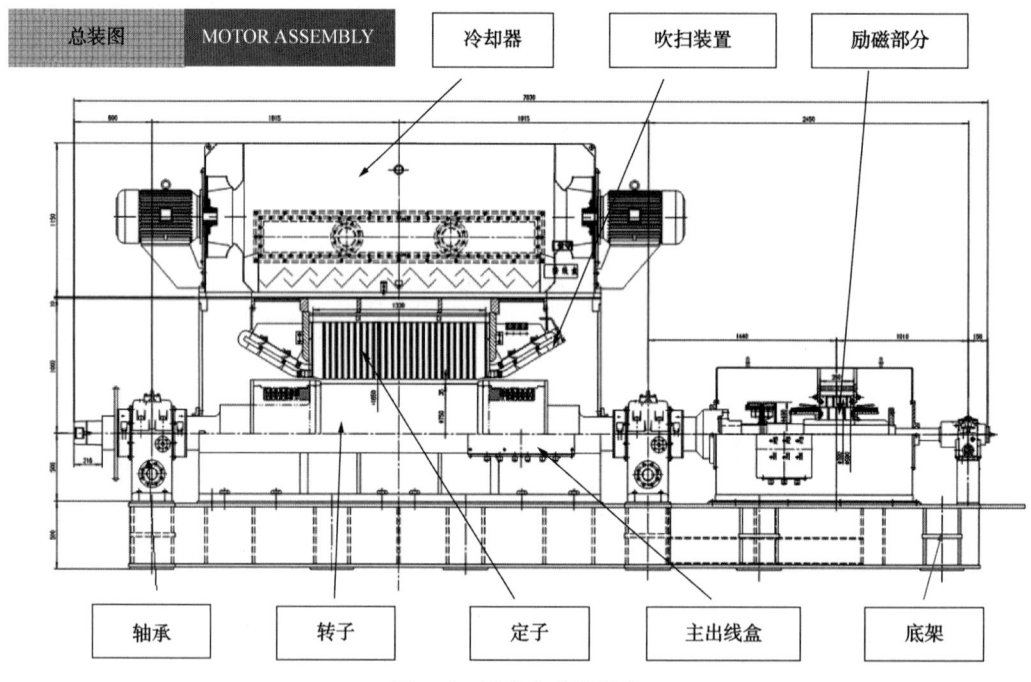

图1-6 同步电动机组成

1) 主电动机定子

机座为优质钢板 Q235—A 焊接件结构,经分析计算确定定子机座的结构形式和关键尺寸,关键部位按标准 JB/T 6061—2007《无损检测 焊缝磁粉检测》进行磁粉探伤检查,机座内侧及盖板都装有吸音材料。定子铁心为低损耗的冷轧硅钢板分段叠压而成的外压装结构,两端外侧的通风槽板采用非磁性材料,最大限度地减少端部漏磁。定子绕组由多股半组式360°换位线圈组成,导线为涤玻烧结铜扁线,绕组采用F级真空压力整浸(VPI)的绝缘规范,完全适合10kV级变频器电源对其绝缘性能的要求,其绕组端部采取了可靠的绑扎措施。

2) 主电动机转子

转子磁极为隐极式。转轴采用整锻的优质合金钢锻件加工而成,具有良好的导磁及机械性能;转轴设计充分考虑避开一、二次的临界转速点;转子采用深浅槽分布结构,使气隙磁势更接近正弦波,有利于运行平稳;采用整根转子槽楔、大齿阻尼杆及护环组成全阻尼系统,可减少因变频器引起的谐波和负序分量,有利于改善电动机系统动态性能,增强系统稳定性。

此外，转子护环采用整体锻件的反磁合金钢材料，具有良好的磁屏蔽及机械性能；转子槽楔则由导电性能和机械性能优良的铍钴锆铜加工而成；转子线圈采用导电性能及机械性能优良的无氧银铜排绕制而成。该项目电动机转子轴系为三轴承结构，含主机转子和励磁机转子，其中主机转子与励磁机转子通过联轴器对接形成机械的连接，而转子绕组与励磁系统的电连接，则由主机转子轴向铜排和整流器轴向铜排通过特殊的结构在联轴器的位置对接而成。

3) 异步励磁发电动机

无刷同步电动机由变频器驱动，传统的直流励磁系统在主电动机低转速特别是零转速时无法给主电动机提供有效励磁，因而无法满足主电动机变频启动及低转速运行的要求。因此，只能采用绕线式转子的异步电动机作为励磁发电动机，定子绕组在外接三相交流励磁电源时便产生旋转磁场，其转子同时感应出交流电，转子电源的频率由其转速、定子电源频率及其极数所确定。

4) 旋转整流器

旋转整流器包括旋转整流盘体和旋转整流器元件两大部分，采用双整流桥并联的电路结构，两路并联降低了整流元器件的电流要求，减小了整流元件体积，缩小了整流盘的结构尺寸。旋转整流盘体作为整流器元件的安装承载部件，位于主电动机与励磁机之间。为减小离心力对整流器元件可能造成的伤害，整流盘的尺寸设计得相当紧凑。盘体为高强度钢环，通过高强度绝缘轮毂和另一钢结构件最终固定在励磁机轴上。盘体内侧圆周装有整流器元件和压敏电阻，既充当元件的承载体和直流连接母线的作用，又起着散热器和试验滑环的作用。为防止高速运行时空气摩擦的热效应和机械损耗，旋转整流器两侧都装有高强度的绝缘盖板。

5) 座式滑动轴承

轴承主体由轴承座、轴瓦、密封盖、低压润滑系统、测温元件、测振元件等组成，部分型号电动机为轴承配置了高压顶升装置。

3. 异步电动机

异步电动机，又称"感应电动机"，即转子置于旋转磁场中，在旋转磁场的作用下，获得一个转动力矩使转子转动。转子是可转动的导体，通常多呈鼠笼状，定子是电动机中不转动的部分，主要任务是产生一个旋转磁场。旋转磁场并不是用机械方法来实现，而是以交流电通于数对电磁铁中，使其磁极性质循环改变，故相当于一个旋转的磁场。这种电动机并不像直流电动机有电刷或集电环，依据所用交流电的种类有单相电动机和三相电动机，三相电动机则作为工厂的动力设备，三相感应电动机电气制动方式有：能耗制动、反接制动、再生制动三种。

(1) 能耗制动时切断电动机的三相交流电源，将直流电送入定子绕组。在切断交流电源的瞬间，由于惯性作用，电动机仍按原来方向转动，这种方式的特点是制动平稳，但需直流电源、大功率电动机，所需直流设备成本大，低速时制动力小。

(2) 反接制动又分负载反接制动和电源反接制动两种。负载反接制动又称负载倒拉反接制动，此转矩使重物以稳定的速度缓慢下降，这种制动的特点是：电源不用反接，不需要专用的制动设备，而且还可以调节制动速度，但只适用于绕线型电动机，其转子电路需串入大电阻，使转差率大于1。对于电源反接制动，当电动机需制动时，只要任意对调两相电源线，使旋转磁场相反就能很快制动，当电动机转速等于零时，立即切断电源，这种制动的特点是：停车快，制动力较强，无需制动设备，但制动时由于电流大，冲击力也大，易使电动机过热，或损伤传动部分的零部件。

（3）再生制动又称回馈制动，在重物的作用下（当起重机电动机下放重物），电动机的转速高于旋转磁场的同步转速，这时转子导体产生感应电流，在旋转磁场的作用下产生反旋转方向转矩，但电动机转速高，需用变速装置减速。

4. 齿轮箱

齿轮箱，是压缩机组配套产品，主要用作改变传动方向和改变转动力矩，可用作其他机械转动要求类似的驱动装置，转动轴带动齿轮箱内的扇形齿轮转动将力垂直传递到另一个转动轴。同等功率条件下，齿轮速度转的越快，轴所受的力矩就越小，反之越大。

齿轮箱输入方式为电动机连接法兰，轴输入、输出方式为带平键的实心轴、带平键的空心轴、胀紧盘连结的空心轴、花键连结的空心轴、花键连结的实心轴和法兰连结的实心轴；齿轮箱的安装方式为卧式、立式、摆动底座式、扭力臂式。

三、离心压缩机

离心式压缩机属于透平式压缩机的一种，具有处理气量大、运转可靠、结构紧凑等特点，广泛应用于管道压气站。离心压缩机是利用叶轮和气体的相互作用，提高气体的压力和动能，并利用相继的扩压器等部件使气流减速，将动能转变为压力能。

压缩机主要由定子（机壳、隔板、密封、平衡盘密封、端盖等）、转子（轴、叶轮、隔套、平衡盘、轴套、半联轴器等）及支撑轴承、推力轴承、轴端密封等组成。

1. 机壳

机壳用锻钢做成，机壳在两端垂直剖分，用卡环将两侧的端盖和机壳紧固在一起。机壳端面精加工以保证密封性，端盖装在机壳里，通过特殊扇形（剪环）定位，安装方式为插入到机壳内表面上加工出的一个合适的槽中，由在四个象限加工的垫圈锁定。端面上铣密封槽，密封槽内安装"O"形胶圈和加强环，具有良好的密封性。

2. 隔板

隔板的作用是把压缩机每一级隔开，将各级叶轮分隔成连续性流道，隔板相邻的面构成扩压器通道，来自叶轮的气体通过扩压器把一部分动能转换为压力能。隔板的内侧是迴流室，气体通过迴流室返回到下一级叶轮的入口。迴流室内侧有一组导流叶片，可使气体均匀地进到下一级叶轮入口。

隔板从水平中分面分为上、下两半。隔板和隔板之间靠止口配合径向定位，各级隔板靠隔板束把合螺栓依次紧密地连在一起。

3. 转子

压缩机的转子包括主轴、叶轮、轴套、轴螺母、隔套、平衡盘和推力盘等。

主轴：主要作用是传递功率，主轴应有一定的刚度和强度。

叶轮：叶轮采用闭式、后弯型叶轮。叶轮与轴之间有过盈，热装在轴上。叶轮上的叶片铣在轮盘上，再把轮盖焊到叶片上。根据API 617的规定，叶轮做超速试验。

隔套：隔套热装在轴上，它们把叶轮固定在适当的位置上，而且能保护没装叶轮部分的轴，使轴避免与气体相接触，且起导流作用。

轴螺母：主要是起轴向固定作用。如轴向固定叶轮、轴端密封等。

平衡盘：由于在叶轮的轮盖和轮盘上有气体产生的压差，所以压缩机转子受到朝向叶轮入口端的轴向推力的作用。这种推力一般是由平衡盘来抵消的，压缩机平衡盘装在最后一级叶轮相邻的轴端上。在设计时使残余的推力作用在止推轴承上，这就保证了转子在轴向不会有大的串动。

推力盘：叶轮一开始旋转，就受到指向吸入侧的力，这主要是因为轮盖和轮盘上作用的压力不同造成推力不等。作用在叶轮上的轴向推力，将轴和叶轮沿轴向推移。一般压缩机的总推力指向压缩机进口，为了平衡这一推力，安装了平衡盘和推力轴承，平衡盘平衡后的残余推力，通过推力盘作用在推力轴承上。推力盘采用锻钢制造而成。

4. 支撑轴承

压缩机的支撑轴承，根据需要选用可倾瓦轴承。这种滑动轴承是由油站供油强制润滑，轴承装在机器两端端盖外侧的轴承箱内，检查轴承时不必拆卸压缩机壳体。

在轴承箱进油孔前管路中有流量调节器，根据运转时轴承温度的高低，来调整节流圈的孔径，或调节流量调节器阀开度控制进入轴承的油量，润滑油进入轴承进行润滑并带走产生的热量。

可倾瓦轴承有五个轴承瓦块，等距地安装在轴承体的槽内，用特制的定位螺钉定位，瓦块可绕其支点摆动，以保证运转时处于最佳位置。

瓦块内表面浇铸一层巴氏合金，由锻钢制造的轴承体在水平中分面分为上、下两半，用销钉定位螺钉固紧，为防止轴承体转动，在上轴承体的上方有防转销钉。

5. 止推轴承

止推轴承采用金斯伯雷型止推轴承。止推轴承的作用是承受压缩机没有完全抵消的残余的轴向推力，以及承受膜片联轴器产生的轴向推力。根据需要止推轴承装在支撑轴承外侧的轴承箱内。

金斯伯雷止推轴承是双面止推的，轴承体水平剖分为上、下两半，有两组止推元件，每组一般有6块止推块（特殊系列要多一些），置于旋转式推力盘两侧。推力瓦块工作表面浇铸一层巴氏合金，等距离的装到固定环的槽内，推力瓦块能绕其支点倾斜，使推力瓦块均匀的承受挠曲旋转轴上变化的轴向推力。

止推轴承的轴向位置，由调整垫调整，在装配时选择调整垫的厚度。

6. 迷宫密封

级间密封：压缩机级间密封采用迷宫密封，在压缩机各级叶轮进口圈外缘和隔板轴孔处，都装有迷宫密封，以减少各级气体回流。迷宫密封多采用PEEK材质和铝材质制成，可以很好的避免损坏轴套和叶轮。

为避免由于热膨胀而使密封变形，发生抱轴事故，一般将密封体做成带有L形卡台。密封齿为梳齿状，密封体外环上半部分用沉头螺钉固定在上半隔板上，但不固定死。外环下半部分自由装在下隔板上。

平衡盘密封：压缩机平衡盘上装有迷宫密封，这是为了尽量减少平衡盘两边的气体泄漏。其作用是减少末级出口和压缩机平衡气腔间的气体泄漏。结构与级间密封类似。

7. 干气密封

干气密封是用于离心压缩机的一种新型密封,干气密封系统向压缩机两端的封严机构提供过滤后的密封缓冲气体,以防工艺气体从设备逸出(它是流体通过动环和静环的径向接合面上的唯一通路),实现密封。密封表面被研磨得非常光滑,转动的硬质合金环在其旋转的平面上加工出一系列螺旋槽。随着旋转,流体被泵入螺旋槽的根部,在此环形面形成密封的屏障,此密封屏障阻止流动,并增高压力。使动环和静环表面之间形成 5mm 左右的气膜厚度,此结果使得两个表面保持分离而不接触。干气密封是在工作面没有磨损的一种可靠密封,且寿命长。

干气密封系统最早于 20 世纪 70 年代中期由美国的约翰克兰密封公司研制开发,工业应用表明,干气密封是一种新型的非接触轴封,与其他密封相比,干气密封具有泄漏量少、摩擦损失少、寿命长、能耗低、操作简单可靠、维修量低、被密封的流体不受油污染的特点。此外,干气密封可以实现密封介质的零逸出,从而避免对环境和工艺产品的污染。密封稳定性和可靠性明显提高,对工艺气体无污染,密封辅助系统大大简化,运行维护费用显著下降。

干气密封利用流体动压效应,使旋转的两个密封端面之间不接触,而被密封介质泄漏量很少,从而实现了既可以密封气体又能进行干运转操作。

干气密封动环端面开有气体槽,气体槽深度仅有几微米,端面间必须有洁净的气体,以保证在两个端面之间形成一个稳定的气膜使密封端面完全分离。气膜厚度一般为几微米,这个稳定的气膜可以使密封端面间保持一定的密封间隙,间隙太大,密封效果差,而间隙太小会使密封面发生接触,产生的摩擦热能使密封面烧坏而失效。气体介质通过密封间隙时靠节流和阻塞的作用而被减压,从而实现气体介质的密封。几微米的密封间隙会使气体的泄漏率保持最小,动环密封面分为外区域和内区域,气体进入密封间隙的外区域有空气动压槽,这些槽压缩进来的气体使密封间隙内的压力增加,形成一个不被破坏的稳定气膜,稳定的气膜是由密封墙的节流效应和所开动压槽的泵效应得到的,密封面的内区域是平面,靠它的节流效应限制了泄漏量。干气密封的弹簧力很小,主要目的是为了当密封不受压时确保密封面的闭合。

8. 工艺气系统

工艺气系统主要涉及压缩机的进口工艺管线和出口工艺管线两大部分,安装有进口阀、出口阀、热旁通阀、防喘阀、空冷器旁通阀和后空冷器等设备。

工艺气系统的目的是让离心压缩机正常地对工艺气进行压缩,并使工艺气系统出口的工艺气达到燃气轮机的进气要求。因此,除了对压缩机有工作要求外,还需要加入以上这些阀门和后空冷器。

由于离心压缩机为回转式旋转机械,在工况偏离设计工况时,可能发生喘振。管道离心压缩机的喘振会严重影响机组的正常运行,甚至造成机组和管线上设备的损坏。为了防止喘振的发生,机组配置了专门设计的防喘振监测防护系统,通过控制防喘阀的开度来避免喘振的发生。而热旁通阀则负责在机组紧急停机时迅速平衡压缩机组进出口压力,防止喘振的发生。

离心压缩机压缩工艺气后工艺气温度升高。当压缩机组出口温度较低、符合干线输送要求的时候，则打开空冷器旁通阀，使气体不通过空冷器直接进入下游管线；当压缩机组出口温度较高、不符合干线输送要求的时候，则关闭空冷器旁通阀，使得工艺气通过空冷器降温后再输往下游管线。

工艺气系统主要由管路和阀门组成，工艺气通过入口阀进入压缩机进行压缩，压缩机排气视温度高低进入空冷器或空冷器旁通阀，之后通过出口阀进入下游管线；发生喘振时，防喘阀动作将压缩机出口管线的工艺气送回进气管线，紧急停机时热旁通阀迅速打开、平衡压缩机进出口压力。另外，充压加载阀组用于对机组工艺气系统充压，放空阀组用于在需要时对机组工艺气系统泄压。

第二章　压缩机组故障统计与分析

压缩机组是输气站场的关键设备，在生产运行中起着重要作用，安全环保风险程度高，专业化维修要求高。压缩机组故障统计与分析是设备完整性管理工作的重要一环，及时准确的掌握压缩机组健康状况，积累机组运行历史数据，总结探索失效规律，可降低站场运行风险，为设备维检修工作提供数据支撑，提高设备运行可靠性与经济性。

第一节　压缩机组故障总体情况

截至 2019 年，中油管道公司在用管道压气站 89 座、压缩机组 327 套。其中电驱离心式压缩机组 167 套，燃驱离心式压缩机组 147 套，电驱往复式压缩机组 5 套，燃驱往复式压缩机组 8 套，总装机功率 6865086kW，压缩机组概况如表 2-1 所示。

表 2-1　天然气管道压缩机组概况

压缩机组所属公司	燃驱压缩机组 离心式	燃驱压缩机组 往复式	电驱压缩机组 离心式	电驱压缩机组 往复式	压缩机站库（座）
管道公司	—	—	6	—	3
西气东输公司	34	4	45	5	28
北京管道公司	11	—	40	—	11
西部管道公司	101	4	50	—	33
西南管道公司	1	—	26	—	11
汇总	147	8	167	5	89

压缩机组的装机情况如下：

（1）1986 年，国内第一座压气站中沧线濮阳压气站建成，共投用 2 套离心式压缩机组（以下简称离心机组）；

（2）1999—2000 年，陕京一线投产 6 套往复式压缩机组（以下简称往复机组）和 6 套离心机组；

（3）2001—2005 年，为保障北京地区持续可靠供气，大港储气库和华北储气库建成，共投用 26 套往复机组；

（4）2004—2006 年，西一线、涩宁兰线建成投产，受西部地区电网条件限制，两条管线均使用燃驱离心式压缩机组（以下简称燃驱机组），包括 19 套 RR 机组、27 套 GE 机组、13 套索拉机组；

（5）2009—2016年，西二线、陕京二线、陕京三线建成，共投用115套压缩机组，电驱离心式压缩机组（以下简称电驱机组）占比逐年增加；

（6）2016年至今，陆续投产了西三线、中缅线、中贵线、陕京四线等管线，随着国内设备制造技术水平的不断发展，新装机组中国产大功率电驱机组成为主力。

（7）2019年，陕京一线榆林站5套往复机组申请退役。由于离心机组具有效率高、结构简单、维护费用低、利用率高等特点，且其在体积流量大、压力低的情况下运行性能更佳，更适合作为长输管道的增压设备，因此近年来选择的新设备均为离心式，仅一些老管道保留有往复机组，并将逐步退出使用。

过去10年，各类型压缩机组装机数量与年度运行时间如图2-1和图2-2所示。

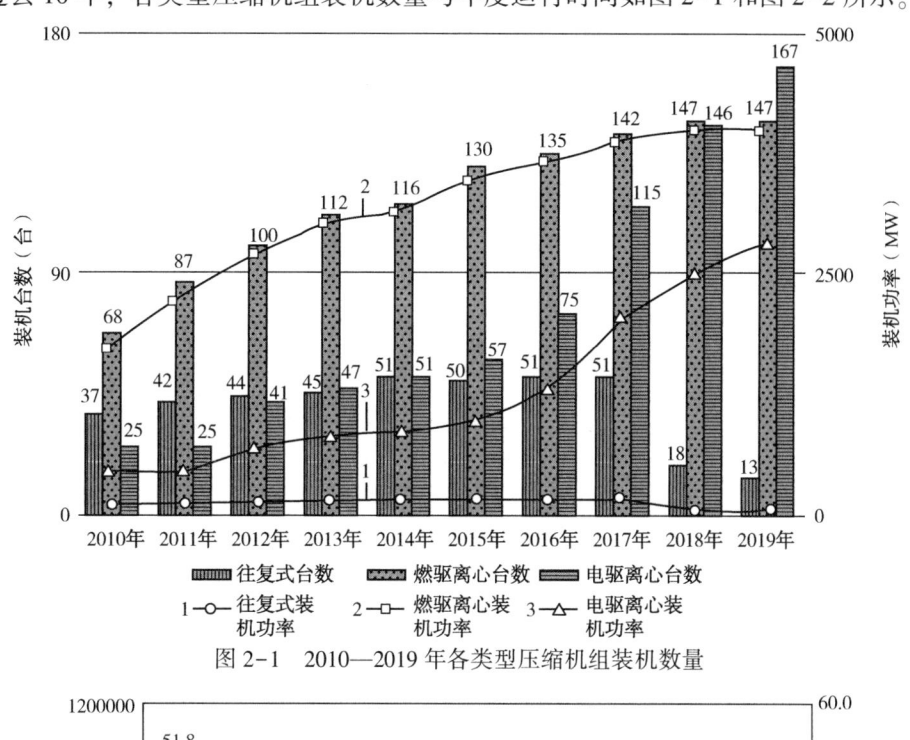

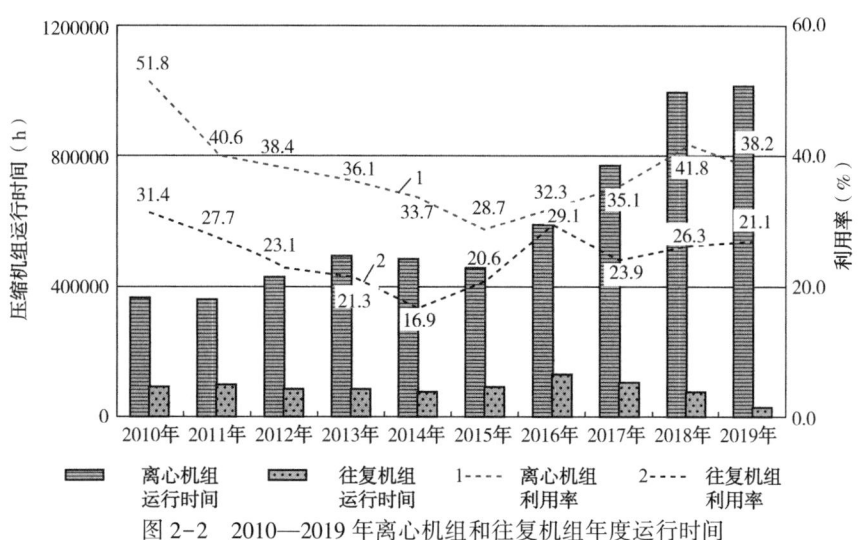

图2-1 2010—2019年各类型压缩机组装机数量

图2-2 2010—2019年离心机组和往复机组年度运行时间

2006—2019年(截至2019年7月)共记录了离心机组故障停机3453次,往复机组故障停机1112次。往复机组装机数量、运行时间和故障停机次数相对较少,故障停机多发生在较早年份,近五年往复机组共停机144次,远小于离心机组停机次数。

第二节 压缩机组故障部位统计分析

压气站离心机组主要由以下几部分组成：燃气轮机、电动机、压缩机三大主机,以及控制、供电、润滑油、燃料气、消防、工艺、仪表风等辅助系统。

离心机组故障停机3453次,其中燃气轮机系统、电动机系统、压缩机系统三大主机系统故障停机次数分别为481次、425次、199次,分别占比14%、12%、6%。燃气轮机和压缩机故障多发生在附属管路、阀门等机械部分,设备本体故障较少,电动机故障多发生在变频器、滤波器等辅助设备。

辅助系统中,供电系统故障停机826次,占比24%,主要由于外电中断或波动导致;控制系统故障停机689次,占比20%,除机柜内各模块、盘架等易发生硬件故障外,机组UCP、SIS、负荷分配和防喘系统、站控SCADA等系统的程序软件及相互之间的通信也易出现问题;工艺系统故障停机252次,占比7%,其中传感器和阀门故障共引起停机206次,这是由于工艺系统常年暴露在外部环境中,受风沙、雨淋等影响引起老化或损坏;其余各系统故障停机共581次占比17%,离心机组故障部位统计如图2-3所示。

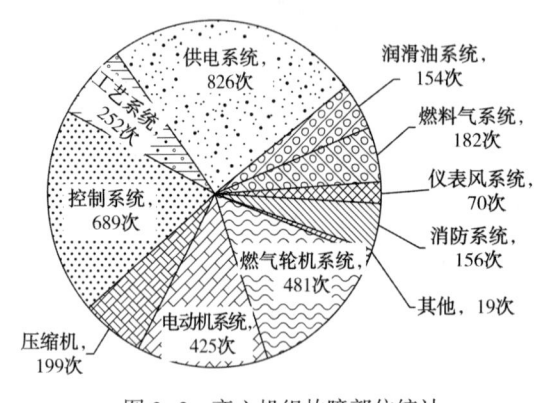

图 2-3 离心机组故障部位统计

一、燃气轮机系统

长输管道使用的大型离心式压缩机需由大功率驱动系统来拖转,在缺乏电力供应的戈壁荒漠地区,燃气轮机是驱动机的最佳选择。截至2019年,中油管道压气站共安装有147套燃驱机组,共涉及4个厂家：通用电气(GE)、罗尔斯罗伊斯(RR,其燃机业务被西门子收购)、索拉、中船重工703所(按照乌克兰GT 25000燃机图纸制造)。

燃气轮机系统包括燃气轮机本体、燃气轮机附属管路、箱体通风系统、进气过滤系统、防冰系统以及附属传感器等。2006—2019年共记录燃气轮机系统故障停机481次,其中燃气轮机本体及附属管路故障停机92次,箱体通风、进气、防冰系统等故障停机199次,其余故障(主要由探头故障或接线问题导致)停机190次,燃气轮机系统故障部位统计如图2-4所示。

1. 燃气轮机本体及附属管路

燃气轮机本体及附属管路共发生 92 次故障停机，其中可变导叶系统故障停机 42 次，GG 本体和动力涡轮故障停机 16 次，波纹管等管路破损故障停机 21 次，燃气轮机启动系统故障停机 13 次，燃气轮机本体及附属管路故障部位统计如图 2-5 所示。

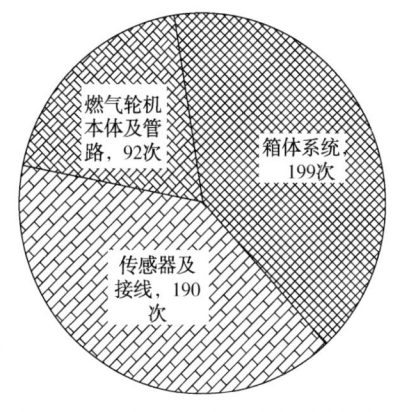

图 2-4　燃气轮机系统故障部位统计　　图 2-5　燃气轮机本体及附属管路故障部位统计

（1）可变导叶系统控制燃气发生器压气机转子叶片为最佳气流迎角，使压气机在不发生喘振的前提下保持高效率运转。

GE 燃气发生器的可变导叶系统由进口导流叶片（IGV）和 0~6 级可调角度导叶组成。叶片位置由变几何控制装置调节，变几何控制装置由安装在附件齿轮箱上的 VSV 伺服阀和带有线性可调差动传感器（LVDT）的导叶传动装置构成。导叶由两根扭转轴驱动，扭转轴前端由液压作动筒定位。RR 燃气发生器进气机匣后部装有一个单级 34 个可调导向叶片（VIGV），通过伺服阀控制的液压作动筒调节叶片的角度，每个叶片的操纵组件与作动环相连，通过作动环同时调整所有叶片的角度，操纵杆的位置由一个旋转可变差动传感器（RVDT）测定。

可调导叶卡涩会影响控制器的指令计算，如引起压气机喘振将会给 GG 带来较大破坏，因此需合理制定压气机水洗周期，对进气滤芯合理选型，避免灰尘在叶片根部聚集。导叶根部灰尘聚集引起卡涩见图 2-6。差动传感器故障可能造成控制器输出指令跳变，伺服阀或控制器本身故障也可能引起喘振，随着机组运行时间的增加，应注意关注此类设备的运行状态，如老化应及时更换。MOOG 控制器稳压器烧黑见图 2-7。

对于 VSV 扭矩轴关节轴承磨损、作动筒活塞杆异常脱扣、VSV 泵机封损坏、漏油等机械问题，日常巡检或机组维护保养时，需重点检查 VSV 摇臂是否变形，检查 VSV 摇臂角度是否超出手册范围，观察 VSV 扭矩轴及做动连杆轴承磨损状况，根据手册要求及时更换磨损轴承；定期维护保养时应遵守规程，操作时应注意避免在轴承处涂抹润滑脂、防咬剂等，涂抹润滑脂等起到的润滑作用有限，且易沾染灰尘、砂砾，可能进一步加剧轴承磨损；可在连杆处增加固定组件，以减少连杆和 VSV 扭力轴轴向的晃动，防止轴承磨损的进一步发展。

（2）燃机本体故障中，GE 燃气发生器转子第 13、15、16 级叶片由于设计原因，易发生卷边、破口、断裂等机械故障，针对此情况，GE 公司发布技术通告，通过 12~14 级叶

图 2-6 导叶根部灰尘聚集引起卡涩  　　　　　图 2-7 MOOG 控制器稳压器老化烧黑

片修剪尾部翼端、16级叶片更换构型和材质等办法，逐步解决了这些问题。此外发生过合成油过滤器出口单向阀 O 形圈破裂、传动齿轮箱损坏、RR 燃机燃料气喷嘴盖脱落致使高压一级涡轮损坏、703 所燃机低压压气机动静叶掉落造成燃机通流部分大面积损伤等故障，均需将 GG 下发返厂维修，造成了机组较长时间内无备用。在同类机型开展故障隐患排查的同时，应发挥机组状态监测与诊断系统的作用，在机械故障早期采取针对性预防措施，避免对燃机造成更大的伤害。

另外，在返厂维修的 GE 燃气发生器中发现多起 4B 轴承旋转油气封严损坏现象，原因是其边壁较薄，运行中受到轴承腔内的热应力和上游空气孔之间的密封空气扰动双重作用的影响，封严边产生疲劳性裂纹，高速旋转过程中裂纹进一步扩大导致断裂。GE 提出的服务通告承认了该封严在制造和设计过程中存在缺陷，改型后的新零件封严增加了壁厚，提高零件强度，减少裂纹产生的可能。目前运行的 LM2500+燃气发生器部分未改型4B 旋转空气封严都存在裂纹断裂的风险，需要运行时注意机组振动值的变化情况，机组保养时孔探增加检查项目，仔细检查该封严是否有损坏情况。

（3）燃机管路故障中，RR 燃机 IP7 级波纹管损坏 16 次，均发生在 2006—2007 年西一线投产初期。该故障由该级波纹管的设计和安装因素导致，波纹管结构改造及安装位置调整后再未发生此故障，见图 2-8 和图 2-9。另 GE 燃机 9 级密封气管路和防冰管线法兰损坏共 5 次，引起箱体温度高停机。

图 2-8 IP7 级波纹管损坏  　　　　　图 2-9 IP7 级波纹管改造

2. 箱体及进气系统

箱体及进气系统故障停机中,箱体通风风机、挡板等故障127次,占箱体系统故障停机次数的64%,防冰系统、进气过滤系统和阀门各故障停机35次、25次、12次。箱体及进气系统故障部位统计见图2-10。

(1) GG箱体通风风机、挡板等故障停机127次,包括RR机组9次、索拉机组19次、GE机组99次。

2011年针为解决GE机箱通风故障这一共性问题,将风机全速、半速切换温度改为-15℃,并要求各压气站根据运行经验,在极端天气采取必要措施强制机箱通风电动机满速运行。执行该措施后,箱体通风问题明显减少。2012年后,箱体通风故障逐年降低并趋于平稳。历年箱体通风系统故障停机次数统计见表2-2。

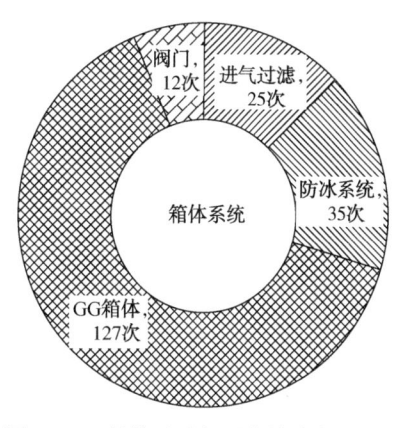

图2-10 箱体及进气系统故障部位统计

表2-2 2006—2019年GG箱体通风系统故障停机次数

年度	2006	2007	2008	2009	2010	2011	2012
箱体通风系统故障停机次数	2	14	20	13	15	14	13
年度	2013	2014	2015	2016	2017	2018	2019
箱体通风系统故障停机次数	8	7	6	3	4	4	4

(2) 防冰系统故障停机35次,主要由防冰仪表风管路冰堵、防冰管线卡箍脆性断裂、防冰控制阀故障、防冰系统控制程序不完善等原因造成。防冰系统为防止进气在燃气发生器进口处结冰,当大气温度和湿度到达一定程度时,防冰控制阀打开,从压气机出口引气至进口滤芯后,掺混到进气流中以加热进气流。

机组进气结冰的温度和湿度条件见图2-11,GE机组与RR机组防冰系统采用了不同的控制方式。GE机组防冰系统当环境温度低于4.4℃、空气湿度大于所对应上限时,防冰阀打开。为保证机组整体效率,防冰阀缓缓调节其开度,使进气保持在高于设定值0.5℃的温度值上,整个过程在15min内完成,若超出15min则机组停机,给出相应报警信息,GE机组防冰系统稳定性较差,客观影响了机组的整体稳定性。RR机组防冰系统由环境温度参数来控制,环境温度低于5℃时,不论机组运行与否,防冰控制阀全部打开,当机组运行时,来自高压三级压气机的高温高压气体抽气就会回流,RR防冰系统控制简单,由其引起的故障停机少,但节能效果略逊。

针对管道燃驱机组防冰系统存在的问题,在实际应用中采用了节能型进气防冰装置,利用高压压气机抽气加热进气,具有节能、控制简化、可靠性提高、防霜等特点。防冰系统改造后,故障次数逐年减少,2014年后仅故障4次,最近一次故障发生在2016年。

(3) 进气过滤系统故障停机25次,均由大雾或大风环境因素造成,高湿度引起滤芯堵塞,进气量减少导致GG箱体差压低报警停机,严重时甚至出现滤芯变形的情况。进气

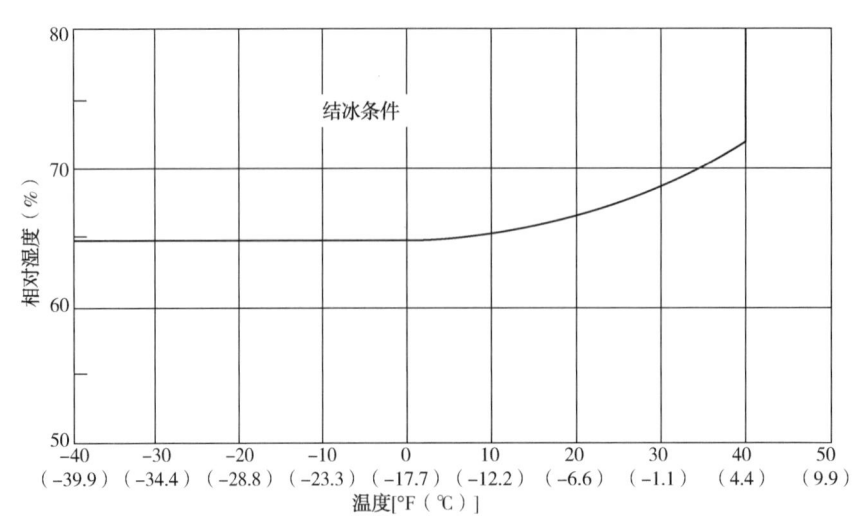

图 2-11 机组进气结冰的温度和湿度条件

过滤系统的作用是过滤外界空气中的沙尘，保护压气机叶片。在滤芯选型时应考虑潮湿天气下过滤器运行的技术问题，并要求各压气站按照操作规程及时更换进气过滤器，在特殊天气时加强监视差压的变化，检查滤芯外形，定时反吹，提前储备滤芯备件，发现异常及时处理。

3. 传感器及接线

燃气发生器的相关传感器及航空插头长期工作在振动的环境中，线缆接头部位受机组振动影响较大，会导致传感器的接线及连接件出现触点松动、虚接、脱焊的现象，图2-12所示为速度传感器电缆绝缘皮磨损，图2-13为损坏的航空插头。GG各参数参与机组ECS程序计算，信号跳变或丢失可能造成严重影响，2018年曾发生过因触点虚接导致T3温度跳变触发燃料控制保护，机组转速迅速下降引起压缩机喘振停机的事件。近年来通过技术改造，对GE机组航空接头加装了支撑装置，故障率有所下降。

图 2-12 速度传感器电缆绝缘皮磨损　　图 2-13 损坏的航空插头

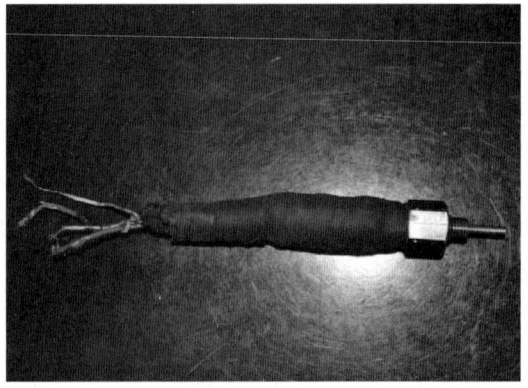

针对线路虚接、信号跳变及干扰问题，在投产阶段应对传感器安装质量、电缆铺设质量等进行严格控制，在运行阶段加强机组定期维护保养质量，对仪表回路接线、屏蔽、接

地等环节予以检查，及早发现问题。

燃气轮机结构精密、紧凑，大部分站场燃机润滑油管路、空气管路、传感器线缆均存在不同程度的搭接现象，传感器线缆屏蔽层磨损可能会引起振动、温度等信号的跳变，触发控制系统保护停机，而管路磨损可能引起漏油、漏气等。因此，在机组维护保养时，应检查探头线缆、管路与其他部件搭接情况，采取添加卡子或保护套等措施，增大管路间隙以避免出现搭接现象，防止相互间摩擦造成磨损的发生。

二、电动机系统

除燃气轮机外，驱动压缩机运行的动力装置可选择大型变频调速电动机，随着我国电力系统的不断发展，驱动机的选择不再受外电因素限制，电动机通过变频器实现高精度宽范围的无级调速，能够全面满足各种复杂工艺的需要，变频电动机由于其结构简单、维护便捷、安装成本低、国内厂家技术水平可靠等优点，越来越多地应用在长输管道上。近10年来电驱机组与燃驱机组的装机数量见图2-14，2019年起变频电动机装机数量首次超过燃气轮机，成为主力驱动机。

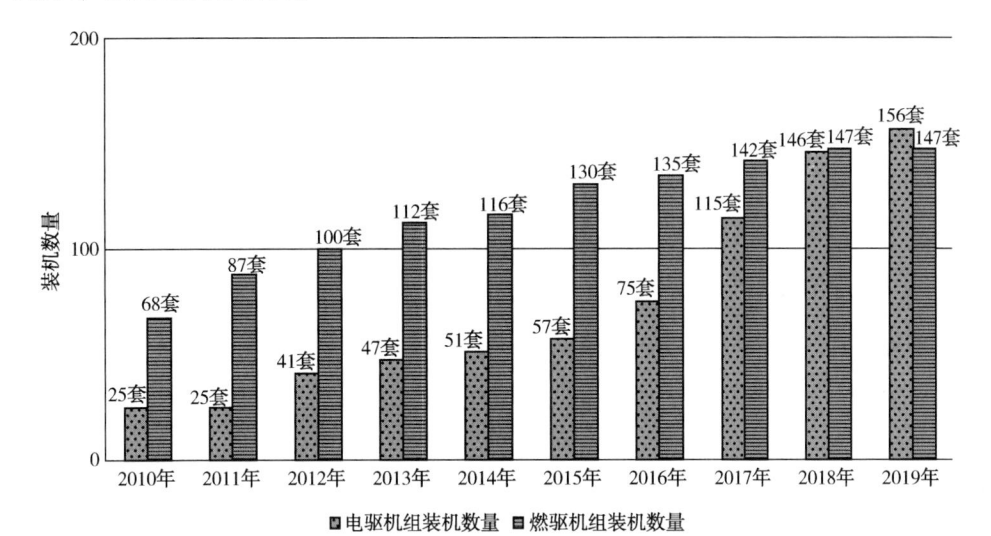

图2-14　2010—2019年燃驱机组和电驱机组装机量

随着电驱机组装机量的增加，电驱机组故障停机次数逐年升高，2016年后电驱机组停机次数超过了燃驱机组，2010—2019年燃驱机组和电驱机组故障停机次数见图2-15。

长输管道变频电动机厂家众多，变频器类型多样，功率及输出电压等级多，故障分布在电动机系统各个部位。其中变频器故障较频繁，包括功率单元故障、电缆击穿、变频器CPU宕机、通信失败等问题共179次，占电动机系统故障停机的42%；其次是冷却系统76次，占比18%；滤波器故障57次，多发生在2007—2008年间，随着网侧谐波质量提高和电动机配套设施的不断改进，谐波问题引发的停机相对减少。电动机系统故障部位统计见图2-16。

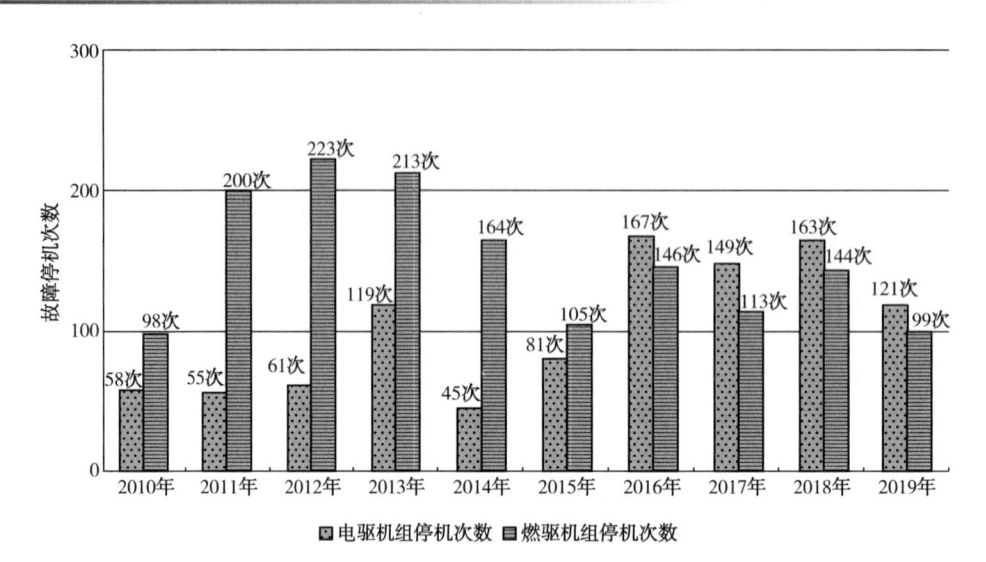

图 2-15　2010—2019 年电驱机组和燃驱机组年度故障停机次数

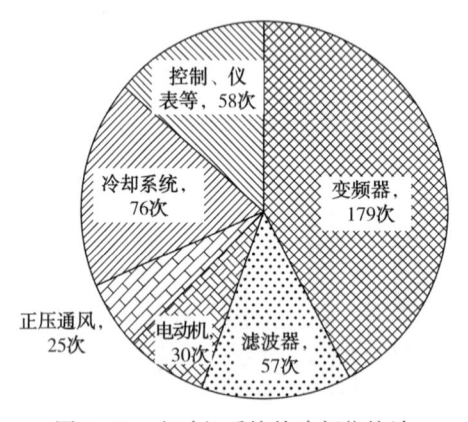

图 2-16　电动机系统故障部位统计

1. 变频器

变频器通过整流和逆变功能，将电网的恒压恒频转换成可变化的电压和频率，使电动机发挥更好的工作性能，长输管道所使用的变频器类型包括负载换向式 LCI 电流源型变频器和三电平、五电平及 H 桥级联式电压源型变频器。

长输管道电驱机组的功率大，电压等级高，系统复杂，对设备的稳定性要求近乎苛刻，之前一直采用进口设备。2009 年，国家能源局牵头推动长输管道关键设备国产化制造，其中包括 20MW 级高压变频器的国产化。近年来，国产 20MW 级高压变频器在长输管道压气站已有运行数十套的业绩，新建电驱压气站基本采用国产变频电动机代替进口变频电动机作为驱动装置。

各厂家变频器累计运行时间与变频器故障次数如图 2-17 所示，从故障停机绝对次数上看，投产最早的西门子变频器故障次数最多，该变频器使用的变频模块为晶闸管，其故障原因与晶闸管制造工艺、使用年限较长导致耐压性降低、电流电压的异常波动等情况有关。晶闸管老化后绝缘电压降低，导致启弧放电产生高温，使芯片金属融化，致使晶闸管短路、损坏。因此，针对投用年限已长达10余年的压气站，要统计电气设备使用寿命台账，做好失效风险分析评价工作，提前做好物资储备开展预防性更换。

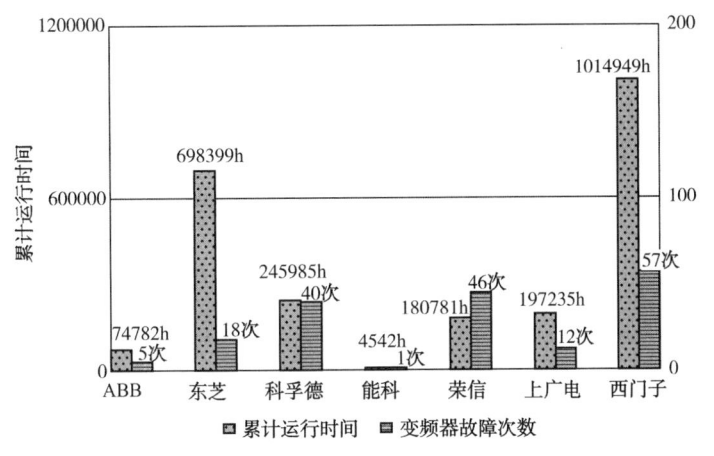

图 2-17 变频器故障次数

2015—2016年发生多次科孚德变频器看门狗继电器报警引起的停机，经专项研究查明，该报警的根本引发原因为电源模块供电不稳定，导致功率接口板 PIBE 与 CPU 通信回路故障。更换变频器控制柜内的电源模块及通信电缆并升级软件后，系统保持运行至5倍的快速任务周期(5ms)，改造后再未发生该系统的看门狗报警停机。

除变频器控制器故障外，安装在西二线上的科孚德 MV7000 系列变频调速装置自投产以来电气故障率居高不下，多次出现功率单元桥臂击穿烧损、旋转整流二极管故障、逆变器出线 CT 故障、滤波电容器故障、滤波电抗器故障等重大故障，如图 2-18 和图 2-19 所示。在不断开展技术攻关及与 OEM 厂家沟通后确认，该系列变频器"功率器件串联所必须的均压和同步触发技术"在高压大容量应用领域不成熟，设备可靠性无法保证，因此在2018年将一台科孚德变频器改造为国产能科变频器。

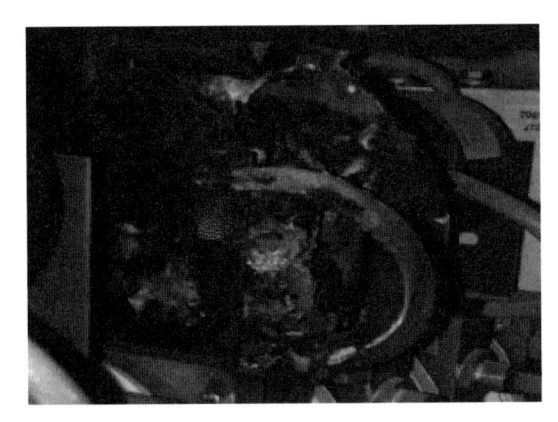

图 2-18 变频器均压电容损坏 　　图 2-19 直流母排连接点(触桥)烧毁

国产变频器厂家中，上广电变频器性能表现较好，千小时故障率0.06，可靠性与进口设备相当；荣信变频器则多次发生 IGBT 故障、驱动板损坏、电容击穿、触桥烧毁、光纤

传输不良、报警值设置错误等问题，设备质量有待进一步提升。

除变频器本体故障外，外电波动引起变频器过流保护的问题不容小觑。2006—2019年，共统计179次变频器本体故障，而外电波动导致的变频器过流保护共发生328次。针对变频器设备受电网波动影响大、停机事件多的问题，通过修改变频器本体电压保护参数、逻辑程序，充分挖掘出变频器本体的低电压保护性能，启用了失电穿越、抗晃电、飞车启动等不同品牌变频器的特殊功能，较为有效地解决了这一难题。

2. 滤波器

电网中存在谐波，12脉冲变频器虽然能滤除电网的$6k±1$（5，7，17，19…）次谐波，但是$12k±1$（11，13，23…）次谐波仍然存在，因此需加装滤波装置；压气站的大部分负荷为感性负荷，为提高功率因素，需要容性负载进行补偿提高功率因数。滤波器补偿装置由总控制柜和滤波柜组成，每组滤波柜包括高压柜和二次柜，高压柜内有高压保险、真空接触器、带不平衡保护的电容器、滤波电抗器和电流互感器，二次柜内有滤波柜保护和控制的二次回路接线。

谐波问题引启机组停机多发生在早期，最早投产的西一线和陕京线由于中西部地区电网发展水平的限制，所安装机组多为对外电质量敏感度低的燃驱机组，为数不多的电驱压气站采用电流源型电动机驱动，滤波装置抗电网波动能力较弱，电网瞬间波动产生较为复杂的背景谐波触发停机保护，2007—2008年由谐波导致的停机占电驱机组停机次数的三分之一。随着电网技术水平升高，网侧谐波质量提高，同时西二、西三线选用的电压源型电驱机组适应电网能力强，谐波治理和功率因数补偿方面表现更好，谐波问题引发的停机大大减少。

2011年后由于谐波器引起的停机多由谐波柜温度高或电容、电阻模块故障导致，滤波柜内各模块工作时间达到年限后，电气元件阻值发生变化，电流增大引起发热，模块老化也会带来故障率的增加。针对滤波间温度高的问题，对滤波室排风系统进行了整体改造，采用强排风方式，改造后节能性得到提升，排风换热效果也有了很大改善。

3. 冷却系统

电驱机组通常配备低噪声闭式横流冷却水塔，水系统包含内循环水（纯净水）系统和外循环水（生活水）系统。内循环水系统工作原理：循环水在冷却水塔紫铜盘管内被冷却，由循环水泵送往电动机，经过换热升温的循环水再进入盘管冷却，可以随时由循环水补水泵进行补水。外循环水系统工作原理：外部喷淋水通过与盘管和填料接触换热达到冷却盘管内部循环水的目的，然后落入下部水槽，再由喷淋水泵送至喷淋水槽进行循环，如图2-20所示。

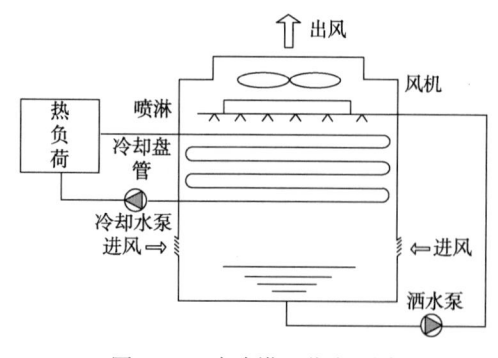

图2-20 水冷塔工艺流程图

闭式冷却塔安装在室外，在电驱机组不运行时，冷却塔防冻措施包括：

（1）内循环水中加合适配比的乙二醇防冻液；

（2）较长期停运的机组，拆卸水冷塔紫

铜管排空水分；

(3) 增设内循环水电加热器系统；

(4) 做好设备、管路电伴热及其他防寒保温措施。

如站内水质不合格，会导致循环水管路及变频器去离子水换热器生水侧结垢甚至堵塞，影响电动机内部的散热效果，电动机及变频器易出现温度高报警，导致电动机无法提高负荷，严重影响机组的正常运行。定期清洗冷却塔盘管，防止藻类和泥垢降低冷却塔冷却效率，增加软化药剂，减少水垢生成。

现用原闭式冷却水塔系统在运行期间由于水喷淋换热时的蒸发和定期排污，需要有充足的供水条件和排污条件，冷却水塔在机组满负荷运行时每天消耗冷却用水 $50m^3$ 左右。目前，部分站场将其改造为空冷器冷机联合系统，如图 2-21 所示。空冷器冷机联合系统无需补水，控制系统与机组集成，操作方便，需专业人员维护保养并定期补充制冷剂及清洗换热器，冷却水管路直接加入浓度为 49.5%乙二醇溶液，管路不存在冻胀风险，维护工作量较低。

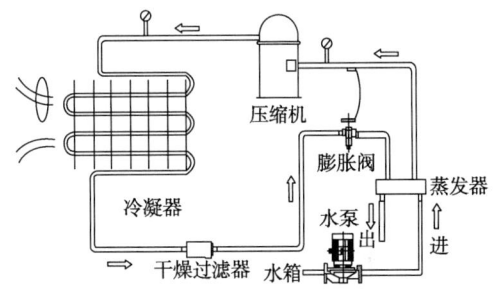

图 2-21 冷机联和系统示意图

变频器内部采用密闭式循环去离子水系统，通过冷却水回路对整流模块和逆变模块等功率单元进行冷却，内部去离子水通过热交换器与外循环的冷却水进行热交换，使内部去离子水保持适宜的温度。

去离子水系统与变频器柜集成度高，若发生渗漏不易发现，当与功率元件接触的水冷板存在诸如砂眼等瑕疵时，若未得到及时处理，可能造成大的设备损坏事故。应定期检查去离子水压力、流量，缓冲罐液位等数据并作实时记录，检查去离子水循环泵噪声、温度等，巡检时仔细检查是否有管路渗水现象，如主过滤器差压偏高，应及时清洗滤网。若存在变频装置安装后机组长时间未投产等设备长期存放的现象，投用前需先检查水冷管路，单独运行水冷系统 4h，确保管路无渗漏。

三、压缩机

压缩机故障停机中，干气密封系统故障停机 71 次，压缩机本体、齿轮箱、联轴器故障停机 22 次，传感器及接线故障停机 29 次，压缩机进口滤网统计 25 次，压缩机故障部位统计如图 2-22 所示。

1. 压缩机本体、联轴器、齿轮箱

压缩机本体和联轴器齿轮箱等发生的故障较少，但此类机械故障维修时间长，影响机组可用率指标，且如果发生密封损坏等故障，可能造成天然气泄漏等严重问题，影响运行安全性（图 2-23、图 2-24）。

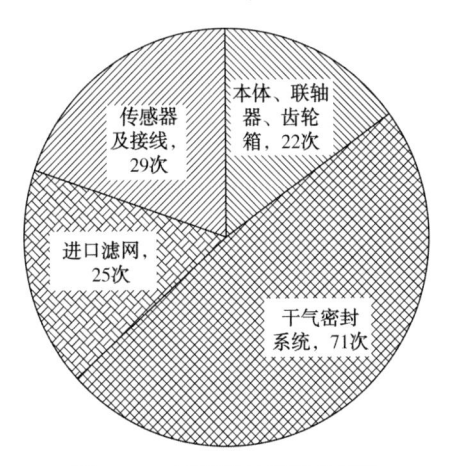

图 2-22 压缩机故障部位统计

2011年三台压缩机连续出现叶轮损坏，研究发现其原因为机组安装时未进行喘振性能测试，使压缩机操作系统流量计算有误，造成机组长期工作在阻塞区，低压比、大流量的工况使得压缩机内部流动出现严重的分离现象，二次流高频激发了叶片和盖盘的固有频率，共振导致叶轮破坏。后续加强了压缩机组安装调试期管理，确保完成各测试工作，并核查在役机组安装测试记录，再未发生此类严重机械故障。

西二线多台 TMEIC+曼透平压缩机组，多次因外电波动导致压缩机喘振，喘振造成驱动端及非驱动端密封圈多处破裂损坏，导致端盖漏气，形成了较大的安全隐患。

图 2-23 密封圈破损导致端盖漏气

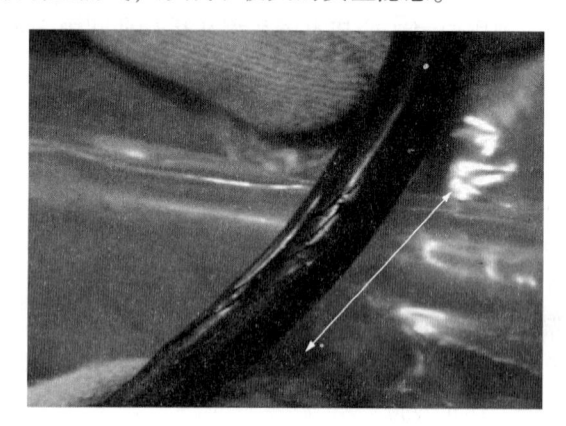

图 2-24 破损的密封圈

研究表明，正常情况下输入电压骤降导致变频器过流时，变频器关闭门级停止输出，压缩机组因机械损耗自由降速，此过程中变频器发送故障信号给压缩机控制系统，机组会立即通过防喘振阀本体上的快开电磁阀全开防喘阀，有效保护机组不进入喘振工况。在越过电压波动时间段后，变频器启动重试功能，将压缩机转速提升至波动前设定转速。但排查发现，该变频器控制程序中，该故障信号延时 2.2s 后才发给压缩机控制系统，导致防喘阀无法及时打开，造成机组喘振。通过变频器程序修改，成功保证了防喘阀开启速度，喘振问题得以解决。

GE某型压缩机由于设计问题，压缩机腔体内隔板差压过高，背压腔处的螺栓在极端情况下会断裂进入压缩机。某压气站在投产测试时，曾发生因螺栓断裂导致压缩机叶轮出现不同程度的损坏，见图 2-25 和图 2-26。通过对该型压缩机入口导流隔板进行改造，采取端盖上车槽减少密封腔直径、加装四氟密封圈、设置泄压孔、提高紧固螺栓强度、修改控制逻辑等措施，使入口隔板与端盖间不再存在背压空腔，消除了潜在风险。

此外还发生过机组联轴器护罩密封磨损（图 2-27）导致护罩漏油甚至油雾气窜出、压缩机轴承瓦块损伤导致振动高跳机、压缩机机芯变形导致级间密封磨损、压缩机 IGV 螺栓固定锁环脱落等问题。机组如因装配导致对中不佳、松动，或因异物或脱落导致转子平衡不良，均会造成机组振动高，高振动可能引起密封磨损，严重时会伤害轴承、叶片等部件，因此运行时应重点关注机组振动数值，同时应注意润滑油消耗量，并根据润滑油定期检测结果判断润滑油质量。

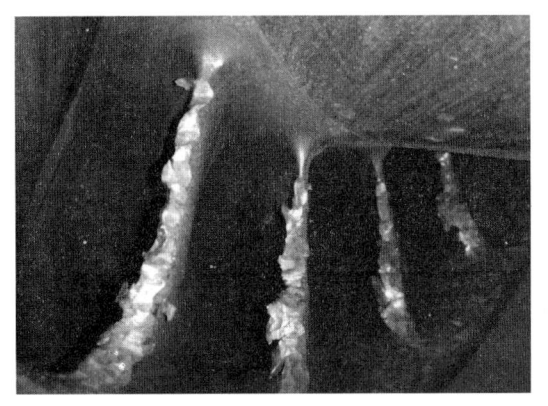

图 2-25　叶轮损坏情况

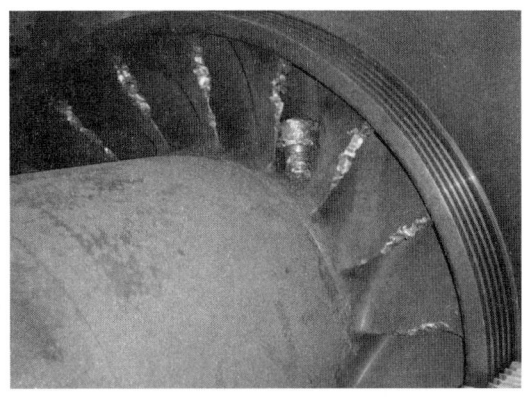

图 2-26　螺栓卡在叶轮处

图 2-27　联轴器保护罩密封磨损

2. 干气密封系统

干气密封系统工故障 71 次，其中本体密封圈损坏 42 次，密封气排气压力高高报停机 9 次，排气压力高高报本质也是密封损坏导致高压气体泄漏造成的。干气密封系统故障部位统计如图 2-28 所示。

干气密封损伤原因主要有：

（1）密封气温度低导致液体析出。黏度大的液态物质存在于动静环之间，在高转速下会与动静环端面摩擦产生高温造成损坏，因此密封气体需保持干燥；电加热器故障或加热温度偏低，经过调压阀节流温度会降低，密封气温度可能低于露点，出现凝析液体，并随密封气进入干气密封装置使之失效；寒冷天气导致天然气中的轻烃组分和水分析出，造成管路冰堵，也会导致干气密封差压低报警停机。

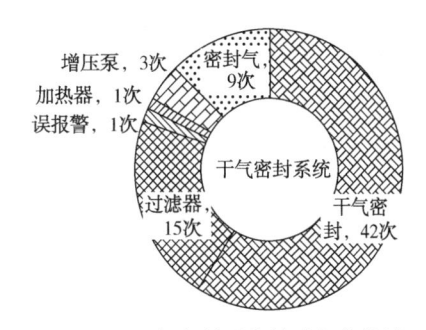

图 2-28　干气密封系统故障部位统计

（2）过滤系统失效，导致干气密封受污染。干气密封动环端面气体槽的深度仅有几微米，端面间必须保证有洁净的气体，以在两个端面间形成稳定气膜使密封端面完全分离，因此干气密封对气质的要求较高，对过滤器的过滤精度要求也较高。

（3）机组振动高或轴向窜动大，导致干气密封动静环接触磨损。

（4）仪表风系统提供的隔离气（二级密封空气）供气不正常，油雾污染密封。

（5）检修不当造成干气密封污染。检修时需要拆卸干气密封管线，而管线如果保护不好、安装不当也会造成干气密封污染，导致损伤。在检修时应对拆卸下的管线进行封头，安装前应用氮气进行整体管线吹扫，如果接口处脏，应用酒精清洗后再安装。

（6）机组多次紧急泄压停机造成密封圈损坏。执行紧急放空程序会使压缩机内天然气压力迅速下降，有可能使进入干气密封O形密封环内的天然气快速膨胀，导致O形圈损坏（O形圈材质为聚合材料）。

2005—2007年西一线发生多次液态烃析出导致的干气密封损坏，经专项研究后发现，干气密封系统设备布置过于分散，管路过长易引起热损耗，部分管道过窄且短距离内过多弯道引起压降。针对此问题进行改造，将分散的设备改为集成处理橇，并增设双联过滤器，通过温度控制器保证加热器出口处密封气温度超过露点20℃，保证了干气密封可靠性。Jone Crane干气密封处理橇见图2-29，国产干气密封处理橇见图2-30。

图2-29　Jone Crane干气密封处理橇　　　　图2-30　国产干气密封处理橇

2013年，某机组两级干气密封失效，天然气经由矿物油管线反串回矿物油箱，导致天然气和矿物油混合、矿物油箱充爆及其他风险。干气密封解体发现，二级密封破裂，磨损产生的高温熔融物堵塞一级放空口，导致一级密封失效后相应监控失效。此次故障发生后，该站开展干气密封系统存在的风险分析并进行了针对性改造：增加变压吸附制氮设备（NGS）产生连续稳定的氮气，用氮气作为二级密封和隔离密封气源，增加二级放空气体的监测仪表，并对矿物油箱增加安全卸放装置，防止异常状态下的超压。改造后的干气密封系统安全性得以提升，保障了压缩机组的安全可靠运行。

为保障干气密封运行可靠性，应加强机组运行监控，主要监视干气密封系统差压和一次、二次放空量的变化情况，重点监视一次放空量，当出现一次放空量在短期内持续快速升高或极不稳定的情况时，在确认差压表、流量计、放空调压阀、放空管线孔板等正常的情况下，可考虑干气密封已发生失效，及时拆开检查并视情况更换。注意密封隔离气的供气是否正常，隔离气需油泵停止后30min左右才能停止，防止残存油雾污染密封。如果只是停机不检修带压备用时，主密封气不能中断，为防止机组内压力持续上升，可打开机组入口平衡阀进行压力平衡。

加强对密封气和隔离气气质的监测，适时增加过滤器滤芯更换和管线设备排污次数，注意加强干气密封处理装置(GCU)的维护保养质量，重点做好前置过滤器、加热器、干气密封隔离空气等的巡检，日常应加强对空压机的排污，加强空压机出口水漏点的监控，防止因节流导致凝析水进入干气密封。

3. 进口滤网

压缩机进口过滤器滤网可滤除管线中的固体颗粒，防止杂质进入压缩机腔体对叶片造成打击或磨损。进口滤网问题引起的停机多由两种原因造成：一是滤网差压高引起跳机，二是滤网破损冲击叶轮引起振动高停机。

按照设计，进口滤网属投产初期临时加装，用来防止站内管道残留焊渣、未清理净的杂质等对叶轮造成冲击。投产初期，站场工艺管路中残留杂质滞留于入口滤网处，压缩机进口滤网差压上涨较快，严重情况下会引起滤网变形破损，因此需要定期清理。压缩机组投产前，要做好工艺管线吹扫工作，提高站内管道的清洁程度，除保障压缩机进口滤网不堵塞外，还可有效保证燃料气系统、干气密封系统滤芯的使用效率。压缩机进口滤网目数过高也会导致差压高，在投产初期如遇到工艺管道足够清洁但依然出现滤网差压高报警的情况，应考虑滤网过滤精度是否合适。环向固定筋焊接位置滤网破裂见图2-31，滤网吸瘪见图2-32。

图2-31 环向固定筋焊接位置滤网破裂　　　　图2-32 滤网吸瘪

滤网破损易发生在两个时期：投产初期和长时间运行后。在投产初期，部分压缩机滤网结构强度不足且流通面积过小，投产中出现焊缝开裂、滤芯吸瘪、滤网破损、压差高频繁跳机等故障，对此进行进口滤网改造，更换增强骨架筋板强度的滤网，改造后的进口滤网强度合格，再未发生破损。在机组长时间运行后滤网破损多因金属疲劳导致，滤网破损后，碎片可能吸入叶轮引起次生故障，因此对于已运行较长时间的压气站，可考虑拆除滤网。

压缩机进口滤网在设计阶段最好采用成熟应用及验证的结构型式，骨架筋板厚度、支撑筋板厚度均满足相应要求，结构强度满足运行工况需要。一旦发生滤网破损，应对压缩机本体进行严格检查，确认转子部件有无损伤，避免压缩机带病运行。

四、控制系统

控制系统故障停机 689 次，其中系统硬件故障停机 241 次、控制软件故障停机 198 次、通信故障停机 102 次、振动系统故障停机 88 次、接线和环境因素故障停机 44 次、防喘和负荷分配故障停机 16 次。控制系统故障部位统计见图 2-33。

1. 控制系统应用情况

目前各压气站 RR、索拉、沈鼓压缩机组等均使用 Rockwell 公司生产的 ControlLogix 控制系统，该型号控制系统也广泛应用于管道站场工艺控制、ESD 保护控制等各个控制单元上，使用率较高。该系统运行可靠稳定，系统拥有足够的开放性和灵活性，通用性较强，易于解读和操作，便于现场生产的日常应用和维护。

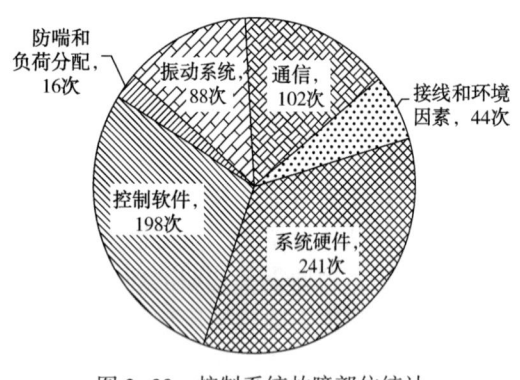

图 2-33 控制系统故障部位统计

GE 压缩机组所使用的控制系统，是 GE 公司专为其燃气轮机开发的 MARK VIe，经过多年的发展和升级换代，MARK VIe 控制系统功能配备全面，包括编程、诊断、趋势分析、报警、历史数据等各项功能，并具有极强的可扩展性、容错、综合诊断、远程 I/O、在线模块修复等特点，可将故障识别到具体的点，降低了平均修复时间。同时，MARK VIe 系统可以灵活配置，从现场一次仪表到系统电源、输入输出 I/O 包、交换机、控制器，都可以使用各种冗余组合。

西门子电驱机组使用西门子 S7 系列 PLC，从天然气管道压缩机组 S7 控制系统的总体实际应用情况来看，该控制系统的故障出现频次相对较少，在役西门子电驱机组自投产以来，未出现相关的控制系统故障停机。该系统稳定性较高，操作较为灵活方便，在其他行业应用较为广泛，是一款成熟可靠的控制系统。

管道压缩机组还应用了其他型号的控制系统，比如部分负荷分配使用 GE fanuc 控制系统、部分机组保护控制系统使用的是 HIMA 安全控制系统、国产压缩机组负荷分配使用 CCC 系统、部分压缩机控制使用 GE90—70 系统、压缩机组振动保护系统统一使用 Bently 公司的 BN3500(部分站场使用 BN3300) 等。

2. 控制系统硬件故障

控制系统故障中，I/O 模块、机架板卡、机柜端子排、浪涌保护器、安全栅、保险、继电器、电源模块等硬件故障为主要因素，共发生 241 次，占比 35%。随着机组运行时间的不断积累，控制系统硬件陆续达到使用寿命，运行中时常会出现模块故障、误报警、数据漂移等问题。电源线氧化腐蚀如图 2-34 所示，继电器氧化如图 2-35 所示。

图 2-34　24VDC 电源线氧化腐蚀　　　　　　图 2-35　继电器氧化

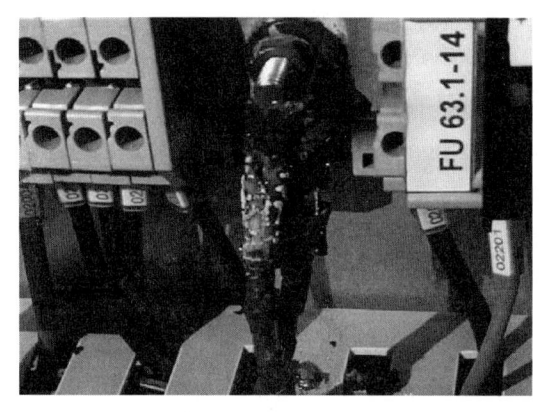

为避免控制系统硬件故障造成机组停机，在机组日常运行过程中应注意以下几点：一是在机组维护保养工作中，应做好仪表本体安全检查、定期检定等维护保养工作，要定期细致排查控制系统信号线接头的紧固情况，做好 ESD 系统回路测试、现场仪表信号传输 AI 通道检查等工作；二是在日常巡检过程中，重点检查各控制柜、交换机工作状态、机架模块指示灯是否正常，发现故障及时处理并复位，如有整体老化问题，可考虑对控制系统硬件进行预防性更换；三是注意对电缆屏蔽层接地严格把关，接线应按照相关规范实施，对于控制电缆，每个仪表电缆使用单独屏蔽，加上电缆共用屏蔽层双保护，减少信号干扰可能性；四是对疑难故障开展专项研究，例如早期 GE 机组 CF 记忆卡频繁失效，研究后将 CF 卡硬件从 Sandisk 牌更换为 Delkin 牌，并尽量减少下载程序次数，解决了该问题。

3. 程序与软件

控制器软件问题引起故障停机 198 次，其中 125 次发生在 GE 机组上。GE 机组投产早期多次发生 I/O 包数据不稳定、控制器离线等问题。

GE 控制系统的 I/O 自诊断报警通过硬件极限检查来创建，并通过编程软件 ToolboxST 进行浏览。系统会以帧频进行原始输入检查，每种 I/O 包都可以根据在操作上限和下限附近设定的等级进行硬件极限检查，如超限会设置并产生信号触发进程警报。在数据采集过程中，如果某输入连续的几个帧与表决值不符，指定控制器会触发这些诊断警报，如果连续的几个帧均一致，诊断信息就会被清除。如果瞬时产生了大量的进程报警数据包，TCP 缓冲窗口将立即被错误标签占满，导致缓冲溢出，从而产生通信故障。为了更好解决 GE 机组控制系统存在的隐性问题，对控制软件进行了升级和 TripLog 功能组态，同时对控制系统 I/ONet 网络拓扑进行优化，将原有级联模式，改为环网模式，实现 I/ONet 冗余功能，经实际使用，占 GE 机组报警总数 90% 的诊断报警不再出现，机组运行稳定性得到保障。

其余软件故障多是由于程序错误导致，其中一部分是初始逻辑在编辑之初就出现了错误，在运行中这些问题得以暴露。另一部分是站场进行工艺改造后，部分程序未能得到有效更新，如科孚德变频器更换为能科品牌后，变频器与压缩机控制程序间的配合不够完善，有待进一步优化。针对此类问题，如有技术条件可对压缩机控制系统程序进行摸排，对不妥、不完善之处进行优化改进，当发现程序问题或参数设置问题后应及时发布技术通告，对相同配置的压气站统一安排修改，减少设备隐患，提高控制系统可靠性。

4. 振动系统

振动系统对压缩机组安全平稳运行起到至关重要的作用，如振动高报警为真信号，通常预示着机组本体发生了较为严重的故障，但实际运行过程中，振动高报警往往是假信号。误报会导致不必要的机组停机，信号错误或干扰频发也会影响故障诊断工作人员的分析。

管道压缩机组振动系统统一使用 Bently Nevada 公司 BN3500 振动监测系统（部分使用 BN3300），BN3500 系统架构图如图 2-36 所示。随着监测系统设备的长时间运行，BN3500 框架及其板卡等硬件可能出现故障，为及时发现该仪表故障，避免非计划停机，建议压缩机组定期保养时对 BN3500 板卡进行自检，对存在隐患的板卡及早进行更换。

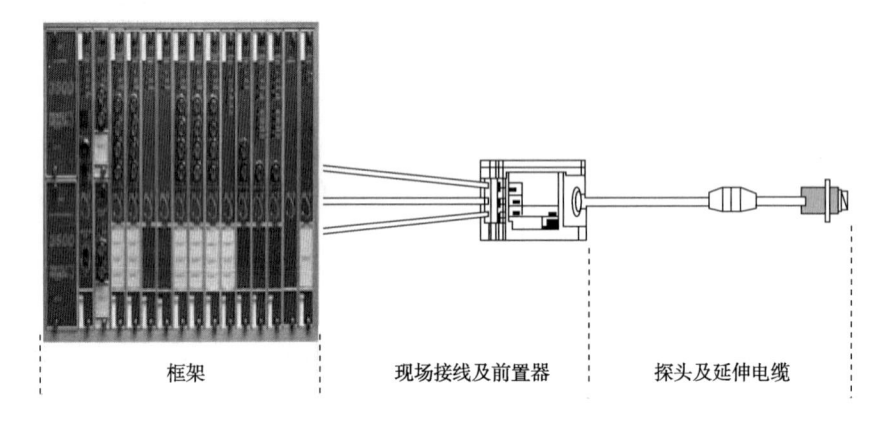

图 2-36 BN3500 系统架构图

振动信号接线松动及信号干扰可表现为三种特征：一是振幅出现无规则跳变，二是振动信号的频谱中存在稳定的 50Hz 成分，三是振动信号的频谱中存在丰富的低频成分。由于接线松动及信号干扰将直接导致振动信号的异常波动，造成非计划停机，所以现场机组进行维护保养的过程中，应及早发现、及时处理此类问题。可通过振动探头间隙电压检查、信号线接头紧固检查、线缆对地电阻值的测量、振动历史趋势检查、振动频谱检查五种方式初步判断是否接线松动或者信号干扰，以便进行进一步处理。

BN 推荐探头间隙电压为 -11.5 ~ -8.5V，机组进行大中修或其他需要调整轴瓦的保养后，务必调整探头与轴瓦距离，保证其直流电压在 -10V 左右，使其保持在良好工作区间。信号线接入电缆尺寸：无压接头（线鼻子）为 $0.2 \sim 1.5 mm^2$（16~24AWG）；有压接头为 $0.25 \sim 0.75 mm^2$（18~23AWG）；导体长度为 10mm（0.4in）。振动监测系统信号屏蔽线要求单端接地，屏蔽线统一接在 BN3500 模块处，现场接线箱不可接地以免形成多点接地造成电流干扰，屏蔽线缆对地电阻值要求小于 1Ω。另外需注意探头、延伸电缆及前置器分 5m 系统和 10m 系统，三个元件的系统应完全匹配，现场更换任一元件时，注意元件编号，以免错配导致信号反馈错误。

5. 防喘和负荷分配系统

防喘和负荷分配系统问题导致的停机次数较少，主要由于大部分站场并没有启用负荷分配功能。为提升管道智能调控水平，全面提升在役机组运行管理，从2019年4月起由调控中心牵头开展了压缩机组联合负荷分配试运工作，目标是管道沿线全部压缩机组均可由调控中心下发启停命令和设定压力参数，通过机组自动转速调节功能及多台机组运行情况下的负荷分配功能，实现压缩机组全自动化控制功能。

全面远控工作推行后，尚有部分站场因为负荷分配逻辑问题、设备本体缺陷等原因未能实现远控。针对联合负荷分配远控测试存在问题，逐步采取以下措施改进：

（1）对使用等流量和等负荷百分比两种控制策略的站场，考虑修改控制策略，对使用等喘振裕度控制策略的站场，考虑优化控制逻辑程序，使机组负荷平衡并能发挥最大出力（达到不小于90%的负荷率）；

（2）控制参数达不到要求的站场，考虑优化控制逻辑或重新进行PID整定，使控制参数优化；

（3）建立机组故障停机情况下的保护机制，当单台机组跳机或退网时，其他运行机组升速速率有限制保护，以消除因单机故障造成的其他运行机组的停机风险；

（4）当机组关键参数达到报警限值时，能发出报警提示（详细参数报警或系统综合报警）给SCADA系统，为中心调度操作提供有效参考；

（5）针对设备本体缺陷或老化等硬件因素引起无法满足远控要求，尽快完成整改或更换。

6. 环境

现场控制柜温度过高问题，在西二线部分机组上尤为明显，例如2012年7—8月份西二线部分压气站相继出现机组1号控制机柜内模块温度高而导致机组故障停机的现象。西二线与西一线相比增加了现场控制柜，该控制柜接收现场的信号，通过光纤通信传输到控制室的控制柜中，但是现场控制柜没有相关的降温设备，在运行中控制设备不能进行很好的散热，造成控制系统硬件运行不稳定。这类问题多次发生后采取了相关的降温措施，比如引用仪表风对现场控制柜进行冷却、给控制柜加装降温室并安装空调等，2013年后再未发生过此类故障。

五、供电系统

供电故障停机826次，其中外电导致停机708次、变压器和断路器故障停机35次、发电动机故障停机34次、配电柜故障停机23次、不间断电源（UPS）故障停机16次、控制和仪表等故障停机10次。供电系统故障部位统计如图2-37所示。

1. 外电

外电因素导致压缩机组停机708次，占供电系统故障停机的86%，且外电停机次数占机组全部非计划停机次数的比例逐年上升，如图2-38所示。

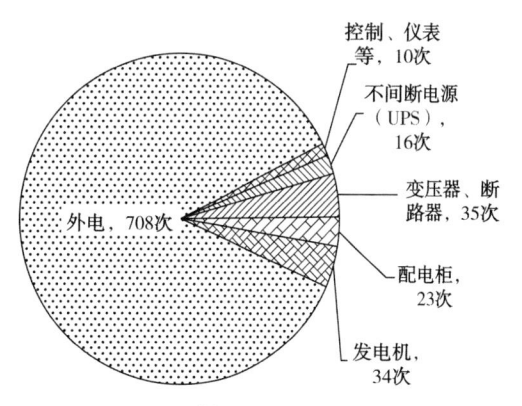

图2-37 供电系统故障部位统计

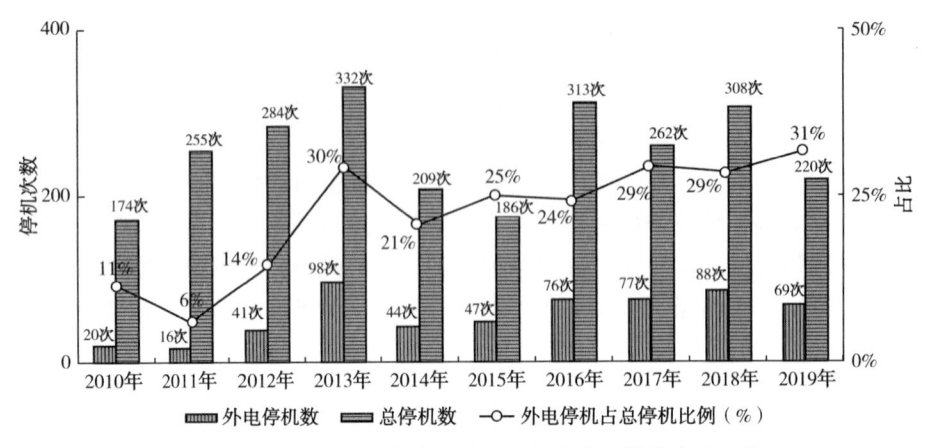

图 2-38 2010—2019 年离心式压缩机组外电停机占比趋势

外电问题主要类型有两种，分别为电气参数波动和电力中断，参数波动又包括电压波动、浪涌冲击、谐波、三相不平衡、功率因数过低、缺相运行等。电能质量不佳可能导致电气设备过热，功率损耗增加，振动和噪声加大，加速绝缘老化，使用寿命缩短，甚至发生故障或烧毁，外电因素也会引起压缩机组非计划停机，具体影响如下：

（1）燃驱机组主动力为燃气，停机主要由于油泵、箱体风机、仪表风空压机、燃料气加热器等设备的控制回路接触器低电压释放或低压变频器保护等辅助系统故障导致机组停车。

（2）电驱机组停机一般由输入电压骤降导致，部分情况欠电压保护停机或由于变频器 DC 电压的突然下降，导致变频器的输出电压和电动机的感应电压差异增加，进而导致过电流保护停机。

为了减少因外电波动造成压缩机非计划停机，各管道企业进行了积极探索，创新思路多措并举，进行技术攻关，深入挖掘相关应对措施。一是加强与供电公司的沟通协调，探讨完善应对方案，如在恶劣天气情况下与供电公司建立 2h 联系机制，及时掌握电网情况；二是实施外电线路改造工程和变电所老化设备治理项目等工作，增强供电稳定性；三是加强外电线路巡检，对外电线路进行安全隐患排查工作，明确外电运维工作内容、岗位职责、工作界面、业务流程，细化外电线路春、秋检要求，严把春检质量验收关口等。

2. UPS

UPS 设备利用电池等直流系统作为后备能量，市电中断后能瞬时将存储的电能通过逆变器向负载不间断供电，UPS 通常对电源进线电压过高或过低都能起到一定保护作用。主要给压气站场的控制系统、通信、火气、关键阀门、应急照明、周界入侵等提供稳定不间断的电力供应。

通常情况下，UPS 设备运行较为稳定，故障率低。但近年来随着运行时间的增加，其主机和蓄电池均存在超期使用的问题，部分站场 UPS 设备由于老化出现了铅酸蓄电池破裂漏液、逆变器故障、整流器烧毁、主机通信丢失、旁路功能失效等故障。

从以下几方面着手加强设备管理，尽量避免 UPS 故障引起压缩机组停机：

（1）从技术上加强监控 UPS 系统运行健康状态。UPS 系统增配电池巡检仪系统，监控电池端电压并设置预警阈值，集中监视运行模式要求将 UPS 主机关键报警（主要有交流输入电压低、风扇故障、逆变器故障、整流器故障、逆变器输出电压变化过大、逆变器/旁路不同期、直流低电压、直流过电压、蓄电池回路）信息上传站控 SCADA 系统，触发 UPS 综合报警。

（2）从管理制度上通过明确责任人保证工作质量。制定符合现场实际的 UPS 维保方案，严格规定 UPS 巡检要求，确保定期维保和日常巡检工作。

（3）增强 UPS 故障应急处置能力。结合现场设备和工艺流程实际情况，切实提高 UPS 设备应急处置卡的可操作性和实用性，加强运行人员相关培训，保证对 UPS 系统突发故障的应急处置能力。

（4）从备件管理上保障硬件可靠性。梳理 UPS 设备使用寿命台账，对于主机内易损件如风扇、电解电容和可控硅等元器件做好统计定期更换，明确 UPS 蓄电池正常使用寿命年限，定期更换电池，从硬件上提高设备可靠性。

六、润滑油系统

燃气轮机、电动机、压缩机是叶轮高速旋转的动力机械，轴承、传动装置及其附属设备均离不开润滑油的作用，润滑油系统为主机设备轴承、透平辅助齿轮箱提供数量充足、温度和压力适当、清洁的润滑油，以减少摩擦磨损。润滑油站主要由油箱、油泵及驱动机、油冷却器、油过滤器、加热器、油雾分离器、监测仪表及连接管路组成。

润滑油系统故障停机 154 次，其中传感器及接线故障停机 45 次、冷却系统故障停机 28 次、润滑油泵及驱动电动机故障停机 23 次、油箱管路和过滤器及其他硬件故障停机 23 次、控制器故障停机 22 次、油雾分离器故障停机 13 次。润滑油系统故障部位统计如图 2-39 所示。

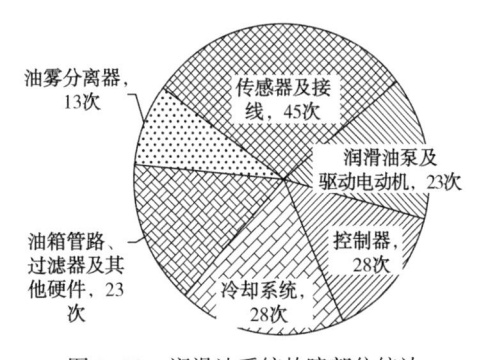

图 2-39 润滑油系统故障部位统计

1. 润滑油泵及驱动电动机

各厂家压缩机组中，GE 合成油系统和矿物油系统在机组启停机及保压阶段，由交流电动机驱动的辅助油泵工作，正常运行时两套油系统分别由 GG 附件齿轮箱驱动的主合成油泵和由与压缩机本体相连的轴头泵带动；其余厂家主辅油泵均安装在润滑油站上，由变频调速驱动电动机驱动；紧急油泵（或称事故油泵）电动机使用 110V 直流电驱动，保证在交流电失效时投入使用。

油泵与电动机本体故障率不高，共故障停机 23 次，基本为变频器模块故障、电缆破损、变频器通信故障等。但也发生过主矿物油泵滚珠轴承损伤，导致泵侧靠背轮与轴承压盖直接接触，摩擦产生高温造成收油槽内积油冒烟，引起火焰探测器报警全站放空的严重事件。因此日常巡检过程中应多留意润滑油泵振动情况，观察是否有噪音变大等异常情况，对于运行时间较长的润滑油泵，如有异常应及时拆检或预防性更换。

2. 冷却系统

冷却系统安装于压缩机厂房外一个独立的橇上，润滑油被由变频电动机带动的风扇冷却后,经管道到达润滑油系统的温度控制阀入口,经温控阀分配后再进入轴承系统,将润滑油温度控制在合适范围内,确保主机轴承安全工作。

润滑油冷却系统故障导致停机28次,表现为电动机过载、电动机绕组故障等。由于油冷风扇处于室外环境中,应注意风沙等对其的影响。日常巡检时注意有无异常噪声,定期清除冷却器上的灰尘,维护保养时关注风扇轴承磨损情况,防止由于风扇卡涩造成电动机过载;定期测试振动开关触点接触情况;对风扇电动机注脂维护到位;如风机皮带发现老化、断裂、松动,要做到及时更换。

部分压气站报警列表中,油冷风扇电动机停止运行未设置声光报警,导致运行人员无法及时发现风机故障,最终因润滑油温度高保护停机。压气站应对机组非停机类综合报警进行梳理,细化报警级别,避免关键报警无法触发声光报警的情况;加强员工技能培训工作,面对异常情况,准确分析可能造成的各种影响,及时做好经验分享,提高员工整体的运维水平。

3. 润滑油管路、过滤器等硬件

为满足轴承对润滑油的洁净度的要求,需设置过滤装置以防止杂质破坏油膜,划伤轴瓦等安全事故发生。润滑油系统中的固体微粒主要是矿物油、合成油分解后的产物,或外部进入的污染物,或来自油路系统管线内壁、油泵等部件磨损产生的铁屑杂质。杂质随着润滑油的循环流通滤网处时,会附着于过滤网上,使得滤网的流通面积减小,截流作用导致润滑系统油量不足,随着杂质在滤网上的积累,滤芯前后压差不断增加,累积压差达一定值后需对滤芯进行清理或更换。

探索润滑油系统合理的维护策略,控制维修工作量,根据备件使用情况等数据分析滤芯等部件,其可靠性随时间的变化趋势,科学设定更换滤芯的压差警戒值。对于燃气发生器合成油系统回路,关注磁屑检测器报警情况,防止杂质进入滚动轴承腔,造成不必要的返厂维修。

对于管路或接口漏油的情况,机组运行时巡检应仔细观察,并关注润滑油消耗量;任何时候不得踩踏润滑油、液压油等系统管路或对其施加过度负载;维护保养时紧固螺栓不应超过规定扭矩;对于燃机润滑油管路,应避免其与空气管路、探头线缆搭接,可采取添加卡子或保护套等措施增大管路间隙,防止磨损漏油。

4. 油雾分离器

在油烟排到大气之前,通过油雾分离器将其中的润滑油分离出来流回到油箱中,减少润滑油消耗,防止造成环境污染,满足环境和安全法规限制的要求。

GE机组矿物油油雾分离器风机常因振动高导致风机与电动机联轴器弹性柱销损坏,甚至出现振动变形导致风机叶轮与壳体出现剐蹭,引起电动机过载导致机组停机等情况。各压气站在完善机组附属设备维护保养细则时,应加强对油雾分离器风机对中情况的检查。

沈鼓压缩机组普遍存在轴承轻微渗油的情况,这与干气密封隔离气泄漏量过高有关,也与油雾分离器效率低导致的润滑油箱负压不足有一定关系。油箱负压不足会造成机组各轴承回油不畅引起漏油,轴承温度也会因为油循环工况变差而升高,从而带来更严重的问题。为提高国产机组油雾分离效率,压气站要检查叶轮旋向、出口止回阀是否卡涩、出口隔离阀开度、风机外壳密封情况；如因玻璃纤维吸油饱和致风机入口阻力过大影响风机负压，可考虑在保证达到环保要求的前提下，将滤网内侧玻璃纤维更换为4~6层100目不锈钢布。

七、燃料气系统

燃料气系统故障停机182次，其中燃调阀及控制器故障停机78次、传感器及接线故障停机52次、过滤器和加热器故障停机21次、燃料气质量导致故障停机9次、其他阀门故障停机22次。燃料气系统故障部位统计如图2-40所示。

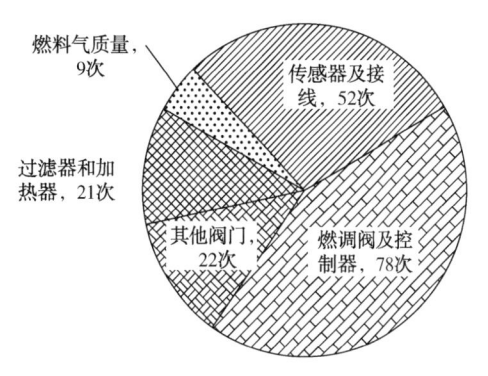

图2-40 燃料气故障部位统计

1. 燃调阀及控制器

燃料气计量调节阀是燃驱压缩机组燃气发生器的关键部件，要求压力高、流量大、线性好、响应快和可靠性高，这也就要求了燃调阀无论在阀体的机械部分还是在驱动器控制部分均需精密制造，相应地阀门故障率也较高。燃料气系统中，由燃调阀故障引起的停机78次，占燃料气系统的总故障停机次数的43%。

燃料气计量调节阀的控制器（驱动器）采用全电式执行机构，带有内置电子阀位控制器，由24VDC电动机驱动，根据来自上位机的阀开度指令控制，采用软件调整，准确定位球形燃料计量元件，露出与流量呈正比的有效面积，完成对计量阀节流口开度的控制，进而实现对燃气发生器转速的控制。

燃料气计量调节阀最常见的故障为阀门卡涩，导致驱动报警或阀位反馈故障报警，对此，需定期检查燃调阀，查看阀中是否有阻塞物；定期清洁清洗，强化并规范燃调阀保养作业。清洗作业时应注意以下几点：

（1）阀芯与阀座分开时，需将阀芯与阀座垫至同一高度，避免阀杆变形影响阀门准确开度，阀芯及阀座分别如图2-41和图2-42所示。

图2-41 EMV阀阀芯　　　　图2-42 EMV阀阀座

（2）清理阀腔，注意不能损伤阀芯与阀腔的密封面。
（3）清理阀芯表面，取出通往平衡腔室的过滤器进行清洁。

(4)重点清理平衡腔室,如果平衡腔室内部杂质过多,有可能造成阀门卡涩以及开度不到位,平衡腔室清理时注意浸泡后手动上下活动阀芯与平衡腔室,使阀芯与平衡腔室间充分浸泡,达到清洗目的。

建议使用化学溶剂清洁(清洗或刷洗)阀,不建议采用高压清洗,清洁计量元件和阀体内部时,勿使用尖锐物体,避免刮伤计量元件导致阀精度下降。使用溶剂或水清洁阀时,确保关闭或盖好外壳上的所有维修孔(电气盖、导管入口)。

此外还应定期检查额定压力,确认驱动器的线尺寸、长度和电源是否有问题,电源供电线容量是否正常。从历史数据分析,超过25000h的燃调阀发生卡塞概率很大,建议有计划地更换老旧燃调阀。对于夏季燃调阀控制箱温度高,导致控制器超温卡死引起停机的情况,要重视此类问题及诱发因素,对旋风制冷器逐一调整测试,将其调整至最佳工作状态,实现制冷效果最大化,对导热硅脂涂覆不合格或质量不过关的,重新进行清理涂覆。

2. 过滤器和加热器

燃料气气质要求十分高,如果燃料气内固体杂质超标,会对燃料系统控制阀造成摩擦侵蚀,影响燃调阀寿命;如燃料气含有液态烃,将导致天然气单位发热值相应增加,燃气轮机空燃比(Air Fuel Ratio)等燃烧控制参数相对固定(按合同气质设计),如果发生大的偏离可能造成启动失败,液烃可能在缓流区形成积炭,对燃机气流通道(燃烧室、喷嘴、涡轮)造成零部件的污染、过度腐蚀、局部过热烧蚀等。

GE燃料气系统设置了可自动排污的旋风分离装置,RR安装有筒状除液器用以分离燃料中的液滴,两型燃机除液装置后均有过滤器,且设置加热器以保证燃料气温度高于露点。

运行初期GE机组燃料过滤器液位检测故障报警导致停机频繁,其原因是燃料气中含液态烃类物质,过滤器内气流速度高引起气液混相,而三只液位变送器中任意两只检测不一致,就会出现报警停机,特别是在液体排放过程中,如果控制不好,容易出现液面波动导致液位检测故障。

机组运行时要与上游进行协调和沟通,加强气质的跟踪和监视,尽力保证气质满足设计要求;另一方面结合现场实际情况,对燃料分离器的排污系统进行适当改造。GE机组运行时要注意观察分离器液位,防止液位高高报警联锁停机,特别是冬季气温较低时,要防止排污管线冻堵。在环境温度较低或长时间停机后,燃料气管线中可能有液体积存,启动点火前一定要排放干净。

八、工艺系统

工艺系统故障停机252次,其中电控、仪表及接线故障停机134次、阀门及管路等硬件故障停机86次、RMG调压橇故障停机18次、工艺气质导致故障停机14次。工艺系统故障部位统计如图2-43所示。

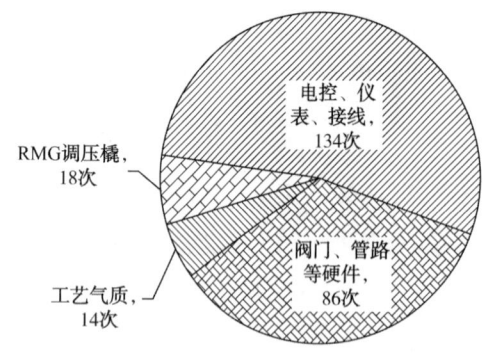

图2-43 工艺系统故障部位统计

1. 阀门

工艺管线进出口阀、防喘阀、旁通阀等大型阀门,部分存在内漏超标等情况,此问题虽不会引起压缩机组非计划停机，但影响了站内工艺区的设备安全与运行安全。例如某型号止回阀因其整流罩结构原因导致气流不稳，而浮动阀瓣结构不能长期适应不稳定的气流，其结构缺陷导致阀门失效。设备管理单位应定期排查阀门缺陷及隐患情况，及时进行消缺，保证设备整体完整性。

引起停机的阀门故障包括执行机构故障、膜片疲劳失效、O形圈断裂等，阀门故障如图2-44和图2-45所示。阀门失效会造成压缩机组非计划停机，甚至造成设备损坏，例如防喘阀故障导致机组喘振，可能会引起压缩机本体损坏等次生故障。

图2-44 阀门锈蚀、膜片卡箍断裂

图2-45 阀座密封磨平

为减少阀门机械故障，可采取以下措施：

（1）滤除管道天然气杂质，保证天然气质量，避免因杂质卡涩阀芯造成阀芯损坏，阀门关闭不严。

（2）日常巡检用可燃气体检测仪检查工艺阀门各连接接头部位是否存在外漏情况。

（3）对处于常开位的工艺阀门（气液联动阀除外），定期执行手动关2°~5°操作，防止长时间阀门不动造成阀门阀座与阀芯抱死。

（4）编制机械专业维检修图解手册，严格按照程序文件和操作规程要求组织开展春、秋检工艺阀门维护作业。

（5）严格作业过程安全管控，按流程操作票进行流程切换，按维检修作业卡标准化执行工艺阀门维保作业，如发生紧急情况，按应急处置卡进行现场处置。

2. 调压橇

调压橇由过滤器、流量计、加热器、调压设备等部分组成，调压橇故障将直接影响燃驱机组的燃料气供应，影响压气站场正常生产运行。调压部分由安全切断阀、监控调压阀和工作调压阀构成。调压橇故障引起非计划停机共18次，多数是由调压阀故障引起，包括调压阀膜片损坏、弹簧断裂、冰堵等，调压橇故障如图2-46和图2-47所示。

为保障调压橇正常工作，应做好以下工作：

（1）严格按照操作规程设置各调压阀参数，避免错误操作导致主膜片的损坏。皮膜破坏性试验表明，皮膜破损时前后压差约为3MPa，不按正确的方法操作会导致皮膜前后压差超过其最大承受值。当调压橇需要放空时，应先放空工作调压阀下游的管段，再放空安全截断阀上游的管段，避免调压阀主膜片反向受压导致破损。

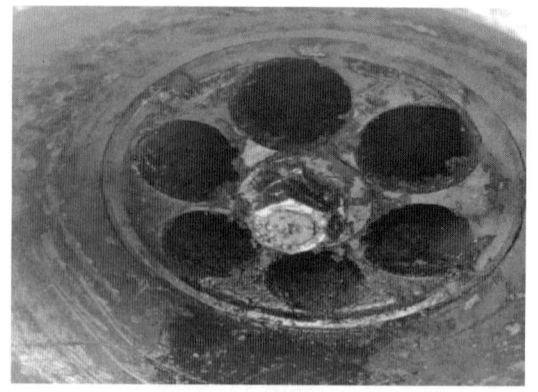

图 2-46　调压阀弹簧断裂　　　　　图 2-47　调压阀阀腔堵塞

（2）如果气质水露点不达标或杂质较多，通过控制阀节流，温度骤然下降成冰堵现象。如果发生冰堵，不可强加外力使控制阀运动以免损坏阀芯，简单的方法是用热水浇开，切换至备用气路或利用调压橇前的节流设施进行小幅度节流降压后再进行调压。

（3）定期对过滤器进行排污，检查调压橇过滤器滤芯和指挥器过滤器滤芯差压，差压表读数达到 50kPa 时，须及时更换滤芯，保证进入调压阀的气体足够清洁，减少气体中的杂质对膜片和阀芯的腐蚀，提高膜片和阀芯的寿命。

（4）加强每日巡检，巡检时查看运行支路的监控调压阀指挥器进口引压管是否有结霜现象，检查电加热器、电伴热带工作是否正常，避免调压阀内的死气和指挥器内控制气路的冻堵，检查备用支路电加热设施是否关闭，避免干烧。

（5）做好调压橇关键备件的储备。储备充足的 RMG512 主膜片、指挥器 RMG650 膜片和一定数量的 RMG512、RMG650 备件包。

3. 电控单元及仪表

当机组运行时，由于振动原因造成阀位反馈指示器机械杆和阀位检测开关相对位置发生微小变化，可能会造成二者之间的磁感应效应减弱或者瞬间消失，控制系统检测不到阀位全关信号，导致阀位错误报警，2006—2019 年，共发生 39 次阀位反馈错误导致的故障停机。

通过对阀门阀位反馈机构的观察研究，发现当开阀或关阀时，阀位检测开关检测到阀位反馈指示器机械杆上的小磁铁的磁场，阀位检测开关内部的常开触点吸合，将位置信息反馈至控制系统，阀位反馈装置结构图如图 2-48 所示。

针对工艺气自动放空阀、加载阀等阀位易丢失阀门问题进行阀位重新固定，将阀位固定薄片更换为稳固性更强的角铁。可在阀位检测指示器机械杆上方加装一块大小适宜，极性相反的永久磁铁薄片（图 2-49），能够加强机械杆与阀位感应开关之间磁性效应，避免由于振动和其他物理因素造成的磁感应效应减弱或者瞬间消失的现象。值得注意的是，2019 年某机组放空阀上安装的永磁铁因管线振动而脱落，吸附在接线端子上，导致阀位反馈异常，为避免此类故障再次发生，改造过程中务必注意对永磁铁进行固定。

此外，还可在控制程序中优化逻辑，对部分阀门的位置错误 trip 信号增加延时触发功能，防止因阀位反馈闪断导致停机。

图 2-48　阀位反馈装置结构图

图 2-49　阀位检测上增加磁铁

对于进出口阀等大型截断阀，为防止其误关断导致机组非计划停机，可采取如下措施：

（1）应加强电控单元的电池电压监控，每次巡检需查看电控单元的电池电压，如低于 11V 及时处理。

（2）每月对阀门压力模块针型阀进行排污、吹扫。

（3）掌握气液联动阀原理与性能，熟悉操作方法与规程，避免误操作。

（4）对电控单元及附属压力模块进行检修时，对风险充分辨识和评价，并进行有效的消减和控制。

（5）加强线路截断阀误关断和进出站阀关闭导致输气中断突发事件应急演练，提高阀门误关断情况下的应急处置能力。

九、仪表风系统

仪表风系统故障停机 70 次，其中空压机和干燥塔故障停机 54 次、管路硬件故障停机 13 次、控制和仪表故障停机 3 次。仪表风系统故障部位统计如图 2-50 所示。

仪表风系统是燃驱机组和电驱机组的重要辅助系统之一，为压缩机组提供稳定、清洁、干燥的压缩空气，用于提供各类气动阀门的动力源、机组三级密封空气、正压通风空气、机组进气滤芯反吹空气、厂房通风自洁式空气过滤器滤芯反吹空气等。

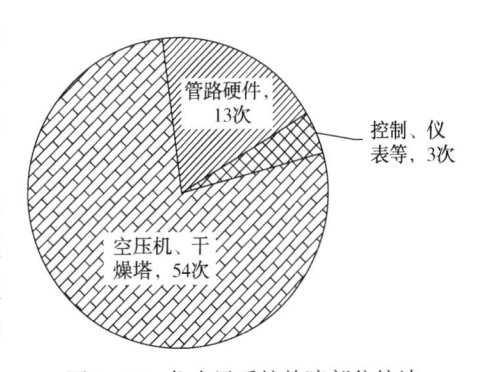

图 2-50　仪表风系统故障部位统计

压缩空气的质量对电动机正压通风系统、气动阀门等影响很大，正压通风压差检测点在控制器内，其气源直接取于机罩内的压缩空气，而压差又很小（稳定运行时在 15mbar 以下），如果压缩空气含水或灰尘、气质不合格，对检测点造成污染，将直接影响压差检测的稳定性和准确性，甚至可能引起控制器的电子元器件功能不稳定，导致故障停机。仪表风问题还可能引起气动阀、防喘阀的执行机构故障，如皮膜损坏等。2006—2007 年，由于设计不到位，空压机到压缩机组前的仪表风管线未使用不锈钢管，导致 RR 机组非正常停机后戴维斯阀多次堵塞，不能正常启机。因此，要高度重视压缩空气质量，确保压缩空气干燥洁净。

仪表风系统包括空压机、干燥塔、储气罐和管路、阀门等附属设施。每天均应对空压机和储气罐等至少排污两次以上，发现排污量较大时要加密排污频次并及时查找原因，及时检查更换滤芯。进入水露点相对高的时期前（秋冬季），应进行空压机保养，更换气体滤芯、干燥剂等消耗器材；每次切换空压机前，先对停用空压机储罐底部的排污阀进行排污，由于长时间的停用导致凝结水汽在储罐底部聚集，直接启动机器将导致大量凝结水进入干燥塔，粉化干燥剂并从消音口排出，导致干燥效果不理想，直接影响空气质量。

为确保空压机的运行正常，可采取如下措施：

（1）维护中检查散热片是否有灰尘，夏季空压机室内环境温度是否过高，如果室内温度超过40℃，宜在空气压缩机房内安装空调，降低温度防止发生高温故障。

（2）检查空压机内部是否有腐蚀迹象，应对腐蚀表面进行清洁，涂上润滑脂。

（3）对于堵塞的过滤器滤芯及时更换，从而规避超温故障。

（4）如使用喷油螺杆空压机，其性能在很大程度上与螺杆机油的好坏有关，润滑油禁止不同品牌混合使用、超期使用，否则会降低闪点，工作不稳定造成高温停机引起油品自燃。

（5）机组电流量大，检查其电压是否过低、接线插头是否松动有无发热烧焦气味、组机压力是否超过定额压力。

（6）机组排气压力超过额定压力，检查传感器有无故障，是否正常运行，压力开关设置是否太高，继电器控制机组压力表和压力开关是否故障。

十、消防系统

消防系统故障停机156次，其中传感器及接线故障停机136次、系统软硬件故障停机20次。消防系统故障部位统计如图2-51所示。

1. 可燃气体探头

可燃气体探测器由多色LED指示灯、防雨防尘罩、光学镜面、O形圈等部分组成，其工作原理是可燃气体通过防尘防雨罩扩散至内部测量室，测量室使用红外（IR）光源照明，红外线穿过室内的气体时，气体将吸收某些红外线波长，而不吸收其他红外线波长，红外吸收量由可燃气体浓度确定，微处理器通过衰减的红外光强度计算可燃气体浓度，并将该值转换为4~20mA电流输出。

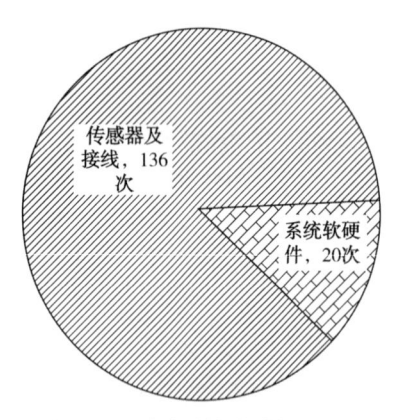

图2-51 消防系统故障部位统计

西一线机组刚投产时，多次出现SIL2系统可燃气体探头报警停机，期初认为是GE FANUS系统与UCP间通信故障或系统程序存在问题，在反复检查PLC系统或重新下装控制程序后，该故障依然频繁发生。研究发现燃机进气滤芯处迪创PIR9400型可燃气体探头，对风沙大雾阴雨天气敏感。在对进气滤芯进行反吹时，在该检测探头容易集灰尘导致误报警；刮风或浮沉天气，尘土和其他漂浮物附在探头外表面容易引起检测探头检测到错误信号，产生报警。后续运行中通过以下措施降低了该类故障发生频率：

（1）发生可燃气探头故障报警时做到及时复位。

（2）巡检时加强机组可燃气体探头的外观检查，在机组控制界面实时关注探头模拟信号值的变化情况。

（3）2000h 例行维护时，增加检查清洁探头光源镜片、反射镜片等维护工作。

（4）在反吹滤芯后和恶劣天气之后，及时安排进行探头清洁。

（5）进气滤芯处探头统一安装 100 目的金属防尘滤网，延长探头脏污的时间周期。

不同型号燃驱机组入口可燃气体探头报警逻辑不同，GE 机组为三选二报警逻辑，RR 机组为四选一报警逻辑，因此 RR 机组对可燃气体探头的可靠性要求更高。针对入口可燃气体检测器信号跳变故障频发，以西二线某站为试点，增加了 100ms 延时保护，并改造可燃探头为独立供电，大幅消减了信号干扰跳变故障。

2. 火焰探测器

RR 机组火焰检测系统由 3~4 个迪创 X3301 的多光谱红外（IR）火焰探测器组成，该感光式火焰探测器响应火焰辐射光谱中波长较长的红外辐射，对于起火速度快且无烟遮蔽的明火火灾反应尤为灵敏，其探测波段选取在 4.35μm 附近的红外辐射。分布于机组 GG 箱体进气端左上、左下、右上、右下四个方位。火焰探测器中的 Oi 板是火焰探测器中的聚光金属板，西一线早期投产的 RR 机组，由于安装空间问题，部分火焰探测器在设计之初存在 Oi 板朝下安装的情况，如图 2-52 所示。如 Oi 板与观察孔之间堆积灰尘、水气等污染物，会影响火焰探测器正常运行，影响消防系统正常监测。针对 GG 进气端左上端及左下段 GG 润滑油泵旁火焰探测器安装位置狭小的情况，设计加工了底座支架，对探测器安装位置进行了重新调整，改变火焰探测器 Oi 板安装朝向，避免了该安全隐患，如图 2-53 所示。

图 2-52　火焰探测器 Oi 板初始安装位置　　　　图 2-53　调整后的 Oi 板

GE 机组使用的迪创 X2200 紫外线火焰探测器为单镜头，可能会受到射线检测的干扰，曾发生过厂房内射线检测触发箱体火焰探测器报警停机的事件。西一、二线机组的火焰探测器使用年限较长，已达设备使用寿命，存在故障可能性。三镜头火焰探头比单镜头误报的可能性更低，因此沿管线对各站的火焰探测器进行分批次更换时，考虑选用可靠性更高的 3IR 型号，并推进火焰探测器双回路改造。

日常工作中，应定期检查清洁探头光源镜片、Oi 板，定期检查火焰探头安装固定螺栓是否有松动、锈蚀；加强对厂房动火作业的风险研判，将箱体火焰探头纳入重点分析对象，严禁射线检测作业时朝向燃机箱体等关键部位。

第三节 压缩机组故障原因统计分析

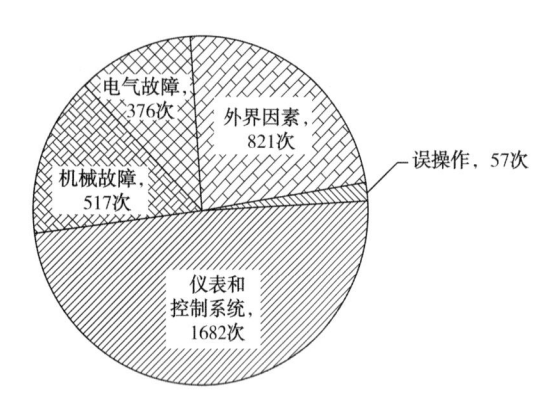

图 2-54 离心机组故障原因统计

离心机组故障停机 3453 次中,其中仪表和控制系统故障导致停机 1682 次,占比 48.7%;机械故障导致停机 517 次,占比 15.0%;电气故障导致停机 376 次,占比 10.9%;外界因素导致停机 821 次,占比 23.8%;误操作等人为因素导致停机 57 次,占比 1.7%,故障原因统计如图 2-54 所示。

一、控制系统故障

2006—2019 年共记录离心机组总故障停机 3453 次,停机时间 43053h,其中控制系统故障导致停机次数达 1682 次,占停机总次数的 48.7%,停机时间为 10850h,占停机总时间的 25.2%。表 2-3 是历年控制系统故障次数及所占比例统计,从表中可看出,控制系统引起的故障是造成压缩机组停机的首要因素,压缩机组是高温高压高转速条件下运行的复杂精密设备,其控制系统是一个多输入多输出、复杂的时变动态系统,控制对象具有多变量、非线性的特点,且机组工作时会带来振动、磨损、腐蚀、冲击等干扰,因此对控制方法及控制模式要求严格。控制对象的多样性导致其系统硬件复杂繁多,任何一个部件或模块的损坏都有可能导致故障,甚至停机。

通过分析表 2-3 中数据,西一线投产初期压缩机组各设备处于磨合期且人员运行经验不足等因素,导致机械、电气故障及外界因素引起的停机发生频率较高,因此 2006 年控制系统故障占总停机比例较低,仅为 27% 左右;2011—2012 年西二线机组陆续投产,调试阶段由接线、探头、通信等问题引发的控制系统故障增加,导致占比达 60% 以上;其余年份占比均在 40%~50% 之间。统计数据表明,控制系统故障引起的停机次数多,严重地影响了压缩机组的正常运行。

表 2-3 控制系统故障次数及所占比例统计

年度	2006	2007	2008	2009	2010	2011	2012
总停机次数(次)	83	325	302	200	175	255	284
控制系统停机次数(次)	22	152	120	96	85	157	173
控制系统故障占总故障比例(%)	26.51	46.77	39.74	48.00	48.57	61.57	60.92
年度	2013	2014	2015	2016	2017	2018	2019
总停机次数(次)	332	209	186	313	261	308	104
控制系统停机次数(次)	158	102	85	144	110	141	50
控制系统故障占总故障比例(%)	47.59	48.80	45.70	46.01	42.15	45.78	48.08

控制系统故障主要表现在通信网络卡死,控制系统电源故障或不稳导致单个数据和总线数据丢失,CPU、交换机或I/O包离线导致批量数据无规律闪断,控制系统部件、端子板、I/O卡件故障或通道损坏引发错误跳机信号等。

探头、传感器和信号传输接线故障主要表现在机组安装的施工质量不佳,现场UCP、接线箱、航空插头接线等受到振动影响而损坏,用于信号传输的导线破损、松脱虚接或接地不合格,可燃气体探头易受外界恶劣天气的影响(如风沙雨雪等),箱体火焰探头易受干扰。此外,传感器间隙变化和零点漂移以及外界干扰导致信号异常波动等也是控制仪表类故障的重要原因。

常见控制系统故障及其原因如下:

(1)可燃气体探头、振动探头、液位计、压变故障等仪器问题。主要因为西一线机组投产时间已达到十年,各类监控设备逐渐达到使用寿命。运行中时常会出现故障、误报、数据漂移等问题,极大地影响了机组运行的稳定性与安全性。以可燃气体探测器为例,RR机组共安装12只可燃气体探测器,其中进气滤芯下方8只,箱体排气道4只,探测器建议使用寿命为8~10年,由于探测器老化,以及受到风沙环境的影响,十年来发生多次探头故障引起停机的事件。为避免该情况,要及时对仪表监控设备进行维护保养,包括本体安全检查、定期检定等,在探头出现故障或误报时,及时对其在线热更换。

(2)假信号、线路虚接、线路干扰等误报警问题。机组振动、温度、压力探头多设置在高振动、高温的环境中,机组高速运行时的振动易导致探头及其连接件出现松动脱焊,高压柜中的接线由于开关闭合和断开的频繁冲击而出现松动,现场接线箱内的端子随着机组长时间运行出现绝缘老化、接线松动、模块虚接等。为预防此类故障,应在机组运行期间加强巡检;机组定期维护保养时,重点检查探头的紧固状况,确保端子完好、压片压紧、线路无破损,并做好每个回路的测试工作;保证供电回路电压与电流的稳定;对于振动保护系统,除做振动探头间隙电压检查、信号线接头紧固检查、振动历史趋势检查等项目外,增加线缆对地电阻值的测量。

(3)机柜盘架、I/O模块、电源模块、继电器、安全栅故障等硬件模块问题。此类故障易于排查并解决,模块失效时更换速度快,对生产运行影响较小。为防止此类故障发生关键是要保证制定控制柜温度控制及防尘设施运行维护规范,提高控制系统运行环境要求,运行时应保证现场及机柜间的温度、湿度等,使各模块工作在环境要求范围内。对于PLC电源模块,应按行业标准对其定期更换。

压缩机机组控制系统需要的备品备件数量和种类较多,包括现场仪表、探头、系统模块、各种接线端子、安全栅、电源模块等等。因此做好备品备件的管理,保证备品备件质量,做到及时供给,才能缩短机组故障的处理时间。建立详细的备件管理台帐,包括备件总体的库存、消耗以及单台机组备件更换的数据,及时跟踪和更新,确保库存备件能够满足计划与应急需要。对各部件损坏率进行统计,并对各部件损坏后的可能后果进行分析评估,采取针对性的措施,保证现场各机组的持续稳定运行。

依据目前使用的压缩机组控制系统的功能和特点,针对在运行过程中出现的问题,持续优化控制程序(包括信号处理优化、停车保护逻辑优化、报警优化等)。例如通过对现有压缩机控制系统、仪表和电气接线、探头、接地、信号干扰等故障的分析,可研究采取针对性的程序优化、信号过滤、接线方式优化等措施，降低控制故障和仪表故障引起的压缩机停车次数。

二、机械类故障

2006—2019年离心机组机械故障导致的停机517次，占总停机次数的15.0%，停机时间达23718h，占总停机时间的55.1%。机械故障主要表现如下：

(1) 干气密封故障，齿轮箱、液压泵、燃机叶片、轴承、转子等本体部件故障。

(2) 油雾分离风机软连接破损、阀门膜片损坏和机组静密封点渗漏等，导致油箱负压无法建立、阀门无法调节、油压无法达到设定值，甚至引发大量泄漏，进而导致机组停机。

(3) 计量阀卡阻、管线搭接磨损、GG附属管线破裂等原因导致机组失效停机。

机械故障的特点是维修周期长，影响生产运行，故障按时间阶段可以分为投产初期和稳定运行期两类。

投产初期的故障停机多由施工质量及气质问题导致，西一线所输天然气为塔里木气田来气，气体杂质多导致干气密封系统频繁损坏；施工质量问题也导致投产初期多次发生波纹管破裂、戴维斯阀卡死等故障，随着运行经验的积累提升此类问题逐渐减少，西一线后期及西二、三线机组的干气密封均加装了预处理橇，未再出现气质问题引起的干气密封损坏。

稳定运行期，压缩机进、出口阀、放空阀阀位故障导致停机，多因为限位开关不合适、线路虚接、接线断裂引起。西气东输干线西段多大风及沙尘天气，暴露在外部的穿线管易在大风条件下晃动，线缆与穿线管摩擦造成绝缘皮破损，可采取措施对穿线管进行固定，避免其晃动引起的摩擦。RMG调压阀、防喘阀的膜片老化失效也是常见故障，可在夏季输气量低、生产任务不重的时候，定期检查并更换老化的膜片。针对压缩机组本体的机械故障，故障排查及解决时间长，严重影响设备可用率，降低运行安全性与经济性。因此，有必要对压缩机组的运行状态进行全面监测，使机械故障及其发展趋势能够及时发现。目前，中石油管道压缩机组基本均已安装振动监测诊断系统，已建设中油管道公司远程监测诊断中心，搭建统一的远程监测诊断平台，发挥集团专家优势，将有效提升中油管道公司压缩机组的管理水平。表2-4列出了近年来发生的一些机组本体机械故障。

表2-4 典型机械故障统计

序号	故障情况	处理方式	故障出现日期
1	4K孔探发现压气机12级有55个叶片严重缺角	返厂维修	2007年12月
2	4K作业孔探发现GG压气机第11级有1个叶片出气边损伤	现场更换该叶片	2008年3月
3	压缩机止推轴承推力盘损坏	现场更换了推力盘、推力轴承及干气密封	2008年7月
4	非驱动端干气密封损坏	用备件进行更换	2009年4月
5	GG中间轴承损坏	返厂维修	2009年4月

续表

序号	故障情况	处理方式	故障出现日期
6	GG第16级压气机叶片大量断裂	返厂维修	2009年5月
7	主润滑油泵驱动齿轮键槽严重磨损	压缩机解体拆卸机芯，进行修复	2009年5月
8	合成油主泵密封失效	更换合成油泵组	2009年8月
9	异物卡在叶轮的叶片之间造成叶片损坏	更换转子并返厂维修	2010年1月
10	转子第三级叶轮严重损坏	定子和转子返厂维修更换	2011年1月
11	转子第二级叶轮严重损坏	定子和转子返厂维修更换	2011年1月
12	转子第三级叶轮严重损坏	定子和转子返厂维修更换	2011年1月
13	机组燃气透平一级静叶严重烧蚀	返厂维修	2011年3月
14	机组燃气透平一级静叶严重烧蚀至断裂	返厂维修	2011年3月
15	燃气发生器入口齿轮箱IGB损坏	返厂维修	2011年6月
16	燃料气喷嘴脱落	返厂维修	2012年6月
17	燃烧室喷嘴环脱焊掉落打断高压涡轮叶片	返厂维修	2012年6月
18	B池进油喷嘴被残留断裂的O形圈堵塞	返厂维修	2012年7月
19	燃气发生器压气机5~16级叶片损伤	返厂维修	2012年11月
20	燃料气喷嘴脱落	返厂维修	2013年9月
21	燃气发生器压气机2~13级叶片损伤	返厂维修	2014年5月
22	燃气发生器压气机13~16级叶片损伤	返厂维修	2016年4月
23	4B轴承封严损坏	返厂维修	2017年7月
24	4B轴承封严损坏	返厂维修	2017年8月
25	GG轴承故障引发转速探头损坏2次	返厂维修2次	2018年4月
26	GG转速探头故障	返厂维修	2018年11月
27	压气机10~16级叶片打坏，高压涡轮一级喷嘴和动叶损坏	返厂维修	2019年5月

针对机械类故障，在日常巡检中早发现早处理漏油、漏气等，可有效避免非计划停机。对于机械类故障还可采取以下防控措施：

（1）排查机组引压管线、供回油管线、仪表线缆以及软连接之间存在搭接、摩擦、晃动、应力等隐患。针对高温环境，使用1mm厚耐高温铝箔纸可靠缠绕包扎后，固定在金属架构上，如图2-55、图2-56所示。针对存在应力的管线充分释放应力。

（2）对油冷器、空冷器、冷却水塔、厂房通风机、变频器室外风机等皮带重点检查，发现老化、断裂，及时更换，对电动机轴承注脂维护到位。

（3）在压缩机维护保养时，对润滑油过滤器、仪表风过滤器、主密封气过滤器、隔离气过滤器、油雾分离器等滤芯进行检查，视情况更换。

（4）加强对各类风机皮带、过滤器滤芯备件的储备，满足现场需求。

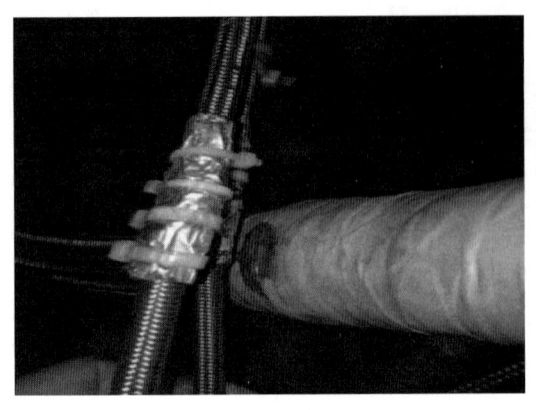

图 2-55 处理管线搭接示例一　　　　图 2-56 处理管线搭接示例二

除维护保养等技术措施外，还可考虑推动设备管理措施的持续改进，从设计、建造到运营的全生命周期各个阶段考虑，建立全面的规范与程序，保证标准化运营、标准化管理。

三、电气类故障

电气故障导致机组停机 376 次，占离心机组总停机次数的 10.9%，压缩机组各子系统电气故障停机次数统计见表 2-5。

表 2-5　压缩机组各子系统电气故障停机次数统计表

子系统	电动机系统	供电系统	进气系统	润滑油系统	控制系统	工艺系统	其他	总计
电气故障停机次数(次)	224	86	22	20	9	7	8	376
各系统电气故障占总电气故障比例(%)	59.6	22.9	5.9	5.3	2.4	1.9	2.1	100.00

电动机系统故障停机 224 次，占电气故障导致停机总次数的 59.6%，随着西二线东段、西三线、中贵线等管线的相继投产，电驱压缩机组占比已超过燃驱机组，成为压缩机驱动的主力，随之而来的各类变频器故障、电动机与励磁机故障等有所增加。电动机系统故障停机中，变频器故障 127 次。其中西二线科孚德变频器自 2016 年投产以来，出现多次严重故障，经专项研究后确认该型变频器采用的"功率器件串联所必须的均压和同步触发技术"在高压大容量应用技术领域不成熟，目前正在商讨改造方案；国产电驱站变频器较进口设备故障率偏高，运行过程中统计易坏易损件的使用率、故障率、更换率与更换周期，预设并修订备品备件储备定额，以实现快速调配。滤波柜问题 41 次，其中一半发生在 2006—2008 年，近年来电网谐波质量较之前有所提升，由滤波器引起的故障停机大大减少。

供电系统故障停机 86 次，占电气故障导致停机总次数的 22.9%，主要为电缆接地故障、UPS 故障、变压器故障等。因此，要加强对各电气设备的检查和测试，UPS 电池定期充放电，日常注意观察环境温湿度及是否有异常报警；电缆头放电事故有较高安全隐患，建议机组定期保养及电气高压春、秋检维护保养作业时，对各电缆桥架及电缆头进行详细检查，及时更换老化的绝缘头，同时做好屏蔽层绝缘测试，局部增加保护垫层，确保运行电缆不因外力受损。

其余各子系统故障均体现在风机和小型变频器上，如箱体风机、润滑油泵电动机和变频器、冷却风扇电动机等，如发现此类小型设备有异常应及时修理或更换，避免引发故障停机。保养时彻底清理电气元器件内部灰尘，查看大电流部位电缆头是否存在发热、变色及插接深度不够等问题，深入排查与治理机组附属电气设备存在的缺陷，确保电气设备处于整体健康水平。

西一线投产逾十年，站控及压缩机组 UPS 主机、整流器、逆变器、蓄电池、断路器保护单元、MCC 柜内空开、接触器等电气设备和元件多次出现老化失效情况，且部分电气设备由于年代久远，制造厂家已停产或升级，无法购买备件。针对此问题，投产较早的管线陆续开展了 UPS 等电气设备的更新改造，对故障频发或老化失效的电气元件进行预防性更换。

四、外界因素故障

外界因素导致机组停机 821 次。除投产初期气质不佳引起的故障停机，以及少数因雷雨、大风、大雾、高温天气引起的停机外，历年因外电失电、闪断和波动导致停机 708 次，占外界因素导致停机总数的 86.2%。外电波动及中断不仅会导致电驱机组停机，而且也会影响燃驱机组的润滑油泵电动机等，导致燃驱机组停机。因此，机组稳定运行对外电供电质量要求较高。外电问题引起非计划停机影响了压缩机组可用率，增加了管输天然气调控难度。此外，机组转速频繁波动还可能引起设备损坏等次生故障，如压缩机组因外电波动导致停机的过程中发生喘振，致使压缩机端盖密封圈损坏。

西气东输干线燃驱压气站绝大部分场站远离城市，新疆和甘肃段基本处于沙漠或戈壁中。在建设初期，机组用电基本采用供电质量较差的农电供电，时常会发生电压波动甚至停电。尤其在雷雨季节，由于上级变电所防雷击措施较差，雷击会造成继电保护装置动作，使电源断路器跳闸停电。经过近几年的升级改造，压气站的供电质量不断得到提升，基本改造成稳定的双回路工业用电，外电引起的停机也逐渐减少，改造后要保证可靠稳定的供电质量，需要提高电气设备的检修和巡检质量。

外电导致机组停机时，需分清电压暂降、电力中断、雷击保护等原因，其次分清电网所辖设备、自有专用线路、站内电气设备，以便有针对性开展改进措施。

电力中断问题若涉及自有专用线路，应加强自身线路维护，受雷电影响大的场站线路研究更好的防雷技术改造。电力中断或波动问题若涉及供电局，要加强与供电局的协调，建议其提高供电质量，减少电压暂降；如省内各压气站外电停机次数均较高，可与电网省公司营销部门统一沟通协商；必要时更改线路提高负荷等级，提高供电质量；协调线路具备重合闸功能；两条回路申请具备自动功能或分列运行方式；两路电源供电质量有差异时，协调供电质量高的线路为主供电源，必要时新增一路电源。新建压气站时，选择第三方机构对待建供电电源的电能质量进行调研，与供电局细化供电质量约定。

调研普查各站并重点检测典型站场供电质量情况，研究协调从供电源头解决供电质量问题；调研相关设备厂家，探讨在重点场站变电所侧增加动态电压稳压器等的可行性；试用加装有备自投功能的无扰动切换装置，通过并联切换功能实现正常运行时双馈线备用电源的可靠切换，保证不间断的供电。

　　油气管道关键设备国产化后，在设备的制造稳定性、运行可靠性方面还存在些许问题，应重视现有厂家的质量管理，引入新的厂家，通过竞争机制不断提高关键设备的质量和品质。

　　对于燃驱站场的电压暂降问题，可研究不同机组的抗晃电技术改造；对于国产电驱站场的电压暂降问题，可研究变频器的低电压穿越等技术改造；对于 TMEIC 电驱站场的电压暂降问题，可研究变频器的重试功能投运等方案。

第三章 燃气轮机及辅助系统故障分析与处理

在天然气管道发展早期,由于电网因素限制,所采用的压缩机组多为燃驱。燃气轮机及辅助系统在运行过程中的主要故障包括 GE 燃机 9~16 级叶片损伤、4B 轴承封严损坏、可变导叶系统常见故障、燃料气调节阀故障和箱体通风逻辑缺陷等。

第一节 燃气发生器叶片故障

案例 3-1 燃气发生器压气机叶片故障

一、故障描述

某台 GE 燃气轮机进行 4K 保养时,开展了孔探检查,孔探检查中发现压气机 13~16 级动叶出现不同程度损伤。详细情况如下:

(1) 13 级转子动叶:叶片损伤严重,1 片叶尖横向断裂,9 片叶尖边角断裂,2 处叶尖边角卷边(图 3-1 至图 3-3)。

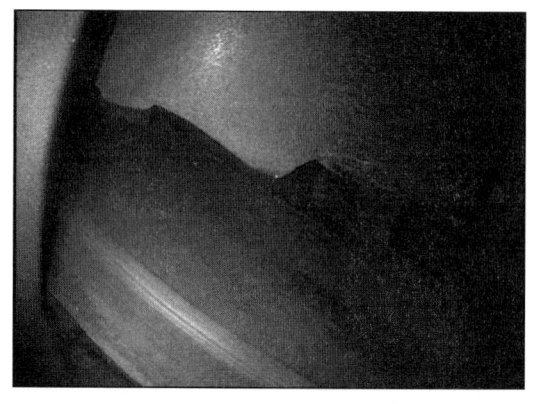

图 3-1 13 级动叶横向断裂　　图 3-2 13 级动叶叶角断裂

(2) 14 级转子动叶:13 片叶片边缘存在裂痕,其中 5 片裂痕较为严重;孔探口边缘 1 处静叶存在卷边(图 3-4 至图 3-6)。

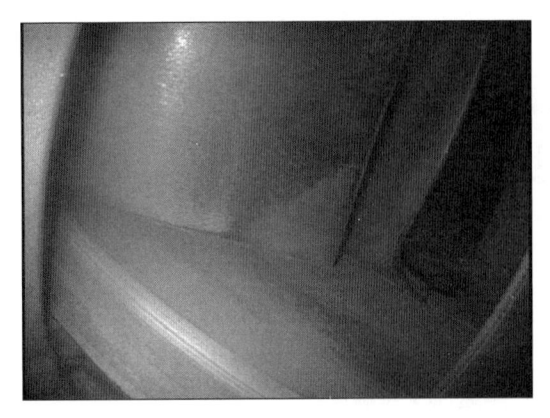

图 3-3　13 级动叶卷边

图 3-4　14 级叶边缘裂痕

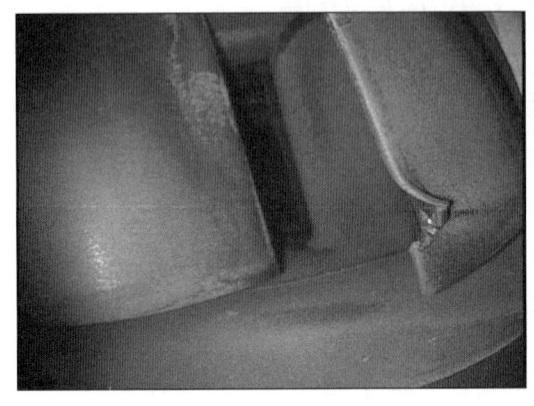

图 3-5　14 级导叶卷边(1)

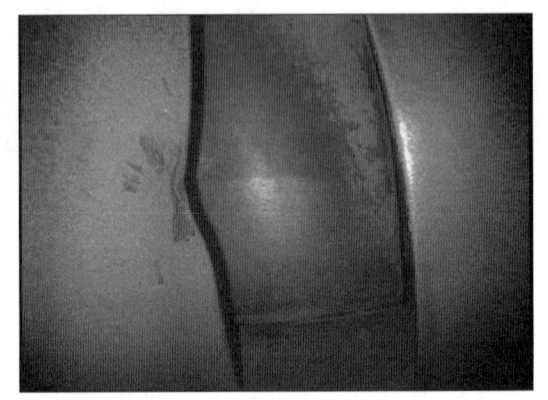

图 3-6　14 级导叶卷边(2)

（3）15 级转子动叶：4 片叶片边缘存在裂痕及裂纹，10 片叶面存在刮伤（图 3-7）。

（4）16 级转子动叶：8 片叶片边缘存在裂痕及裂纹，4 片叶面存在刮伤；孔探口边缘 1 处静叶存在裂痕（图 3-8）。

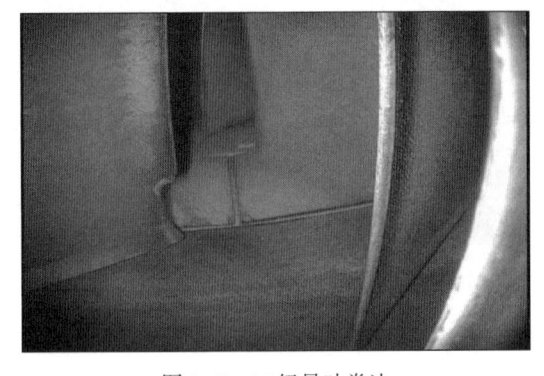

图 3-7　15 级导叶卷边

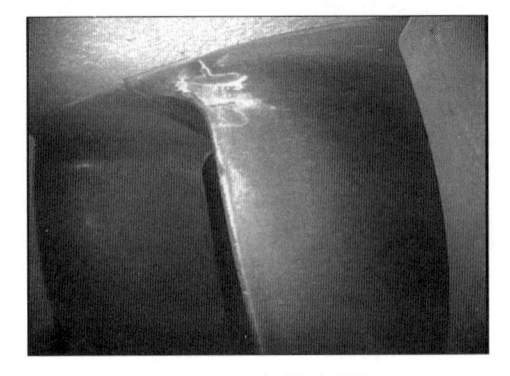

图 3-8　16 级导叶刮伤

（5）对 1~12 级叶片进行孔探检查，未发现异常，对 11~16 级叶片叶根进行复查，未发现叶根掉块情况。

二、故障处理过程及原因分析

（1）通过分析机组运行参数，机组运行过程中未发现振动参数明显异常现象，GG机匣振动18VGG测点数值基本保持在30μm左右。

（2）通过GG进气通道检查，未发现带入异物迹象，且1~12级动叶状态完好，排除入口异物带入导致缺陷出现的可能性。

（3）通过本次孔探检查，压气机13级一动叶叶片有明显的叶尖整体横向断裂的情况，断口为锯齿状，可以排除异物击打导致的可能性，初步判断为叶片与机匣内壁刮擦所致。通过查看机组运行历史记录，在该机组前一次完成孔探检查后的8次启停机操作中，未发生停机后冷却不充分再次启机的情况，可以排除由此导致的刮擦可能性。

表3-1 该机组启停机记录表

序号	日期	时间	操作记录	冷机时间
1	2015.12.21	13：01	启机，转速>0	17d
2	2016.1.5	18：15	停机，转速<300r/min	
3	2016.1.6	5：27	启机，转速>0	11h
4	2016.1.6	12：02	停机，转速<300r/min	
5	2016.1.6	17：55	启机，转速>0	5h 53min
6	2016.1.23	12：05	停机，转速<300r/min	
7	2016.1.24	10：46	启机，转速>0	22h 40min
8	2016.1.24	11：54	停机，转速<300r/min	
9	2016.1.26	14：42	启机，转速>0	2d2h48min
10	2016.1.27	15：00	停机，转速<300r/min	
11	2016.2.5	18：43	启机，转速>0	9d5h43min
12	2016.2.16	12：40	停机，转速<300r/min	
13	2016.3.3	16：21	启机，转速>0	16d3h41min
14	2016.3.22	17：25	停机，转速<300r/min	
15	2016.3.23	20：25	启机，转速>0	1d3h
16	2016.3.31	12：46	停机，转速<300r/min	

（4）GE公司相关技术通报，仅在2015年8月31日SB-0272技术通报中对15级动叶圆周间隙提出了改进建议，并未提及13~15级动叶叶尖与机匣内壁间隙相关问题。查询GE公司2015年年会技术材料，在年会报告中对LM2500系列GG存在13级动叶因叶尖间隙过小，可能导致工厂试车完成后的机组运行中出现叶片刮擦断裂的情况，明确提出了前缘切削0.005in、后缘切削0.01in、增加叶尖间隙的技术要求。针对该缺陷，GE公司未提供相应的技术通报，且2015年年报也未正式向客户提交。采取每3个月强制孔探检查、返厂维修GG调整叶尖与机匣内壁间隙等应对措施，但无法从根源上杜绝现有GG可能发生叶片损伤的潜在隐患。

通过检查、分析，初步判定该机组GG叶片损伤是由于13级叶片叶尖间隙过小，造成叶片与筒体刮擦，导致13级叶片1片叶片叶尖横向断裂，9片叶片叶角断裂，叶片掉块进一步导致14~16级动叶及静叶损伤。

三、改进措施及建议

（1）对本案例中的燃气发生器立即返厂解体检查，更换 13~15 级损伤的动叶，更换 16 级动叶为最新改进材料及叶型的产品；对相应的静叶进行检查，视情予以更换；按照 GE 公司通报对 13~15 级叶片叶尖间隙进行调整。

（2）对返厂维修的 GG，严格按照 GE 公司通报做好 16 级动叶更换和 13~15 级叶片叶尖间隙调整工作。

（3）机组运行继续严格执行停机后冷却时间控制要求和每 3 个月强制孔探要求，及早发现隐患。

（4）督促 GE 公司开展故障分析和风险评价，确定故障责任，开展商务索赔工作。

（5）督促 GE 公司提交 LM2500 系列机组整改方案，进一步完善操作运行手册。

案例 3-2　燃气发生器压气机叶片损伤故障

一、故障描述

某 GE 燃驱机组在现场进行维护保养时，孔探检查发现燃气发生器高压压气机 10~16 级叶片出现不同程度的损伤，无法继续运行，需要返厂进行排故处理。

二、故障处理过程及原因分析

经返厂后进一步分解，发现该机组高压压气机部分损伤严重（图 3-9），主要问题如下：

图 3-9　叶片损伤情况

（1）高压压气机部分，10级、11级转子叶片各有一片叶片断裂；
（2）10~16级转子叶片均有不同程度损伤；
（3）9~16级静子叶片均有不同程度损伤；
（4）高压涡轮一级、二级导向器叶片，涡轮转子叶片有外来物击伤的痕迹。

将10级断裂的叶片送实验室进行分析后，认为该叶片失效模式为疲劳断裂（图3-10）。

裂纹源区位于叶片与盘毂接触的缘板区，未见夹杂物及机械损伤等异常。叶片与盘毂接触面的两侧缘板磨损比其他区域严重；叶片断口源区的氧元素含量比附近扩展区的高。这两点表明叶片和盘毂之间可能存在接触不良。

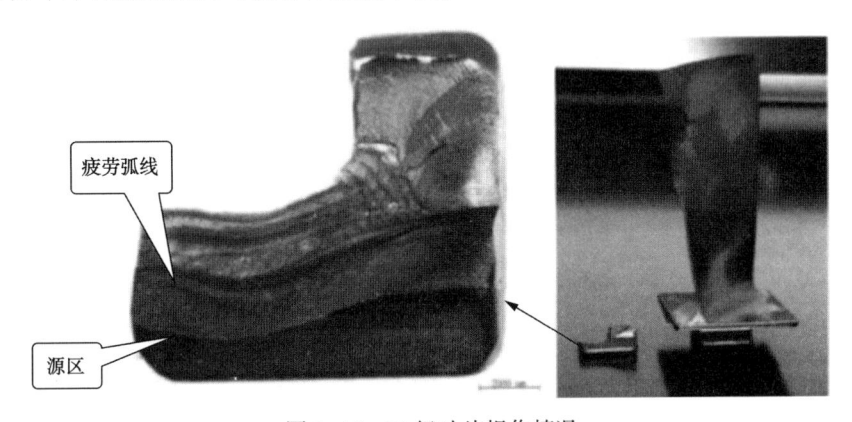

图3-10 10级叶片损伤情况

因此，判定叶片疲劳断裂可能与叶片和盘毂之间的接触不良有关，与叶片安装时位置不正确有直接关系。

三、改进措施及建议

由于该故障与机组本身的设计和安装有关系，已经将相应的问题情况反馈给设备原制造商，从源头上查找和解决该问题。

同时从机组的故障情况来看，振动的突然变化与压气机叶片断裂失效有着直接的关系。建议机组在振动突然发生变化时，尤其是振动突然升高的情况，应对产生振动的原因进行分析，对机组的状况进行检查，必要时停机进行孔探检查，尤其是对压气机部分的孔探检查，以免对机组造成更大的损伤。

案例3-3 燃气发生器高压涡轮叶片故障

一、故障描述

某RB211-24G型燃机启机过程中，发现压气机前、中、后机匣振值变化较大，且前机匣振动39GGI高报警，在达到最小负载转速时，振值仍然明显偏高，为排查故障现象，上报调度后手动停机处理，停机过程中前机匣振动再次达到高报警值。在对监控数据分析后，对机组进行孔探检查，发现高压涡轮动静叶严重损伤，中压涡轮存在一定明显异物击打损伤。进一步排查确认一只燃料气喷嘴压盖脱落,但高低压压气机完好无异常。

二、故障处理过程及原因分析

检查机组运行参数历史趋势,2016年9月21日2#机组启机过程中,燃气发生器前、中、后机匣振动明显偏高且波动幅度过大,且燃气轮机排气温度分布中,6点钟方向温度显示明显与平均值存在较大偏差。具体趋势如图3-11、图3-12所示。

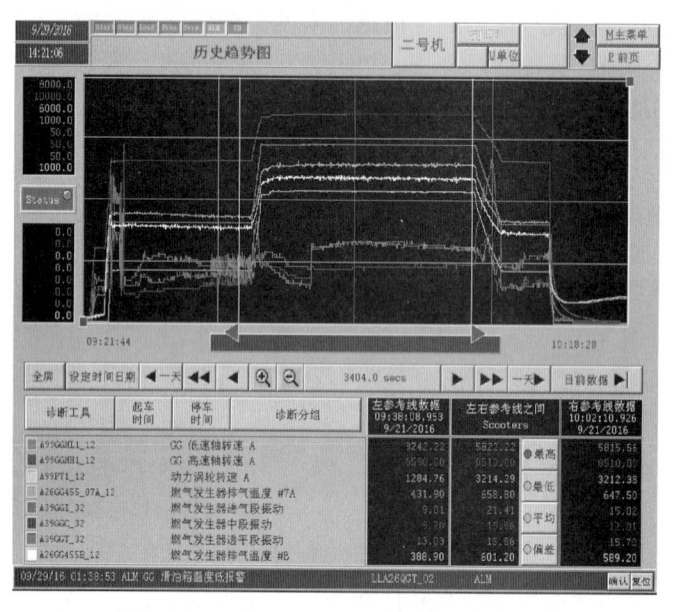

图3-11　9月21日启机过程振动变化趋势

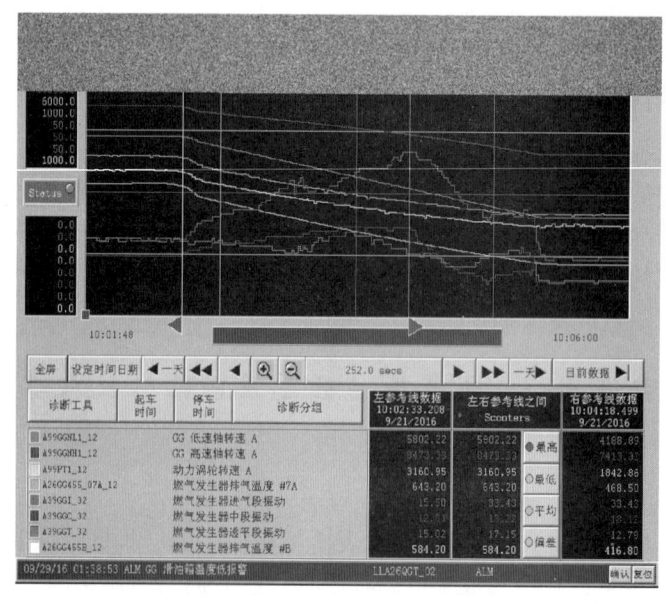

图3-12　9月21日手动停机振动变化趋势

第三章　燃气轮机及辅助系统故障分析与处理

进一步检查机组运行数据趋势，发现2016年8月20日机组正常运行中，燃气发生器机匣振动存在大幅突升现象。00：27：32时，燃气发生器后机匣振动39GGT突然由6.98mm/s上涨至26.45mm/s，达到报警值（报警值为25mm/s）高报警，同时，前、中机匣振动小幅度突涨。趋势信息如图3-13所示。

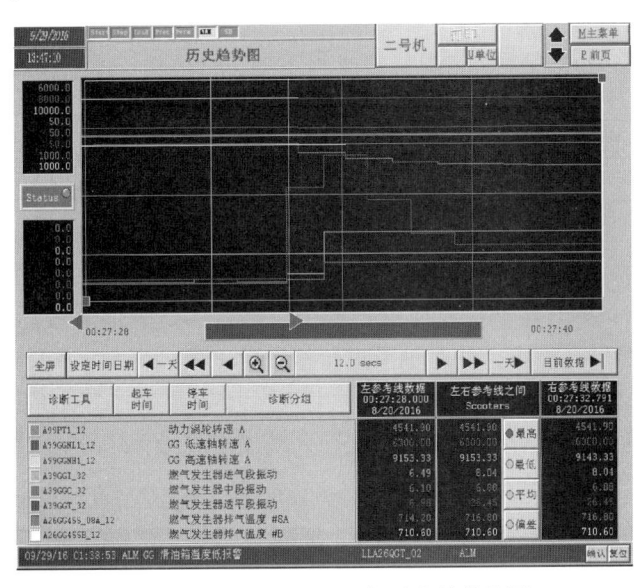

图3-13　8月20日机匣振动突涨趋势图

00：27：33时，燃气发生器后机匣振动39GGT再次由26.45mm/s突涨至33.23mm/s，同时，前、中机匣振动出现较大幅度上涨，分别由8.04mm/s、6.88mm/s上涨至17.05mm/s、10.46mm/s。00：27：36，前、中、后机匣振动值趋于稳定，分别稳定在17.05mm/s、10.46mm/s、14.15mm/s。详细信息如图3-14所示。

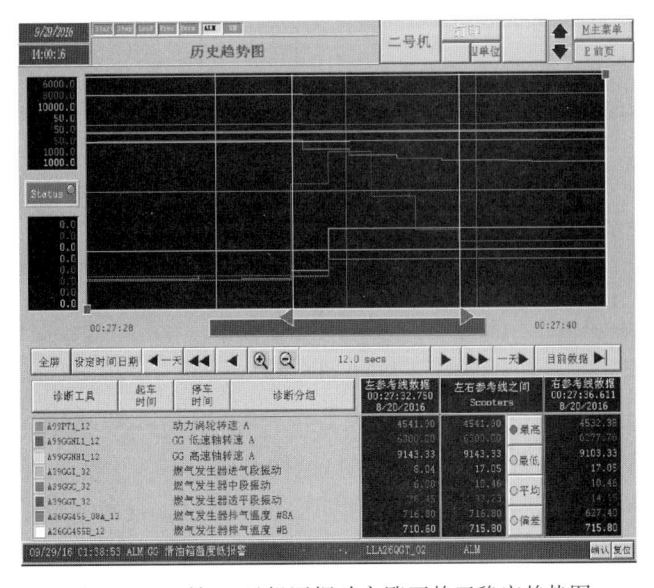

图3-14　8月20日机匣振动突涨至趋于稳定趋势图

由图 3-14、图 3-15 可以看出，在 2016 年 8 月 20 日机组正常运行中，GG 后机匣振动 39VGGT 突然出现大幅突涨并达到高报警值，前、中机匣振动初期变化幅度明显要小。在 4s 内，后机匣振动由最高值 33.23mm/s 突降至 14.15mm/s，但前、中机匣振动则持续上涨并趋于稳定，说明故障源首先来源于后机匣，对应部位在高压涡轮。

2016 年 8 月 20 日振动突升后，未采取进一步措施，机组保持运行状态，直至 8 月 22 日按照北京油气调控中心（简称"北调"）要求，手动正常停机。

由图 3-11、图 3-12 可以看出，9 月 21 日正常启机过程中，在点火向怠速升速时，GG 前、中、后机匣振动均有较大上涨，其中，前机匣振动达到高报警值。加载至最小负载后，振值下降并趋于较高的稳定值，在手动停机过程中，振值再次出现大幅波动，前机匣振动值 39GGI 最高达到 33.43mm/s。因为机组启机及加载中机匣振动异常，运行人员判断设备可能存在异常失效，遂请示北调后手动停机进行系统排查。

9 月 21 日至 9 月 26 日在调拨孔探仪过程中，运行人员全面对振动监测仪表回路、压气机外部安装状态等进行检查，并对轴承进行检查，未发现异常。9 月 27 日孔探检查压气机，未发现异常迹象。遂编制详细报告报送生产运行处及生产技术服务中心寻求技术支持。在对振动数据进行分析后，建议站场立即开展燃烧室及高、中压涡轮的孔探检查。具体孔探检查结果如图 3-15 所示。

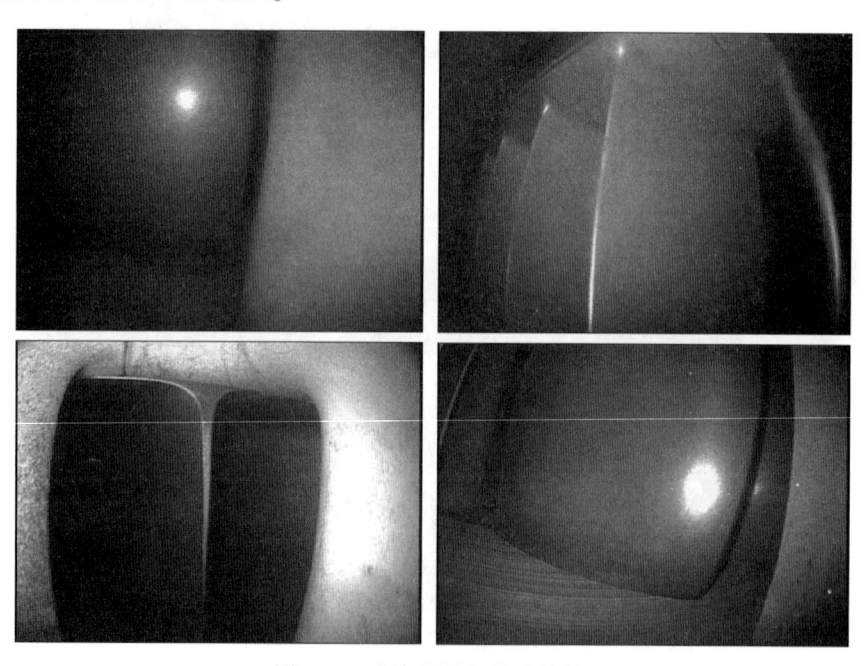

图 3-15 压气机孔探检查结果

9 月 28 日站场对燃气发生器高、中压涡轮进行孔探检查中，发现高压涡轮一级动叶、静叶严重损伤、掉块，二级动静叶有明显击打损伤痕迹。

9 月 28 日现场完成燃料气喷嘴的标记和拆检，经拆检，发现 6 点钟方向标记 10#的燃料气喷嘴压盖脱落，该燃料气喷嘴序列号为 K05-3395，初步判断，这是导致后续高、中压涡轮动静叶片严重击打损伤的主要原因。喷嘴检查情况如图 3-16 所示。

图 3-16 10#燃料气喷嘴压盖脱落及位置示意图

经进一步系统排查，判断故障起始时间为 2016 年 8 月 20 日 00：27：32，原因为 10#燃料气喷嘴压盖在机组运行中突然脱落并带入后续高、中压涡轮，导致高、中压涡轮动静叶片严重损伤，燃气发生器不具备再次运行条件，现场采取隔离措施予以隔离，并紧急协调压检中心在修备件。

通过 9 月 29 日现场对动力涡轮的孔探检查及 PT 排气通道的检查，发现排气通道底部存在部分金属熔融物，判断来源于损伤的高、中压涡轮动静叶片部件。但动力涡轮一级、二级动叶无明显异常，一级动叶、静叶部分叶片存在轻微击打痕迹，但未伤及叶片母材，二级动静叶排风面目视检查未发现异常，判断动力涡轮无明显异常，具备继续运行条件。详细见图 3-17 至图 3-23。

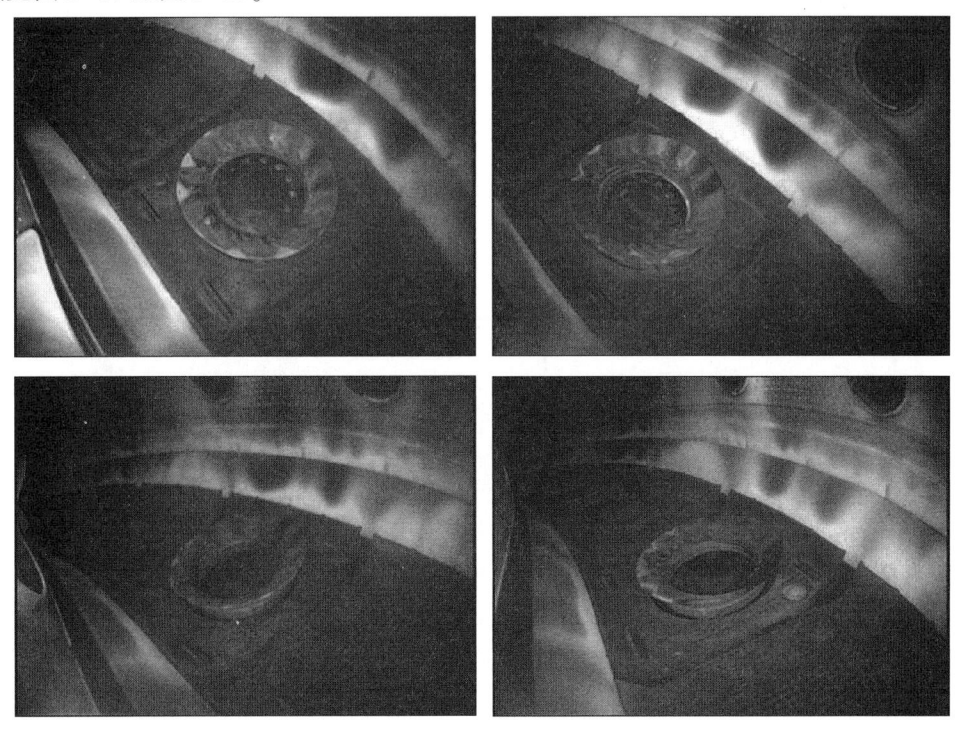

图 3-17 燃烧室喷嘴部位

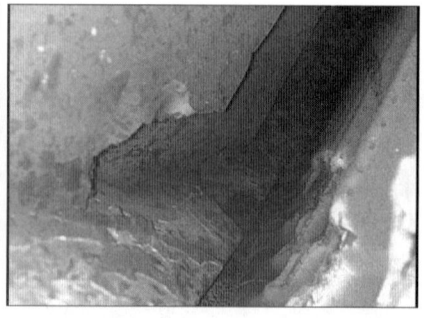

图 3-18 高压涡轮静叶损伤

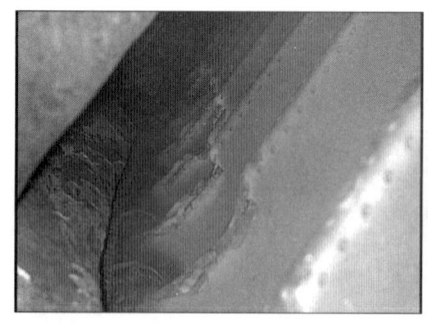

图 3-19 高压涡轮动叶损伤

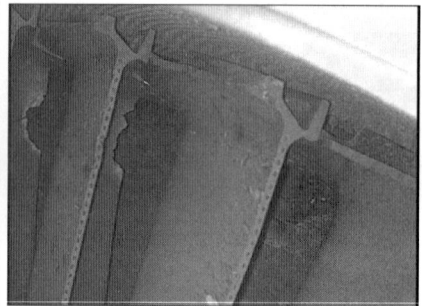

图 3-20 中压涡轮动叶及静叶损伤

图 3-21 中压涡轮蜂窝密封损伤

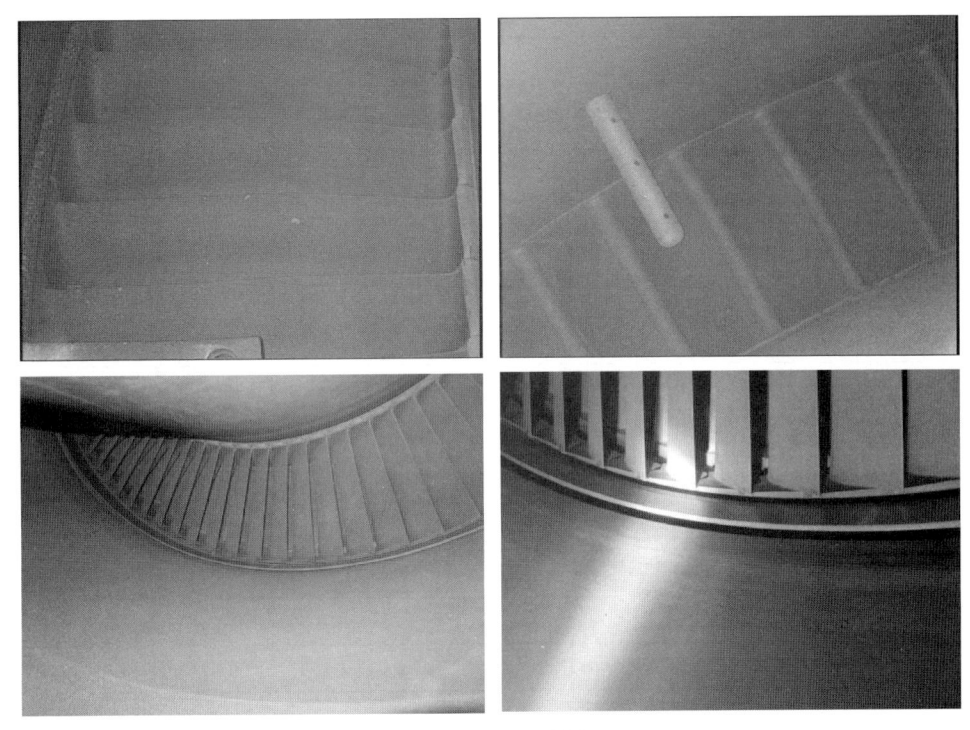

图 3-22 动力涡轮情况

图 3-23 动力涡轮排气蜗壳底部金属熔融物

排查该燃气发生器燃料气喷嘴系列号，详细信息如表 3-2 所示。

表 3-2　2016 年 9 月 29 日机组燃料气喷嘴序列号检查统计表（GG 序列号 585）

序号	喷嘴序列号	备注
1	K05-3392	目视正常
2	K05-3389	目视正常
3	K05-3398	目视正常
4	K05-3399	目视正常
5	K05-3388	目视正常

续表

序号	喷嘴序列号	备注
6	K05-3397	目视正常
7	K05-3416	目视正常
8	K05-3506	目视正常
9	K05-3385	目视正常
10	K05-3395	喷嘴端盖脱落，GG 向 PT 看 5 点半方向（ALF）
11	K05-3396	目视正常
12	K05-3595	目视正常
13	K05-3391	目视正常
14	K05-3387	目视正常
15	K05-3394	目视正常
16	K05-3393	目视正常
17	K05-3390	目视正常
18	K05-3381	目视正常

对比以往同型号燃驱机组燃料气喷嘴序列号及西门子书面答复，确认非西门子明确存在风险的 K08、K09 系列序列号备件。

对该台机组全部喷嘴拆检进行目视检查，其他喷嘴未发现存在明显积碳、过度烧蚀等现象（图 3-24），且燃烧室内表面未发现色变异常现象（图 3-25）。核查该燃气发生器 2013 年返厂维修工厂报告，燃烧室及旋流器未发现异常现象。

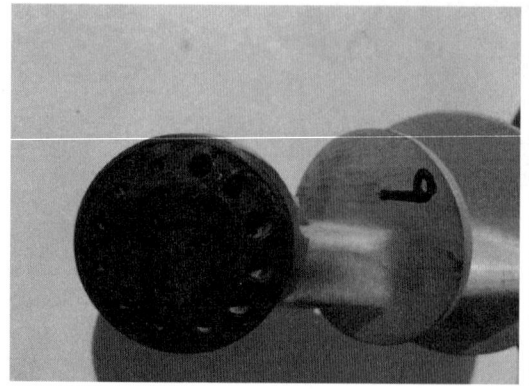

图 3-24 缺陷喷嘴两侧相邻喷嘴外观

核查 2014 年 11 月 15 该机组 50K 检修后启机测试记录，确认现场更换燃气发生器后，正常启机加载后，燃气发生器前、中、后机匣振动正常，排气温度分布无异常现象，如图 3-26 所示。

图 3-25　585#GG 工厂检修燃烧室检查情况

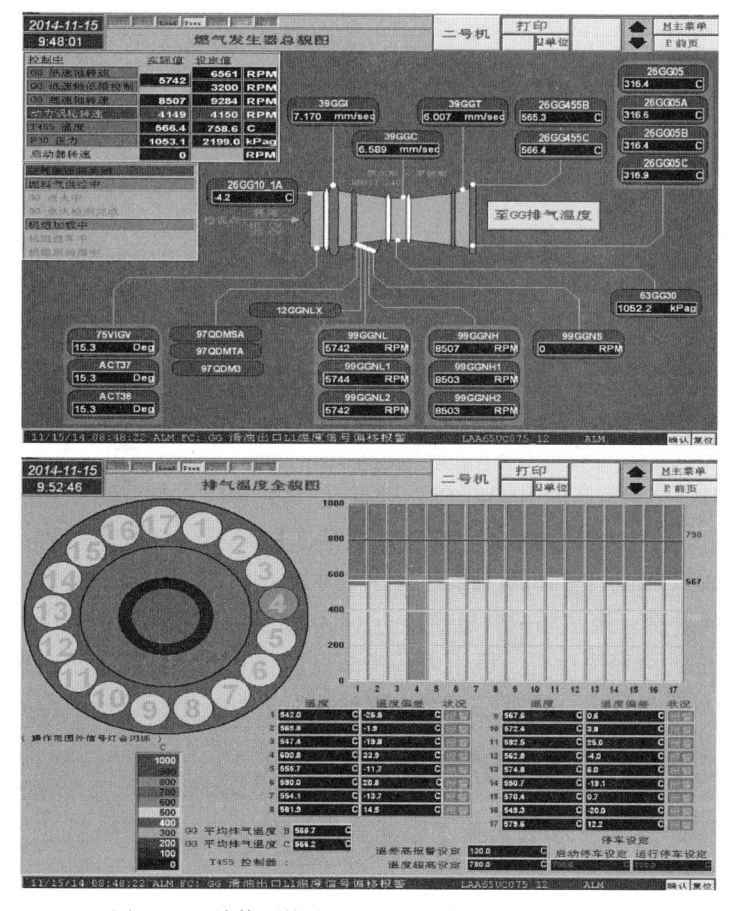

图 3-26　检修更换为 585#GG 后启机测试截屏记录

从本次故障再次发生来看，存在前期 OEM 供货商排查漏项的可能性。同时，本次燃料气喷嘴序列号以 K05 开头，需要对系列及相关联的排查范围进一步细化和拓展。

故障原因：

(1) 导致高、中压涡轮动静叶片损伤的原因：该机组 585#燃气发生器 6 点钟方向 10#燃料气喷嘴压盖在机组正常运行中突然脱落，随高温高压气流带入后续热通道，是导致高压涡轮动静叶严重损伤的主要原因。脱落喷嘴压盖与损伤高压涡轮部件的冲击则是导致中压涡轮动静叶片损伤的主要原因。

(2) 燃料气喷嘴压盖脱落的原因：由喷嘴压盖脱落情况看，压盖焊接工艺及焊接质量可能存在一定缺陷，导致返厂维修后较短运行时间内出现喷嘴压盖异常脱落现象。

三、改进措施及建议

(1) 与 OEM 厂家交流后确认，该故障由于压盖焊接工艺原因导致焊接质量存在缺陷，对序列号为 KO91465－KO91511 批次的喷嘴进行检查更换。

(2) 在日常巡检、故障排查时加强对机组各振动值的监控及关键参数检查，与历史趋势进行比较，尽早发现异常状态，做到预防性维护，力争做到及早发现机组质量缺陷，降低经济损失。

(3) 加强对设备出厂质量的监控，现场验收、监督过程中要特别关注关键设备、关键部件本体质量检查验收和安装质量监督。

案例 3-4　燃气发生器静叶故障

一、故障描述

2011 年 3 月 12 日，某压气站对站内两台索拉燃气轮机进行内窥镜检查时，发现两台燃气轮机燃气透平一级静叶分别有 3 个叶片发生烧蚀甚至断裂，2#燃气轮机较严重。发现问题后，立即开展故障排查，初步判定机组无法运行，并初步判断发生此现象的原因为燃料气内存在液态烃导致。

该型号燃气轮机采用的是美国 Solar 公司生产的 Taurus（金牛星）70，离心式压缩机采用的是德国 MAN TURBO 公司生产的 RV040/02。机组投产后，单机交替运行。2011 年 1 月 10 日，开始"2+0"运行模式，两台机组并联运行直至 2011 年 3 月 12 日停机检修。1#机组总累计运行时间 15336h，点火次数 185 次；2#机组总累计运行时间 16604h，点火次数 286 次。

2010 年 3—4 月份，该站场两台机组进行 12000h 维护保养，在维护保养过程中，对机组内部进行了全面的内窥镜检查，机组内部各部件形状完整，状态正常。机组燃料气过滤器滤芯清洁，未见明显液态物质存在，对燃料气滤芯进行了例行更换。

二、故障处理过程及原因分析

2010 年 12 月 30 日，Solar 公司技术服务工程师对该站场两台机组进行常规检查，在 Solar 公司出具的技术服务报告中，机组一切正常。根据报告显示，当时 1#机组在燃气透平转速为 93%时，燃气轮机普遍测量动力透平的入口温度 T5 平均值为 687℃，其中 TC1、

TC4、TC9 三个 T5 温度探头温度超过 700℃，最高值 712℃。Solar 公司未提出任何异议。

2011 年 3 月 9 日，该站 1#燃气轮机 T5 温度平均值为 697℃，其中温度最高的两个探头 TC4 为 720℃、TC7 为 721℃；2#燃气轮机 T5 温度平均值为 689℃，其中温度最高的两个探头 TC6 为 721℃、TC7 为 737℃。

2011 年 3 月 10 日上午，决定先对单个温度探头较高的 2#机组进行检查，以确定造成 T5 温度偏高的原因。

2011 年 3 月 11 日先后对该站场 2#机组和 1#机组进行停机检查。检查结果：1#和 2#燃气轮机燃气透平一级静叶均有 3 个叶片出现不同程度的烧蚀现象，2#机组稍严重，有的叶片已断裂。

2011 年 3 月 17 日开展进一步的检查，其主要内容是：

（1）对两台机组进行全面、系统的内窥镜检查；
（2）检查燃烧室空气进气过滤器；
（3）检查燃烧室空气进气涡壳；
（4）检查燃料气过滤器。

2011 年 3 月 22 日，Solar 公司提交了现场情况总结报告，报告对现场检查的情况进行了简要的总结，并针对问题出现的原因进行了分析，报告指出此问题发生的根本原因为燃料气气质偏离机组所要求的标准。Solar 公司的检查结果和原因分析如下。

（1）Solar 公司的检查结果。

两台机组燃气透平一级静叶 6~7 点钟方向（即发动机底部）均有三个静叶烧蚀严重，2#机组严重的已经断裂，如图 3-27 至图 3-30 所示。

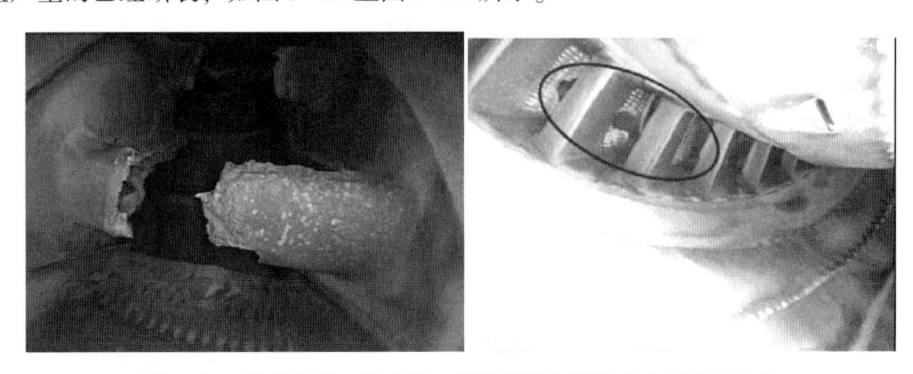

图 3-27　发动机第一级动叶，即燃气发生器叶片全部过热烧蚀

（2）Solar 公司原因分析。

基于以上现象，Solar 公司通过分析认为，造成该问题的主要原因是燃料气组分偏离燃气轮机运行规范要求。Solar 公司认为，此结论基于以下原因：

①燃料气温度长期在 10℃以下，燃料气温度低，增加了液态烃析出的可能性。
②燃料气过滤器排出少量液体。
③燃料气喷嘴结焦严重。
④发生烧蚀的叶片集中在发动机底部。

（3）站场工作人员原因分析。

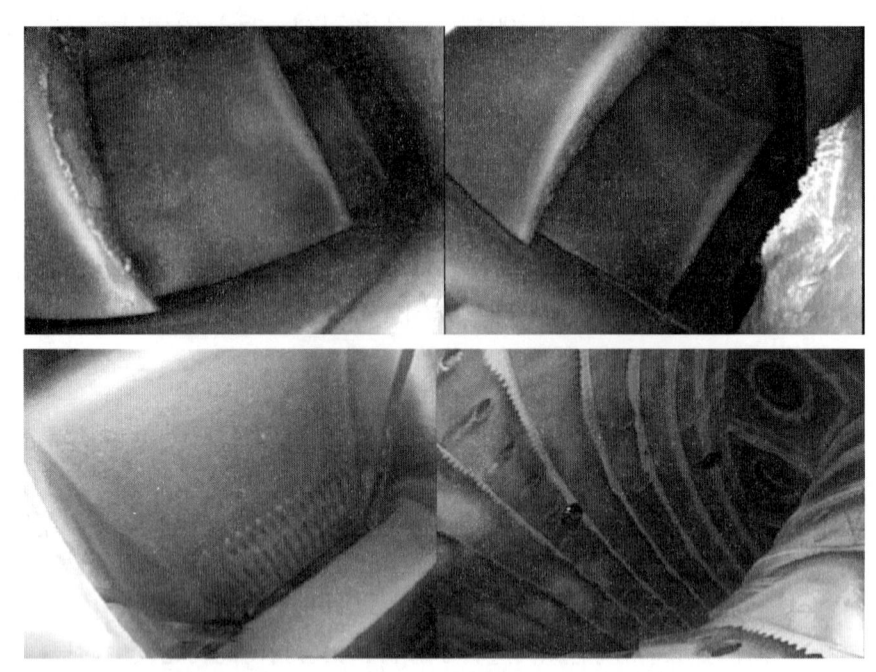

图 3-28　发动机其他部位第一级静叶片、其他动静叶片、
燃烧室、压气机叶片等形状完整，状态基本正常

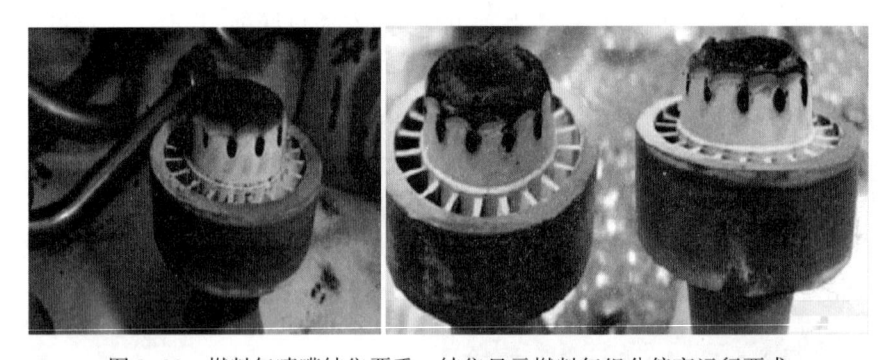

图 3-29　燃料气喷嘴结焦严重，结焦显示燃料气组分偏离运行要求

图 3-30　燃料气过滤器内排出少量液体

Solar公司的总结报告中所列举的燃料气问题基本属实,基于此,站场工作人员对事故原因进行了分析:

①复线气体进站后的净化措施不到位。

该站场老线的工艺流程中,气田来气经过旋风分离器、聚结器、卧式过滤器三道净化程序,燃料气还通过调压橇上过滤器和进燃机前过滤器;而复线场站的工艺流程中只有卧式过滤器一道净化,因此存在气体内存在液体物质的可能。从流程上看,燃气轮机燃料气由老线取出,但是可能由于复线压力高,导致部分复线天然气反窜至老线,从而导致复线天然气进入燃气轮机燃烧室。该站场主要工艺流程示意图如图3-31所示。

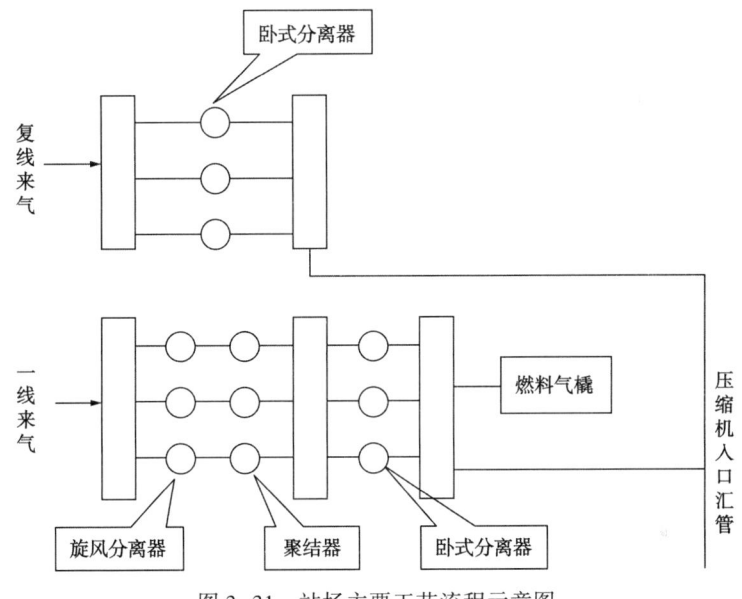

图3-31 站场主要工艺流程示意图

②该站场距气田距离太短,造成气田输出天然气气质对站场影响敏感。

该站场距气田气体处理厂的距离不足300m,气体在管道内流动的距离过短,无法对气质形成一定的净化和缓冲作用。2007年8月18日,曾发生过气田在切换气井过程中大量液态水涌入站场,造成站场燃气轮机干气密封的损坏。后来为避免类似事件发生,站场于2008年对一线工艺流程进行了改造,在旋风分离器后增加了聚结器,以过滤天然气中存在的液态物质,改造后除液效果明显,再未发生过大量水进入场站现象。复线建成后,由于工艺流程中缺少重点除液的净化装置,距气田距离短这一问题又成为影响机组正常运行的因素。

③"2+0"运行模式导致燃料气流量增大,加热器未进行改造,燃料气温度降低,增加了燃料气中凝析油析出的可能性。

从2011年1月10日开始,站场采用"2+0"模式运行,两台机组并联运行,燃料气流量加倍,燃气轮机燃料气加热器并未改造。根据历史数据记录,单台机组运行期间,加热后燃料气温度为14~20℃;两台机组运行期间,燃料气温度为6~10℃。从燃料气过滤器排出的液体情况、燃料气喷嘴结焦情况、燃烧室内部清洁程度等方面判断,该因素可能会对机组的运行有一定影响。

④站场将燃料气过滤器排出的液体送检化验，化验结果显示，燃料气过滤器排出的液体成分为 C8~C18，此分析结果证明燃料气中重烃组分的存在。

⑤机组本身可能存在缺陷。

a. 机组保护机制存在缺陷或叶片材料存在缺陷。为了保护燃气轮机燃烧室及透平叶片，需要控制燃烧室的温度，由于燃烧室的温度能达到 1400℃ 以上，目前没有温度探头能够长时间的工作在如此高温下，因此通过控制 T5 温度来控制燃烧室温度，从而起到保护燃烧室及透平叶片的作用。

在 Solar 燃气轮机的控制系统里，取 12 个 T5 温度的平均值作为控制温度，该平均值超过 760℃ 报警停机，单个 T5 探头温度超过 982℃ 时会停机，单个 T5 温度要是超出平均值 111℃ 也会停机。

根据机组的控制逻辑，在 T5 温度未超过 760℃、单个 T5 探头温度不超标之前，燃烧室及发动机内部部件的涂层和材料应该能够承受所处的温度而不应出现损坏。该站场两台机组自 2011 年 1 月 10 日以来均处于低负荷运行，各种参数均在控制范围内，且本次事件的发生并非机组本身出现报警停机后才发现，而是在发现 T5 温度逐渐提高的现象后及时主动停机进行检查才发现存在的，在此之前，机组控制系统并未发出报警或者停机保护。据此判断，在机组未发生任何报警之前出现叶片烧蚀现象，说明叶片材质或机组的保护逻辑存在缺陷。

b. 根据机组的大修周期，叶片的设计使用寿命应该在 30000h 以上，该站场 1#机组运行了 15336h，2#机组运行了 16604h，在这个阶段，两台机组同时出现了叶片烧毁的问题。据此判断，该机组叶片耐热涂层可能存在缺陷。

c. 该站场两台金牛星 70 机组自投产运行以来，发生的故障停机频次明显多于其他三站的大力神 130 机组和河口站的金牛星 60 机组。在本次检查过程中，燃气轮机燃烧室进气风道未设计人孔，无法进行进气道的检查，机组设计存在缺陷。

三、改进措施及建议

2011 年 3 月该站场索拉燃气轮机出现环形燃烧室热电偶监测温度差异大停机，后检查发现燃气透平一级静叶严重烧蚀至断裂。对于此类故障建议应引起高度重视，从其他机组中修报告反映出，燃烧室存在局部烧蚀现象，对于环形燃烧室出现温度差异大的情况时，应分析每一个热电偶监测温度变化的历史趋势，并辅佐孔探检查分析原因，避免由于喷嘴局部堵塞或烧蚀导致燃烧火苗偏向，进而引起燃烧室局部烧蚀故障，降低燃烧效率和缩短燃机寿命。建议高度重视燃气轮机环形燃烧室热电偶监测温度差异大引起的停机，应查明原因，采取措施避免燃气轮机燃烧室局部烧蚀现场的发生。

案例 3-5　燃气发生器低压压气机叶片故障

一、故障描述

国产首台燃驱压缩机组 GT25000 由中国船舶重工集团公司第 703 研究所（简称"703 所"）设计，哈尔滨汽轮机厂有限责任公司（简称"哈汽"）生产，于 2014 年 10 月装配到压气站，累计运行3577h后，在2018年3月15日启机过程中（0.7工况）出现低压压气机振动停机，拆解后发现低压压气机转子0级动叶叶身及榫头相对完好，排气边存在打伤变形，1级轮盘及1级动叶损坏严重，1~3级动叶叶身基本从叶根处断裂，4~8级动叶片叶身均有不同程度的损伤，可以确认1级盘及1级动叶为最先损坏部位，因此对1级叶片进行重点检查分析。

二、故障处理过程及原因分析

1. 工艺复检

（1）对1级轮盘加工、焊接成0~2级轮毂工艺进行复查，按图纸要求安排了机械性能试验、超声波探伤、酸洗、低倍检查，工艺流程满足图纸和技术文件要求且没有漏项。

（2）对1级动叶加工及特殊处理工艺进行复查，按图纸要求安排了酸洗、荧光探伤、疲劳强度检查、叶根齿承力面贴合度检查、镀银、喷丸，工艺流程满足图纸和技术文件要求且没有漏项。

（3）对1级动叶装配工艺进行复查，叶片在轮盘榫槽中安装后，按图纸要求检查叶片的圆周和径向游隙等，工艺流程满足图纸和技术文件要求且没有漏项。

（4）对1级止动环工艺进行复查，工艺流程满足图纸和技术文件要求且没有漏项。

2. 生产制造质量复查

（1）对1级轮盘理化性能、超声波探伤、加工记录（不含倒圆记录）、荧光探伤、喷丸原始材料进行了复查，记录无问题，符合图纸要求。

（2）对1级动叶理化性能、加工记录（不含倒圆记录）、荧光探伤、喷丸、镀银进行了复查，记录无问题，符合图纸要求。

（3）对1级止动环理化性能、加工记录（不含倒圆记录）进行了复查，记录无问题，符合图纸要求。

（4）对低压压气机转子装配记录进行了复查，记录无问题，符合图纸要求。

3. 断口分析

通过对事故1级叶片及轮盘宏观检查、首断件分析、裂纹源形貌分析得出如下结论：

（1）6#、22#叶片都为微振磨蚀引起的高周疲劳断裂，裂纹源都为多源，存在平行于裂纹面的其他裂纹，二者的断裂位置和裂纹发展情况类似，是由共性原因造成的。

（2）轮槽对应9#叶片（两侧）、19#叶片（两侧）、22#叶片的榫槽破坏初始阶段为疲劳开裂，裂纹源位于止动环与轮盘接触面上，裂纹由于微振磨蚀引起，18#榫槽大部分断口为瞬断断口，为叶片在受外来物打击时冲击开裂。

（3）断口分析表明，6#叶片首先断裂，断裂的6#叶片打击导致其他叶片断裂。

（4）6#和22#一级动叶，一级盘9#（两侧）、18#、19#（两侧）、22#榫槽裂纹源处扫描电镜下均未发现明显的材料冶金缺陷。

断口分析表明，一级动叶和轮盘未发现材料冶金缺陷，断口分析表明，6#叶片由微振磨蚀引起的高周疲劳首先断裂，6#、22#叶片的断裂位置和裂纹发展情况类似，是由共性原因造成。

4. 止动环对事故产生影响及端面磨痕分析

设计叶片止动环的目的是为了防止叶片轴向移动，不具备减振功能（图 3-32 至图 3-34）。

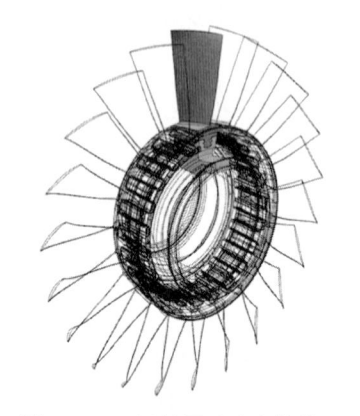

图 3-32　1 级整圈叶片实体模型

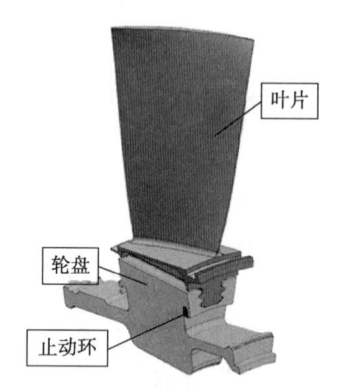

图 3-33　1 级叶片计算模型

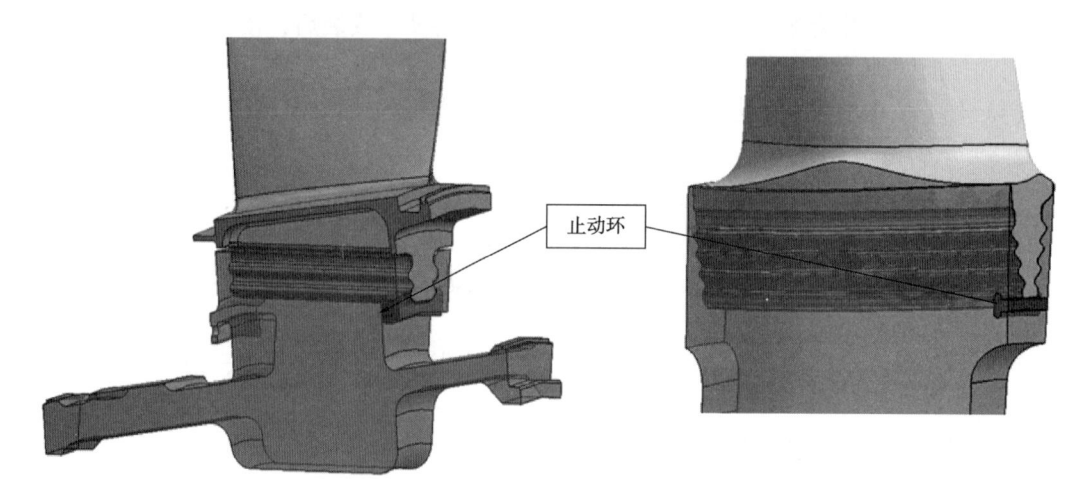

图 3-34　1 级叶片止动环模型

1）止动环对叶片强度与振动影响

经对止动环在三种状态下（无止动环、止动环有倒角、止动环无倒角）的有限元分析得出，三种状态下叶片和榫槽的应力几乎无影响，对叶片频率和共振转速影响不足 1%。

经分析，叶片断裂及榫槽断裂都是由于微动磨损引起，微动的来源即为事故的原因，703 所认为止动环无倒角是导致微动的原因，但有限元分析表明无止动环、止动环有倒角、止动环无倒角三种状态下对叶片频率基本无影响，因此止动环加工质量的差异不会引发微动。

2）叶片榫头和转子（轮盘）榫槽裂纹产生过程

如图 3-35 所示，裂纹起源及扩展存在共性，振动是两者产生断裂的主要原因。失效叶片及轮盘的首断件为 6# 叶片，叶片裂纹起始于榫齿与榫槽接触平面，接触平面因振动产生微动磨损，从图 3-36 叶片装配图可以看出，裂纹起始位置和止动环没有直接接触，可以确认榫齿的裂纹和止动环没有直接关系。

3) 止动环进气、出气侧端面磨痕产生过程复原

(1) 1级止动环压痕的相关尺寸测量示意及数据如图3-37所示。

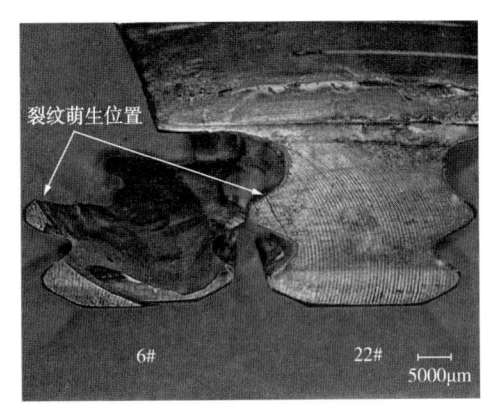

图3-35　6#、22#出气边端面对比图

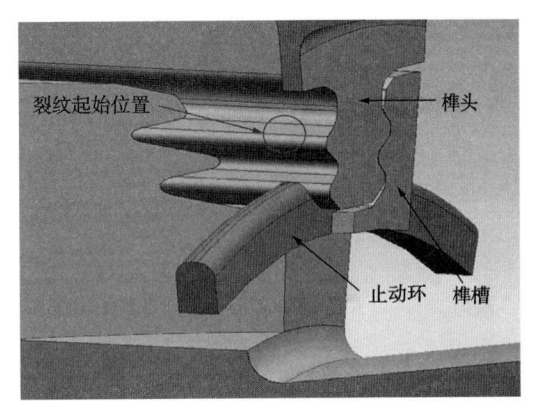

图3-36　叶片装配图

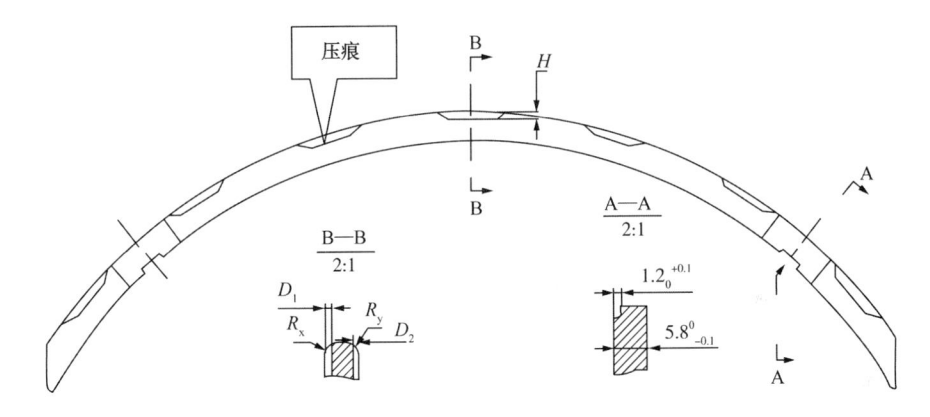

项目	进气侧（mm）	出气侧（mm）	备注
压痕平均深度D_1	0.0532	0.0329	取平均值
压痕平均高度H	4.7	4.1	取平均值

图3-37　1级止动环压痕的相关尺寸测量

从图3-37中测量结果可以看出，1级止动环两侧压痕高度不一致，进气侧相对出气侧高度较高。

(2) 压痕产生的原因分析。

止动环、轮盘、叶片的装配关系如图3-38所示，工作时叶片的受力方向为向进气侧方向，叶片向进气侧方向窜动，工作时止动环出气侧与叶片接触，进气侧与轮盘接触（与叶片有间隙）。

从叶片榫齿与止动环接触部分的变形和

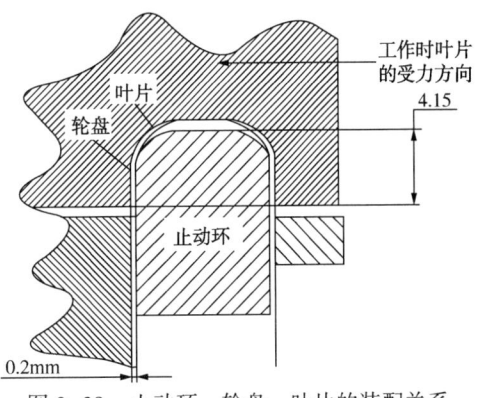

图3-38　止动环、轮盘、叶片的装配关系

断裂情况来看，在机组发生故障时，首断叶片断裂后叶身部分打击其他叶片，致使叶片受到强烈的向进气侧的冲击力，使榫齿与止动环接触部分发生变形和断裂。

同时冲击力使止动环相应位置(出气侧)产生压痕，6#叶片为首断叶片，未受到冲击，进出气侧的压痕轻微。8#、9#、18#、19#等叶片对应榫槽位置由于受力过程中轮盘榫齿受损，叶根松动，应力释放，止动环压痕比较轻微(与进口机组情况类似)。图3-39至图3-41可以看出6#、18#、19#叶片对应处压痕较轻微。

图3-39 18#、19#叶片对应出气侧压痕

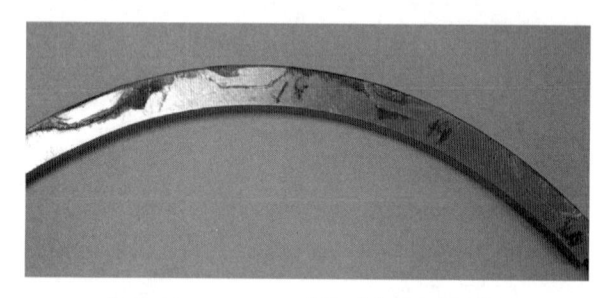

图3-40 18#、19#叶片对应进气侧压痕

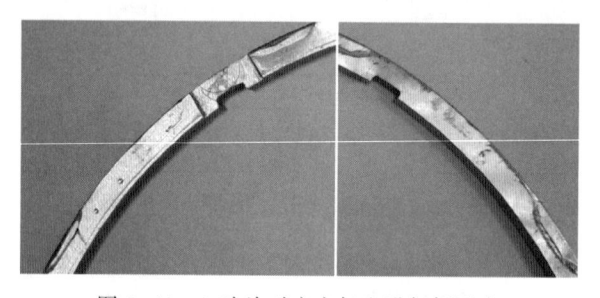

图3-41 6#叶片对应出气和进气侧压痕

叶片受向进气侧的力，向进气侧方向窜动，止动环进气侧不与叶片接触，与轮盘的榫槽接触，因此止动环进气侧的压痕是与轮盘榫槽边缘挤压产生。叶片叶根端部与榫槽底部存在间隙，止动环与轮盘榫槽的接触高度大于止动环与叶片的接触高度(图3-42)，与止动环进气侧的压痕高度大于出气侧高度的情况刚好吻合。

止动环进气侧压痕中间部位对应着榫槽，为非接触面，压痕外部与轮盘接触。从压痕中间部位轻微向进气侧凸起，压痕向外侧延展(图3-43)的情况来看，压痕应为止动环受向进气侧的冲击时与轮盘榫槽边缘挤压产生。

(a) 截面图　　　　　　　　　(b) 实物图

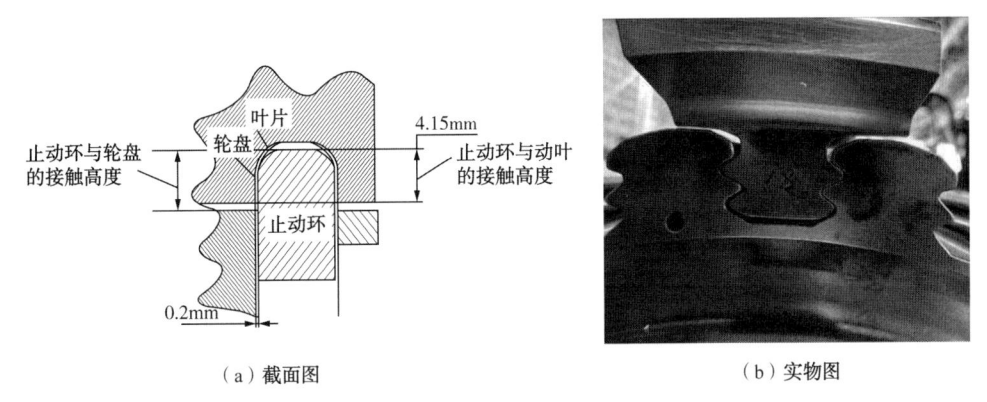

图 3-42　止动环接触高度

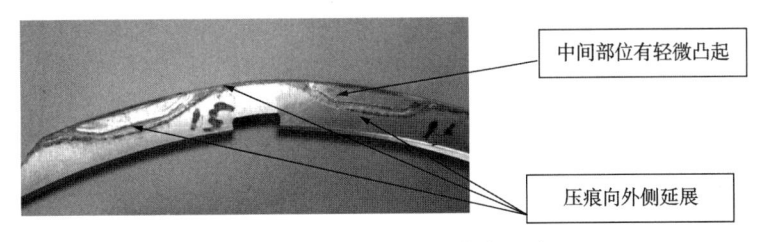

图 3-43　止动环接触进气侧压痕

叶片断裂后，断裂部分打击其它叶片，使叶片受到强烈的向进气侧方向的冲击力，带动叶片榫根冲击止动环出气侧，使止动环出气侧产生压痕，同时使止动环进气侧与轮盘榫槽边缘挤压，使止动环进气侧产生压痕，止动环上是压痕而非磨痕。

5. 叶片失效原因

（1）早期叶片频率一般考核到 $K=6$，但目前国内外汽轮机行业各大公司常考核到 $K=8$ 或 10。通过叶片有限元频率分析结果，可以看到断裂叶片二阶 $K=7$（6965r/min）和三阶 $K=9$（6672r/min）共振转速与运行转速（6321~6902r/min）避开率过小，共振引起叶片榫齿与榫槽微振磨蚀，叶片振动带动止动环，引起止动环与榫槽之间的异常摩擦，从而引起榫槽裂纹。

（2）据了解本机与前期机组相比，运行转速、不同转速的运行时间等工况参数发生变化，如果不进行相应设计调整，机组可能会因为频率和疲劳等问题无法长期安全运行。

叶片动频率有限元计算边界对比，其中哈汽计算频率，采用全尺寸装配模型，选取循环对称模型，叶片与轮槽、止动环相互设置接触，叶片没有位移约束。703 所计算频率，单独取叶片模型，直接在叶根接触面上设置位移约束。

根据哈汽以往的分析经验，703 所这种约束方法，与叶片实际工作状态不一致，计算得到的叶片频率会比实际状态高，尤其是高阶振动。造成这种差别的原因是：叶片不同振动模态下，X、Y、Z 方向的振动参与系数是不同的，703 所的约束方法会造成叶片在 X 轴的约束加强，频率升高。

网格划分是有限元分析中最重要的一个环节，网格质量的好坏往往会影响最后的分析结果。目前网格单元划分主要有两种：四面体和六面体。哈汽采用六面体网格，703 所采用四面体网格。在求解计算精度方面，四面体网格比六面体网格稍差，尤其是在计算强度时，结构的边缘和尖角处的应力很容易引起单元奇异。

三、改进措施及建议

建议设计者根据本机的工况参数，对设计进行相应调整，建议运行工况转速避开共振区，以保证机组安全运行。

案例 3-6 燃驱机组叶片损坏造成启机不成功

一、故障描述

2009 年 2 月 12 日某站 GE 压缩机组出现故障，无法启机连续时间长达 162h，经多方维修处理，使机组得以成功启动；5 月 9 日进行 4K 保养（解释），在孔探时发现压气机第 16 级中的 45 个叶片发生了不同程度的损坏，叶片损坏缺失面积最大达 1/2 以上；6 月 27 日计划停机后再次无法启机，经过两天的处理，于 29 日排除故障成功启机。

二、故障处理过程及原因分析

2009 年 2 月该机组停机是由于供电局 35kV 电网停电，站场在 12 日对压缩机组进行了正常停机，期间对压缩机组进行了维护保养工作。因站场主变输出电压 420V 偏高，导致空压机经常出现电动机电压重故障报警，站场工作人员将电压调整至 400V。恢复供电以后机组出现频繁启机失败，机组不能成功启动的失败点示意图如图 3-44 所示。

失败点 1 为液压启动失败。90s 内 GG 不能达到盘车速度 2000r/min，启机程序失败。

失败点 2 为点火升速后 GG 未能达到自持转速。机组在点火之后的自持过程中，出现 GG 未在规定的时间内达到启动器脱扣转速而发出启动中断命令，机组停机。机组点火后，燃料阀的开度最多能够上升到 18%。图 3-45 所示为燃料气系统参数与控制图。

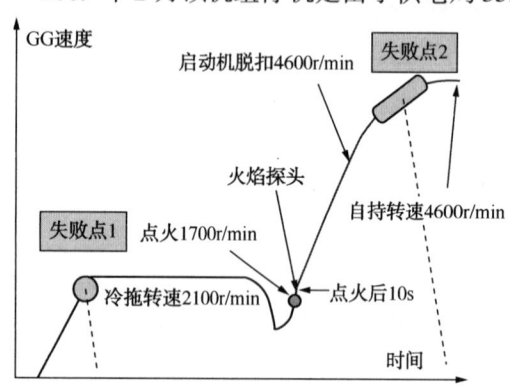

图 3-44 启动程序失败点示意图

1. 燃料调节影响因素分析

1）液压启动系统

(1) 供油压力和回油压力。

12 日停机后前两次启机，点火成功到 GG 转速 5700r/min 之后，机组出现 GG 未在规定的时间内达到自持转速而发出启动中断命令，机组停机。在随后的几次机组启动过程中，拖动最高速度停留在 1950r/min 左右（图 3-46 失败点 1），都因 GG 不能达到机组正常盘车速度（2000r/min）而导致机组启动失败。供油压力（35.5MPa）、回油压力（2.4MPa）均正常。

(2) 电动机电压。

对液压系统的控制系统、相关油路管线和回油控制阀 PCV351、供油控制阀 XY321 等进行了仔细的检查和调节，在 13 日至 15 日期间对机组进行校验盘车 20 次，其中只有 3 次

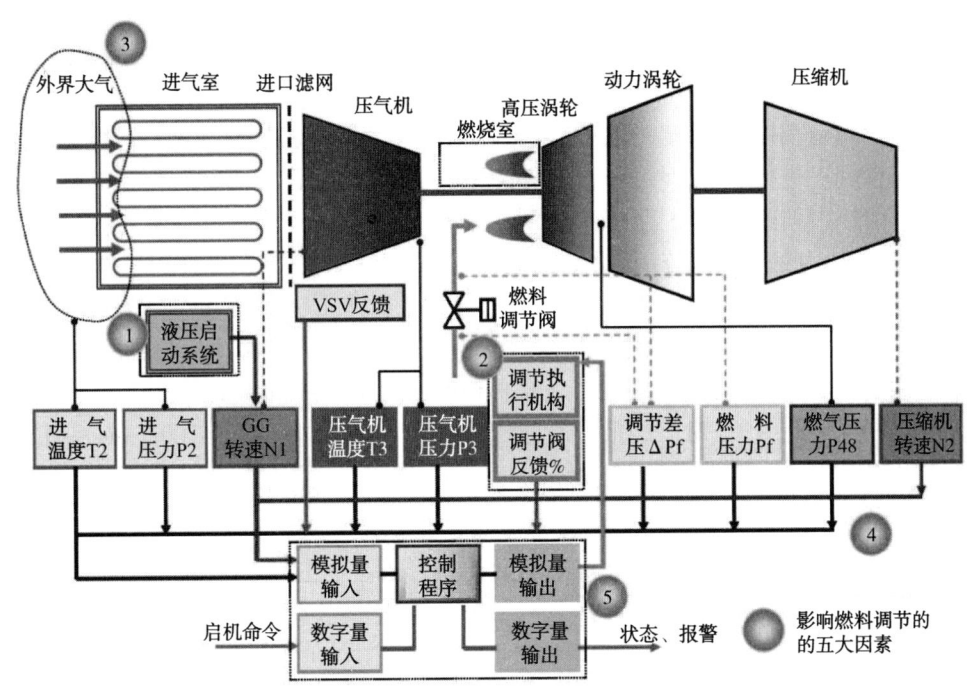

图 3-45 燃料气系统参数与控制图

成功盘车(非连续成功)，GE 工程师也对液压回路进行测试和机组控制系统进行了检查，均未发现原因所在。16 日将变压器档位设置恢复到 12 日停机前的状态，测量现场启动电动机 8CR-1A 进线电压，由之前的 386V 上升至 398V，启机后机组液压启动橇可以顺利拖动到盘车速度 2000r/min，但是在机组转速提升至 5300r/min 附近时会出现故障现象 2(图 3-44 失败点 2)，机组启机失败。

2) 燃料气系统

(1) 燃料调节阀出口压力。

该参数在点火后保持稳定，基本维持在 2.3MPa，不存在问题。

(2) 燃料调节阀前后差压。

通过分析调节阀的相关参数曲线，该差压越低则燃料调节系统会相对更加灵敏，在故障排查过程中曾将工艺区供给压力由 3.2MPa 调整至 3.6MPa，之后按照 GE 公司建议重新降至 3.2MPa。问题仍未得到解决。

(3) 燃料阀实际开度。

在控制柜对 FCV331 阀进行强制开、关，观察现场燃料阀开度和控制盘反馈信号均正常，证明此阀完好。

3) 仪表信号反馈

维修队配合 GE 现场工程师围绕影响燃料气阀开度的几个参数仪表进行校验：VSV 开度反馈；GG 进口压力 P2(PIT467)；GG 压气机出口压力 P3(PIT455)A/B；燃料气供给压力 PIT228；燃料气调节压力 PIT229；动力涡轮入口压力 P48(PIT451)。校验过程中未发现仪表自身和反馈回路存在问题。

4) 控制程序

为尽快启动压缩机组，根据以往经验分析、判断，故障原因很可能是控制程序存在缺陷，或许通过重新下装 Mark VIe 控制程序就能够解决。

(1) 下载备份程序。17 日，经过现场技术人员协商，重新下装控制程序的办法尝试。先对机组目前程序进行备份，然后再进行新程序(GE 调试工程师离开时留下的程序)下载安装。GG 不能在规定时间内达到启动器的脱扣转速的报警问题消除，但是新报警出现：当转速升速到动力透平低速转动时，机组出现报警信息为：GG STRCUFLT—P. compr. suct. DP not low at req. PT speed trip(压气机入口过滤器差压超高)，机组屡次启动失败。

(2) 恢复原程序。把控制程序再恢复到下装前的控制程序，再次启机，又出现程序下载安装前的启机状态：GG STRCUFLT—GG fail to reach starter cut-out speed(燃气发生器达到启动器脱扣速度超时)。对于此报警信息尚存在疑问：脱扣速度为 4700r/min，而实际机组在超过 4700r/min 十几秒以后已达到 5300r/min 才停机。

程序下载安装前后机组转速等参数曲线见图 3-46 和图 3-47。

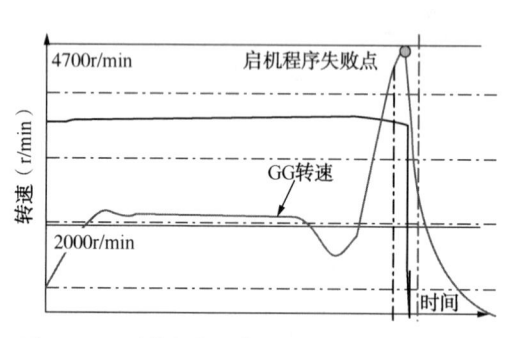

图 3-46 下载备份程序后机组转速等参数曲线 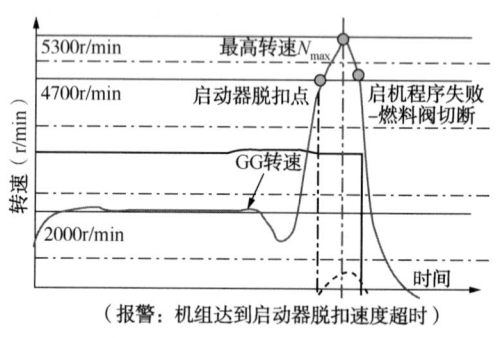　　图 3-47 恢复程序后机组转速的参数曲线

5) 进气系统

该季节气候条件无异常，观察进气压力 p_2、温度 T_2 均属于正常范围。

对比分析压气机出口压力 p_3 偏低、温度 T_3 偏高，检查发现压气机叶片较脏，于是去掉 GG 进口临时滤网后决定对 GG 进行一次清洗，19 日下午 2：50 再次开机，p_3 比清洗前提高了约 2kPa，启机成功。在稳定运行一晚上后，第二天再进行一次试验，20 日上午对机组再进行一次试启动成功。至此，该压缩机组的故障基本得到解决。

在水洗后，连续数次启机均正常，因此初步认为是因为压气机叶片较脏，压气机效率下降，影响了 p_3 压力偏低导致机组无法正常启机。但对电压造成无法达到盘车速度存在疑问。

2. 孔探检查

5 月 9 日对该机组进行 4K 保养，上午对压气机进行了清洗和烘干，中午开始孔探作业，进行至 5 月 10 日孔探结束。孔探发现 GG 的 0~15 级叶片均无明显损伤，但是 16 级叶轮中的 45 个叶片发生了不同程度的损坏，叶片损坏缺失面积最大达 1/2 以上，最大缺角线长度达到了 12.35mm，损坏程度已经超过 GE 叶片损坏极限，叶片损坏的类型有撕裂、叶尖卷曲、裂纹等，损坏的叶片测量照片(图 3-48)。与 2 月上旬该机组不能正常启机的现象相符，16级叶片直接影响p_3压力大小。

更换GG后数次启机均正常。

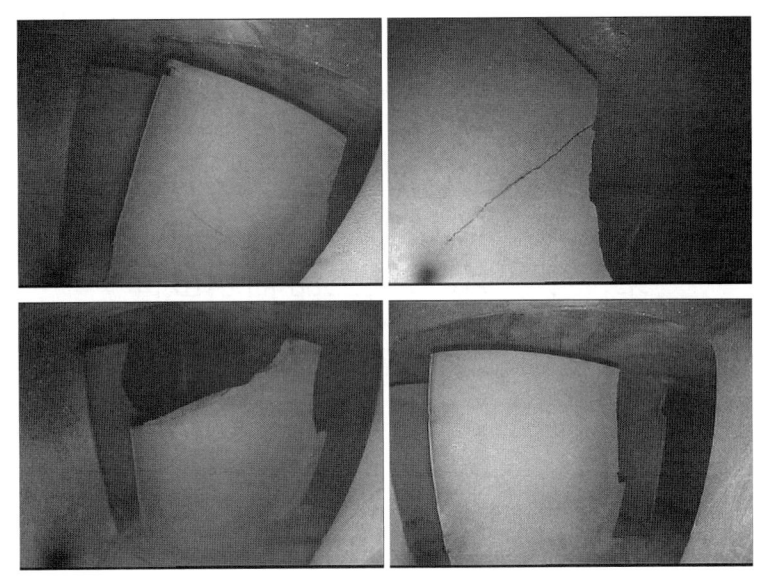

图3-48 叶片损坏情况

3. 故障再现

6月27日，因35kV外电停电检修，该机组计划停机。当天晚上18：30重新启机但未能成功，随后GE工程师和站内人员一起检查排除故障，直到22：30仍不能正常启机，期间拖转测试3次，都因为90s内液压启动器不能达到预定转速而失败，与2月故障现象类似。

6月28日下午17：04用1#液压启动机启动机组，启动马达转速只能达到1920r/min，启机失败。17：45用1#液压启动机进行校验盘车，启动马达转速只能达到1720r/min，盘车失败。调节回油压力调节阀PCV-351，测试并提高斜盘控制器控制电流（由600mA提高到620mA），21：13再用1#液压启动机进行校验盘车，启动马达转速显示达到1900r/min时启机失败，21：20使用2#液压启动机进行校验盘车，启动马达转速更低，只能达到1700r/min，工作未取得明显进展。

次日开展工作如下：

（1）检查、对比两台启动机斜盘控制模块参数设定，未发现异常。

（2）检查液压启动系统控制电磁阀XV321-1和XV321-2，均正常。打开液压启动油路，发现供油管路接头密封胶圈损坏严重，现场测量密封圈尺寸并更换。

（3）检查启动电动机软启动器参数设定，并搜集其他站场参数进行对比，进行适当调整并进行测试。

两次校验盘车后，最高转速分别达到2030r/min和1980r/min，虽然液压启动系统漏油问题已经得到解决，但先后两次盘车失败，由此判断液压马达明显出力不足。更换马达后启机成功，至此问题得到彻底解决。

三、改进措施及建议

该机组启机失败的主要原因是液压马达出力不足。改进措施建议如下：
(1) 加强与电网部门联系，确保外电电压稳定。
(2) 定期开展燃气发生器水洗，孔探压气机叶片，确保叶片清洁。
(3) 加强液压启动系统相关部件的密封性检查（如压力泄放阀 VR91-2）和滤芯清洗，保证液压油供油流量。

第二节　燃气发生器轴承故障

案例 3-7　燃气发生器旋转油气封严故障

一、故障描述

2019 年 3 月某压气站 GE 燃气发生器进行 4K 保养孔探检查时发现存在 4B 旋转油气封严损坏的情况。

经进一步检查，确定该燃气发生器的 4B 旋转油气封严均发生了失效断裂，同时还发现 4R 封严处有螺钉脱落（图 3-49），认为该情况比较严重，影响到正常机组运行安全，需维修处理。

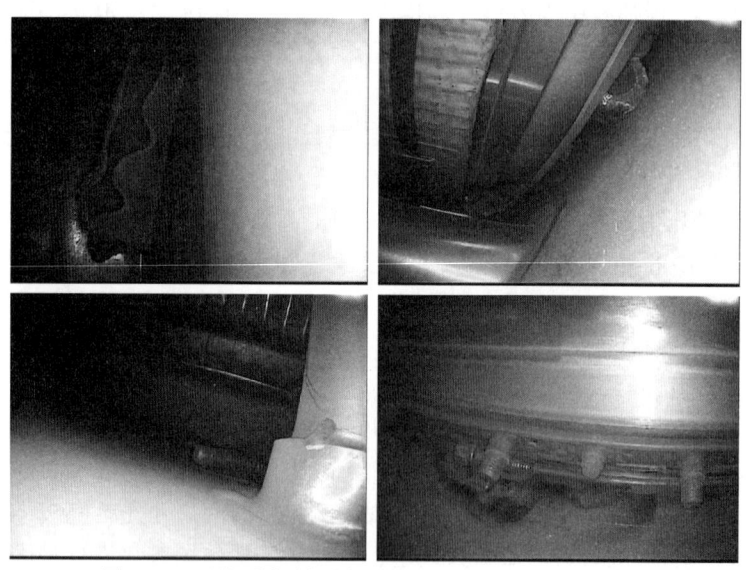

图 3-49　现场孔探封严断裂的情况及发现脱落的螺栓

二、故障处理过程及原因分析

在分解封严时发现了 4B 旋转油气封严断裂，并发现 4R 封严的热盖板螺钉脱落和热盖板等零件损坏（图 3-50），以及旋转润滑油封严安装方向错误（图 3-51）等问题。

图 3-50　现场分解封严断裂的情况

图 3-51　旋转润滑油封严安装错误的情况

由于该旋转润滑油封严的安装方向错误，在分解后发现压气机后轴有多处磨损和划痕。根据检查情况，该处由于划痕的情况，深度已经达到 0.013mm，宽度超过了 0.25mm，超出了可用标准的范围，如果继续使用，将导致压气机振动超标、轴不对中、轴承磨损（图 3-52）等情况，存在一定安全风险，所以需要对该后轴进行分解和维修处理。

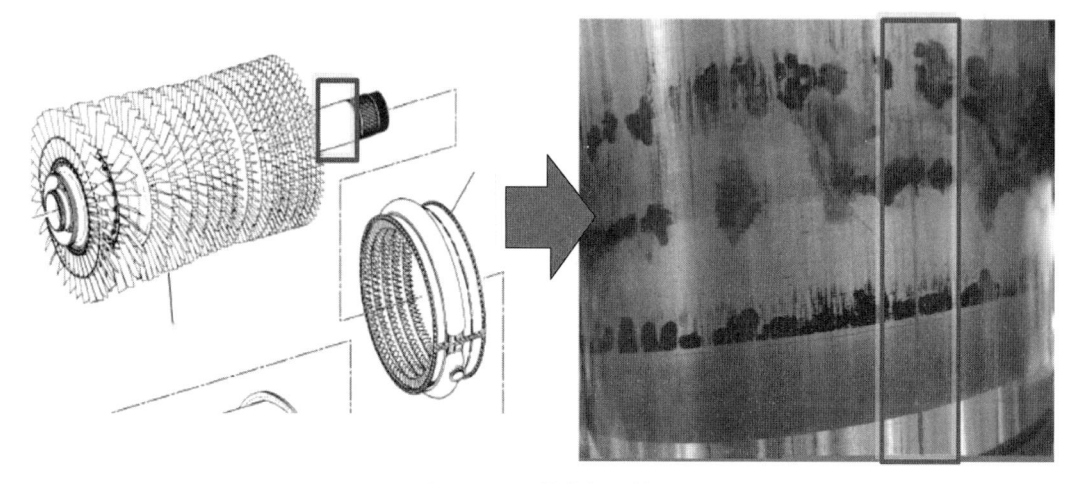

图 3-52　后轴磨损的情况

原因分析

（1）4B旋转油气封严断裂的情况。

4B旋转油气封严断裂的情况已经在维修和运行的机组中出现多次。经过对损坏的零件进行分析，该封严损坏的根本原因在于4B轴承旋转油气封严的封严边壁较薄。在运行中，受到轴承腔内的热应力和上游空气孔之间的密封空气扰动双重作用的影响，封严边产生了疲劳性的裂纹，在高速旋转过程，裂纹进一步扩大导致断裂。

GE提出的服务通告承认了该封严在制造和设计过程中存在缺陷，未考虑到热应力和空气扰动的原因，新零件封严增加了壁厚，提高零件强度，减少裂纹产生的可能。

（2）4R润滑油封严方向安装错误的情况。

与GE公司进行沟通后，得知该机组上次中修在GE的维修工厂进行，并且未对该处进行维修和更换，所以应为新机组安装时安装错误造成的。由于安装错误，封严的内部气流波动导致固定的热盖板不断振动和磨损，使固定的螺栓与螺孔磨损后脱落。

三、改进措施及建议

目前在中修检查过程中或者现场运行孔探检查时，4B轴承旋转油气封严损坏的情况已经发生了多达13起。自2017年维修发现的问题后，GE公司认为是设计存在缺陷，需要进行更新。

由于目前运行LM2500+SAC机组大部分（目前已经更换了13台，还有55台未更换）都存在4B旋转油气封严裂纹断裂的风险，所以需要现场运行时注意机组振动值，在4K、8K维修保养孔探检查时仔细检查该处封严是否有损坏情况，及早做出判断；返厂维修时发现的损伤执行改型227，更换新改型的封严会大大减少失效发生的可能性。

案例3-8　燃气发生器旋转油气封严损坏导致振动高故障

一、故障描述

某GE燃驱机组2017年7月4日运行时燃气发生器壳振测点VT457值约为50μm，7月4日正常停机。7月6日该机组启机后燃气发生器壳振VT457振动幅值明显上升，最大值达84μm。7月6日停机，7月7日再次启机后VT457振动值在63~92μm之间，振动波动范围30μm。

二、故障处理过程及原因分析

6月10日至7月13日机组一共启机4次，7月6日启机后VT457振动较以前明显上升，由60μm上升至84μm，如图3-53所示。

7月6日、7月7日机组启机后VT457振动值最大达到90μm，并存在连续上下波动，波动范围近30μm，振动值具有随转速的变化而同步变化的特征，如图3-54所示。

7月7日至7月13日，机组运行期间VT457振动频率成分没有明显变化，主要以转子的转动频率（1倍频）为主，如图3-55所示。

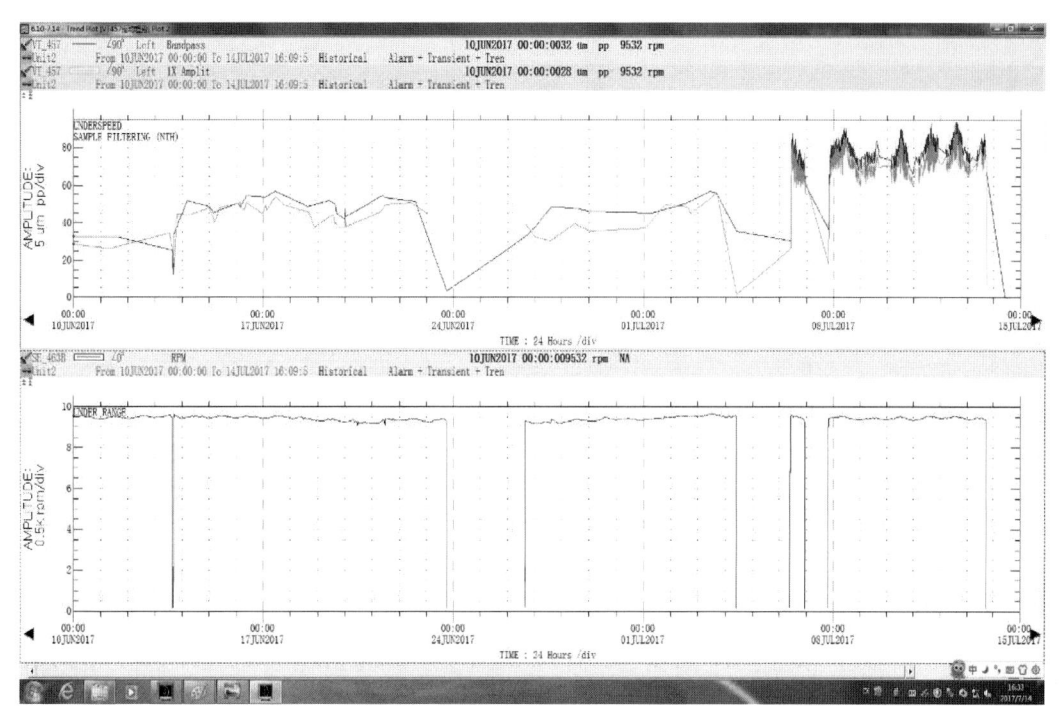

第三章 燃气轮机及辅助系统故障分析与处理

图 3-53 VT457 振动趋势图（6月10日至7月13日）

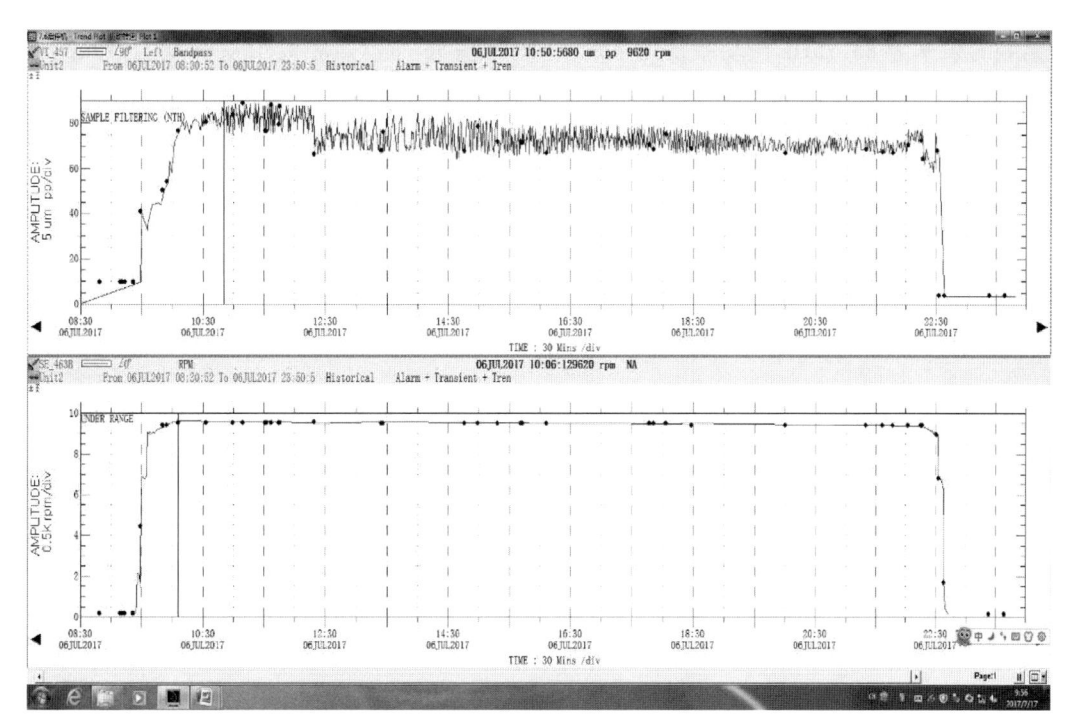

图 3-54 7月6日启停机 VT457 振动趋势图

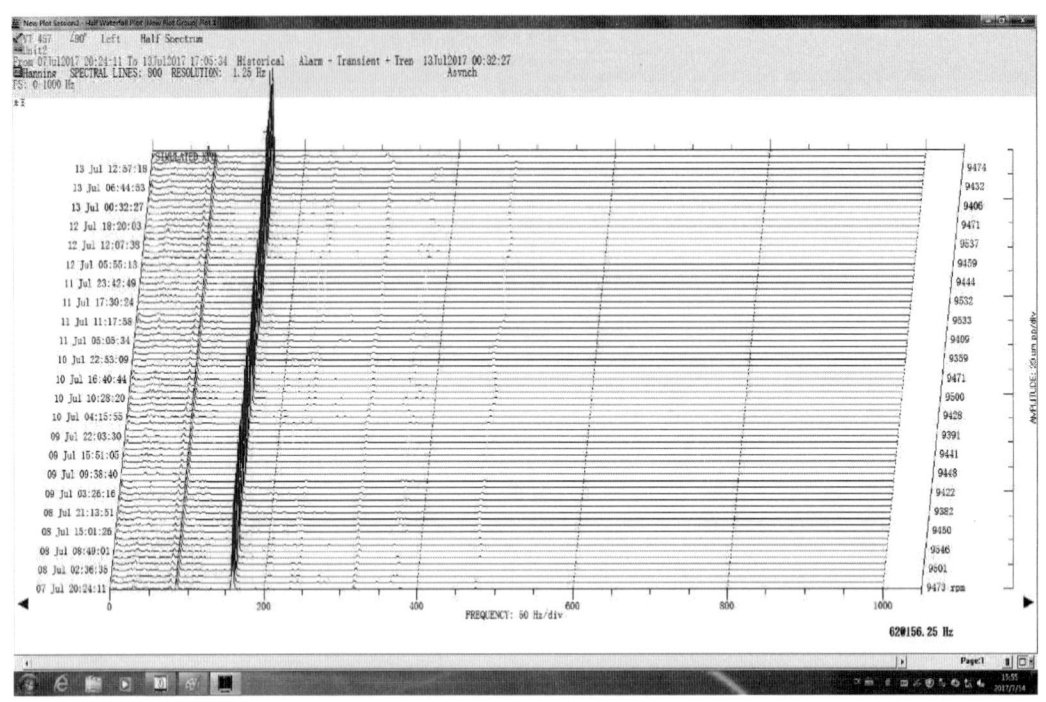

图 3-55 频谱瀑布图(7月7日至7月13日)

选取 7 月 10 日振动较低点的频谱图,1 倍频的频率为 156.25Hz 振动幅值为 59μm,1/2 倍频的频率为 83.75Hz 振动幅值为 8μm,如图 3-56 所示。频谱图主要以 1 倍频为主,其余频率成分幅值非常小。

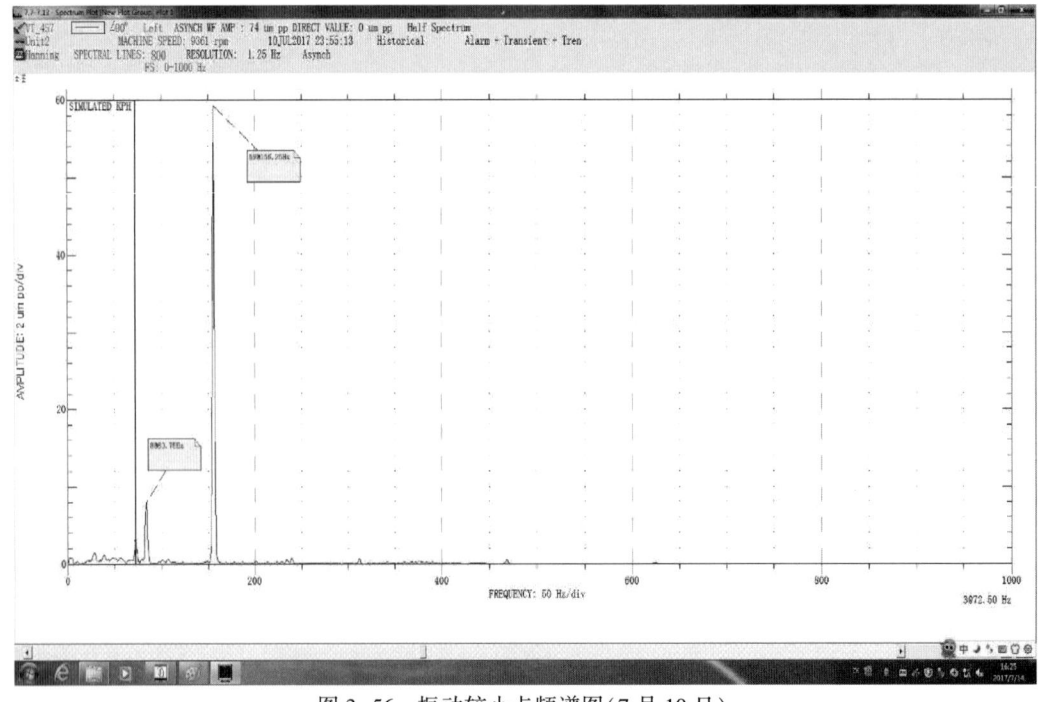

图 3-56 振动较小点频谱图(7月10日)

选取 7 月 12 日振动较大点频谱图，1 倍频的频率为 158.75Hz 振动幅值为为 88μm，1/2 倍频的频率为 83.75Hz 振动幅值为 7μm，如图 3-57 所示。频谱图主要以 1 倍频为主，其余频率成分幅值非常小。

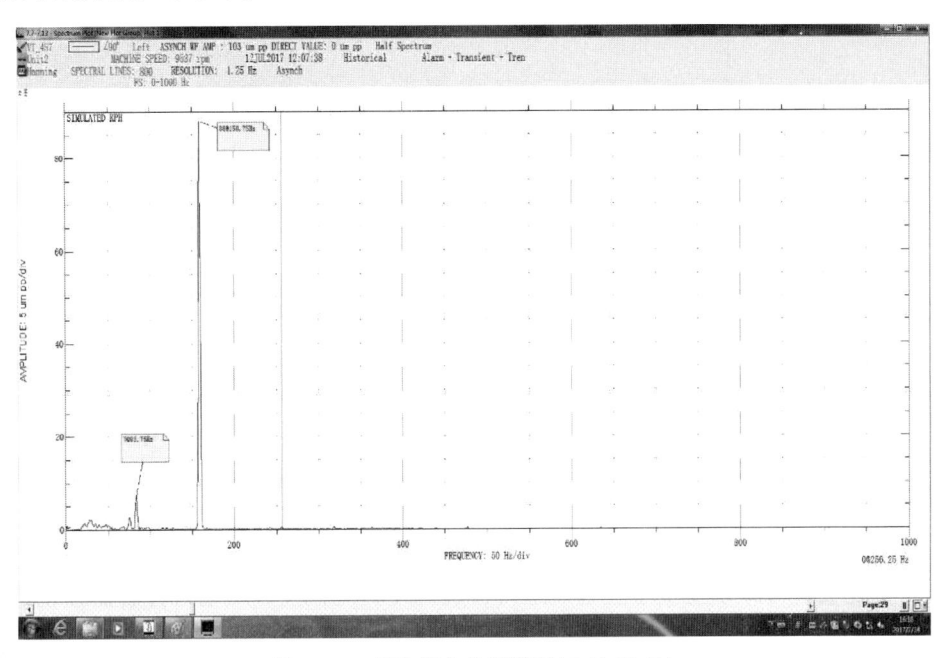

图 3-57 振动较大点频谱图(7 月 12 日)

6 月 10 日至 7 月 13 日期间动力涡轮壳振测点 VT411 趋势平稳，振动值在 4~8mm/s 之间，未出现异常增高现象，如图 3-58 所示。

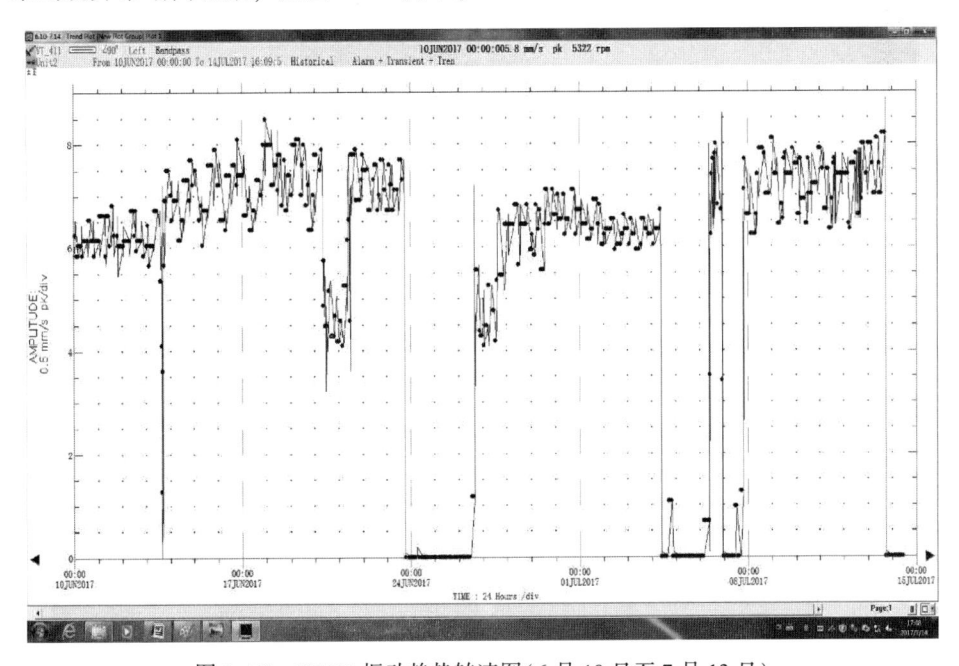

图 3-58 VT411 振动趋势转速图(6 月 10 日至 7 月 13 日)

7月7日至7月13日，燃气轮机排气温度在小范围内波动，无明显异常，如图3-59所示。

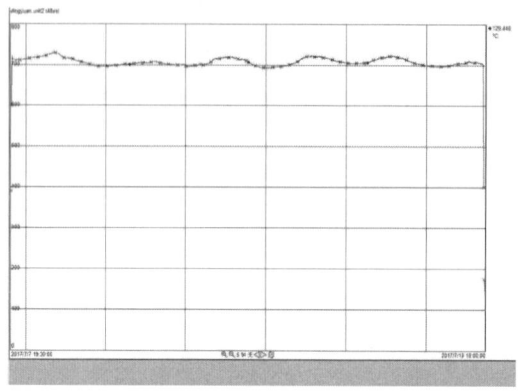

图3-59　燃气轮机排气温度(7月7日至7月13日)

发动机壳振VT457于7月6日启机后突然升高，主要是1倍频变化为主，其他分量和参数无明显变化，排除传感器、线缆等信号问题，初步判断为不平衡量增大导致振动突变，推测其原因为转动部件出现损坏，叶片损伤等。

7月14日，进行现场孔探检查(图3-60)，发现：4#轴承腔旋转封严损坏，掉块卡在B轴承腔回油管路中；内部保险丝出现断裂、盖板发生变形；8~16级叶片中仅16级有一个叶片叶尖处卷边。该发动机不宜继续运行，进行发动机更换。发动机分解后损伤部件图如图3-61所示。

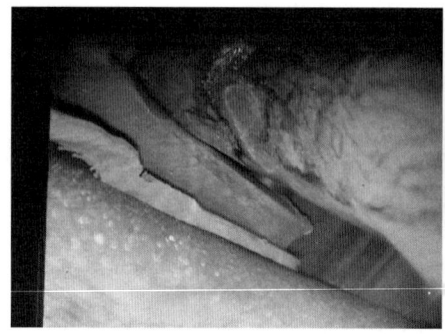

(a) 旋转封严掉块卡在CRF中B轴承腔回油管路　　(b) 旋转封严盖板螺钉保险丝断开

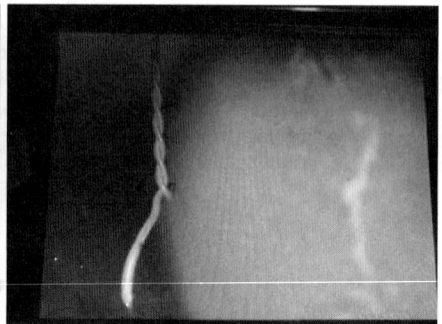

图3-60　孔探照片

图3-61　发动机分解后损伤部件图

三、改进措施及建议

在机组运行过程中,应关注较长时间内振动变化趋势,若在同一转速下振幅出现跳变,即使其幅值未超过报警线,也应引起关注。

对于未执行改型的 LM2500+ 型燃气发生器,存在 4B 旋转油气封严裂纹断裂的风险,现场运行时注意机组振动值,在 4K、8K 维修保养孔探检查时仔细检查该处封严是否有损坏情况,及早做出判断。

案例 3-9 燃气发生器螺栓脱落故障

一、故障描述

2017 年 8 月 3 日,某压气站对 GE 机组进行 8K 保养,检查电子碎屑检测器时,在 B 收油池碎屑检测器 QE162 下游滤网处,发现一个螺栓。

B 油池所对应位置为 4#轴承。测量螺栓尺寸,长度约为 20mm,外径约为 4.8mm,见图 3-62。发现此螺栓后,查看 QE162 历史数据,未发现报警信号。

图 3-62 磁性检测器内螺栓

二、故障处理过程及原因分析

(1)查看 PID 图 QE162 相关流程如图 3-63 所示,并在现场进行检查。在 QE162 上游到燃机润滑油出口均为卡套连接,没有此螺栓部件。而在燃机润滑油入口,因有润滑油喷嘴,此螺栓尺寸较大,不能进入 B 油池内部,因此可以排除外部零件进入润滑油管线。

(2)检查 QE162 报警历史趋势,发现并没有出现报警,究其原因应是,螺栓尺寸过大,未接触磁性检测器询问检测元件。如图 3-64 所示,只有碎屑接触到底部检测元件,导致其电阻变化时上位机才会出现报警。此螺栓尺寸过大,仅接触到图 3-64 中"A"位置处，未能对检测器电阻值造成影响。

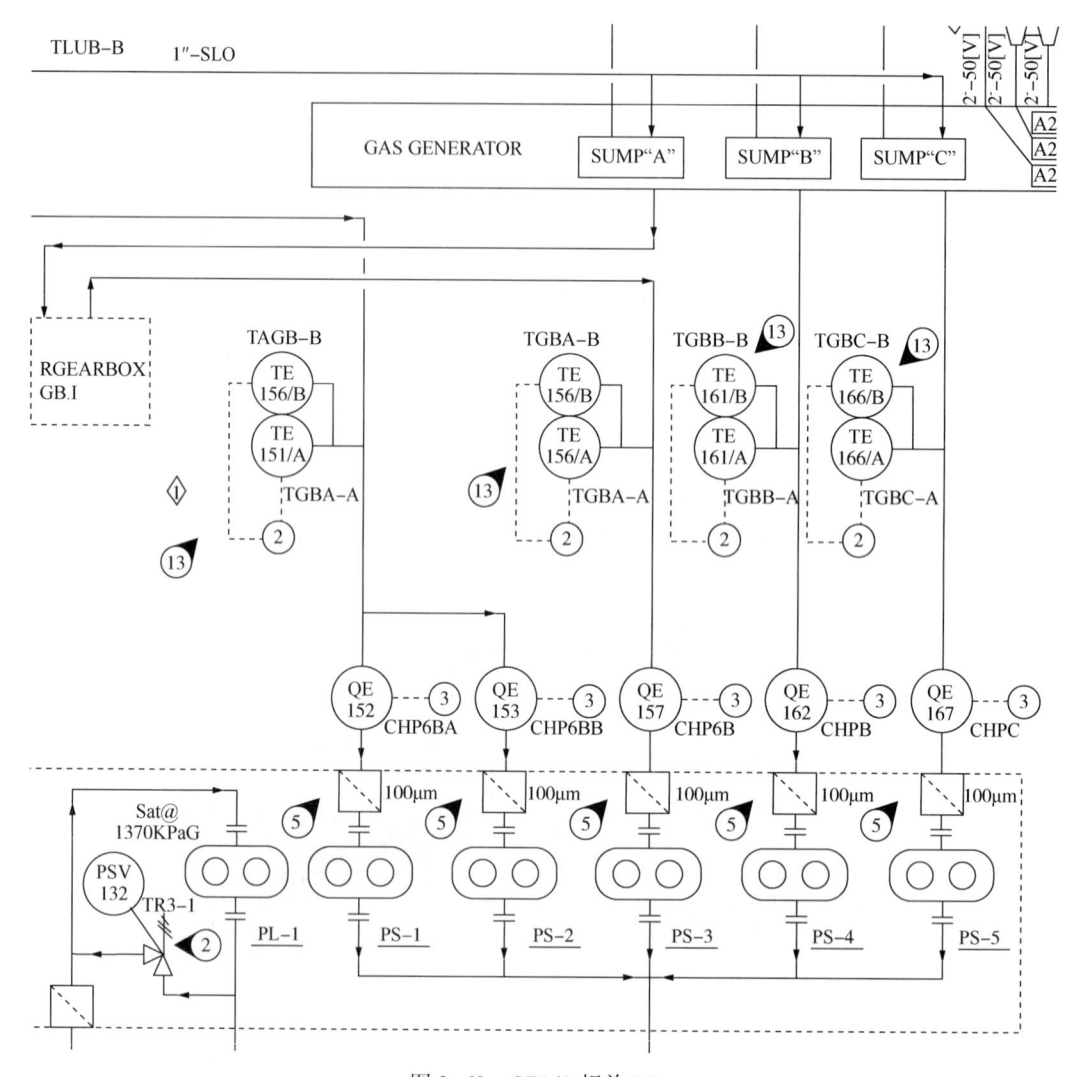

图 3-63 QE162 相关 PID

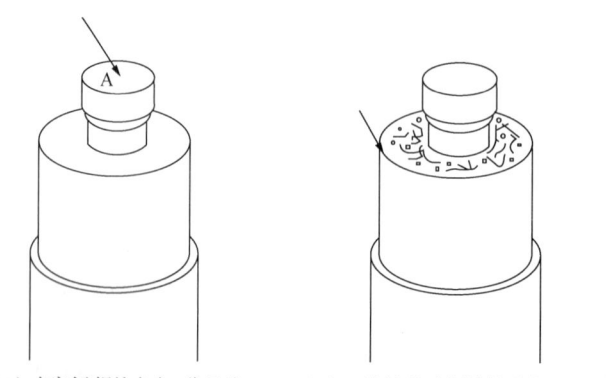

(a) 本案例:螺栓卡在A位置处　　(b) 正常情况:碎屑接触磁性监测元件

图 3-64 磁性检测器示意图

（3）查看CRF图纸，并结合解体燃机的情况，发现在燃机内部B油池处，4#轴承与其锁环处存在螺栓，但轴承上为双六角螺栓，与所发现的螺栓型号不一致。与廊坊压检中心核对此轴承锁环固定螺栓备件，尺寸与现场发现的螺栓长度一致，均为直径4.75mm，长度20mm，牙距为每英寸32牙。判断脱落螺栓为轴承锁环固定螺栓。

（4）孔探检查。查看CRF图纸，对B油池进行孔探检查，只能从图3-65剖面图中所示1、6、7处拆卸管线进行检查，但均看不到轴承锁环固定螺栓，孔探时线缆仅能到达4R轴承位置，检测不到4B轴承处。因此，通过孔探不能确认轴承锁环固定螺栓是否脱落。

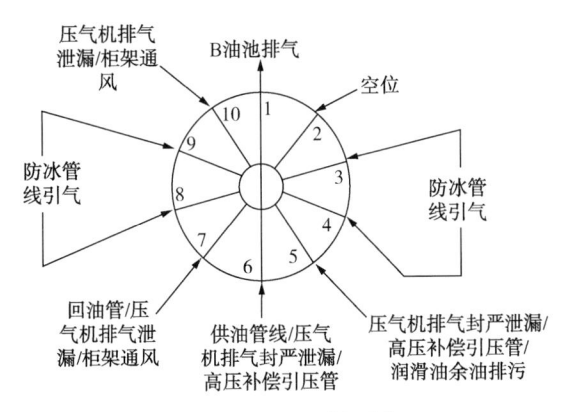

图3-65　CRF剖面图

（5）查看机组运行历史趋势。检查机组6、7月份部分运行趋势，未发现机组合成润滑油压力、温度出现异常。图3-66和图3-67为7月30日启机时GE2#机组B收油池碎屑探测器QE162、B收油池回油温度TGBB、供油压力PLUB、回油压力PSCV历史数据，各项参数无异常。检查18VGG历史趋势，同样未发现异常。

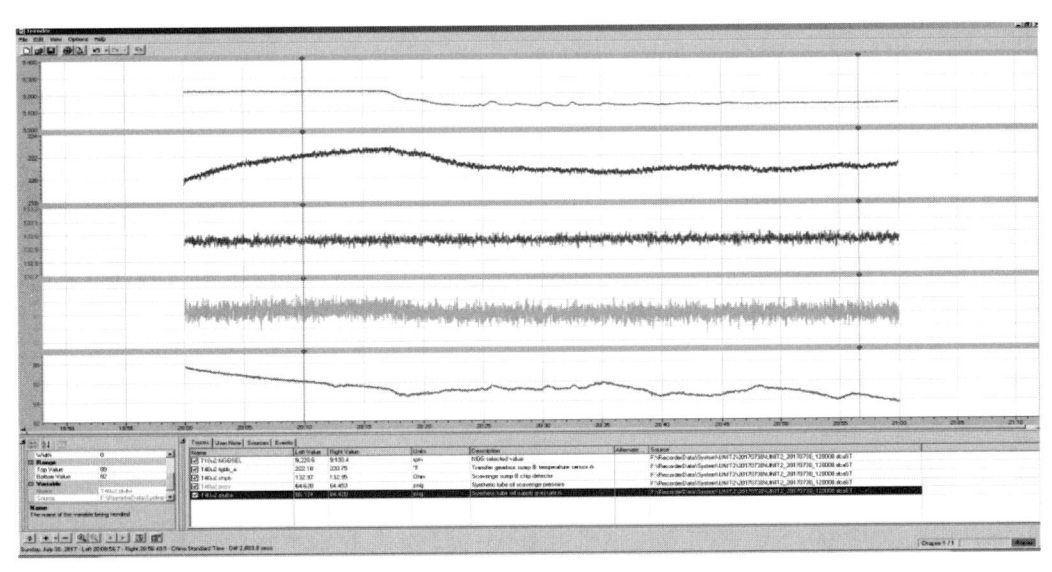

图3-66　7月30日机组运行历史趋势

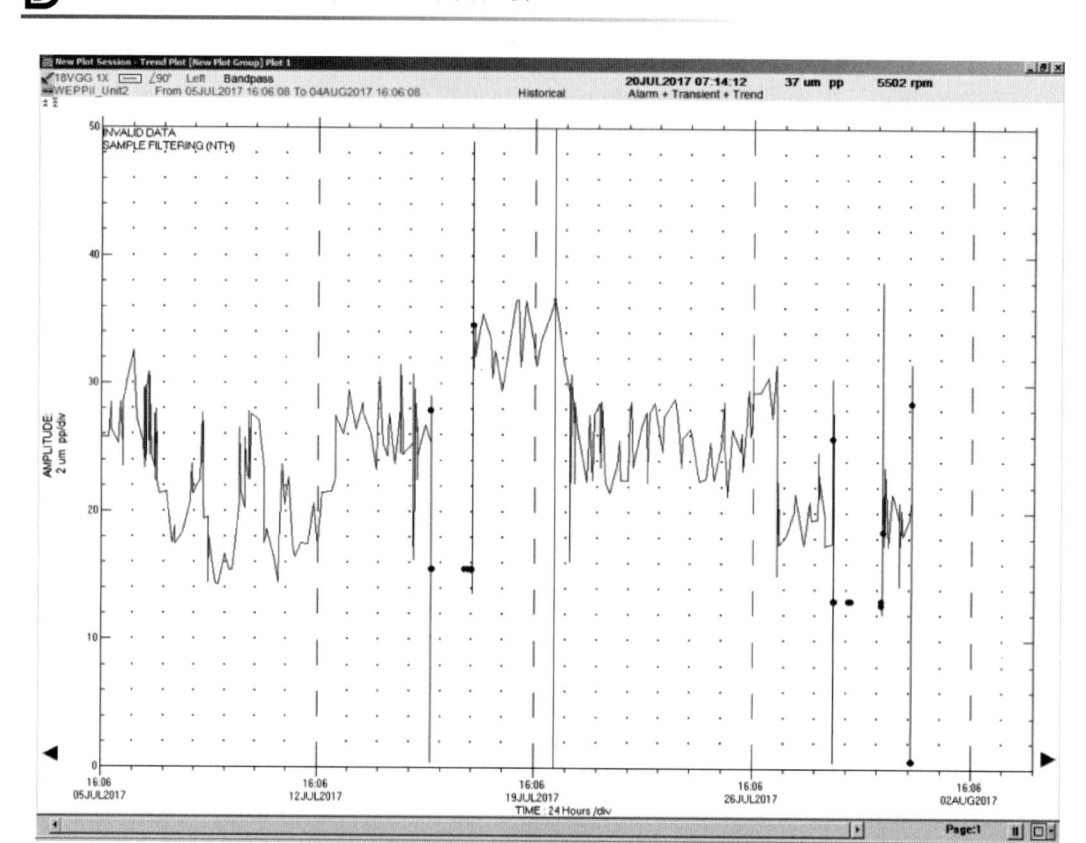

图 3-67　最近一月机组 18VGG 历史趋势

（6）检查磁性检测器检查记录。磁性检测器检查有两种情况：其一，按规程要求，在 4K、8K 保养时需要检查；其二，在磁性检测器出现报警时进行检查。前面已经说到磁性检测器并未出现报警。查看周期性检修记录，在 2015 年 8 月 10 日，站场对 GE2#机组进行 4K 保养，检查回油泵碎屑检测器，无异常。

因此，QE162 出现的螺栓，应是 4#轴承锁环固定螺栓松动，在运行期间脱落，随润滑油进入磁性检测器，具体脱落时间无法判断。

三、改进措施及建议

其他同型号机组出现类似故障可参考本案例处理方式，结合孔探作业对 4#轴承通过供油管线进行孔探检查，确保其完好性。

案例 3-10　燃气发生器轴承失效故障

一、故障描述

某压气站 LM2500+SAC 燃气发生器机组于 03：52 发出 B 轴承碎屑报警，机组紧急停机。由报警记录单可以看出，此次紧急停车前，系统发出多次报警，主要包含如图 3-68 所示信息。

Device Time	Device	Variable	Description
4/15/09 4:26	EC1	14_ esd_ nm	No motoring shut. command from SIL2 system
4/15/09 4:26	EC1	14_ esd_ p	Pressurized emm. shut. com mand from SIL2 system
4/15/09 4:26	EC1	CHPDTBALM	Scavenge sump B chip dete cted
4/15/09 4:25	EC1	CHPDTBALM	Scavenge sump B chip dete cted
4/15/09 4:24	EC1	PLUBFHIALM	High synthetic lube oil supply filter differential pressure
4/15/09 4:23	EC1	CHPDTBALM	Scavenge sump B chip detected
4/15/09 4:15	EC1	CHPDTBALM	Scavenge sump B chip detected
4/15/09 4:14	EC1	L 26QH_ ALM	Synt.Oil Tank Temp.High
4/15/09 4:13	EC1	CHPDTBALM	Scavenge sump B chip detected
4/15/09 4:10	EC1	CHPDTBALM	Scavenge sump B chip detected
4/15/09 4:10	EC1	L 26QH_ ALM	Synt.Oil Tank Temp.High
4/15/09 4:10	EC1	CHPDTBALM	Scavenge sump B chip detected
4/15/09 4:10	EC1	L 26QH_ ALM	Synt.Oil Tank Temp.High
4/15/09 4:09	EC1	PSCVHI_ ALM	High synthetic lube oil scavenge pressure
4/15/09 4:08	EC1	CHPDTBALM	Scavenge sump B chip detected
4/15/09 4:08	EC1	PSCVFHIALM	High synthetic lube oil scavenge filter differential pressure
4/15/09 4:07	EC1	CHPDTBALM	Scavenge sump B chip detected
4/15/09 3:58	EC1	CHPDTBALM	Scavenge sump B chip detected
4/15/09 3:58	EC1	L 26QH_ ALM	Synt.Oil Tank Temp.High
4/15/09 3:58	EC1	CHPDTBALM	Scavenge sump B chip detected
4/15/09 3:58	EC1	PSCVHI_ ALM	High synthetic lube oil scavenge pressure
4/15/09 3:57	EC1	PSCVFHIALM	High synthetic lube oil scavenge filter differential pressure
4/15/09 3:57	EC1	CHPDTBALM	Scavenge sump B chip detected
4/15/09 3:56	EC1	CHPDTBALM	Scavenge sump B chip detected
4/15/09 3:55	EC1	PSCVFHIALM	High synthetic lube oil scavenge filter differential pressure
4/15/09 3:55	EC1	PSCVHI_ ALM	High synthetic lube oil scavenge pressure
4/15/09 3:55	EC1	CHPDTBALM	Scavenge sump B chip detected
4/15/09 3:52	EC1	CHPDTBALM	Scavenge sump B chip detected

图 3-68 报警记录单

由报警信息可以看出，设备主要存在以下几个故障：B 轴承回油滤芯发现碎屑；润滑油回油压力高；润滑油回油滤芯内外压差高；润滑油供油滤芯内外压差高。

二、故障处理过程及原因分析

从报警信息可以看出，故障部位均出现在润滑油系统上，因此站场运行人员停机后对燃气发生器回油滤芯进行检查，发现三类杂质(图 3-69)，将这些杂质检验得到以下结论：

A 类碎片：轴承支架碎片；

B 类碎片：可能来自轴承支架(4340 钢)、轴承环(M50 钢)、轴承(M50 钢)；

C 类碎片：可能来自于轴承支架的镀银涂层或含有镀银涂层的其他组件。

(a) A 类碎片 　　　(b) B 类碎片 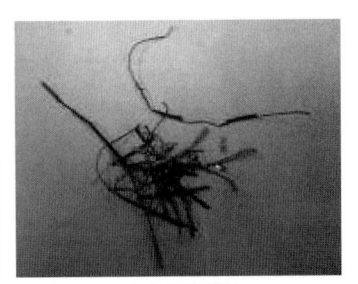　　　(c) C 类碎片

图 3-69 检查发现的三类碎片杂质

由于燃气发生器轴承出现了问题，现场无法进行拆解检查，因此将该燃气发生器进行返厂大修，在对燃气发生器分解大修过程中发现如下主要问题：

(1) B 轴承腔前后封严都有不同程度的磨损；

(2) 4B 轴承壳外径与 B 轴承腔有摩擦；

（3）4B 轴承支架断裂，通过断裂剖面可以推断支架断裂是由于高循环疲劳所致，支架与滚道的接触处镀银层磨损严重，滚珠发生严重磨损现象（图 3-70）；

（4）4B 轴承外环滚道内壁有磨损，前、后内滚道内径有 1/8 in 凹槽并伴有初步擦伤迹象。

（5）在分解过程中，发现 HP recoup 管路连接处的孔板从投产以来没有更换过，进一步调查显示该机组自从投入使用以来，一直未对 HP recoup 压力进行监测。

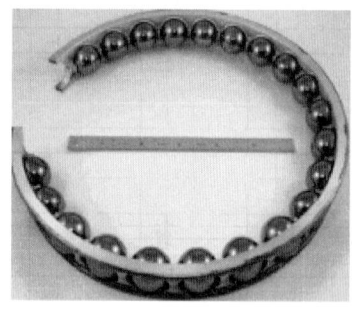

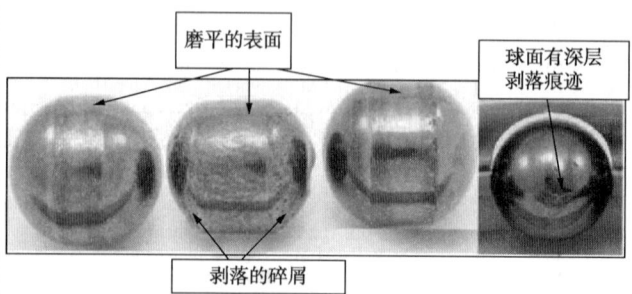

图 3-70 破损的轴承支架与滚珠

分别对 4B 轴承的滚珠（图 3-71）、前后内滚道（图 3-72）以及外滚道分别选取试样，进行金相分析（图 3-73），得到三个金相样。

图 3-71 滚珠金相试样

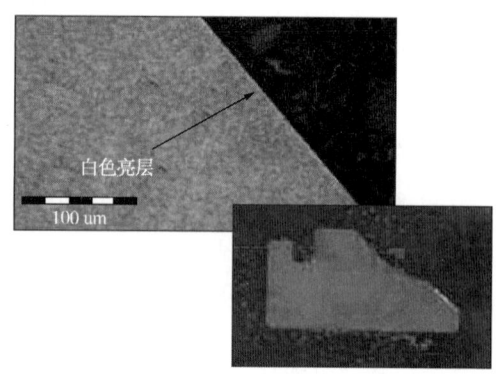

图 3-72 前内滚道金相试样

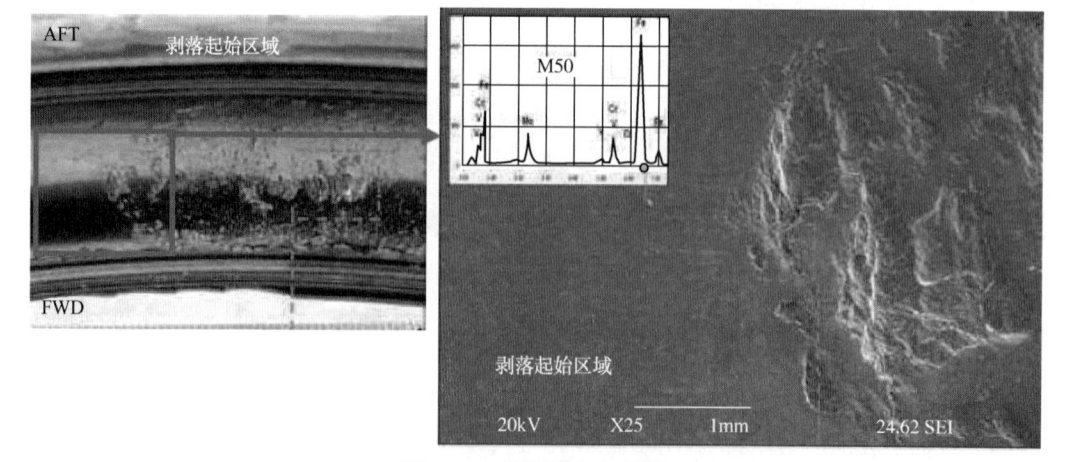

图 3-73 外滚道金相试样

通过金相分析，在4B轴承滚珠及内滚道上都发现了白色亮层的存在，白色亮层处材料发生了脱碳，由此可以推断滚珠与轴承内滚道发生了侧滑磨损。

利用光谱电子显微镜对轴承外滚道剥落区域进行分析发现，在剥落区域接合处存在微剥离区。由此可以推断外滚道材料剥落是由表面到次表面的传播方式进行的。

通过对此次LM 2500+燃气发生器轴承失效分析得出以下结论：

(1) 该轴承失效属于滚动接触疲劳失效，是由轴承外滚道和转子组件表面剥落引起的；

(2) 表面剥落是滚道与转子发生侧滑磨损的结果，侧滑磨损是由于轴承上没有预载荷或载荷过低而发生的，HP recoup 腔体泄漏导致轴承上没有预载荷，而HP recoup管的泄漏发生在高压补偿管的接头处；

(3) 自从燃气发生器投入使用以来，高压补偿管的孔板没有根据OEM手册进行检查，由此导致错失了及时检测出高压补偿管泄漏的机会；

(4) 轴承保持架外径与外滚道肩部的损伤是后续损伤。

由以上分析结果可以看出，此次LM 2500+燃气发生器轴承失效可能的原因是没有按照OEM手册对其进行维护，也没有对燃气发生器日常工作中发出的警报给予足够的重视。

三、改进措施及建议

针对此次轴承失效案例原因，为保证LM2500+燃气发生器正常运行，避免该类问题的发生，提出以下几条建议：

(1) 在燃气发生器日常维护中，要监测并记录高压补偿器的压力，并严格按照OEM手册计算孔板的孔径，对按照要求及时进行孔板的更换；

(2) 站场运行管理人员要做好输气生产的运行监控职责，注意并及时调查各种警报或信号的突变，减少频繁启停机对输气生产的影响；

(3) 建议站场运行管理人员着重做好对磁屑检测器的监控与数据记录工作。

案例3-11 燃气发生器压气机空心轴润滑油渗入故障

一、故障描述

某GE燃气发生器于2012年12月3日完成安装，2014年4月30日进行了燃气发生器水洗作业，5月3日对燃机进行孔探，未发现转子及叶片存在异常情况。5月8日进行启机测试，13：35：55点火成功，13：37：43因GG振动高高报警触发紧急停机，13：37：44熄火。

1. 孔探检查

对GG压气机0~16级叶片孔探，发现压气机第5~13级动叶叶尖与机匣内壁、第2~6级静叶叶尖与轮盘之间有较明显磨损。

(1) 压气机第2~13级动叶叶尖与机匣内壁均有明显磨损，其中第12~13级动叶叶尖与机匣内壁磨损较为严重，第5级动叶叶尖磨损切削掉块现象更为明显，见图3-74。各级动叶叶片的进气边、排气边及叶片表面无明显外物击打痕迹，见图3-75。

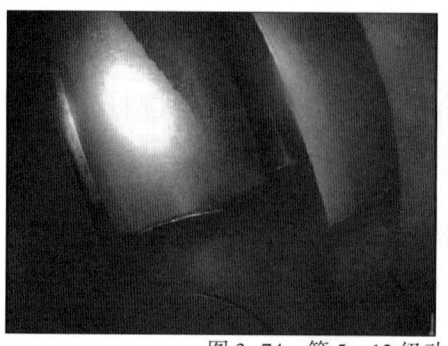

图 3-74 第 5、12 级动叶与机匣内壁磨损照片

图 3-75 第 2 级动叶排气边和第 4 级动叶排气边

（2）压气机第 2~6 级可调静叶叶顶与轮盘有较为明显磨损痕迹，且第 2 级静叶前端有密封软材料脱落（图 3-76，查阅图纸资料，分析图片发现此材料为静叶叶冠内径处的软质密封材料，安装于静叶叶冠内径处），此部件出现在 IGV、0、1、2 级静叶叶冠处，主要与转子上的梳齿密封相配合起密封作用。

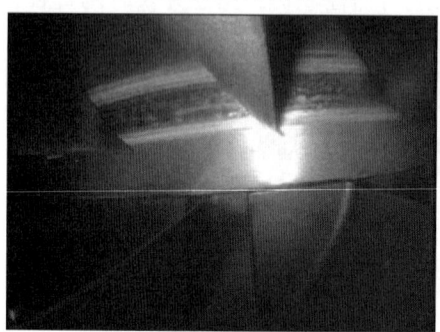

图 3-76 5 级静叶与轮毂磨损照片及裸露的静叶叶冠密封软材料

2. Bently 振动趋势

从振动趋势来看，在 GG 拖转到盘车转速，振动一直稳定，在离合器脱扣前振动趋势与转速变化对应基本正常，但在离合器脱扣后，GG 转速突降 250r/min，且振动值瞬间达到高高联锁值并保持 2s，但未发出停机指令，随后振动下降，在 13：47：06 再次达到高高联锁值，并保持 19s 后联锁停机动作，GG 停机。图 3-77 是振动和转速变化趋势。

进一步核查 ESD 控制逻辑，确认 GE 燃驱机组振动及超速保护停机联锁均在 HIMA 中存在 15s 延时，在 Bently 组态中有 4s 延时，总计 19s 延时。从振动保护逻辑看，存在延时设置不当问题。ESD 保护（停机）逻辑见图 3-78。

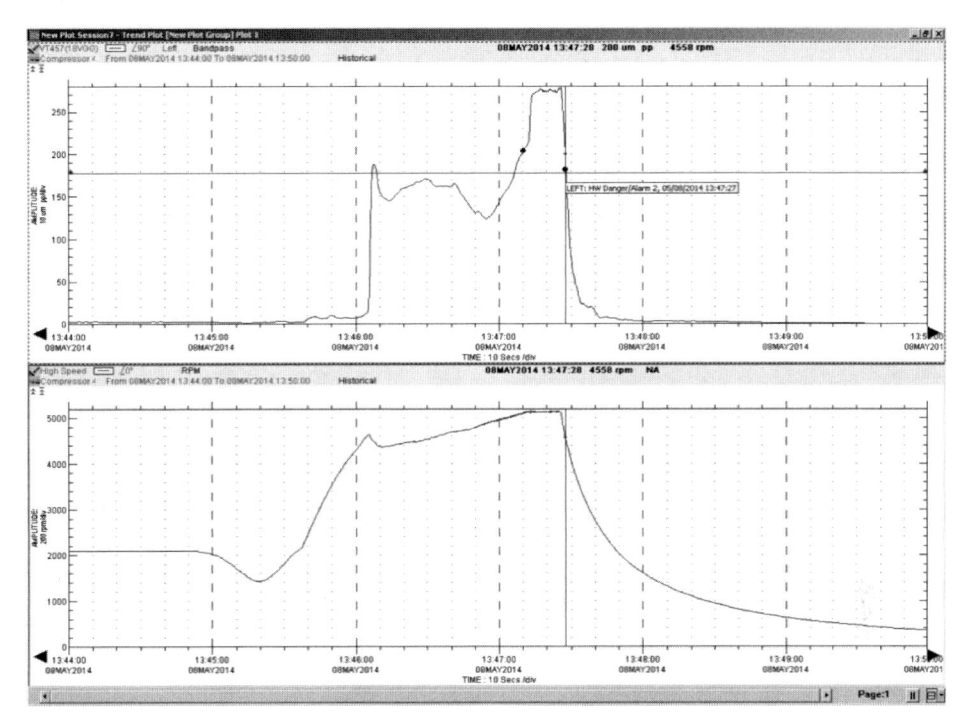

第三章 燃气轮机及辅助系统故障分析与处理

图 3-77 振动及转速趋势图

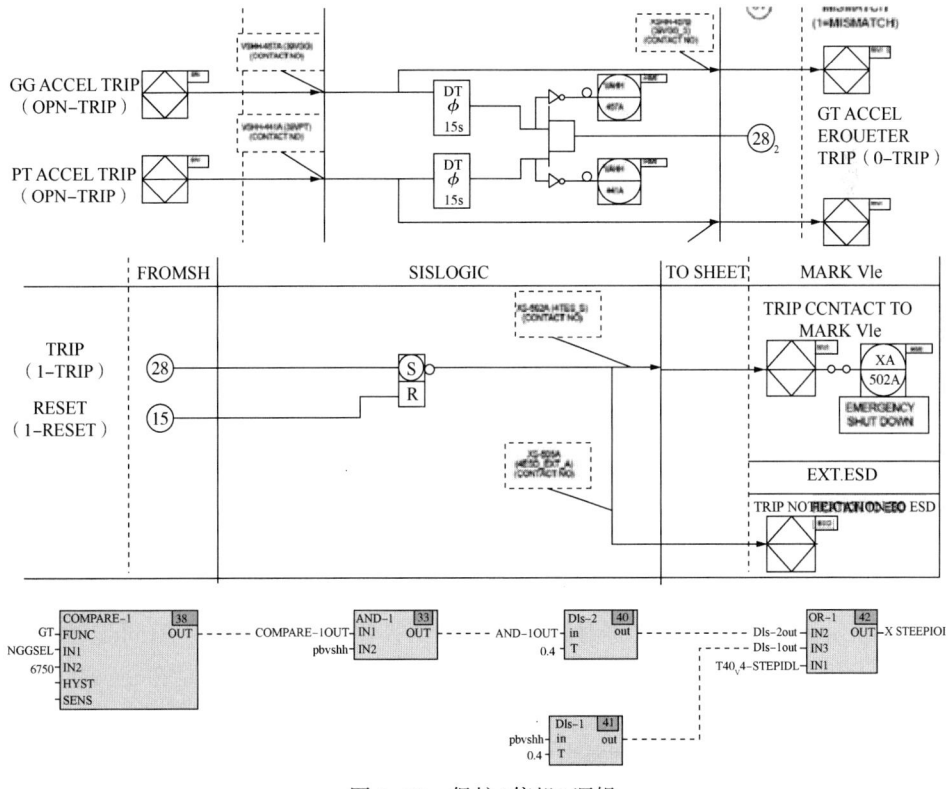

图 3-78 保护(停机)逻辑

— 103 —

根据西二线 GE 燃机 MarkVIe 控制逻辑，对于机组正常运行状态，当 18VGG 高高报警且维持 4s 以上（Bently 延时 4s），Bently 分别向 HIMA 及 MarkVIe 发出高高报警信号，MarkVIe 在接到高高报警信号后，延时 0.4s 发出机组步进到怠速的指令。但在启机至怠速期间，则将通过 Bently-HIMA，最终触发跳机指令，期间共有 19s 延时。

3. 拆卸 IGB 后目视检查情况

拆卸 IGB 后，发现 IGB 花键轴与 GG 花键孔配合的密封用 O 形圈损伤（图 3-79），O 形圈硬化无弹性，且存在橡胶碎屑，随后发现空心轴内部褶皱处有油痕，盘动 GG 转子，能够看到润滑油在空心轴内流动的现象（图 3-80）。

图 3-79 拆卸 IGB 后 GG 轴端花键内孔　　图 3-80 空心轴内润滑油的情况

二、故障处理过程及原因分析

该 GG 是新安装的，累计运行 6306h，期间未发生重大故障记录。此次燃机水洗并进行了专业孔探，期间未发现异常。机组点火成功后，由于燃机空心轴内存有润滑油，导致转子动平衡破坏，高速运转中出现共振现象，引起转子与静子部件的摩擦，进而损伤叶片。在振动频谱分析中，确认 2800r/min 时，也就是在压气机的第二、第三临界转速区间内，存在明显的 0.8X 信号的典型特征，这是 GG 振动高的根本原因。

从排查的结果分析，由于空心轴内部存在润滑油，燃机在临界转速下运行时，由于产生转子不平稳因素，导致了机组高振动，进而叶片损伤，空心轴进油是此次事件发生的主要原因，对空心轴进油原因分析如下。

1. 高位油箱设计

合成润滑油系统是一个正排量再循环系统，润滑油流量是随发动机转速直接变化的，润滑油从油箱供到供油泵和回油泵。供润滑油泵将带压润滑油经管道分配到轴承和齿轮区的油喷头，油喷到轴承和齿轮后，在回油池中被收集，再从回油池流到回油泵单元，并回到油箱。由于供油泵、回油泵的动力来自齿轮箱，齿轮箱转子与油泵为同步转动。但转子、齿轮箱刚起步时，需要有润滑油润滑，必须确保供油管路畅通，且存在一定压力才能实现这一需求，所以燃气轮机设置高位油箱来实现这一功能。

管路畅通时，根据连通器原理及液体压强计算公式：$p=\rho g h$，油箱设置越高，存在落差的润滑油对管路产生压力越大，如果油箱至燃机轴承管路长期保持畅通，润滑油充满轴承腔室，机组不运行时，不存在密封气，润滑油到达空心轴位置，由于IGB花键轴与GG轴端花键孔配合的密封用O形圈老化失效，失去弹性补偿，此时恰逢GG振动高，加剧O形圈损伤，致使合成油沿失效的O形环进入空心轴。高位油箱对燃机轴承收油池也存在同样风险，润滑油也易通过梳齿渗入管路（图3-81）。

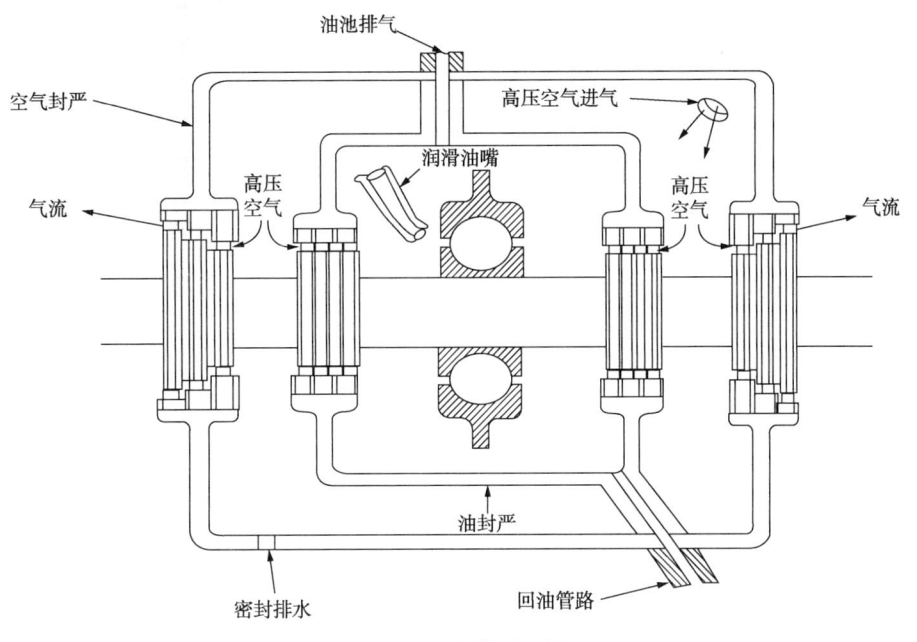

图 3-81 油箱原理图

2. 振动跳机保护逻辑延迟

由于振动保护逻辑的不合理，振动高高导致压气机动静部件严重摩擦损伤。前述对于振动保护逻辑的分析中可以看出。按照实际的保护逻辑，本次启机过程中，18VGG达到高高报警值，首次达到联锁值维持2s，但按照现有保护逻辑，未发出联锁动作信号，随之振动值下降至联锁值以下，但在62s后再次达到高高联锁值，并维持19s，超过保护逻辑延时设置时才发出联锁动作指令，机组停机，随转速下降，振动明显下降。正是由于振动持续在高高报警水平而未能及时发出连锁停机指令，导致相应的GG合成油回油温度等信号电缆因GG振动幅度过大而虚接出现误报警，且该报警在18VGG高高报警期间再次出现，上述过程明确表明振动保护延时明显过长，无法起到保护设备的作用。

三、改进措施及建议

（1）机组停运后，应及时关闭合成油供给手阀，未关闭时，上位机须有"未关闭"报警提示。新上机组可在管路安装自动切断阀，阀门根据燃机转速及启停命令进行判断。防止合成油进入GG压气机空心轴。

（2）对GE燃驱及电驱机组振动、超速保护延时进行全面排查。对GE燃驱机组振动及超速保护停机联锁在HIMA中存在15s延时，在Bently组态中有4s延时，总计19s延时进行修改，建议取消HIMA中存在15s延迟，缩短Bently内部的保护延时至1~2s（原为4s）。

(3) 在新安装叶片时，可适当扩大叶顶间隙距离。机组停运后，需通过充分冷却后才能再次启运，超过 10min 严禁启机，在程序上由非机械原因触发的停机执行冷拖 15min。因为燃机整体在高温工况下，叶片及壳体存在整体膨胀，燃机设计时为追求效率，叶片叶顶与壳体叶顶间隙位置较小，转子存在振动时，如果超过间隙，就会发生叶尖与壳体剐蹭风险。

(4) 维护检修期间，对燃机进行全面孔探。对缺陷叶片增大孔探频次，对进气室、机匣涡壳和密封气隔离管路定期进行检查，查看是否存在油污，如有油污，需进行深入分析油污来源，并对燃机内部进行全面孔探检查；做好振动及监测仪表系统的巡查及维护，发现故障及时处理；燃机返厂大修，需对润滑油密封隔离气流量进行测试，确保有足够的密封气将润滑油隔离，查看 IGB 花键轴与 GG 花键孔配合的密封用 O 形圈，做更换处理。

案例 3-12 燃气发生器轴承失效故障

一、故障描述

2018 年 10 月 20 日某站 RR 燃机出现故障停机，报警信息为：NH Voting Failure Coolstop（高压转速失效停机）。通过现场处理后，11 月 16 日再次出现报警信息：NH Voting Failure Coolstop。随后，现场对燃机进行停机检查，检查时发现中间轴承腔和启动齿轮箱润滑油磁堵上存在金属屑。

二、故障处理过程及原因分析

1. 初步检查

(1) 对燃机的回油磁堵进行检查，发现前后轴承腔磁堵正常，中间轴承腔和启动齿轮箱磁堵存在金属屑（图 3-82 和图 3-83）。

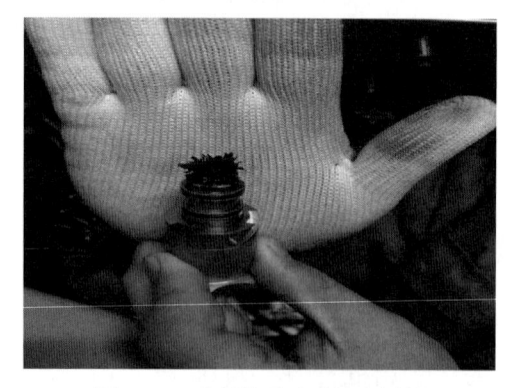

图 3-82 中间轴承腔磁堵金属屑　　　　图 3-83 启动齿轮箱磁堵金属屑

(2) 对燃机进行孔探检查时发现：高压压气机 4 级前缘有凹坑和缺口；高压压气机 5 级后缘有凹坑和缺口。

2. 燃机分解

按照既定工作范围，将该燃机三号单元体分解至零件状态，并对装配关键尺寸进行了测量，未发现异常。

3. 故障检查

首先对拆下的高压转速探头进行了电阻测试、绝缘测试和动态测试。结果显示四个转速探头均已失效。对拆下的其他零部件进行检查时主要发现以下几个问题(图 3-84 至图 3-93)：

图 3-84　高压定位轴承超温变色

图 3-85　高压定位轴承滚动体磨损

图 3-86　高压定位轴承外圈挡肩严重磨损

图 3-87　高压定位轴承保持架断裂

图 3-88　启动齿轮箱伞齿损伤

图 3-89　启动齿轮箱伞齿损伤

图 3-90　内部齿轮箱伞齿损伤 　　　　　图 3-91　内部齿轮箱伞齿损伤

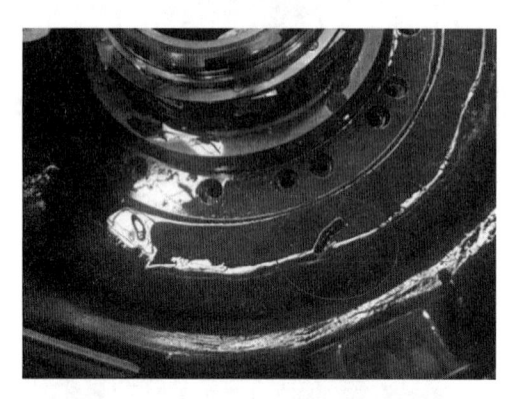

图 3-92　高压短轴杯形垫圈断裂异物 　　图 3-93　高压短轴杯形垫圈断裂

（1）高压定位轴承滚动体、轴承内滚道、轴承外滚道以及滚动体保持架上均有超温和磨损，需要报废处理；

（2）中压定位轴承、内部齿轮箱中的四个轴承以及启动齿轮箱中的四个轴承均发现损伤，需要进行修理；

（3）启动齿轮箱中的伞齿上发现压痕，需要报废处理；

（4）内部齿轮箱中的伞齿上发现压痕，需要报废处理；

（5）中间轴承腔的涂层封严尺寸均不符合要求，需要进行修理；

（6）高压短轴杯形垫圈的锁定位置断裂，需要报废处理；

4. 失效原因分析

1）转速探头失效

对失效的转速探头进行了解体（图 3-94 至图 3-96），并对转速探头的内部进行检查，检查发现转速探头内部感应线圈和交变电容失效。

根据燃机的故障排查情况，可以判断该损伤可能是由于高压定位轴承失效造成的。

根据要求，该转速探头运行过程中测量端面与音轮之间的间隙要求为 0.024~0.031in，周围环境温度不得超过 350℃。高压定位轴承失效后会使音轮偏心旋转，造成转速探头测量端面与音轮之间的间隙不符合要求，感应电动势过大，且周围温度场发生变化，进而导致转速探头失效。

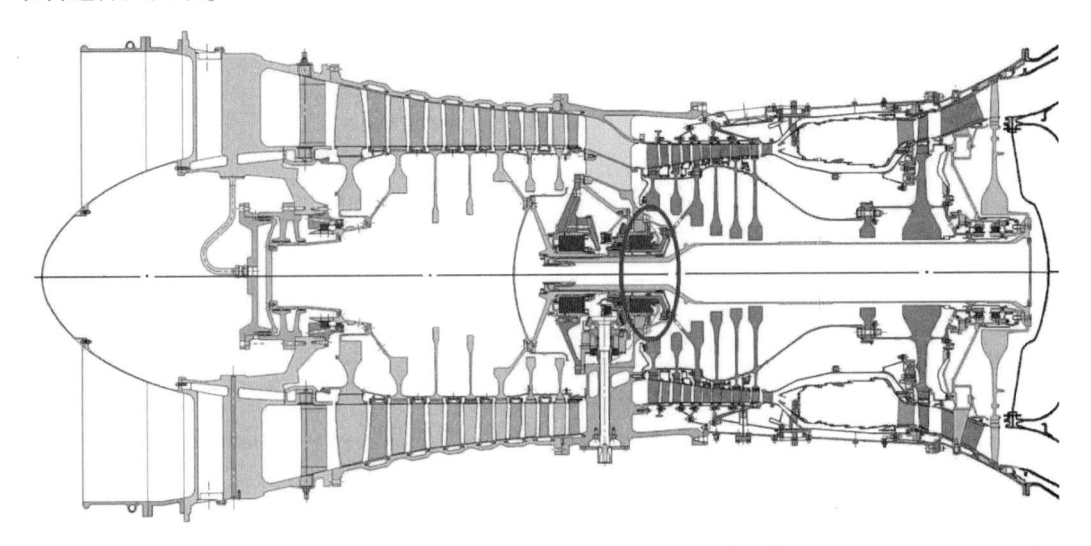

图 3-94 高压定位轴承和转速探头在燃机中的位置

图 3-95 转速探头和音轮的位置关系

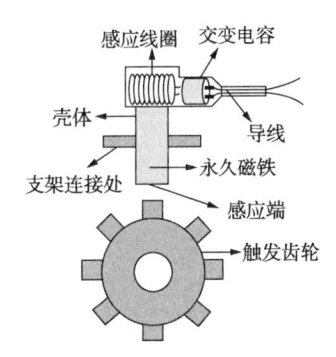

图 3-96 转速探头内部结构图

2) 高压定位轴承失效

根据高压定位轴承的损伤情况,从信号传输、材料、人为因素、环境、方法、机械等几个方面进行了分析,通过对现场运行数据和零件检查的情况分析,初步判断导致轴承失效的潜在原因如下:

(1) 轴承腔室内部异物。三号单元体轴承腔室中杯形垫圈断裂后,可能有脱落的金属碎屑通过共用腔室进入到高压定位轴承中,破坏了轴承的临界润滑状态,导致轴承过热变色。

(2) 固体/液体污染物颗粒。经过查阅现场润滑油检测报告发现该燃机所使用润滑油的颗粒度不符合要求。如果燃机长时间运行,润滑油中的颗粒物会对轴承造成损伤。

(3) 润滑不充分。润滑油的供油压力下降会造成轴承润滑不充分,进而导致轴承滚珠与其他零部件之间摩擦增加,轴承腔室温度升高,轴承金属材料脱落进入轴承腔室中,对轴承滚珠、内外滚道和支架造成持续性的损伤。

(4)安装方法缺陷。在安装高压定位轴承时,不当的安装方法影响了轴承的负载分配,在燃机运行过程中造成轴承滑移或滚珠偏移,最终导致轴承失效。

三、改进措施及建议

该燃机故障停机的根本原因是由于高压定位轴承失效,改进措施及建议如下:

(1)在燃机的运行过程中,需定期对润滑油进行检测,如果发现润滑油不能满足标准,应按照维护保养手册对润滑油进行处理。

(2)燃机运行过程中发现转速故障停机,需要对转速探头进行电气测试,并对燃机的回油磁堵进行检查。

(3)维护保养过程中,一旦在回油磁堵上发现金属屑,应立即对金属屑进行成分分析。

(4)燃机运行期间,如果发现润滑油系统供油压差变化较大,应立即停机,对进油滤芯进行检查。

(5)根据要求,改进高压定位轴承的安装方法,防止轴承在燃机运行过程中发生失效。

案例 3-13 燃气发生器轴承腔油气通风管堵塞

一、故障描述

某 RR 燃机于 2018 年 5 月进入压检中心执行大修工作,在检查该燃机后轴承腔时,发现油气通风副管堵塞,气流无法通过,该管的位置如图 3-97 所示。随后,工作人员使用孔探仪对该管进行检查,发现管壁附着积碳(图 3-98),由于积碳严重,孔探仪无法继续深入查看内部情况。

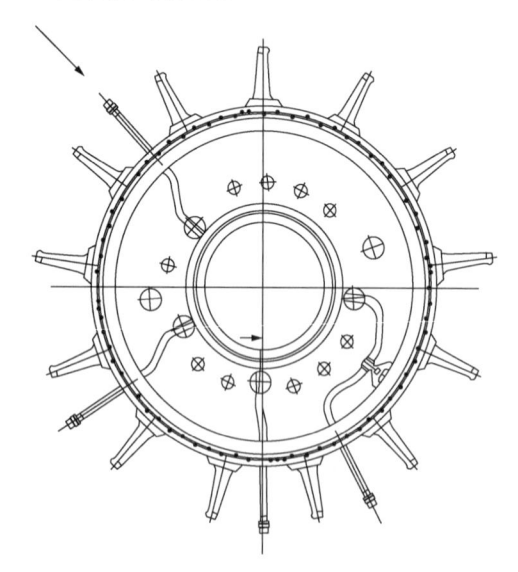

图 3-97 油气通风副管位置示意图

图 3-98 油气通风副管孔探检查

二、故障处理过程及原因分析

1. 故障处理

发现该故障后,工作人员首先采用碱溶液外加金属丝疏通的方法去除积碳,操作数次后效果甚微,故判断该管堵塞严重,在这种情况下使用化学方法去除堵塞物难以实现。

随后扩大了该零件的修理范围,使用火焰加热的方法融化套管内的钎焊料,拆下油气通风副管的套管及外侧管段,发现靠近内腔的一段长约 5~6cm 的直管段已经完全被积碳堵塞(图 3-99)。此时采用钻头手工疏通和化学清洗的方法彻底去除残余的积碳(图 3-100),再使用钎焊的方法更换油气通风副管的外侧管段。

图 3-99 油气通风副管内积碳   图 3-100 钻头手工疏通效果

2. 原因分析

燃机后轴承腔的油气通风管在燃机运行期间,用于排放轴承腔内的空气或空气与润滑油蒸汽的混合气,正常情况下只有在燃机起停时混合气中润滑油含量较高,被如此大量的积碳堵塞管内通道是不正常的。

从输入端考虑,如果是因为轴承的油封出现问题,有较多的润滑油泄露与空气混合,在高温的作用下烘干黏附在管壁,那么油气通风主管应该会出现同样的问题,然而主管内壁却十分清洁,无丝毫积碳迹象,所以分析该管路堵塞与轴承腔内部故障无关。

从输出端考虑,油气通风副管连接着戴维斯阀。而油气通风主管则直接与润滑油橇连通,无其他干扰因素。在燃机正常运行情况下戴维斯阀接通,用于排放轴承腔内的空气或空气与润滑油蒸汽的混合气;当燃机紧急停车时,会通过戴维斯阀向后轴承腔内通入压缩空气(仪表风),从而保持轴承被持续冷却从而延长轴承的使用寿命。如果戴维斯阀功能异常,比如它长期保持关闭状态或不完全打开状态,那么管内的油气将持续聚集而无法顺利排出,这些聚集的油气混合物在长时间高温的作用下极有可能形成严重积碳。

将戴维斯阀彻底分解后检查发现内部作动杆已经变形,阀内存在积碳,且靠近压缩空气(仪表风)的一端存在铜锈(图 3-101 至图 3-104)。根据手册检查标准,判断该戴维斯阀不能继续使用,已做报废处理。

根据设备结构、工作原理及维护保养要求,可以判断造成戴维斯阀作动杆变形的潜在原因有以下几点:

(1) 压缩空气(仪表风)含水量超标，造成了阀内精密零部件腐蚀后变形，在某次紧急停车向轴承腔通仪表风后作动筒无法复位，导致燃机正常运行时油气无法顺利排出。

(2) 在对戴维斯阀组装的过程中由于操作不当，导致了作动杆端头变形。这种情况下，作动杆动作时在某个位置发生卡滞，无法正常复位，导致燃机正常运行时油气无法顺利排出。

(3) 现场对燃机进行保养时，使用了医用酒精(70%浓度)对戴维斯阀进行了清洗，非工业酒精含水分较多，可能造成了戴维斯阀作动杆的腐蚀。

图 3-101　作动杆变形

图 3-102　阀体内部积碳

图 3-103　阀体内部积碳

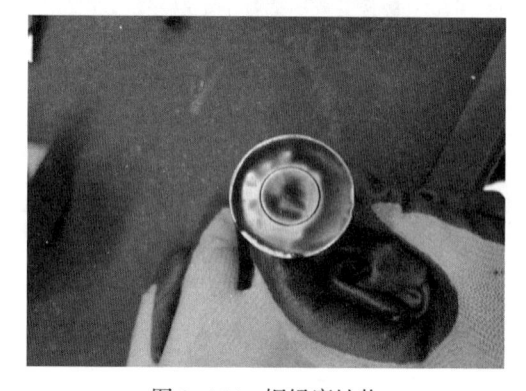

图 3-104　铜绿腐蚀物

三、改进措施及建议

该燃机后轴承腔油气通风副管的主要原因是戴维斯阀内部作动杆变形卡滞，改进措施建议如下：

(1) 严格按照 SB141 的要求对戴维斯阀进行检查和装配。戴维斯阀安装方法不正确会直接导致内部零部件变形，从而使得油气排放受到阻碍，影响到燃机的安全运行。

(2) 对戴维斯阀零部件进行检查和保养时，必须使用手册规定的溶剂进行清洗。

(3) 建议现场保证压缩空气(仪表风)的清洁、干燥，以防止戴维斯阀产生卡滞失效的风险，同时防止颗粒物进入轴承腔。

(4) 设计专用工装，用于检查戴维斯阀装配完成后作动杆是否复位。

第三节 燃气发生器附件故障

案例 3-14 燃气发生器传动齿轮箱壳体开裂故障

一、故障描述

2018 年 4 月 4 日，工程师在巡检过程中发现某 GE 燃气轮机 GG 正下方传动齿轮箱附近存在漏油现象，查看最近几日合成油箱液位历史曲线，有明显下降趋势（图 3-105）。现场随即组织人员排查 3#机组，最终在传动齿轮箱和附件齿轮箱连接部位发现一处长 8cm 左右的细微贯穿裂纹（图 3-106）。对该站其他两台机组的进行排查，发现 2#机组传动齿轮箱和附件齿轮箱连接部件处同一位置也存在长度 2cm 左右的未贯穿裂纹（图 3-107），1#机组未发现类似问题。由于传动齿轮箱外壳裂纹在机组运行过程中有可能延展及加深漏油，严重情况会影响齿轮箱的正常工作，进而损坏齿轮箱，导致机组无法正常启机等严重后果，立即联系相关单位进行齿轮箱更换工作。

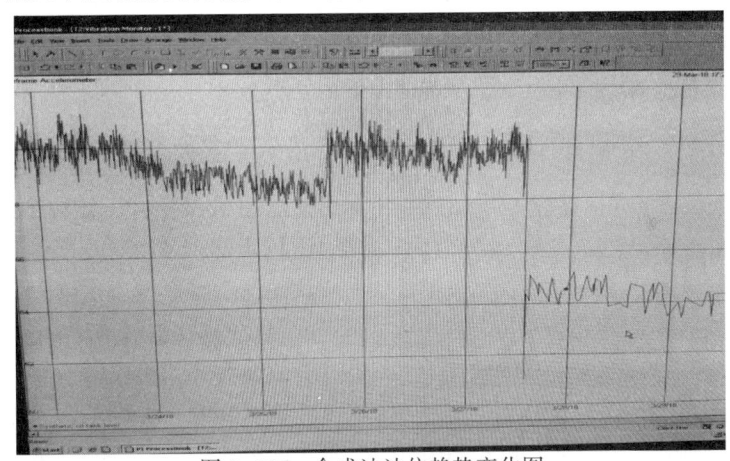

图 3-105 合成油油位趋势变化图

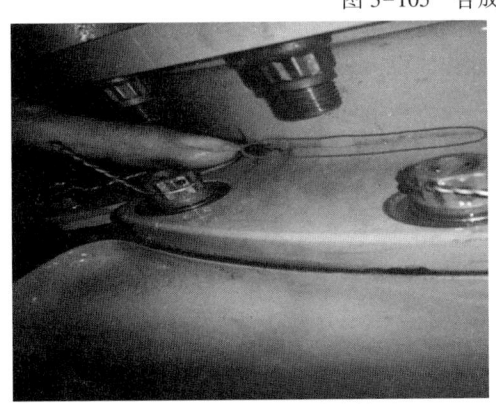

图 3-106 3#压缩机裂纹情况

图 3-107 2#压缩机裂纹情况

二、故障处理过程及原因分析

技术人员对现场情况进行初步了解分析后,为完成现场更换齿轮箱作业,首先设计制作了一个能够在燃气发生器下面支撑齿轮箱的架子,并具备垂直升降的功能,制作好的齿轮箱支架,如图3-108所示。支架放置位置如图3-109所示。

图3-108 制作完成的支架

图3-109 支架放置在齿轮箱底部

首先进行离合器、启动机、附件齿轮箱等设备外部管路拆除工作;接着完成温度传感器线、磁屑探测器线以及压力传感器线路的标记和拆卸工作;再将制作的齿轮箱拆卸支架安装到齿轮箱底部,如图3-110所示。最终顺利将两台燃气发生器的故障齿轮箱进行了更换。启机检查,齿轮箱未发现漏油现象,机组运行正常。

该站场2台燃气发生器附属齿轮箱出现不同程度裂纹的情况,LM2500+型机组中没有发生过类似的故障,尚属首次。根据现场齿轮箱更换的情况来看,在拆下齿轮箱的时候,发现

图3-110 支架支撑齿轮箱

裂纹位于传动齿轮箱(TGB)和附件齿轮箱(AGB)连接直角部位,靠近附件齿轮箱右侧水平连杆吊点处。目视检查,除了壳体裂纹,未发现其他部件存在有异常的情况,表面附近未见击打及碰磨痕迹。而在进行齿轮箱安装的过程中,发现2台燃气发生器齿轮箱都存在一个共同的问题,就是原安装的水平连杆尺寸不合适,无法安装到燃气发生器本体的固定点上,其中2#机组齿轮箱水平连杆长了约3mm,3#机组齿轮箱水平连杆短了约2mm。

根据以上情况分析,认为出现该裂纹的原因如下:

(1)根据金相分析,齿轮箱壳体材料是一种压铸型铝合金。原因可能是齿轮箱的壳体材料本身存在问题,造成局部强度降低。根据强度理论,硬度与抗拉强度呈正比关系,疲劳强度与抗拉强度也呈正比关系,零件局部强度明显偏低,大大降低了局部抗拉强度和疲劳强度,在循环载荷的作用下,长时间的运行过程中裂纹则容易在低硬度部位及应力集中部位发生疲劳开裂的情况。

（2）根据现场齿轮箱安装的情况来看，由于齿轮箱的5个支撑点安装位置不正确，尤其是水平可调连杆尺寸不正确，存在靠蛮力安装的情况，导致各连杆的受力不均匀，从而影响到与之相连接的齿轮箱壳体承受内部的应力。壳体零件在内部应力与外部振动，以及齿轮箱内部压力的共同作用下，产生了裂纹，裂纹逐步扩大后就造成了漏油现象的发生。

现场采取整体更换传动齿轮箱（TGB）和附件齿轮箱（AGB）的办法进行处理。此次齿轮箱故障的主要原因是2#机组齿轮箱水平连杆长了约3mm，3#机组齿轮箱水平连杆短了约2mm，所以重新查阅GE齿轮箱安装手册，按规定调整水平连杆尺寸，规范安装。

具体操作步骤：齿轮箱与发动机本体连接是靠5个点进行连接，如图3-111所示。其中3个为固定连接，2个为可调的连接：CFF 6点钟位置有2个固定的连接点，1个是靠销钉带有膨胀垫圈的，1个是垂直传动轴的位置；在齿轮箱后部有3个连接点，分别是2个可调的（垂直方向和水平方向）和1个固定的。在安装齿轮箱的5个连接点的安装顺序：首先进行3个固定点的装配，其次进行垂直方向可调节定位销的装配，最后再进行水平方向定位销的装配。安装完毕后，齿轮箱未发现上述裂纹漏油现象，机组运行正常。

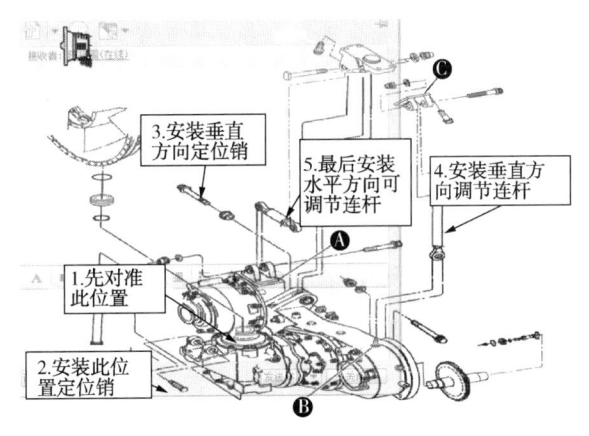

图3-111 齿轮箱连接点结构图

三、改进措施及建议

燃压机组长期在高速、强振动、高温条件下工作，且运行过程中工作部件由于各种原因可能产生应力集中，容易产生裂纹等故障，加速了设备的损坏速度。因此，在日常运行过程中，要做好历史曲线、日常巡检、停机后的检查工作，做到问题及时发现及时处理，确保设备完好备用；在日常维检修过程中，一定要按照操作维护规程作业，防止产生应力集中，损坏设备。

案例 3-15 燃气发生器箱体排污管线漏油故障

一、故障描述

2016年，某GE燃气发生器箱体排污管线漏油严重，初步判断为液压泵排污管路漏油。

二、故障处理过程及原因分析

从 GE 机组箱体向外引出的管路包括 3 个，分别为：（1）液压启动机排污管路；（2）VSV 作动筒、润滑油泵、齿轮箱的排污管路（包含液压泵转接座排污、启动机转接座排污、人工驱动转接座排污）；（3）B 和 C 轴承腔的排污管路。如图 3-112 所示，本次漏油的管路为 2 号管路。

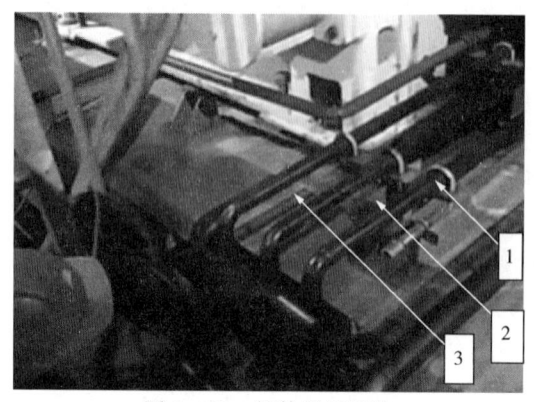

图 3-112 箱体排污管路

2 号管路是燃气发生器齿轮箱的 5 个排污管的汇总管路。分别拆掉 5 个排污管路，并在每个接头处裹上白布，启机定位漏油的管路，确定为液压泵排污管路漏油（图 3-113）。

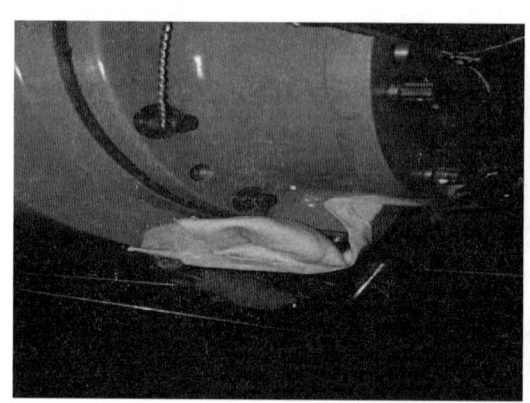

图 3-113 包裹排污管路

现场拆除液压泵，发现传动轴处的密封圈缺失。安装传动轴处密封胶圈（图 3-114），并更换了该处碳封严（图 3-115），启机测试后故障排除。

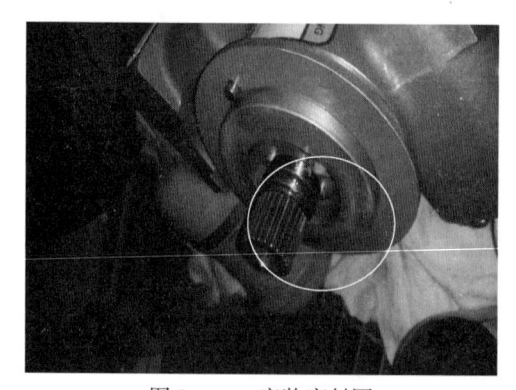

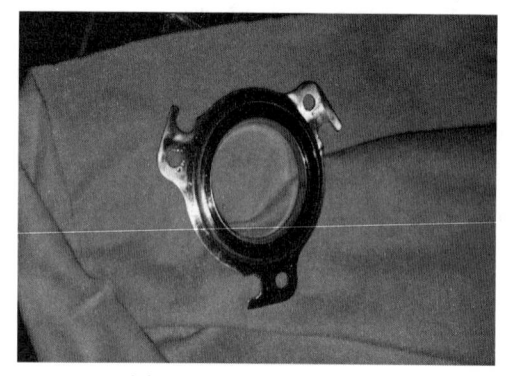

图 3-114 安装密封圈　　　　图 3-115 替换的碳封严

三、改进措施及建议

随着机组运行时间增长，GE 机组碳封严磨损故障越来越多。建议在机组运行时密切关注排污管路。同时,在更换零部件时检查密封件的状态,确保密封件的可用性。

案例3-16 燃气发生器齿轮箱回油管漏油故障

一、故障描述

2018年4月16日,某压气机站在执行GE燃气轮机启机测试的过程中,发现燃气发生器齿轮箱回油管接口处严重漏油,现场工作人员立即采取措施使用工具对该接口的螺栓进行磅紧,却发现螺栓无法磅紧,漏油现象依然存在。

二、故障处理过程及原因分析

1. 故障处理过程

压检中心技术人员赶往现场进行排故,立即进入燃气轮机箱体内对齿轮箱回油管接口进行分解检查,发现的情况如下:

(1)管接口的螺栓孔内的钢丝螺套前端约2牙已经完全碎裂,后端螺纹完好。

(2)管接口使用四个螺栓压紧,其中两个螺栓的尾部约2牙螺纹已完全消失。

(3)将损坏的螺栓与从压检中心带去的新螺栓进行对比,可以发现新旧两个螺栓的螺纹长度不同,件号也不相同。旧螺栓件号为AS3236-07,新螺栓件号为AS3236-09,如图3-116所示。

(4)通过上述情况,可以分析得知,由于旧螺栓的螺纹长度不够,造成螺栓拧入钢丝螺套内的螺纹牙数只有约2~3牙,启机后该接口处存在油路压力与振动,2~3牙的螺纹因受力过大而剥落失效,造成螺栓从钢丝螺套内被拔出。

使用工具剔除原钢丝螺套内碎裂的前2牙螺纹后,使用标准丝锥进行攻丝,后续对损伤的零件进行更换并重新安装新螺栓(MS9556-09),再次启机测试后检查该处管路接口,不再出现漏油现象。

图3-116 新旧螺栓对比
(左为AS3236-09新件,
右为损坏的AS3236-07旧件)

2. 原因分析

该燃气轮机以前安装的螺栓,不符合手册要求,旧螺栓比手册规定的螺栓短4个螺距,约3.2mm,有效螺纹由原设计的7个螺距变成了3个螺距。螺栓安装错误的情况可能是在燃气发生器初次安装出厂时就已经出现,也有可能是现场工作人员在维护过程中使用了规格类似的螺栓替代。在燃汽轮机启动的过程中,原螺栓的螺纹受力超过其设计允许值,因载荷过大出现了螺纹剥落损伤,导致螺栓从管接口处脱开,所以管接口的压紧力不足,直接造成了漏油现象的发生。

三、改进措施及建议

(1)在厂内的维修过程中,安装管路接口时,一定要严格按照手册和工卡要求安装正确件号的螺栓并磅紧到相应的力矩,不可仅凭个人感觉或经验安装规格类似的零件。

(2) 对于现场安装调试过程中出现的管路接口漏油现象,需要检查漏油点连接处的零件安装是否正确,确认所有零件正确无误后,再进行紧固,切不可盲目磅紧或者拆卸零件。

案例 3-17 燃气发生器启动齿轮箱音轮损伤故障

一、故障描述

某压气站在对 RR 燃机进行例行维护保养后,燃机无法启机。工作人员对燃机进行检查后发现,启动齿轮箱音轮和转动探头存在损伤(图 3-117 至图 3-120)。

图 3-117 启动齿轮箱音轮

图 3-118 启动齿轮箱转速探头

图 3-119 转速探头和音轮的位置关系

图 3-120 转速探头在启动齿轮箱上的位置

二、故障处理过程及原因分析

1. 故障处理

运行现场将损坏的启动齿轮箱发往压检中心进行故障排查，压检中心按照现场的故障描述和进厂检查情况制定了相关的工作范围。工作人员按照工作范围要求，将启动齿轮箱分解至零件状态，并对分解下来的所有零件进行了大修级别的清洗和故检工作，将损伤的转速探头和音轮更换为新件。经过检查，启动齿轮箱内部的四个轴承也受到了不同程度的损伤，需要进行相应修理。

2. 原因分析

维护保养人员对启动齿轮箱内部结构不够熟悉，未按照手册要求保证转速探头和音轮之间的运行间隙，导致启动齿轮箱转速探头和音轮在启机过程中发生损伤。

音轮损伤产生的金属碎屑进入启动齿轮箱内部，对内部的轴承造成了不同程度的损伤。

三、改进措施及建议

该燃机启动齿轮箱转速探头和音轮损伤报废的主要原因是未能按照规范要求保证转速探头和音轮之间的运行间隙，改进措施建议如下：

（1）根据规范要求，启动齿轮箱转速探头和音轮之间的间隙要求为 1.14±0.13mm（0.045±0.005in）。但是由于结构原因，现场人员无法使用直接测量该间隙的尺寸，可以使用如下方法获得合适的间隙值：用手轻轻拧入转动速度探头直到其接触到音轮上的齿，然后反向转动 4~5 个六角螺帽上的平面，以获得合适的间隙值 1.14±0.13mm（0.045±0.005in）。

（2）对燃机进行维护保养时，应严格按照规范要求执行，以免对燃机造成损伤。

案例 3-18 燃驱机组液压马达清吹阶段升速失败故障

一、故障描述

某 RR 燃驱机组例行启机过程中，当启机程序进行到清吹进程 GG To Purge Speed Seq Prog 时，因为在 60s 内液压马达无法将燃气发生器主速轴 GG NH 拖转到清吹转速 3000r/min 时导致启机失败，如图 3-121 所示。

二、故障处理过程及原因分析

1. 处理过程

（1）停止继续启机测试，现场仔细检查液压启动系统各部件、回路，确认无漏油现象。

（2）通过查看液压马达启机转速趋势可以判断液压泵本体工作正常。

（3）液压马达在 60s 内拖转燃气发生器主速轴 GG NH 最高至 2896r/min，接近清吹转速 3000r/min。液压马达转速受比例控制阀控制，机组 PLC 输出 4~20mA 电流信号，此电信号经过比例控制阀放大输出为 0~18V 电压信号并最终转换成高压油控制信号，故优先

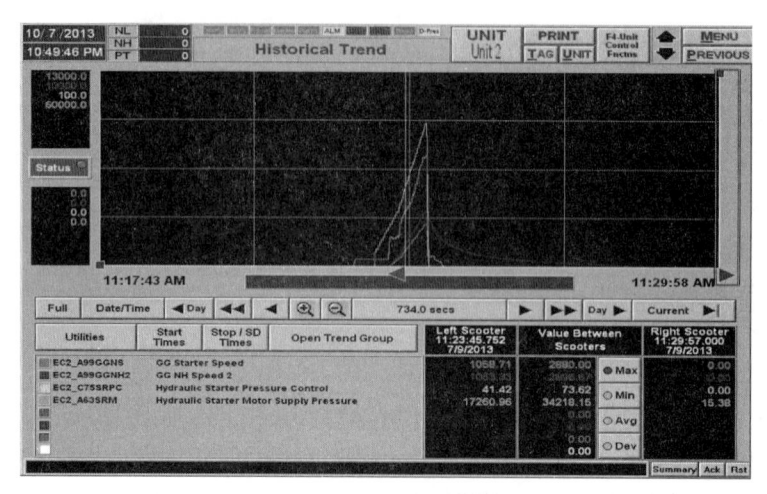

图 3-121　液压马达启机转速趋势

考虑比例控制阀放大器参数不合适导致无法达到清吹转速。

机组投产调试时，需按照对应序列号的比例控制阀的出厂整定数据对比例控制阀进行校准。下面介绍调试及投产运行后两种不同的整定步骤：

（1）机组调试阶段。

① 依据序列号查找对应比例控制阀整定曲线及数据（图 3-122）

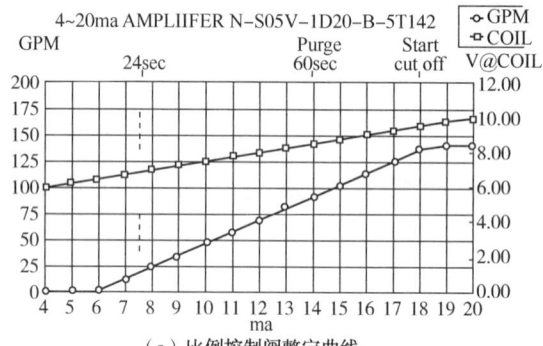

（a）比例控制阀整定曲线

ROLLS-ROYCE RRE043452		PUMP FLOW* @ 1500 RPM	VOLTS @	PSCP** CONTROL PRESSURE	APPROX RPM @
5001147809 MA552	mA	GPM	COIL	PSI	RB211（N2）
	4.0	0.00	6.03	120	0
CE PUMP STROKER VALVE	5.0	0.00	6.03	140	0
NH-6605-3	6.0	2.50	6.50	170	83
24 sec data point --	7.0	12.83	6.74	200	424
	8.0	24.58	6.98	220	811
PUMP SERIAL #	9.0	34.25	7.23	250	1130
V04438-5	10.0	46.08	7.50	280	1521
OIL TEMP 115°F	11.0	56.83	7.75	300	1876
F.M. I.D.# 1001	12.0	67.92	7.99	340	2241
	13.0	79.50	8.24	360	2624
60 sec Purge data point --	14.0	91.76	8.51	400	3025
	15.0	102.50	8.77	430	3383
	16.0	113.33	9.02	460	3740
	17.0	125.00	9.27	490	4125
Start cut off data point --	18.0	137.50	9.54	520	4538
	19.0	140.00	9.80	540	4620
	20.0	140.00	10.05	570	4620

（b）比例控制阀整定数据

图 3-122　比例控制阀整定曲线及数据

② 采取 PLC 程序强制输出 4~20mA 电流信号，现场比例控制阀测量端电压的方法来整定此阀。比例控制阀电流信号由 PLC 系统 1N050 1794-OF4I 的 0 通道输出，结合 1794 系列模块模拟信号的整定 E1ACNR5：0：O.Ch0Data：= C75SRPC * 30840/100 - 7710，C75SRPC 为比例控制阀输出百分比，即 4~20mA 对应 0~100%；若想强制输出 4mA，将 E1ACNR5：0：O.Ch0Data 强制为 7710 即可，其他电流值强制依据表 3-3 强制输出即可。

表 3-3 OF4I 模块电流 mA 值与整定值对应表

电流（mA）	整定值
4	7710.0
5	9637.5
6	11565.0
7	13492.5
8	15420.0
9	17347.5
10	19275.0
11	21202.5
12	23130.0
13	25057.5
14	26985.0
15	28912.5
16	30840.0
17	32767.5
18	34695.0
19	36622.5
20	38550.0

③ 首先需强制比例控制阀使能信号 3HSTE，K33 继电器指示灯亮表示比例阀控制器有效。

比例控制阀控制板上提供滑动变阻器 RV1 和 RV2，可以通过调整滑动变阻器 RV1 和 RV2 在 4mA 和 14mA 时阻值来调整比例控制阀输出曲线。对照比例控制阀出厂整定数据，PLC 中强制输出 4mA，现场测量端电压应为 6.03V，实际测量 5.53V，调整比例阀控制器 4mA 对应的滑动变阻器 RV1，直至端电压为 6.03V 左右；同理 PLC 中强制输出 14mA，现场比例阀端电压应为 8.51V，实际测量 7.77V，调整比例阀控制器 14mA 对应滑动变阻器 RV2，直至端电压为 8.47V；再次 PLC 中强制输出 4mA，此时端电压应为 5.94V 左右，若有偏差，重新按照 4mA—14mA—4mA 调整对应滑动变阻器。

④ 上述步骤结束后，依次输出 4mA、8mA、14mA、18mA、20mA，并记录对应端电压值，作为此比例阀整定数据，以供以后对比分析。

（2）机组投产运行阶段。

机组投产运行后，RR 厂家已将 PLC 程序强制输出比例控制阀 4~20mA 电流信号功能取消且无权限强制 ECS 程序变量，所以使用信号源 Fluke 744 手动输入 4~20mA 电流信号代替 PLC 强制；断开 OF4I 模块电流信号输出端，将 Fluke744 Source 正负表笔分别连接线标 116、117 即可。

处理结束后，重新启机进入到清吹转速阶段，35s 左右燃气发生器主速轴 GG NH 转速上升到 3000r/min，如图 3-123 所示。

结果表明，重新整定比例阀参数后液压马达在设定时间内达到清吹转速，故障排除。

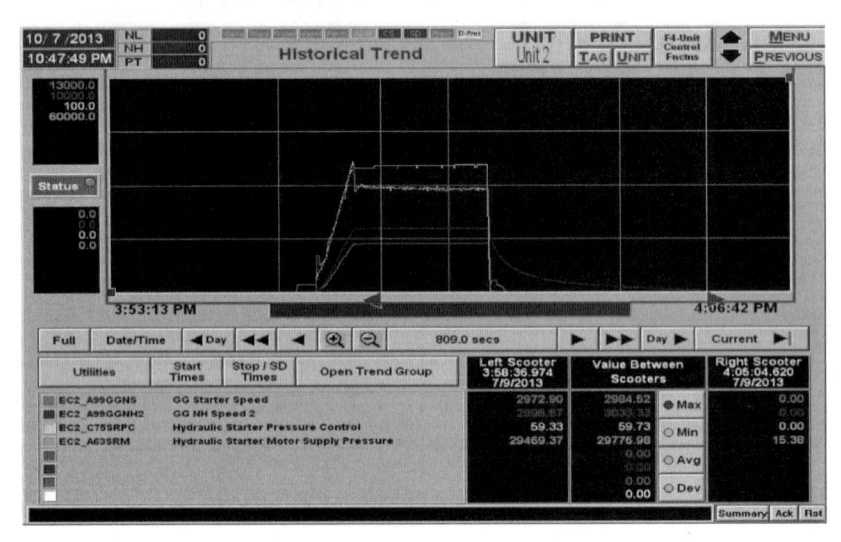

图 3-123　故障排除后液压马达参数趋势图

2. 原因分析

液压启动机系统由泵单元、控制组件和启动机 3 个主要部件组成，其通过轴与燃气发生器的高压压气机连在一起(图 3-124)。泵单元包括一个 185kW 的电动机，其与一斜盘式轴向柱塞泵相连。液压泵的斜盘由一个 4~20mA 的控制信号来定位，此电信号经比例控制阀放大而转换为高压油液压控制信号。当 4mA 的电信号送到控制阀时，启动机将不会转动，此时泵的输出为 0gal/min；当把控制信号增加到 20mA 时，斜盘角度增加，相应液压泵的输出会增加到 140gal/min，供给压力达到 4500psi，足以使得燃气发生器高速轴 GGNH 加速到脱扣转速 4600r/min。结合液压启动机系统的工作原理，初步判断故障发生的可能原因为：

(1) 液压启动系统漏油；
(2) 比例控制阀故障；
(3) 液压泵故障。

三、改进措施及建议

(1) 加强液压启动系统的日常维护和检查，消除气动液压系统的漏油现象。
(2) 加强启动系统的比例控制阀的日常检查，保证比例控制阀的参数设定值正确。
(3) 定期开展启动系统液压泵的维护和检查，确保液压泵的完好备用。

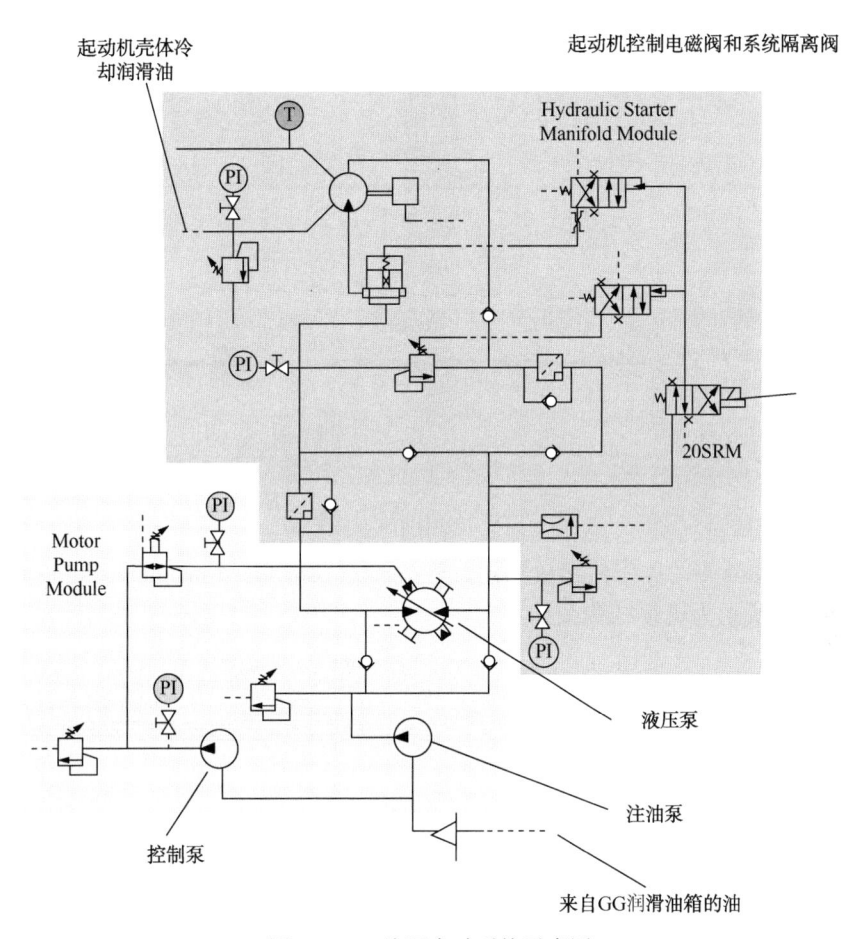

图 3-124 液压启动系统示意图

第四节 燃气发生器可转导叶系统故障

案例 3-19 燃气发生器 VSV 液压泵合成油漏油故障

一、故障描述

2014 年 4 月 7 日，某 GE 燃气发生器出现报警信息：Low synthetic lube oil supply pressure，合成油压力低低报警跳机，报警信息为：Low low synthetic lube oil supply pressure。合成油压力历史曲线，如图 3-125 所示。

二、故障处理过程及原因分析

1. 原因分析

查看现场情况，对舱体外部进行检查。检查发现舱体外部的隔板下有油迹，顺着油迹

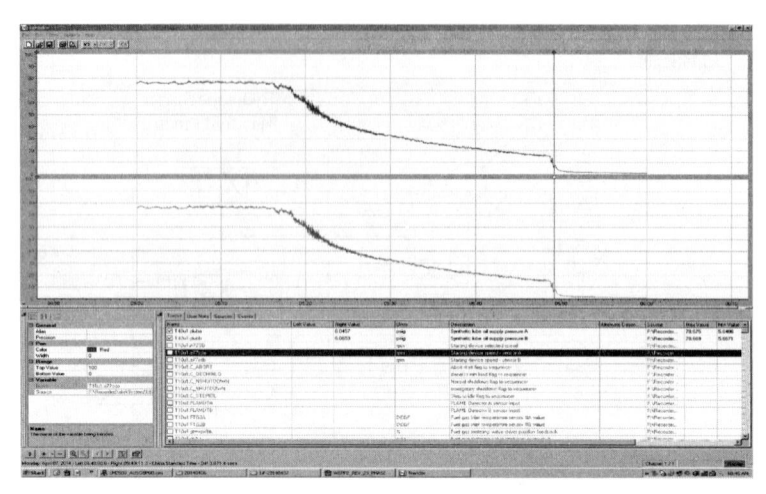

图 3-125 合成油压力趋势图

进一步发现是舱体外侧的压气机泄放排污总管（compressor bleed manifold drain）TP453 处在漏油。图 3-126 所示为机组结构图。

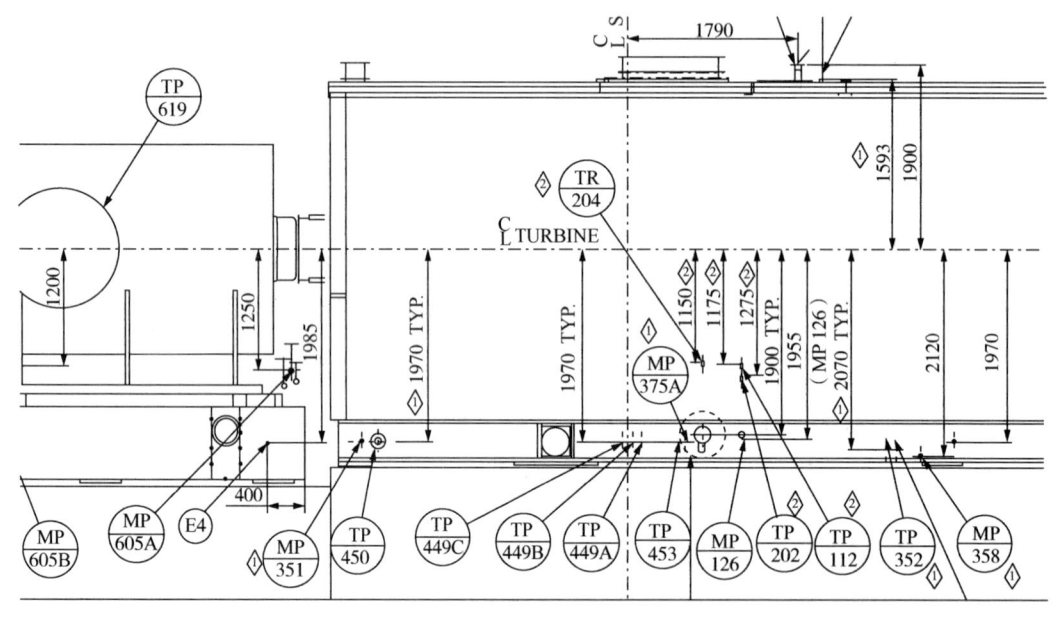

图 3-126 机组结构图

通过对 TP453 管路进行摸排，发现通过 TP453 进行排污的燃机部件主要有四处，一是 VSV 液压泵，二是与附件齿轮箱连接的离合器，三是合成油泵，四是 VSV 作动筒。

然后检查人员进入燃机舱体内检查，未发现箱体内有较明显的漏油痕迹，于是初步证实漏油主要为与 TP453 排污管连接的四处燃机部件，其中一处漏油。

故障点测试确认，漏点经过现场排查确认为 TP453 相连的某一排污管漏油。查阅资料可知，GG 的油密封装置有两种类型：用于油箱区的曲径式密封和用在附件齿轮箱（AGB）及 VSV 泵中的石墨密封装置。石墨密封装置由固定的弹簧式石墨密封环和高度转动的抛光钢接合环组成。它能够防止 AGB 中的油经过启动器的驱动轴、可变定子叶片(VSV)控制装置及组合油泵/VSV 泵泄漏。图 3-127 为附件齿轮箱结构图。

经过分析后,进行漏点的确认:

(1)现场立即对所泄漏合成油进行补充,加油约 120L,将油位加至停机时 65%液位。

(2)将与 TP453 相连的排污管全部打开,将各软管固定于稳定位置,并使管头处于便于观察位置。

(3)站控检查一切满足的条件下进行校验盘车,盘车过程中,站控留 2 人专门观察燃机运行振动情况和合成油回油温度,在整个校验过程中,合成油温度未超过 45°,燃机振动值在 30~40 之间。

(4)现场观察在 VSV 液压泵的排污软管口有持续大量合成油流出,其余 3 个接头无油排出。

所以现场初步检查确认是 VSV 液压泵下的排污软管处存在泄漏导致的合成油泄漏(图 3-128)。

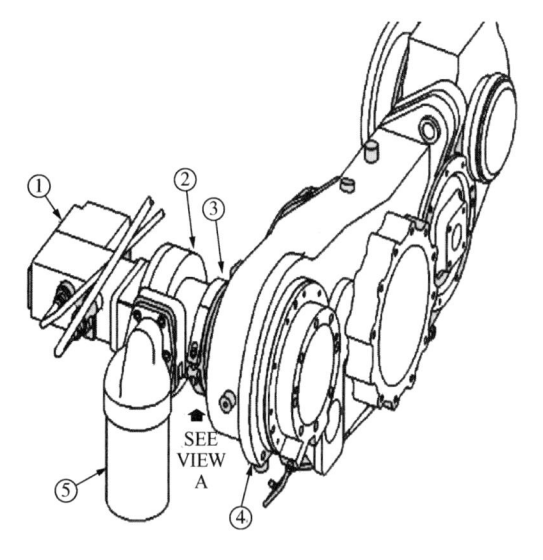

图 3-127 附件齿轮箱结构图
1—VSV 液压伺服阀 XV141-A/B;2—VSV 液压泵;
3—卡箍;4—附件齿轮箱 AGB;5—VSV 液压油滤

图 3-128 排查发现泄漏油由此软管流出

2. 故障处理

1)现场初步处理

(1)对燃机进行孔探,燃机 A 轴承并未发现有漏油迹象,燃机内并无任何油渍。

(2)2014 年 4 月 8 日,现场组织对机组 VSV 液压泵拆卸检查,经检查发现 VSV 泵(图 3-129)与辅件齿轮箱连接点花键上的密封圈存在老化现象,密封圈较为松软,受力后产生较大脱离间隙(图 3-130)。

(3)初步判断是液压泵失效所致,站内立即查库存,向鄯善压气站调密封备件。新密封与旧密封环相比,旧密封环老化迹象明显(图 3-131)。

图 3-129 VSV 液压泵　　　　　图 3-130 花键密封圈受力后产生较大脱离间隙

（4）将新密封环安装后，立即组织对液压泵进行组装。

（5）在液压泵组装完成后，机组备件了校验盘车条件，站内组织进行校验盘车，达到校验盘车 2100r/min 后，在确认机组振动和合成油回油温度正常的情况下，对 VSV 进行行程校验。

（6）观察 VSV 泵排油口，在校验盘车 5min 后，有油滴出现，现场进行掐表测算，现场每 34~36s，滴出 15 滴油；

（7）机组校验盘车模式，在机组到 2100r/min，检查机组振动处于 30~40 之间；机组点火，加载到怠速模式，机组达到 6800r/min，现场对漏点进行测算，27~28s 滴油 15 滴。

（8）机组调到手动模式，压缩机进行加载，压缩机达到最小载荷 3965r/min，燃机达到 9000r/min，确认机组振动和回油温度正常后，现场进行漏油测算，每 32~33s，漏油 30 滴。

2）配合 GE 常服到站处理

（1）2014 年 4 月 9 日拆开液压泵，对液压泵花键内部，液压泵轴与花键之间的密封环进行检查（图 3-132）。

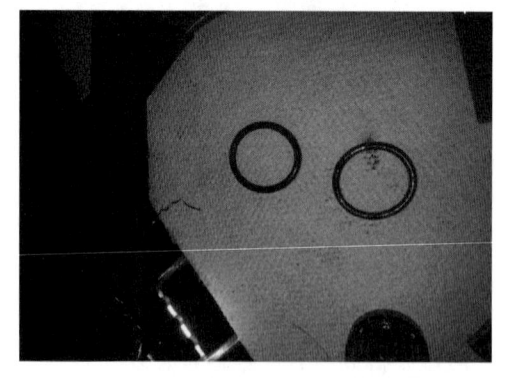

图 3-131 旧密封环明显老化松弛
（左为新密封环，右为旧密封环）

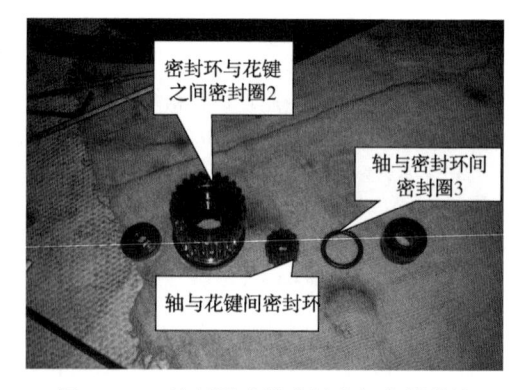

图 3-132 液压泵连接花键内部密封结构

（2）检查密封圈 2 松弛现象不明显，密封圈 3 处于内环，取出会对环产生损伤。

（3）对花键和密封处进行清理，将密封件进行回装。

(4) 重复进行测试，漏油程度得到改善。

三、改进措施及建议

液压泵密封失效导致润滑油泄漏的故障时有发生，由于该处油压较高，应视情储备同型号的高压密封圈，结合检修周期考虑定期对滤芯进行更换，并定期对漏油检测部位进行检查，发现异常及时停机进行处理。

案例 3-20 燃气发生器 VSV 超量程故障（西二线）

一、故障描述

2017年11月15日西二线某站 GE 燃驱机组 GG 现场更换完成后，进行 VSV 校验工作。在 HMI 上将机组模式打至校验盘车，进行机组校验盘车。启机成功，进入 toolbox 系统准备进行 VSV 程序校验，在点击校验模式时，机组报警停机，报警信息如图 3-133 所示。

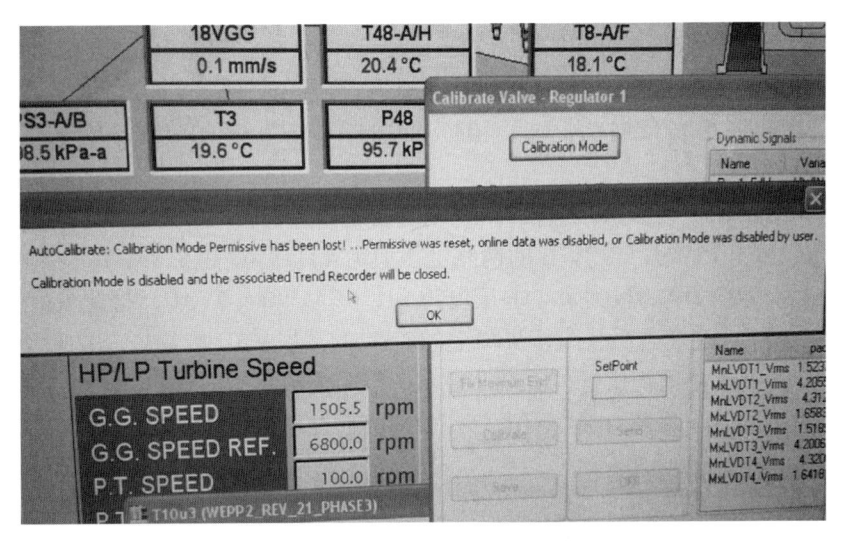

图 3-133 自动校验报警

此时 HMI 上 VSV 值变成-999，并出现了 VSVA/B 等诊断故障报警，报警信息如图 3-134 所示。现场工程师查看现场机柜间 I/O 卡件 PSVO 硬件未发现故障。

通过查看相应的程序，程序中的硬件诊断故障也被触发，因此 HMI 上显示出相应的诊断报警信号，另外发现 VSV A、VSV B 实时数据变为红色，表示该数据为故障状态。

二、故障处理过程及原因分析

用手动液压泵对 VSV 打压，使 VSV 作动筒动作，当作动筒的位置是全伸出状态（100%），然后用手动液压泵打压使作动筒往回缩，人机界面显示正常，并且数值随着作动筒缩回量变化而变化，将作动筒缩回到最短时，界面显示正常（0%）。然后将作动筒往外伸长，伸长至100%时，继续伸长，数值就会变成-999。根据以上排故过程，判断点击

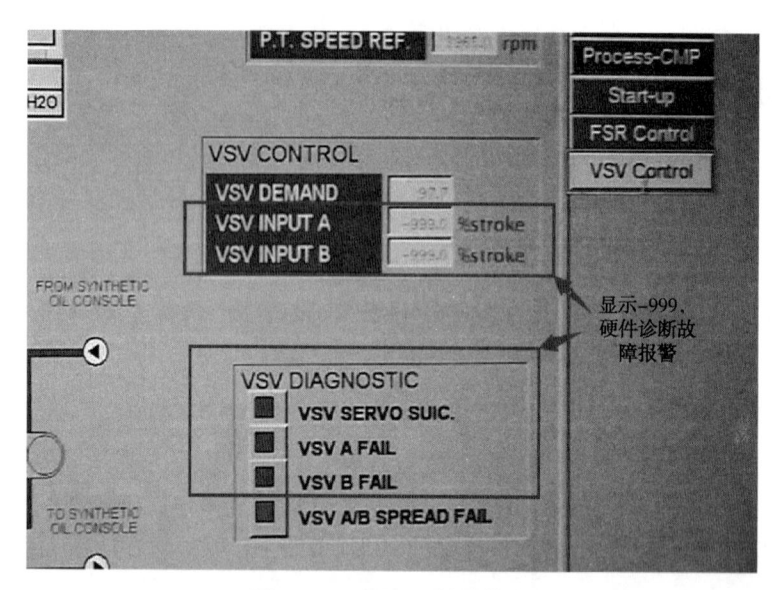

管道压缩机组典型故障处理与案例分析

图 3-134　HMI 上故障信息

校验盘车后，由于液压油使 VSV 作动筒打至全伸出的状态，正常情况下，此时 VSV 的数值应该小于 100%，但是由于 torque shaft 前后支撑都做了改型，此时的伸长量比原伸长量长约 3mm，VSV A\B 的数据就变成了 103%和 104%，即 VSV 的范围超量程，系统自动判断为错误故障。

在机柜间测量 VSV 端的反馈电压，断开至控制板卡的保险，测量 VSV A 的两路电压值为 4.28VAC 和 5.15VAC，VSV B 的两路电压值为 4.25VAC 和 5.09VAC。

该程序中 4 个 LVDT 的最大最小电压值约为 1.6VAC 和 4.2VAC，把此数值分别对应修改成 1.5VAC 和 4.3VAC 之后，人机界面上的 VSV 的数据从 95%变成了 92%。

该数值修改完成，重新执行校验盘车成功。校验完成后查看该电压值，发现该电压值自动进行了调整，但是调整的幅度不大。校验完成后，机组进行启机，启机成功。

三、改进措施及建议

在现场新 GG 安装完成后要进行 VSV 系统校验，如果出现超量程问题时，可以在程序中对 LVDT 参数进行修改，待 VSV 恢复正常后再执行 VSV 系统校验。

案例 3-21　燃气发生器 VSV 校验故障（西一线）

一、故障描述

2018 年 6 月 12 日，某站场更换 GE 燃机后准备启机，首先进行 VSV 校验盘车，发现进入校验模式后 VSV 一直没有动作，校验失败。

二、故障处理过程及原因分析

首先通过液压泵手动作动作动筒，发现位置反馈没问题。现场测量 VSV 伺服阀的直流电阻，为 38~40Ω，为正常数值。测量接地情况正常。

对于旧 VSV 系统，VSV 只要有一路命令信号就能动作。现场进行电流测量，如果断开一路 VSV 信号线，发现另一路的电流值就会翻倍（由 13.6mA 变成 27.5mA）。该方法未进行 VSV 动作测试。

在未校验状态下，现场将两路 VSV 命令信号都接入电流表，两个电流表的读数一致，都为 13.6mA（这个电流就是校验模式下的偏置电流），说明命令信号是导通的。通过以前 GE 机组的 VSV 信号电流测量经验，输出电流为负值时，VSV 反馈应该朝 0% 变化，输出电流为正值时，VSV 反馈应该朝 100% 变化。

现场对比 1#机组和 2#机组 VSV 命令信号接线（图 3-135），发现 1#机组板卡输出电流线 07903 和 07905 分别接现场接线 XV141-1 和 XV141-2 的正极，而 2#机组板卡输出电流线 07903 和 07905 分别接 XV141-1 和 XV141-2 的负极。因此怀疑 1#机组的接线可能有问题。

将这两路接线中的一路反接后再进行测试，当反接第一路时，VSV 校验成功。然后将两路接线都反接，VSV 无动作。如果将另一路接线反接，VSV 动作与命令值相反（此时 VSV 只有最大位置或者最小位置两种状态）。

图 3-135 VSV 控制机柜间板卡上的接线

因此该故障原因是原燃机的 VSV 伺服阀里面的接线就是反的，所以现场的一路接线也是反接的。当更换一台新 GG 后，VSV 伺服阀里面的接线是正常的。

三、改进措施及建议

原燃机在维修完成进行试车时，需要关注 VSV 接线问题，需检查确认是不是 VSV 伺服阀内部接线接反；在现场安装完成进行调试过程中，若再出现类似问题，需调整一路接线后再进行测试。

案例 3-22 燃气发生器 VSV 摇臂断裂故障

一、故障描述

2018 年 5 月 9 日，某压气站工作人员执行日常维护检查，发现 1#GE 燃驱机组的 0 级 VSV（可调静子叶片）的 3 个摇臂断裂，影响到机组的稳定运行，状况如图 3-136 所示。

图 3-136 摇臂断裂情况

二、故障处理过程及原因分析

压检中心接到通知后，迅速抵达现场对

该机组的 0 级 VSV 摇臂进行检查。通过专用工装测量，发现 1#机组共有 11 个摇臂存在不同程度的变形，断裂和变形的摇臂情况如图 3-137 所示。

图 3-137　断裂摇臂与正常摇臂对比

根据相关要求，变形 2°~4° 的摇臂需要进行现场更换。拆解后，测量裸露的 0 级 VSV 旋转力矩，发现 0 级 VSV 的旋转力矩均超过手册的要求值，即 1~10lb·in，个别 VSV 的旋转力矩甚至达到了 100lb·in。针对发现的问题，使用专用工装 1C9408G03 破除 VSV 的旋转力矩，对可见的安装面进行清理，使 VSV 能够达到手动旋动的要求。

后续对外部零件进行回装，更换了套管、衬套和摇臂，并将螺栓磅紧至 95lb·in；对同步环上的垫圈进行间隙调节，使间隙达到 0.002~0.004in；最后使用液压泵对 VSV 的压力进行测试，驱动压力不超过 200psi。

同时，针对 1#机组出现的 VSV 旋转力矩过大的情况，对现场其他两台机组分别做了检查。2#机组 VSV 旋转正常，而 3#机组 VSV 旋转力矩超标，存在运行后摇臂出现变形的风险。采用与 1#机组相同的方法对 3#机组的 0 级 VSV 进行了调整。

根据此次现场的摇臂断裂情况，分析故障产生的原因可能为：由于武穴站周围的环境湿度较大，箱体中的杂质、油气以及残余的水洗溶液聚集到了 VSV 根部，增加了 VSV 垫圈的厚度，使叶片与机匣及外部零件牢牢地固结在一起，形成一个整体，增大了 VSV 的旋转力矩。在燃机发出指令作动 VSV 时，同步环通过摇臂传递给 VSV 的旋转力不足以使 VSV 发生转动，此时摇臂的两端均受到超出设计要求的扭转力，所以出现了变形甚至断裂。现场厚度增大后的垫圈如图 3-138 所示。

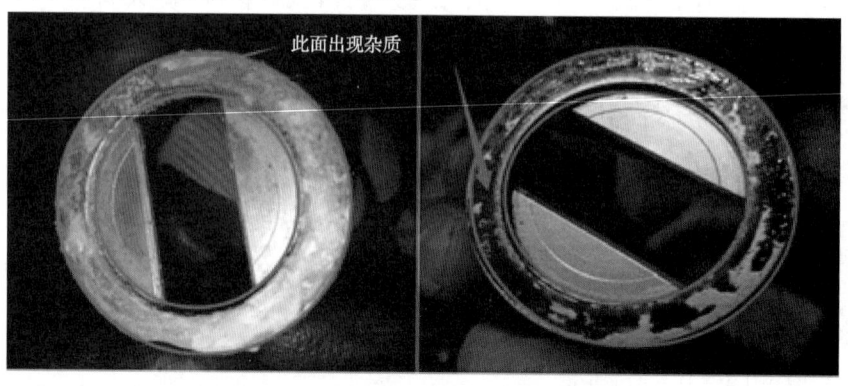

图 3-138　杂质积累引起厚度增大的垫圈

三、改进措施及建议

根据此次现场排故情况，建议现场加大对 VSV 的检查和维护工作，减少类似故障的产生，提高现场机组运行的可靠性。

（1）在日常运行维护中需要对 VSV 的状况进行检查，尤其是检查 6 点钟位置 0~6 级以及 IGV（进口可调静子叶片）的垫圈是否被污染，是否出现被杂质包围的现象。

（2）在 4K、8K 保养时，可使用液压泵对 VSV 力矩情况进行压力测试，要求测试压力不超过 200psi，且压力平稳；如发现压力过大，作动不通畅的情况，可以拆除 VSV 的外部零件，抽查 VSV 叶片的旋转情况，并对垫圈的杂质进行及时清洗，保障 VSV 作动正常。

（3）在水洗后按照手册要求进行必要的暖机程序，确保将残留在燃机内部的水分烘干，保证气流通道内不残留任何水，减少机匣下部 VSV 处结垢的可能性。

案例 3-23　燃气发生器 VIGV 故障

一、故障描述

某 RR 燃驱机组于 2008 年 10 月 8000h1b 级保养中内窥镜检查时，发现高压压气机叶片严重受损。为保证机组安全运行将 GG 进行更换返厂检修。新的 GG 于 2008 年 11 月成功安装。进行调试时曾出现：在机组暖机结束后进入 80s 加载过程中，NH 转速达到 8300~8400r/min 时，出现停机报警 VIGVPosition Controller Shutdown，代码为：LSS65UC091。经过对 RVDT（Rotatory Variable Differential Transformer）进行重新调零后，机组可以成功启机，但是此故障在随后的很长一段时间内一直存在，虽然先后经过 RR 现场服务工程师多次处理，仍然没有从根本上解决问题。

二、故障处理过程及原因分析

图 3-139 所示为 $N_L/T_{10}^{\frac{1}{2}}$ 和 VIGV 角度的关系图。在动力涡轮加速顺序进程中，当 $N_L/T_{10}^{\frac{1}{2}}$ 等于 337 时，需要可调进口导流叶片开始打开为轴流压气机提供足够的进气，因此此时需要控制器来控制 VIGV 动作。

通过停机代码 LSS65UC091，可以在 RR 的 ECS 控制程序中查到导致这一故障停机的直接原因：VIGV 的实际反馈角度值 ACT34 和设定角度值 ACT35 两者在动态时的差值大于 4°（经过修改后的值，原为 2°）的持续时间超过 0.5s，也就是说当 GG 需要 VIGV 打开的时候，在 0.5s 内 VIGV 实际却不动作或者动作过慢时，都会出现此报警停机。通过查看 FT210 上面的历史趋势图，2009 年 5 月 9 日 5:00 的一次启机失败过程（图 3-140），在停机的瞬间，VIGV 角度设定值 ACT35（曲线 1）为 32.05°时，VIGV 实际角度 ACT34（曲线 2）的值为 37.35°，两者之间的差值为 5.3°，超过了 4°。同一天 4:41 的一次启机失败的过程（图 3-141），其停机的瞬间的 VIGV 角度设定值 ACT35 为 30.82°，而 VIGV 的实际角度 ACT34 为 36.48°，两者之间的差值为 5.66°，大于 4°。观察以前多次启机失败过程的历史趋势，都发现此特点。

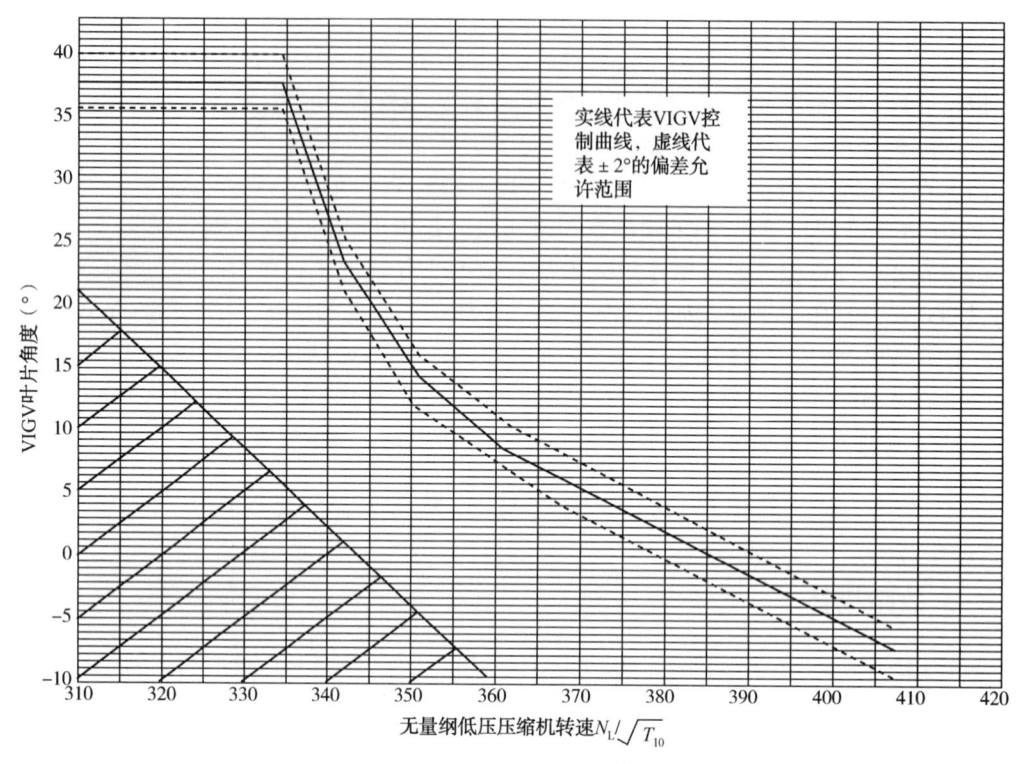

图 3-139　VIGV 角度与 $N_L/T_{10}^{\frac{1}{2}}$ 的关系

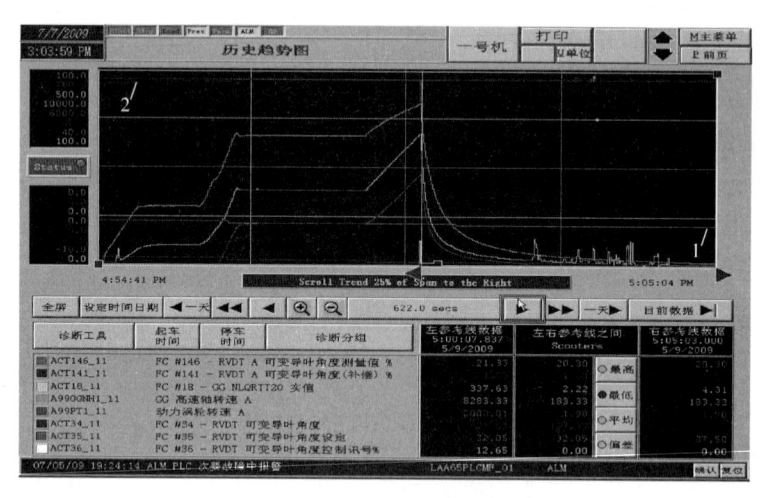

图 3-140　停机时趋势图 A

通过以上分析，可以得出：组会启机失败的根本原因是当 GG 运行到需要足够多的进气量的时候，需要 ECS(发动机控制系统)控制可调进口导流叶片逐渐打开，于是 VIGV 的设定角度值开始变化，但是实际反馈值却没有变，当设定值和反馈值之间的差值大于 4°的时间超过 0.5s 的，ECS 就会触发一个保护停机信号，以防止 GG 发生喘振。

图 3-142 和图 3-143 分别为 1#和 2#机组正常停机时与 VIGV 相关的一些参数的趋势

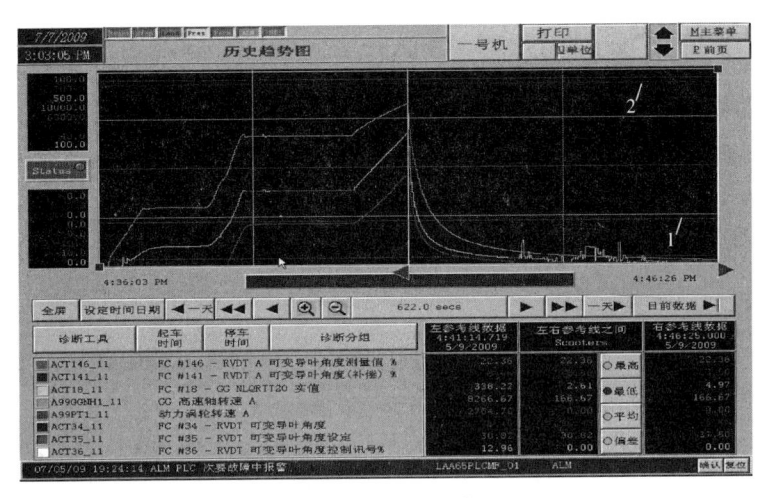

第三章　燃气轮机及辅助系统故障分析与处理

图 3-141　停机时趋势图 B

图。从图中可以看出，正常停机的过程中，当 $N_L/T_{10}^{\frac{1}{2}}$ 的值小于 337 以后，VIGV 的设定值就到了全关的位置 37.5°。图 3-143 中，在 2#机组的停机过程中，当 VIGV 的设定值 zvvset 为 37.5°的时候，VIGV 的实际值 zvvdeg 为 38.30°，大于 37.5°，这是正常的情况。图 3-142 中，在 1#机组的停机过程中，当 $N_L/T_{10}^{\frac{1}{2}}$ 的值小于 337 以后，VIGV 的设定值为 37.5°时，其反馈值却停留在 36.48°，小于设定值 37.5°，而此时从现场位置来看 VIGV 实际上已经回到了全关的位置，也就是说 1#机组 RVDT 的反馈值停机时不能回归零点，现场经验表明，如果在这种情况下启机，每次都会出现前面提到的故障停机。为了寻求造成 RVDT 的反馈不准确的原因，停机以后，当 VIGV 的反馈值没有归零的情况下，在现场用手晃动 VIGV 的作动环与 VIGV 之间的连杆（由于作动环与 VIGV 之间的连杆间具有一定的活动余量，用手可以晃动，但不会引起作动环动作，如图 3-144 所示），同时在 FT210 的界面上监控 VIGV 的反馈值，发现 VIGV 的反馈值从原来的 36.48 慢慢的回到零点（大于 37.5°），达到可以顺利启机的状态。由此可以排除由于 RVDT 的安装存在问题的可能性（RVDT 是固定死的，摇晃连杆的时候并没有碰到它的轴，所以如果是 RVDT 安装的问题，一旦 RVDT 不能回到零点，无论怎样摇动连杆，它的反馈值也不会有任何变化），确定了存在的问题是由 RVDT 本身的原因引起其反馈值的归零具有不确定性。

从以上分析得出当 RVDT 的反馈值不能回到零点时启机就会失败，这个原因要从 VIGV 的控制角度来考虑。

图 3-145 简单描述了 VIGV 的控制结构简图，该系统采用 Rockwell 公司 AB 系列的 ControlLogix L55 处理器作为主控制器，通过一个扩展多功能集成电路板 UG1 和 UG2 以实现信号采集、控制信号输出以 VIGV 反馈信号的调整（图 3-146）。系统的控制过程如下：给定信号 zvvset 通过 D/A 转换为模拟信号，再经功率放大器放大后施加在伺服阀的前置驱动器——压电元件上，压电元件的输出变形驱动喷嘴挡板工作，在二级功率滑阀阀芯的两端产生背压，使滑阀阀芯移动，从而实现流量的输出以调节 VIGV 的三个液压作动筒的位置。RVDT 对 VIGV 的角位移进行采样，再经过调理电路放大处理后，由 A/D 转换器采集到主控制器。在主控制器中，VIGV 的实际值 zvvdeg 与设定值 zvvset 比较后得到一个偏差

— 133 —

值 zvverr。主控制器以该偏差值为纠偏信号，经过 PID 的控制算法处理后输出控制量 c75ggigvc（也就是 zvvdrv），实现伺服阀输出的精确控制。经过一次次这样不断的纠偏，使得 VIGV 的反馈值不断的向设定值靠近。

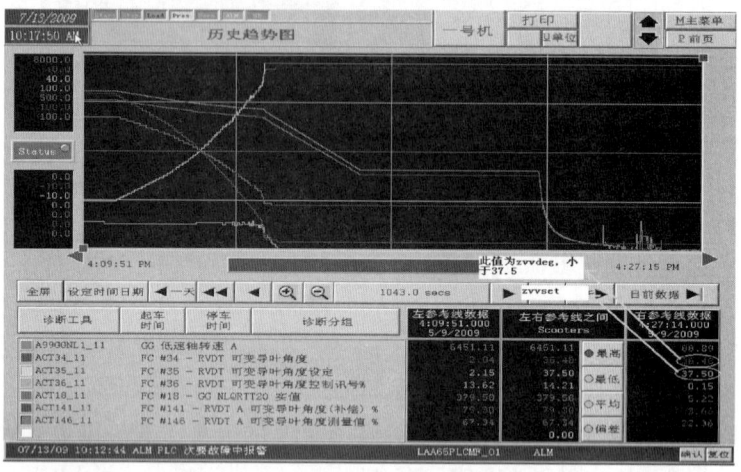

图 3-142　1#机组正常停机时趋势图

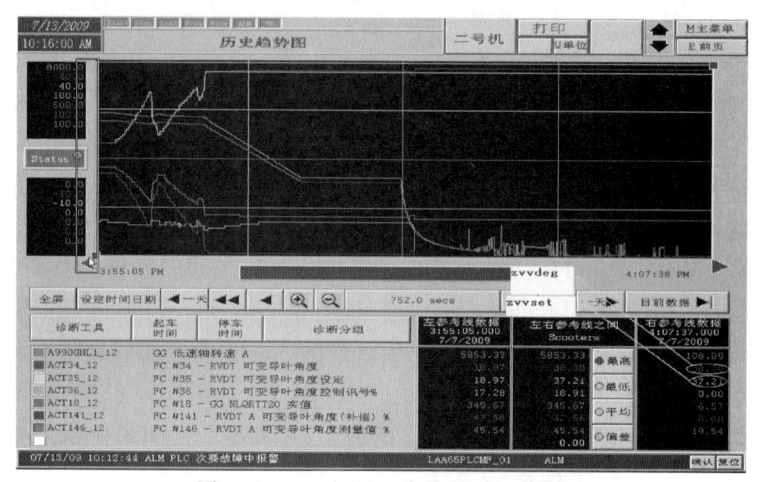

图 3-143　2#机组正常停机时趋势图

图 3-144　作动环与 VIGV 之间的连杆

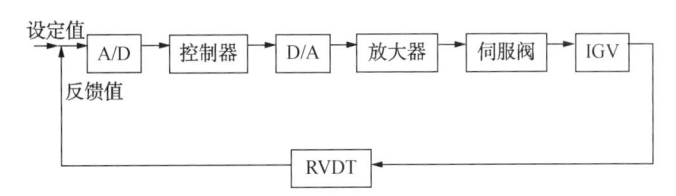

图 3-145　VIGV 的控制结构图

图 3-147、图 3-148 分别为 1#机组启机成功时和失败时的相关参数趋势图，可以看出两者最主要的区别就是当 RVDT 可变导叶角度反馈值（zvvdeg）大于 RVDT 可变导叶设定值（zvvset）时，它们之间的差值（zvvdeg-zvvset）大于零，于是经过比例和积分运算后得到的"RVDT 可变导叶角度控制信号%"即施加到伺服阀的压电元件上的信号 c75ggigvcr 在机组到达清吹转速时就开始有输出，当 $N_\mathrm{L}/T_{10}^{\frac{1}{2}}$ 的值达到 337 而需要 VIGV 开始动作的时候，RVDT

图 3-146　扩展多功能集成电路板 UG1

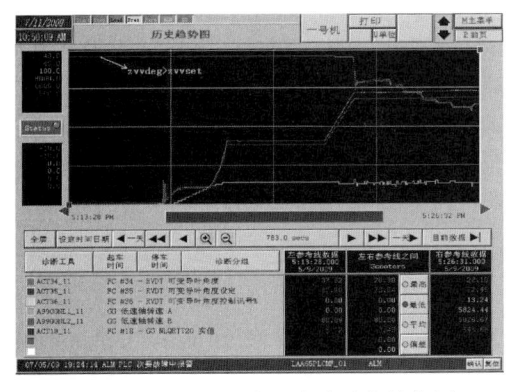

可变导叶角度控制信号已经累积到 12.90% 甚至更高，也就是说施加在伺服阀的压电元件上的信号是一个持续变化的信号，此时再需要此控制信号一个小小的变化，就可以使 VIGV 的液压作动筒动作，如图 3-158 所示。而当 VIGV 的反馈值小于设定值 37.5 时，它们之间差值 zvverr 为负值，这样经过比例和积分运算后得到的 RVDT 可变导叶角度控制信号 zvvdrv 的值为负值，因为此时，控制系统认为 VIGV 还没有回到零点，所以施加一个相反的信号使得 VIGV 归零，而实际在机械上已经回到了零点。

图 3-147　1#机组启机成功时的趋势图 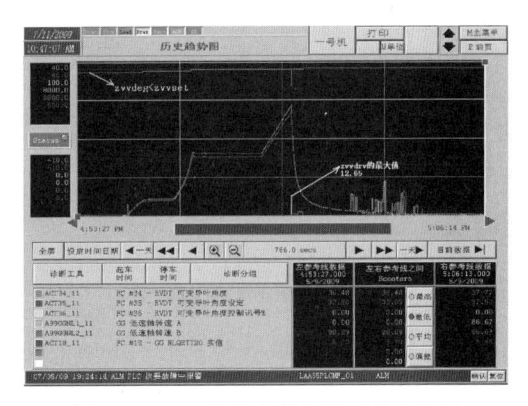　　图 3-148　1#机组启机失败时的趋势图

因此当机组运行到清吹转速的时候，趋势图里显示的 zvvdrv 为零（实际上是负值，只是程序里定义 zvvdrv 的值在 0~100 之间）。当机组运行到 $N_\mathrm{L}/T_{10}^{\frac{1}{2}}$ 的值等于 337 的时候，VIGV 的设定值 zvvset 突然变成 32.05，此时 zvvdeg 大于 zvvset，其差值 zvverr 大于零，于是 RVDT 可变导叶角度控制信号 zvvdrv 才开始有正的输出，但由于积分时间太短，此控制

信号不可能瞬间达到需要的值,动态时 zvvdeg 和 zvvset 的差值超过 4°的时间超过 0.5s 时,ECS 便触发保护停机信号 LSS65UC091。

通过以上对停机时 RVDT 的反馈信号无法回到零位导致的机组再启机失败的问题分析,采取三种解决办法。

(1) 如果 RVDT 的零点漂移过大,具体表现为静态时,RVDT 的反馈值与实际值在全部行程(-7.5°~37.5°)都相差 1°或 1°以上,此时需要对 RVDT 重新进行校准。RVDT 所用的较准方法由确定变换器的最大、最小和零位组成,然后通过对 RVDT 的输出乘以一个计算出的增益系数来标定零和 100%之间的总行程,具体步骤如下:

① 手动作动环调整 VIGV 到中间位置,直到 26.66mm 调整工具(零件号:LOR26505)紧紧地吻合在低速止动钉之间为止。

② 拧动 3 个 RVDT 安装螺栓,并慢慢地旋转 RVDT 壳体,直到 RVDT 反馈计数为 50%±1%,这一点对应零位,这时候 RVDT 的输出电压大约为 0V。

③ 拧紧安装螺栓并再检查 RVDT 的输出。

④ 手动移动 VIGV 的调节环到它的低速止动钉(37.5°),记录 RVDT 的百分比输出读数,这些计数都应小于 50%。

⑤ 手动移动 VIGV 调节环到他的高转速位置(-7.5°),通过在低转速止动钉之间插入 53.33mm 调整工具,记录 RVDT 的输出读数,这些计数都应大于 50%。

⑥ 把每个 RVDT 的低转速止动位置和高转速位置的值记入发动机控制系统可调常数表,每个 RVDT 的增益系数由发动机控制系统自动计算出来。

(2) 若 RVDT 经过较准后,经过一次启停机仍无法回到零点而影响下次启机,需要对 VIGV 进行强制动作,使其回到零点。

① 手动将任意一个 GG 润滑油泵打到手动位置,建立起液压油压力。

② 打开 FT310 里面发动机控制系统 PLC(ECS 系列)程序,并且上线。

③ 找到 Tuning.ft_tune 标签,将其赋值 100.01。

④ 找到 Tuning.zvv_test 标签,依次输入 0、25、50、100,观察 VIGV 设定值与反馈值,直到反馈值回到零点,也就是当设定值为 37.5 时,反馈值回到大于 37.5 的位置。

⑤ 取消所有强制。

(3) 若经以上两种方法处理以后,RVDT 依然无法正常工作,此时需要更换新的 RVDT。

三、改进措施及建议

随着各个 COBERRA6562/RF3BB36 燃压机组的 GG 相继达到 25000h 返厂大修的时间,新更换的 GG 在调试时经常会出现一些意想不到的故障。此次的 VIGV 故障是以前在其他站场没有出现过的,通过对此故障的深入分析,有利于更深刻的了解 RR 机组的特性,避免了盲目的更换备件产生的生产成本的增加,对以后分析处理更为复杂的故障积累了一定的经验。

第五节 燃气发生器附属仪表故障

案例 3-24 燃气发生器壳振探头松动故障

一、故障描述

通过振动监测系统发现某站燃气发生器在 2018 年 3 月 8 日至 3 月 11 日期间转速从 8900r/min 升高到 9400r/min，发动机壳振测点 VT457 振动值出现异常，波动较大，由 70μm 最大增高到 170μm。3 月 12 日，VT457 振动值下降，一直在 80μm 左右，频率成分主要以 1 倍频为主，存在低频干扰信号。机组概貌图如图 3-149 所示，VT457 振动趋势图如图 3-150 所示。

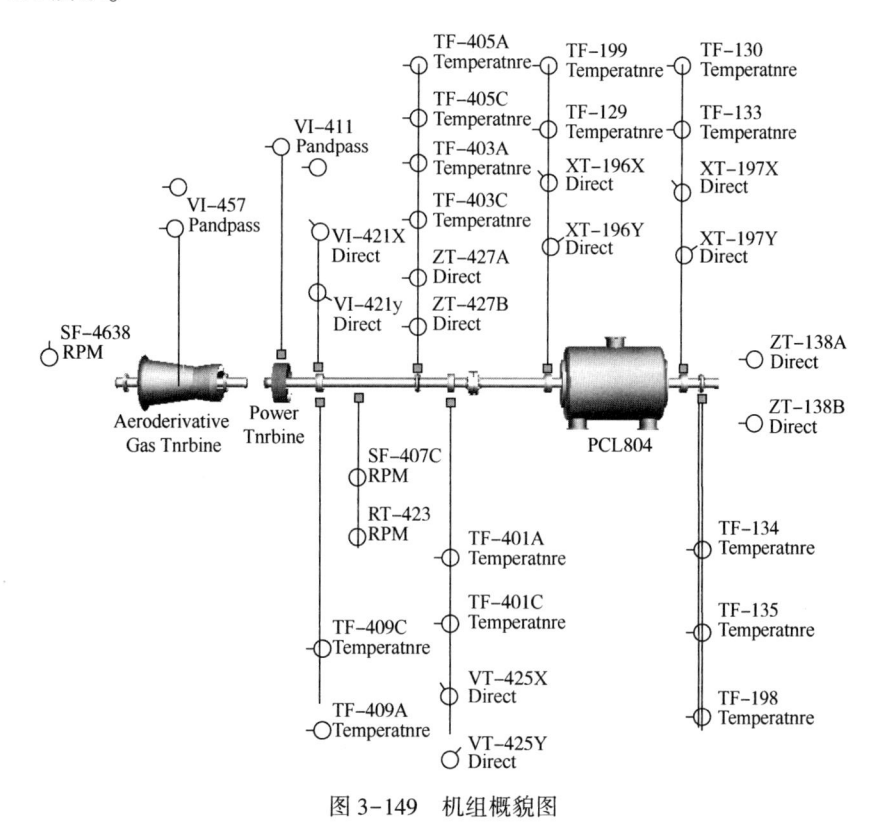

图 3-149 机组概貌图

二、故障处理过程及原因分析

3 月 8 日至 3 月 11 日间，从 VT457 测点振动瀑布图和振动频谱图上可发现振动的主要成分是 1 倍频，存在低频干扰信号，如图 3-151、图 3-152 所示。

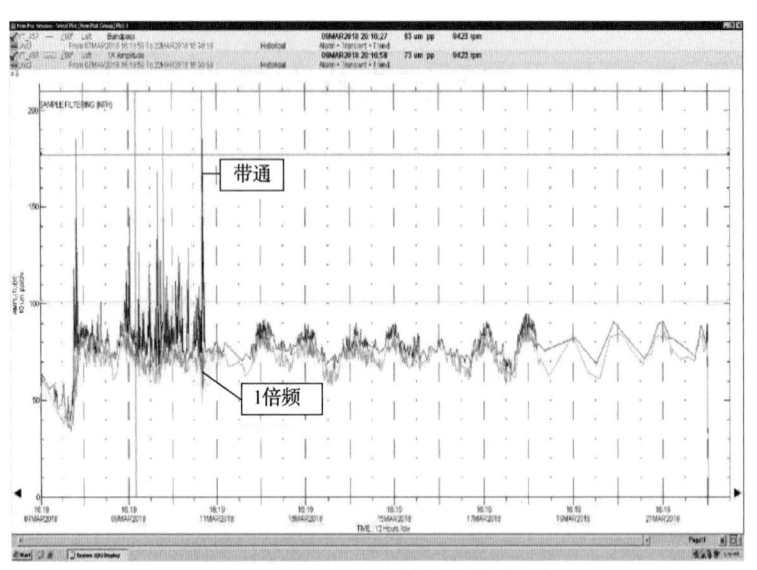

图 3-150　VT457 测点振动趋势图

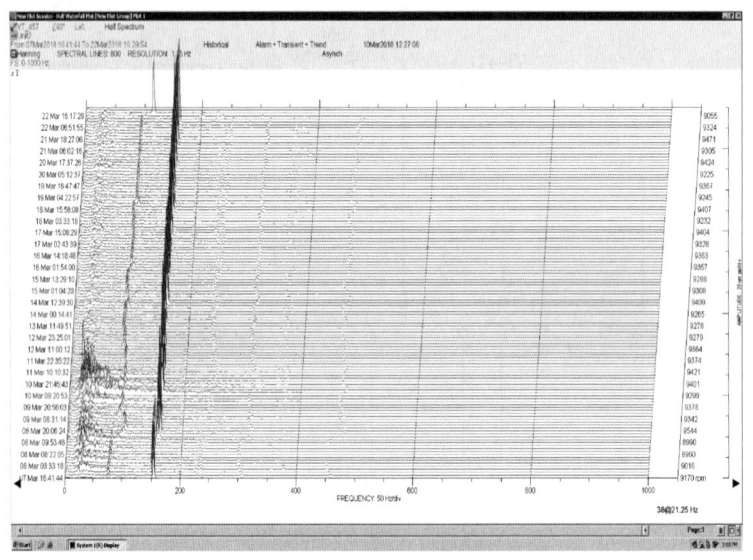

图 3-151　VT457 测点振动瀑布图

与压气站现场沟通后，得知 3 月 8 日至 3 月 11 日，调整工艺升高了机组转速，振动值随转速升降而变化，振动值同样出现波动较大的现象。

根据频谱图，初步判断原因可能为：振动传感器相关接线松动，振动传感器前置器接头松动，信号电缆接触不良等；燃机内部零部件脱落损坏等。

压气站现场人员随后进行了排查，对箱体内固定燃机的悬臂吊梁螺栓进行了紧固，振动值大幅降低，对燃机进行了孔探检查，没有发现异常。

3 月 25 日重新启动后，发现 VT457 振动值在 5μm 左右（燃气发生器转速 9300r/min），但是每运行 1h 左右，仍会出现一次跳变，VT457 振动值从 5μm 跳变到 100μm，如图 3-153 所示。通过 VT457 振动瀑布图发现存在 50Hz 的干扰成分，如图 3-154 所示。

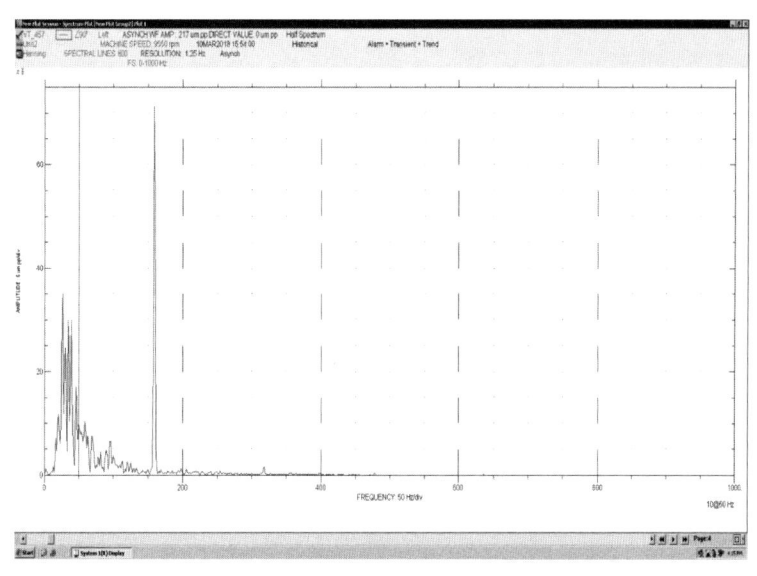

图 3-152 振动报警期间 VT457 测点频谱图

针对这一问题，现场人员对振动传感器相关接线松动进行了重点排查，发现振动传感器前置器接头存在松动，对其进行了紧固，振动跳变消失，机组运行恢复正常。

该燃气发生器振动大原因为：箱体内固定燃机的悬臂吊梁斜支撑螺栓松动，引起燃机振动大；燃机振动传感器 VT457 前置器盒及其内接线接头存在松动，引起振动值波动跳变和信号干扰。

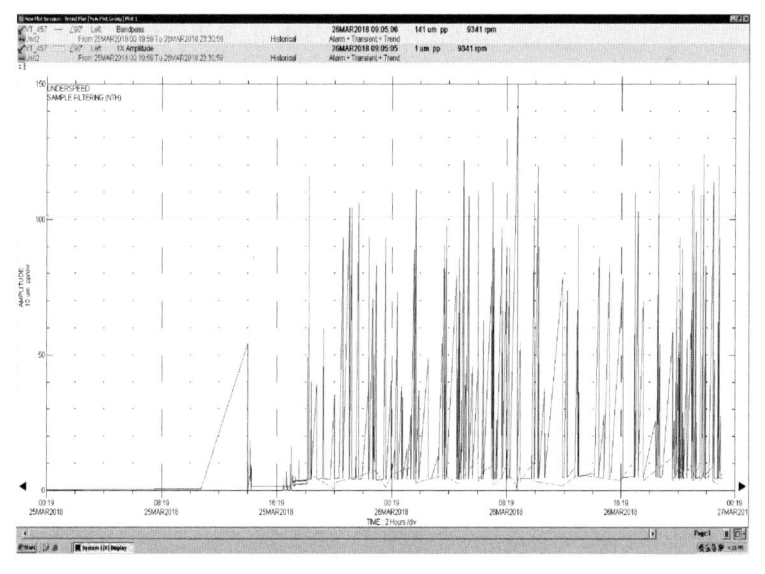

图 3-153 VT457 测点振动趋势图

三、改进措施及建议

其他机组发现类似故障，可参考本案例处理方式。

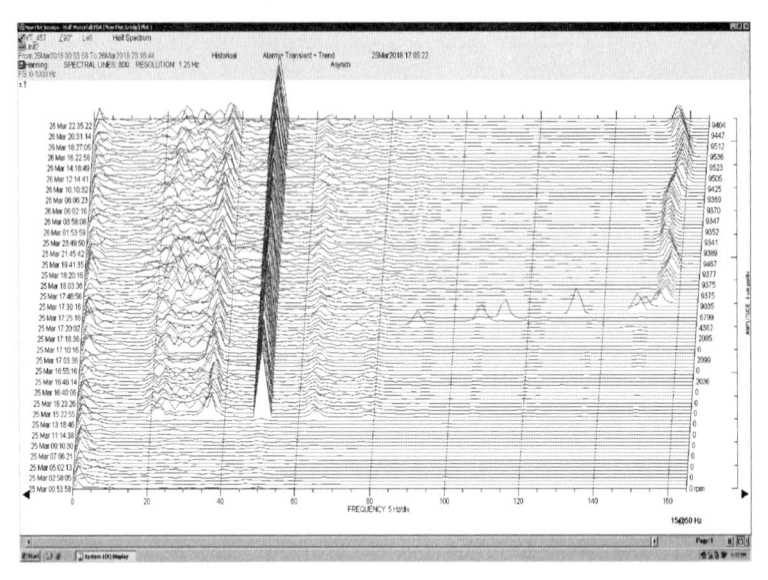

图 3-154　VT457 测点振动瀑布图

案例 3-25　燃气发生器齿轮箱回油池温度异常故障

一、故障描述

2011 年 12 月 30 日 0 时 21 分，某 GE 机组合成油系统监测 C 回油池温度的热电阻探头 TE-166 的两个信号同时丢失，导致机组故障停机，HMI 上显示的报警信息如图 3-155 所示。

图 3-155　HMI 报警截图

查看报警信息，判断停机原因为"Loss of both transfer gearbox sump C temp. sensors"（传动齿轮箱 C 回油池两个温度信号全部丢失），报警名称为 TGBCFLT_NS。此报警还伴随一个事件信

第三章　燃气轮机及辅助系统故障分析与处理

息报警"Sequencer normal shutdown active"（正常停机流程被激活），报警名称为 SEQ_NSD。

二、故障处理过程及原因分析

1. 原因分析

在 ToolboxST 软件中搜索 TGBCFLT_NS 报警，定位到其所在的逻辑块，如图 3-156 所示。

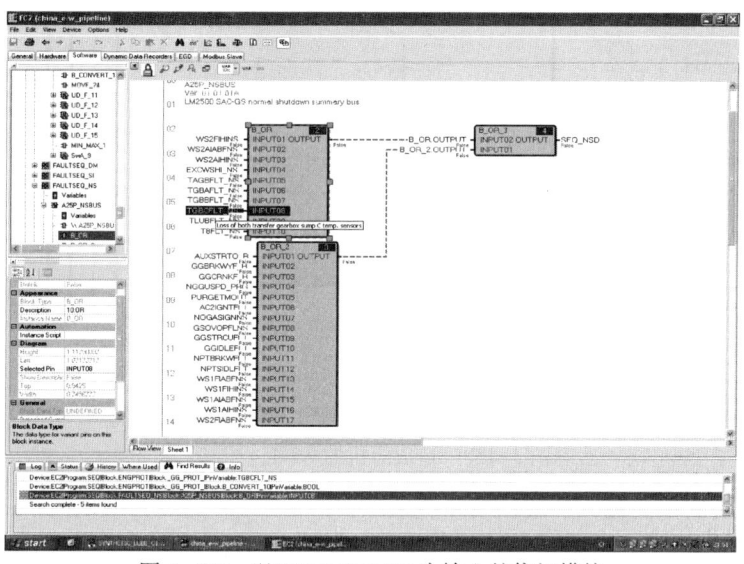

图 3-156　以 TGBCFLT_NS 为输入的停机模块

由图 3-156 可以看出，3 个逻辑块均为 or 逻辑块，即只要有一个输入为 True，则输出为 True。造成机组进入 NS(Normal Stop)流程的原因有很多，此次停机是由于 TGBCFLT_NS 为 True，从而导致的 SEQ_NSD 为 True。需要在程序中向前查找是什么导致了 TGBCFLT_NS 为 True，定位到图 3-157 所示逻辑块。

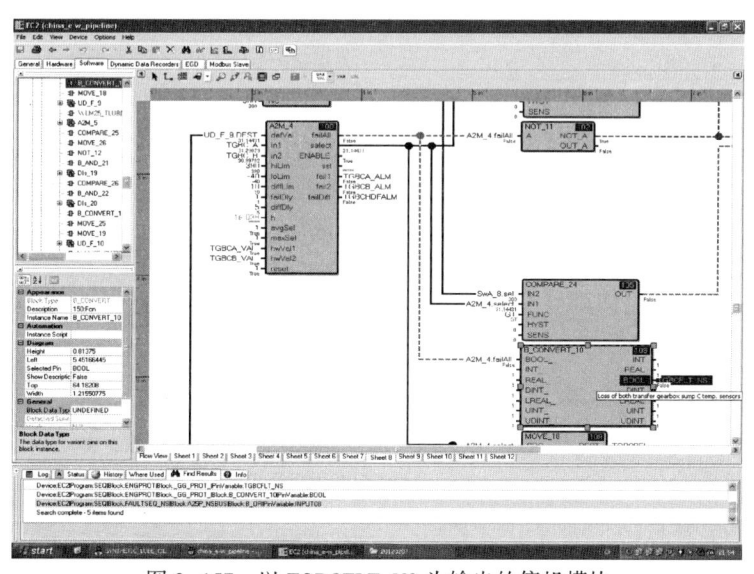

图 3-157　以 TGBCFLT_NS 为输出的停机模块

— 141 —

由图 3-157 可看出，只要 A2M_4.failAll 为 True，就会使 TGBCFLT_NS 为 True，failAll 为 A2M_4 模块的输出项，如图 3-158 所示。

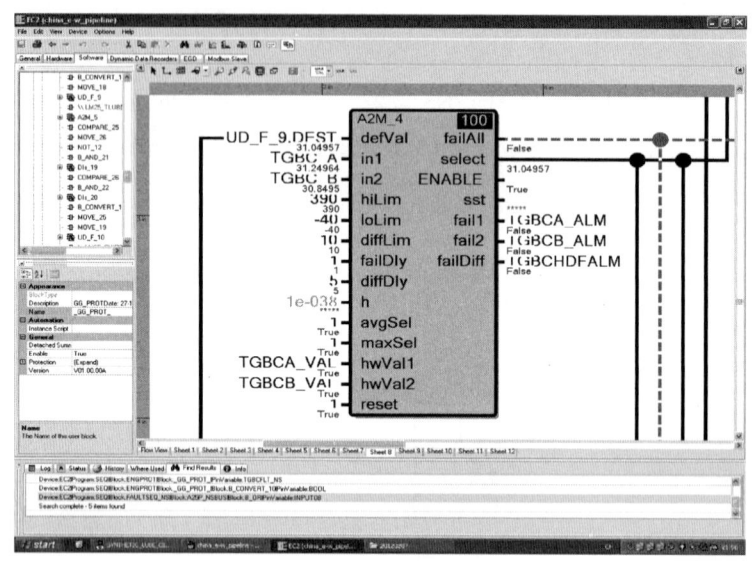

图 3-158 造成停机的 A2M_4 模块

A2M_4 模块的主要输入、输出变量见表 3-4。

表 3-4 A2M_4 模块主要输入、输出变量

变量名称	描 述	功 能 说 明
TGBC_A	Transfer gearbox sump C temperature sensor A	传感器 A 的测量数据，单位：℉
TGBC_B	Transfer gearbox sump C temperature sensor B	传感器 B 的测量数据，单位：℉
hiLim、loLim		温度的上下限设定值，分别为 390、-40
diffLim		传感器 A、B 的最大允许差异设定值，10
failDly		发出传感器故障报警的延迟时间，1s
diffDly		发出传感器 A、B 差异报警的延迟时间，5s
TGBCA_VAL	Transfer gearbox sump C temperature sensor A healthy	I/O 包对传感器 A 输入信号的诊断结果
TGBCB_VAL	Transfer gearbox sump C temperature sensor B healthy	I/O 包对传感器 B 输入信号的诊断结果
failAll		传感器 A、B 全部故障报警
select		温度数据的表决值：A、B 均在正常范围且差异小于 10 时，取平均值；A、B 均在正常范围且差异大于 10 时，取较大值；A、B 有一个不在正常范围时，取正常范围内的值；A、B 都不在正常范围时，取最后获得的正常值
TGBCA_ALM	Transfer gearbox sump C temperature sensor A fault	传感器 A 故障报警

续表

变量名称	描述	功能说明
TGBCB_ALM	Transfer gearbox sump C temperature sensor B fault	传感器 B 故障报警
TGBCHDFALM	Transfer gearbox sump C temperature sensor high difference	传感器 A、B 差异报警

前面指出,只要 failAll 为 True,就会使 TGBCFLT_NS 为 True,导致停机,于是将 failAll 强制为 True,发现报警信息与停机时的报警信息相同,如图 3-159 所示。

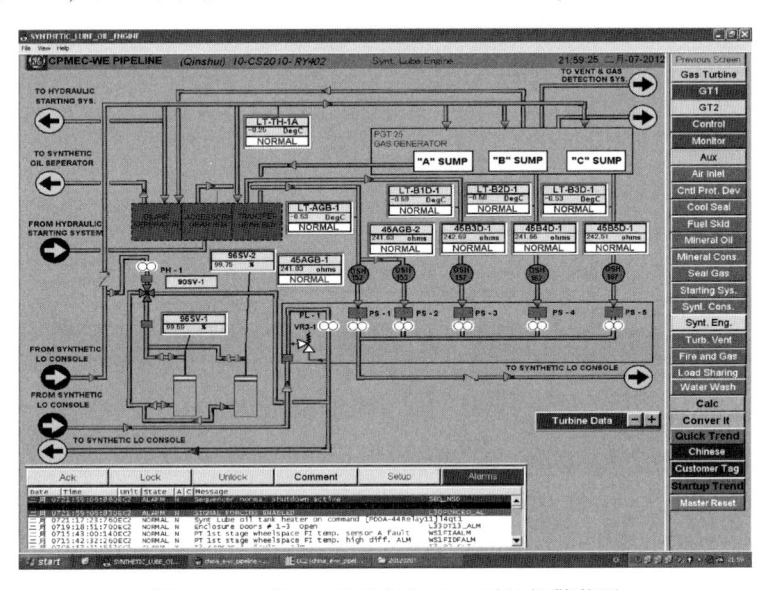

图 3-159 将 failAll 强制为 True 时的报警截图

继续查找引发 failAll 为 True 的原因,点击 A2M_4 模块,没有帮助信息,说明此模块为用户编写的模块,而非诸如 RUNG、COMPARE、MOVE 之类的简单模块,需自行探索输入输出信号间的逻辑关系。根据变量名称的命名特点,推测 failAll 应该与 TGBCA_ALM (fail1)、TGBCB_ALM(fail2)、TGBCHDFALM(failDiff)有关,通过强制赋值的办法找出 failAll 为 True 的触发条件。

情况一:TGBC_A→31,TGBC_B→50。

此时,-40<TGBC_A<390,-40<TGBC_B<390,|TGBC_A-TGBC_B|>10。

fail1 为 False,fail2 为 False,failDiff 为 True,failAll 为 False,HMI 出现报警信息:Transfer gearbox sump C temperature sensor high difference,如图 3-160 所示。

情况二:TGBC_A→387,TGBC_B→395。

此时,-40<TGBC_A<390,TGBC_B>390,|TGBC_A-TGBC_B|<10。

fail1 为 False,fail2 为 True,failDiff 为 False,failAll 为 False,HMI 出现报警信息:Transfer gearbox sump C temperature sensor B fault;High high transfer gearboxsump C temperature;High transfer gearboxsump C temperature,如图 3-161 所示。

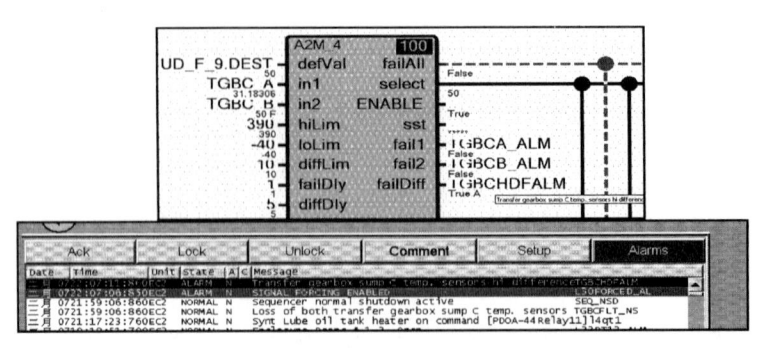

图 3-160　第一种实验结果报警

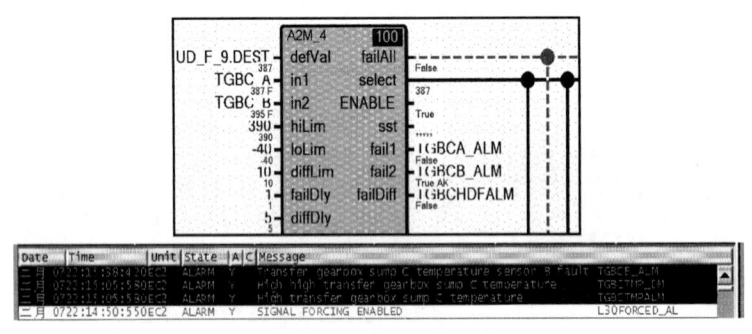

图 3-161　第二种实验结果报警

情况三：TGBC_A→31，TGBC_B→395。

此时，−40<TGBC_A<390，TGBC_B>390，| TGBC_A−TGBC_B |>10。

fail1 为 False，fail2 为 True，failDiff 为 False（推测不产生差异报警的原因为：两个信号中已有一个超限，此时比较差异已失去意义，因此程序设定为信号超限时不再进行差异是否过大的判断），failAll 为 False，HMI 出现报警信息：Transfer gearbox sump C temperature sensor B fault，如图 3-162 所示。

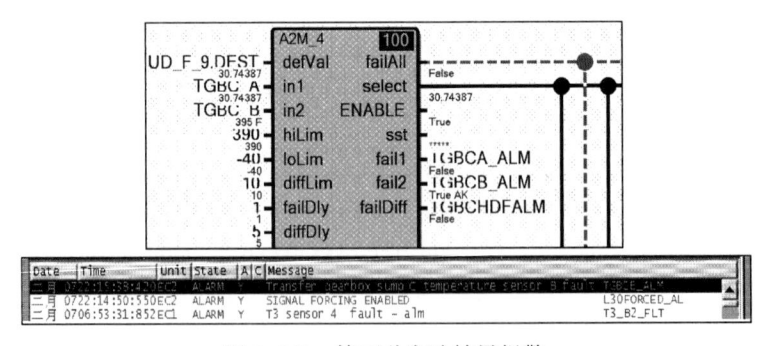

图 3-162　第三种实验结果报警

情况四：TGBC_A→400，TGBC_B→395。

此时，TGBC_A>390，TGBC_B>390，| TGBC_A−TGBC_B |<10。

fail1 开始为 True，待 TGBC_B 赋值为 395 后变为 False，fail2 为 False，failDiff 为 False，failAll 为 True，HMI 出现报警信息：Transfer gearbox sump C temperature sensor B fault；Loss

— 144 —

of both transfer gearbox sump C temp. sensors；Sequencer normal shutdown active；如图 3-163 所示。

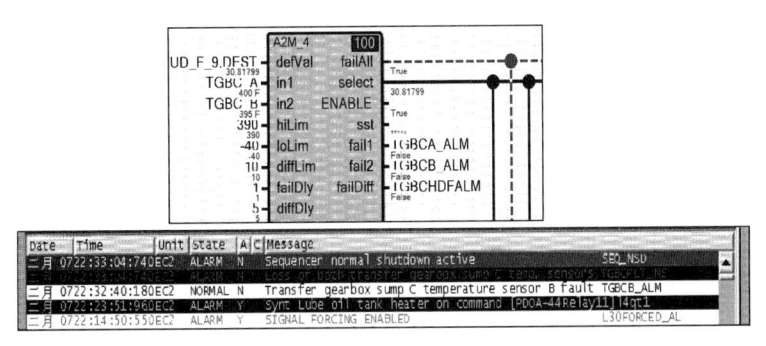

图 3-163 第四种实验结果报警

情况五：TGBC_A→420，TGBC_B→395，表现与情况四完全相同。

除上述情况外，TGBCA_VAL 为 False 导致 fail1 为 True，TGBCB_VAL 为 False 导致 fail2 为 True，两个变量全部 False 导致 failAll 为 True，如图 3-164 所示。

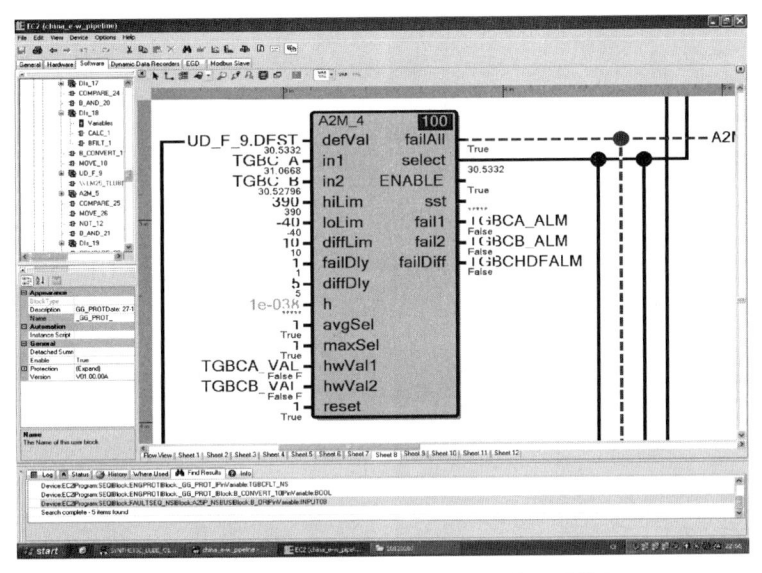

图 3-164 I/O 包将信号诊断为不健康导致停机

通过以上分析得出，以下 2 种原因可以导致 failAll 为 True，进而引起停机：

（1）TGBC_A、TGBC_B 均超出(-40,390)的范围。

（2）TGBCA_VAL、TGBCB_VAL 均为 False，即 I/O 包对传感器 A、B 输入信号的诊断结果均为不健康。

对于第二种原因，相关经验是：虽然 I/O 包对各输入信号的诊断结果包含了超限检查、网络链接检查及其他应用检查，但绝大部分情况下是由于超限检查无法通过而产生的信号不健康报警。热电阻输入的信号超限一般有以下几种情况：

（1）信号回路断路，导致测量到的电阻值很大，超出 I/O 包内的设定值。

（2）热电阻探头本身损坏，但在停机前后，TE-166 均有较稳定的值，因此排除这一可能。

综上所述，当信号回路断路时，测量到的电阻值超出 I/O 包内的设定值，依该阻值计算出的温度值远超出（-40，390）范围，进而触发 TGBC_A、TGBC_B 超限报警，导致停机。

对比上述的情况四与停机时的 HMI 报警信息，可以发现停机时的报警没有 Transfer gearbox sump C temperature sensor B fault，即 TGBC_A、TGBC_B 超限同时发生，A、B 传感器的信号回路同时断路且在 1s 内未恢复。

2. 故障处理

TGBC_A、TGBC_B 两个信号是通过两条物理回路，分别经过不同的现场接线端子、浪涌保护板进行传输，并最后接到两个 TB 板及 I/O 包进入控制器的，如图 3-165 所示。

图 3-165　两条分开的物理回路

两条分开的物理回路同时发生断路的可能性可以忽略，而这两个信号唯一的交汇处就是双 RTD 探头与航空电缆的连接处，如图 3-166 所示。

图 3-166　箱体内探头位置及与航空电缆的联接处

进入箱体内对连接处进行检查，发现该电缆的卡箍已经松动。按照 GE 公司提供的经销商手册中的方法，将电引线从探头上断开进行外观检查，判断物理上没有损坏。重新恢复航空电缆与探头的连接，徒手将卡箍拧到位（不可用其他机械工具），此时机组 HMI 上 TGBC_A、TGBC_B 两个信号均恢复正常。之后重新启动 2#GE 机组，运行一切正常。用来连接和传输热电阻信号的航空电缆插头具有防松功能，GG 的振动一般不会导致插头松动。

推断在上次的安装过程中,操作者并未将插头拧到位,使得卡箍在长时间振动的影响下松脱,两路信号同时断开,导致停机。

三、改进措施及建议

(1)通过对报警信息的搜索和 A2M_4 模块的分析,判断单独一个信号回路的断路并不会造成停机,而两条分开的物理回路同时发生断路的可能性可以不考虑。结合双 RTD 探头信号传输的特点,建议直接将故障点定位在探头与航空电缆的连接处,排除了故障并重启机组,缩短了停机时间。

(2)在 GG 箱体内,安装有若干双 RTD 温度探头,均通过航空电缆进行信号的传输,进行信号处理的模块与 A2M_4 相同,当出现报警时,可参考本文对故障原因进行初判。电缆卡箍的松动有一个过程,最初会表现为 A、B 信号均在正常范围但差异较大(此时若较大的信号超过 340°F,还会使机组降至最小负荷 3965r/min),然后会出现一个信号超限,此时必须考虑停机对卡箍处进行检查,如若放任下去,极有可能造成探头引线与电缆彻底脱开,造成故障停机。

案例 3-26 燃气发生器伺服阀电器插头故障

一、故障描述

压缩机组维检修中心对 LM2500+SAC 机组进行维修时,发现伺服阀前端电器插头的插针存在磨损现象。多台机组进场均存在插针磨损的问题。压检中心在对插头进行维修时,发现插头内部导线绝缘皮也存在磨损现象(图 3-167 至图 3-169)。

二、故障处理过程及原因分析

燃机在运行过程中处于高频振动的状态。伺服阀前端的 2 个电器插头悬挂在伺服阀上(图 3-170),虽然通过螺纹固定到伺服阀上,但导线的重力一直使电器插头承受一个向下的拉力。电气插头与伺服阀插针之间依旧存在微小位移,导线的向下拉力导致燃机运行过程中插头与插针不断摩擦。经过长期运行,插针会产生不同程度磨损,进而导致插针接触不良,产生信号干扰,最终引起燃气发生器喘振。

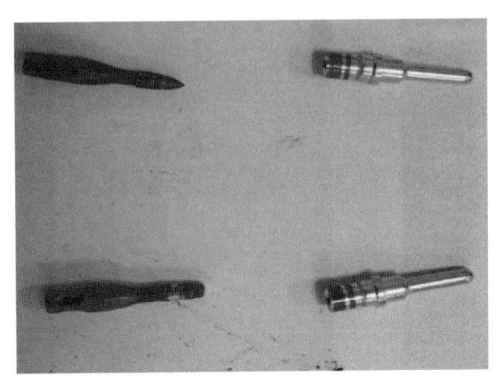

图 3-167 磨损的插针　　　　　图 3-168 新旧插针对比

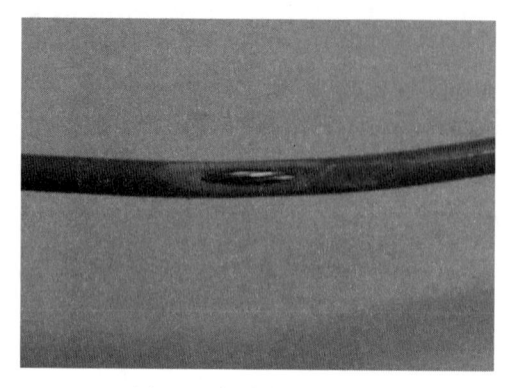

图 3-169　磨损的绝缘线　　　　　　　图 3-170　伺服阀与电器插头

伺服阀内部的 2 根导线悬在伺服阀内部腔体。2 根导线在机组运行过程中也会产生相对位移，导致绝缘皮磨损。

三、改进措施及建议

（1）仔细检查每台机组的插针磨损情况，对磨损的插头进行修理。

（2）燃气发生器送入压检中心修理时，压检中心对 VSV 伺服阀内部导线进行防磨加固处理，形成标准工艺，固化到维修工卡中，如图 3-171 所示。

图 3-171　处理前后对比

（3）设计工装，将电气插头固定到燃机发生器上，使其与燃气发生器共同运动，消除相对位移进而消除摩擦。

案例 3-27　燃气发生器航空插头松动导致 VSV 系统报警故障

一、故障描述

2011 年 5 月 4 日 08：37，某台正在运行的 GE 燃驱机组突然出现"VSV T/M Open or Short"和"VSV Servo Suicided"两条报警，其含意为"VSV 回路开路或短路，VSV 伺服机构自灭"，并触发正常停机程序，停机报警截图如图 3-172 所示。

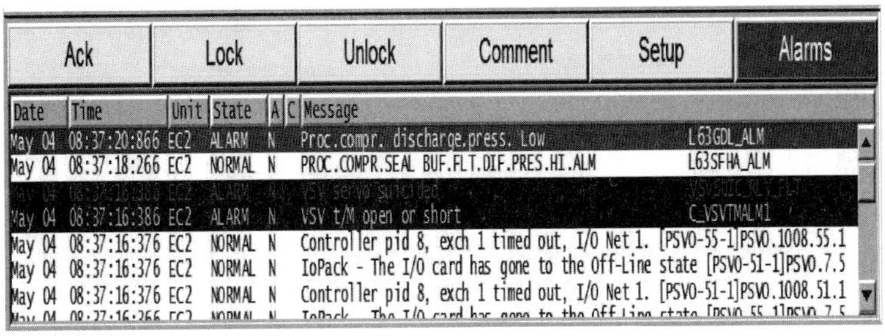

第三章 燃气轮机及辅助系统故障分析与处理

图 3-172 2011 年 5 月 4 日某机组故障停机截图

二、故障处理过程及原因分析

1. 故障处理

报警信息并未明确指出故障的详细情况，而 TSVC 板卡上的内容比较复杂不易解读。由于该机组 VSV 位置反馈回路 ZT-144 的仪表电缆上的航空插头一直有松动现象，值班人员据此报警初步分析判断为 ZT-144 回路故障触发停机。现场检查并紧固后，为进一步确认停机原因，在控制柜端子排上断开接线模拟开路故障，得到的报警信息如图 3-173、图 3-174 所示。

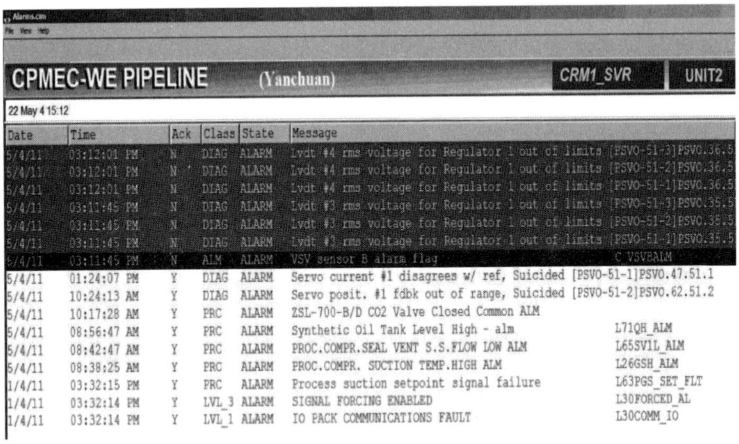

图 3-173 模拟 ZT-144 回路开路报警截图

由图 3-172 至图 3-174 中报警信息比较可以看出，模拟 ZT-144 回路开路，并没有引起图 3-172 中的故障，也不会触发停机程序，因此可以排除 ZT-144 回路故障导致停机的可能。

由于 TSVC 端子板是伺服阀控制专用的板卡，其上除 VSV 位置反馈以外，同时还有两个伺服命令输出回路，而停机报警信息也是伺服输出有关，因此需要进一步检查两个输出回路。

检查控制柜内 PSVO-51 相关 I/O 设备，发现 I/O 包 PSVO-51 S 的 ENA1 灯不亮，并有"VSV_SUIC_S"报警。由于本次停机之前该报警就一直存在，更换端子板与 I/O 包之后也一直无法消除，怀疑停机与该故障有关。按照接线图从控制柜到现场依次检查了回路接

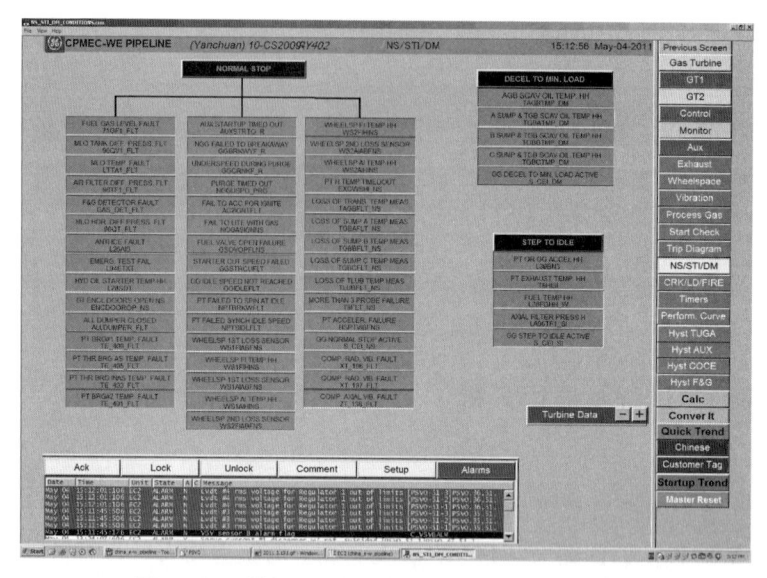

图 3-174　模拟 ZT-144 回路开路时停机界面截图

线情况，确认所有端子无虚接及短路，拆除 VSV 伺服阀 XV-141/B 控制回路电缆上的航空插头，发现没有出现新的报警，再将其安装紧固后"VSV_SUIC_S"报警消除。为再次验证该报警确实与航空插头是否安装到位有关，将 XV-141/A 航空插头拆除，发现有"VSV_SUIC_R"报警，将其安装紧固后报警消除。将 XV-141/A/B 航空插头同时拆除，则机组正常停机程序触发，PSVO-51/R/S 两个 I/O 包的 ENA1 灯都不亮，将以上两根电缆同时安装紧固后，PSVO-51/R/S/T 三个 I/O 包状态全部恢复正常。由此基本可以判断停机原因为 VSV 伺服阀 XV-141/A/B 控制回路同时故障。在控制柜端子排上断开接线，模拟 XV-141/A/B 同时开路，报警信息如图 3-175 和图 3-176 所示。

图 3-175　模拟 XV-141/A/B 同时开路报警截图

比较图 3-172、图 3-175、图 3-176 可以看出，模拟 XV-141/A/B 同时开路情况下得到报警信息及故障现象与故障停机时报警信息一致。由此可确认故障停机原因为 VSV 伺

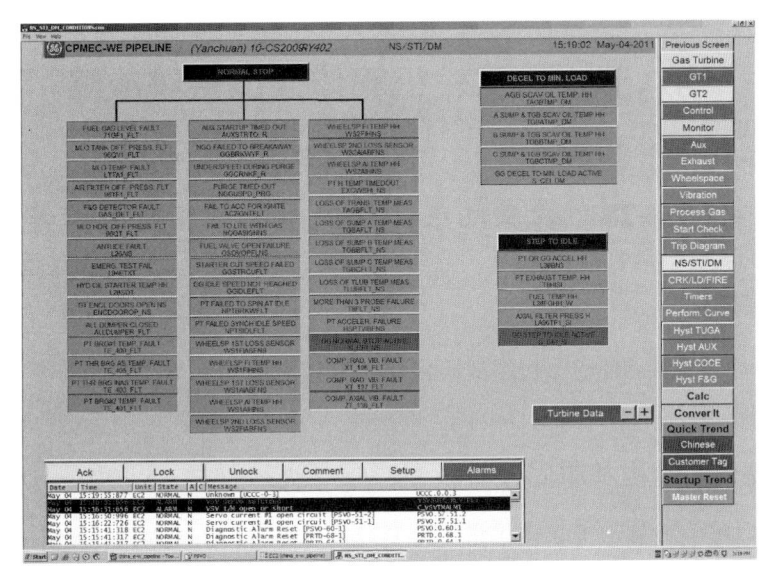

图 3-176 模拟 XV-141/A/B 同时开路停机界面截图

服阀控制回路故障。

2. 原因分析

查阅 GE 控制系统手册 TSVC 端子板相关内容，确认 TSVC 端子板工作原理。当伺服阀控制回路无故障时，自灭继电器线圈得电，触点脱开，VSV 正常工作；当伺服阀控制回路中出现开路时，自灭继电器线圈失电，触点闭合，导致 PSVO 输出直接与信号公共端短接，板载诊断电路同时监控伺服回路的电压、电流及自灭继电器的状态。当两个自灭继电器同时动作时，触发停机程序。由于启机之前 XV-141/B 航空插头未安装到位，所以一直存在"VSV_SUIC_S"报警，而运行过程中 XV-141/A 可能出现了松动或信号干扰，导致出现 XV-141/A/B 同时开路，触发停机程序。

三、改进措施及建议

（1）维护检修期间，加强航空插头的完好性检查。确保航空插头紧固，且插针全面接触。可调静叶（VSV）是航空发动机轴流压气机上广泛采用的流量控制技术，它可与放气阀（Bleed Valve）、处理机匣（Casing treatment）等同时采用，起到改善流动、提高轴流压气机工作稳定性的作用。在控制逻辑中需要对 VSV 的工作状态进行严格的监控，防止由于 VSV 失效导致燃机故障。Mark VIe 控制系统为实现这一目的，采用了自灭继电器监控 VSV 控制回路的运行状态，自灭继电器是置于控制回路中的硬件保护设备，一旦控制回路出现异常，自灭继电器立即动作，将伺服信号短路，并触发相应的报警，有效的起到保护作用。

（2）加强运行监视，实时发现故障并及时处理。

第六节 燃气轮机箱体通风系统故障

案例3-28 燃驱机组涡轮排气机舱百叶窗故障

一、故障描述

2014年5月2日某GE燃驱机组故障停机，监控电脑显示为涡轮机排气机舱温度高高报（105℃）导致停机。

二、故障处理过程及原因分析

该机组的监控电脑显示为涡轮机排气机舱温度高高报（105℃）导致停机（图3-177）。

停机后站内人员对该机组箱体进行检查，箱体温度已恢复正常，对机组参数历史趋势查看，发现温度持续升高，达到高报警值（100℃），按照逻辑，温度达到高报警值后主备风扇切换。初步断定为箱体温度过高，主备箱体通风风扇切换失败，温度短时间内达到105℃。对曲线进行查看时，同时发现TT555（涡轮机排气机舱温度）曲线存在突变现象（图3-178）。

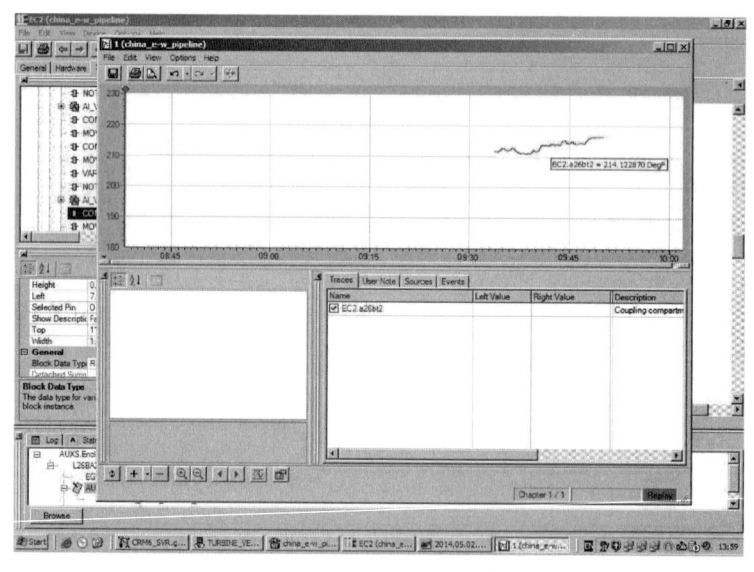

图3-177 TT555（涡轮机舱温度）趋势

5月2日20：41，对该机组的TT555进行启机验证，当GG达到怠速后观察PT排气温度，逐渐提升转速，观察TT555探头参数是否有越变现象，观察结果TT555正常无跳变现象。

继续运行观察发现环境温度低于10℃箱体通风风扇切换至半速运行状态，涡轮机排气机舱温度TT555仍持续升高，02：31升高至90℃，但GG箱体温度TT553温度为38℃处

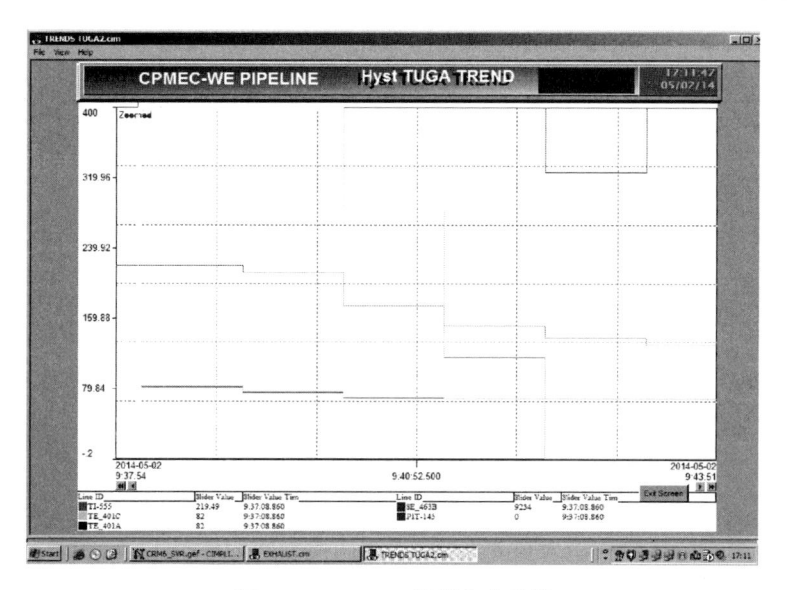

图 3-178 TT555 温度突变曲线

于正常状态。判断为该机组长期处于停运状态涡轮排气机舱通风风道百叶窗挡板有卡阻（仅限位开关反馈全开）影响了进入涡轮排气机舱的通风量，当晚上环境温度 TT531 下降至 10℃以下时箱体通风风机切换至半速运行状态，进入涡轮排气机舱的通风量进一步减少导致涡轮机排气机舱温度升高甚至导致停机。

随即手动切换风扇将箱体通风风扇全速运行，涡轮机排气机舱温度 TT555 下降至 48℃恢复正常，经手动同时启用两个通风风扇使涡轮排气机舱的通风道通风量恢复正常后，将箱体通风风扇切换至自动状态，GG 箱体温度 TT553 以及涡轮机排气机舱温度 TT555 均正常，分别为 35℃和 44.5℃，机组运行正常。

三、改进措施及建议

计划后期在机组维护保养中对涡轮排气机舱的通风道进行详细排查。目前环境温度昼夜变化较大，根据运行情况建议对箱体通风风机全速半速切换条件值进行修改。避免燃机箱体通风机频繁的切换。

当前逻辑：当 TT531（环境温度）在 10℃以下时箱体送风风扇电动机由全速（full）转换成半速（half）运行，当环境温度 TT531 在 11.7℃以上时由半速切换至全速。由于实际运行全速半速切换容易造成箱体压差变动造成机组运行不平稳，进行逻辑优化取消半速运行，将箱体压差低停机逻辑判断结合箱体温度、可燃气体浓度进行停机判断，优化逻辑判断，提高机组运行可靠性。

案例 3-29 燃驱机组箱体通风差压低停机故障

一、故障描述

箱体通风系统要求能以尽量少的空气，达到尽可能高的通风效果，箱体内的通风气流能在阻力尽量小的情况下，充分地对流并将机组散发的热量带走。GE 机组箱体通风系统由三台风机、3 组进口挡板和 3 组出口挡板、一台箱体差压变送器、两个温度探头等设备组成。

自 GE 机组投产以来，陆续多次发生过由于箱体通风差压低造成停机的故障。

二、故障处理过程及原因分析

（1）气候原因。

通过对因箱体差压低造成停机故障多发的站场进行分析，发现这些压气站地处西北地区，春秋季节大风天气下，若风向与进气道气流方向相反或风向与进气道气流相反方向的分速度比较大，背风面会形成一个很大的负压区，影响进气量，可能造成箱体内差压低；而扬尘天气会造成进气滤芯变脏，进气道风阻变大；同样，雪雾天气会造成进气滤芯变潮，进气道风阻同样也会变大。另外，西北地区春秋季节昼夜温差较大，通风电动机在全速/半速切换频繁，同样容易诱发风机全速/半速切换失败的停机。

（2）设备结构及箱体密封。

分析发现设备结构及箱体密封有以下三种情况会影响箱体差压低于正常情况：

① 进气挡板 33ID-1、33ID-2 和 33ID-3 开启角度没有调整好。33ID-1 开启角度较小，而 33ID-2 和 33ID-3 开启角度偏大，则会有相当一部分的气流流入后舱，减小了前舱的风压。

② 箱体紧急通风电动机从燃烧空气道抽取涡轮机的燃烧用气，箱体通风风扇抽取的是箱体通风道中的通风气。如果紧急通风电动机通风道的铅垂发生问题，百叶窗没有关严，由于燃气涡轮压气机的吸力非常大，会有大量的空气从箱体通风道被抽到燃烧空气道中，降低了前舱和后舱的压力。

③ 箱体壁板密封不好，箱体密封带老化，密封性能变差。空气会从各个缝隙流出，比如门缝、箱体接缝、电缆孔等。

（3）程序逻辑问题。

现有 GE 机组箱体通风逻辑仅仅根据箱体散热要求，通过环境温度来决定通风量，而在环境温度低于 3.33℃时，通风电动机只能以半速模式运转，通风量变小，这种情况下，如果由于天气或箱体结构问题造成箱体差压低，很容易造成停车。实际上，排除误操作，由于箱体差压低造成的停车全部是发生在这种情况下。

另外，在箱体通风的逻辑程序中，有未完成的通过 HM 进行手动切换通风电动机全速/半速的逻辑，如果能够完成该部分程序，从而实现手动进行全速/半速切换，则对操作人员及时处理箱体差压低造成的停车有很大帮助。

（4）操作人员误操作问题。

在春秋季天气比较恶劣的情况下，站场操作人员为防止夜间箱体差压过低停车，一般在主风机半速运转的前提下，又强制了备用风机半速运转，这样能建立箱体的差压，但当白天环境温度上升后，需要主风机由半速切换至全速，由于程序要求正常情况下只能 1 台风机运转，所以在主风机半速向全速切换时的逻辑判断出现紊乱，导致主风机半速向全速切换失败，引起停机。

三、改进措施及建议

由于 GE 逻辑方面设计的缺陷，仅仅根据箱体散热要求，通过环境温度来决定通风量，而未考虑风扇半速状态下箱体压差变低的问题。在实际工作情况下综合结构、运行环境、天气等因素，极易导致箱体压差低报停机。解决的办法可以通过修改逻辑、完善结构、预防误操作等方面入手。

(1) 修改逻辑。

通过修改逻辑解决此问题是最直接、简便和有效的方法。有以下两种逻辑修改方案：

① 增加一个判断，在温度小于 3.3℃，风扇半速运行时，若箱体差压低报，先尝试风扇切全速，若箱体压力仍未恢复，再停机。

② 要求 GE 方面尽快修改系统中未完成的逻辑，完成 HMI 界面手动控制风扇全速、半速控制选项。

(2) 加强箱体设备结构的维护。

设备结构方面可以经常进行检查和调整，主要有以下几方面：调整进气挡板角度，调整前后箱体进风量，经常检查紧急电动机通风道铅垂位置；经常检查箱体密封性能，及时更换老化密封元件，保持良好的箱体密封性能；增大进气滤芯反吹频率，及时更换失效空气滤芯，减少进气道风阻。

(3) 合理进行应急处理。

在机组实际运行过程中，遇到箱体通风风扇半速运行箱体压差偏低的情况下，通常采用强制风扇全速运行的方法提高箱体压差，使机组不会因箱体通风压差低而停机。但是在实际操作过程中，如果对强制的信号选取不当，会引启机组逻辑混乱，导致直接停机甚至会损坏设备。之前已经发生过因强制信号选取不当发生停机的情况。

可行的办法有两种：一是在主风机半速运转的情况下，再强制至全速运转，这样不存在半速启动问题，而由全速向半速切换时，只不过是报一个由全速向半速切换失败的信号，但不会引起停机；另一种就是暂时强制修改温度参考阈值（K26B_SPEED 信号），该信号默认值为 41℉，在低温季节可将其适当调低，使风扇始终运行在全速状态，当然这两种办法也是为了防止停机的一种不得已的临时措施，因为按设计要求在箱体内温度较低时，要求风机以半速模式运转有其原因（如 GG 和 PT 有些节流孔板在低温下容易发生冰堵），所以在强制全速后，等外部环境恢复正常，箱体差压也恢复正常后，要及时取消强制。

案例 3-30 燃驱机组箱体通风故障

一、故障描述

GE 机组通风系统配有 2 台 75kW 双速交流风扇电动机 88BA-1/2 和一台 22kW 的直流应急风扇 88BE-1。两台交流风扇平时一用一备，可通过<HMI>上的"FAN SWITH OVER"

按钮进行主备切换选择，冬天温度低主选电动机半速，当环境温度(TT-531)a26at 的值上升到 41℉(5℃)主选电动机将切换到全速运行。如果主风扇失效，机组将自动启用备用风扇。如果启动备用风扇再次失败，机组将停机，同时启动直流应急风扇。当环境温度(TT-531)a26at 的值下降到 38℉(3.3℃)主选电动机将从全速切换到半速运行。

从 2006 年 11 月，某压气站第一台 GE 机组投产，箱体通风故障导致机组停机屡屡发生。

二、故障处理过程及原因分析

1. 参数设置不合适

某机组 2#箱体风机经常出现 EVFAN1HS_FON、EVFAN1LS_FON 报警，其报警是由于触发命令发出延时后没有检测到反馈才会出现的报警。

正常情况下，不应该出现此类报警。但站场在启机或主备风扇切换过程中时常出现，并且在启机时多次发生箱体通风电动机跳闸。经过仔细查看逻辑图，发现风机全速启动逻辑中延时模块 TDPU_SEC_11 延时 pu_del 为 0，而其他风扇电动机的延时都为 2s。没有延时是造成此类故障的真正原因，如果环境温度高于 41℉(5℃)而 2#为主风扇，在机组启动过程中，应该是先低速运行，2s 后高速触发。由于没有延时，导致低速、高速同时触发，假设低速触发成功运行，35s 后就会出现 EVFAN1HS_FON 报警；而高速触发成功运行，5s 后就会出现 EVFAN1LS_FON 报警。但是，电动机的功率为 75kW，额定电流为 144A，而选用的空气开关额定电流为 160A。根据空气开关的选型规则，额定电流应为用电设备额定电流的 1.10~1.25 倍(158.4~180.0A)，其选型靠近下线，大多数情况下不能承受直接高速启动的大电流，常常发生空开跳闸的故障。

2. 箱体压差低导致停机

GE 机组箱体压差设定不低于 $0.19inH_2O(4.83mmH_2O)$，当压差低于设定值时，风扇将从主风扇半速切换到备用风扇半速，如果箱体压差在 50s 延时内没有得到改善，机组将保护停机。由于 GE 机组风扇挡板开闭采用的是机械原理，挡板的开、闭是依靠重锤和风的共同作用。平时挡板处于半开半闭状态，运行时运转的风扇将自生挡板吹开的同时将备用风扇挡板关闭。在某些特殊气候条件下，特别是大风等恶劣天气时，箱体备用风扇挡板会受扰动而出现剧烈摆动、关闭不严，压差不稳定，导致压差在延时时间内不能恢复正常，机组故障停机。

另外，有些站场，由于工程施工时没有把好关，风道挡板两边缝隙较大，漏风较严重，正常情况下其箱体压差只能维持在 $7~8mmH_2O$，与报警值很接近；遇见刮风挡板很容易受干扰而发生剧烈摆动，出现压差低报警停机。

3. 反馈信号丢失

箱体通风还有一种无风机运转信号的 VENTIL-NS 停机，其报警信号如图 3-179 所示。

由于 EVFANHS_FON、EVFANLS_FON 报警和 LATCH_2OUT 同为 True 时，机组会出现 VENTIL-NS 停机命令。

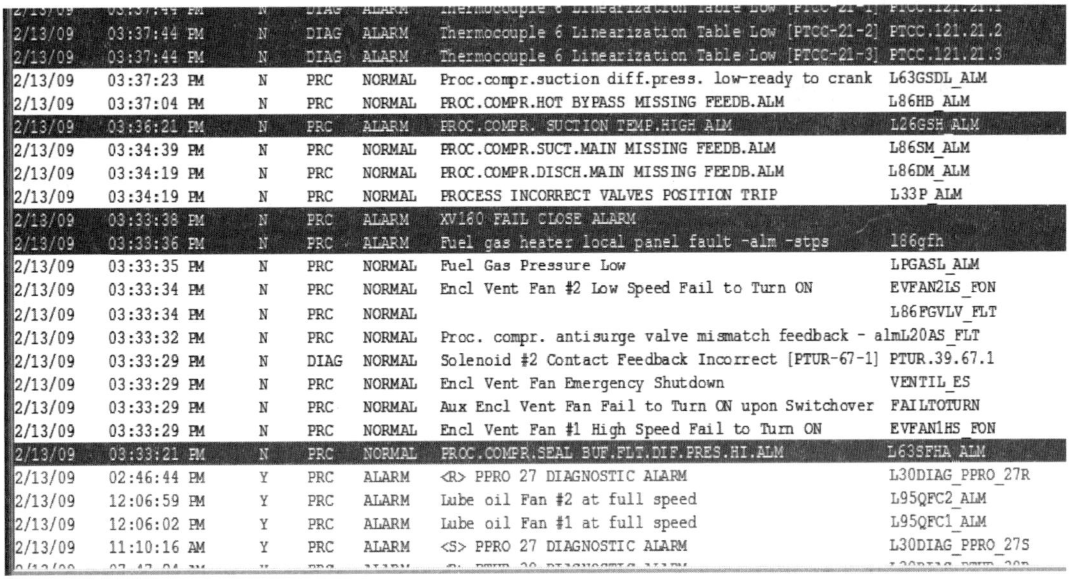

2/13/09	03:37:44 PM	N	DIAG	ALARM	Thermocouple 6 Linearization Table Low [PTCC-21-1]	PTCC.121.21.1
2/13/09	03:37:44 PM	N	DIAG	ALARM	Thermocouple 6 Linearization Table Low [PTCC-21-2]	PTCC.121.21.2
2/13/09	03:37:44 PM	N	DIAG	ALARM	Thermocouple 6 Linearization Table Low [PTCC-21-3]	PTCC.121.21.3
2/13/09	03:37:23 PM	N	PRC	NORMAL	Proc.compr.suction diff.press. low-ready to crank	L63GSDL_ALM
2/13/09	03:37:04 PM	N	PRC	NORMAL	PROC.COMPR.HOT BYPASS MISSING FEEDB.ALM	L86HB_ALM
2/13/09	03:36:21 PM	N	PRC	ALARM	PROC.COMPR. SUCTION TEMP.HIGH ALM	L26GSH_ALM
2/13/09	03:34:39 PM	N	PRC	NORMAL	PROC.COMPR.SUCT.MAIN MISSING FEEDB.ALM	L86SM_ALM
2/13/09	03:34:19 PM	N	PRC	NORMAL	PROC.COMPR.DISCH.MAIN MISSING FEEDB.ALM	L86DM_ALM
2/13/09	03:34:19 PM	N	PRC	NORMAL	PROCESS INCORRECT VALVES POSITION TRIP	L33P_ALM
2/13/09	03:33:38 PM	N	PRC	ALARM	XV160 FAIL CLOSE ALARM	
2/13/09	03:33:36 PM	N	PRC	ALARM	Fuel gas heater local panel fault -alm -stps	l86gfh
2/13/09	03:33:35 PM	N	PRC	NORMAL	Fuel Gas Pressure Low	LPGASL_ALM
2/13/09	03:33:34 PM	N	PRC	NORMAL	Encl Vent Fan #2 Low Speed Fail to Turn ON	EVFAN2LS_FON
2/13/09	03:33:34 PM	N	PRC	NORMAL		L86PGVLV_FLT
2/13/09	03:33:32 PM	N	PRC	NORMAL	Proc. compr. antisurge valve mismatch feedback - alm	L20AS_FLT
2/13/09	03:33:29 PM	N	DIAG	NORMAL	Solenoid #2 Contact Feedback Incorrect [PTUR-67-1]	PTUR.39.67.1
2/13/09	03:33:29 PM	N	PRC	NORMAL	Fuel Vent Fan Emergency Shutdown	VENTIL_ES
2/13/09	03:33:29 PM	N	PRC	NORMAL	Aux Encl Vent Fan Fail to Turn ON upon Switchover	FAILTOTURN
2/13/09	03:33:29 PM	N	PRC	NORMAL	Encl Vent Fan #1 High Speed Fail to Turn ON	EVFAN1HS_FON
2/13/09	03:33:21 PM	N	PRC	NORMAL	PROC.COMPR.SEAL BUF.FLT.DIF.PRES.HI.ALM	L63SFHA_ALM
2/13/09	02:46:44 PM	Y	PRC	ALARM	<R> PPRO 27 DIAGNOSTIC ALARM	L30DIAG_PPRO_27R
2/13/09	12:06:59 PM	Y	PRC	ALARM	Lube oil Fan #2 at full speed	L95QFC2_ALM
2/13/09	12:06:02 PM	Y	PRC	ALARM	Lube oil Fan #1 at full speed	L95QFC1_ALM
2/13/09	11:10:16 AM	Y	PRC	ALARM	<S> PPRO 27 DIAGNOSTIC ALARM	L30DIAG_PPRO_27S

图 3-179 某站场 VENTIL-NS 停机报警图

LATCH_2OUT 要变成 True，必需是主风扇自动切换到备用风扇运行。风扇自动切换条件：GG 箱体温度 A26BT1 大于 185°F（85℃）；PT 舱室温度 A26BT2 大于 212°F（100℃）；GTEVDPLO_ALM 箱体压差低报警；L45HA 箱体通风可燃气体浓度高报。只要这四个条件中一个为真，箱体风扇就会自动切换。

根据现场掌握情况，值班员工第一天下午发现 PT 舱室温度 A26BT2 大于 212°F（100℃）；机组自动从主风扇切换到备用风扇运行，没有在 HMI 上切换主备，一直是备用风扇运行。LATCH_2OUT 没有复位一直是 True，第二天风扇全速过程中，出现了反馈信号丢失 EVFAN1HS_FON 报警，机组故障停机。停机时风机运行正常，箱体压差 41mmH$_2$O。可以断定风机命令正常，反馈 l52bt1_fullspee 故障，由于接收反馈信号的离散输入 I/O 包中采用了光电隔离，光电隔离电路故障，没有将信号传输到控制器，而出现故障报警。离散 I/O 包故障率比较高，金昌、古浪等站场也相继出现过此类 I/O 包故障，所有 I/O 包中离散输入备件消耗量是最大的。

三、改进措施及建议

（1）参数设置不合理问题处理。

将延时设置成相同的 2s 时间，并对所有 GE 机组逐一排查。同时将机组的两台风机中的一台 160A 空开更换为 180A，即使风机全速启动也能保证触发成功，所更换下来的空开作为备件保存。彻底解决了由于参数设置问题导致的故障，保证了机组的安全、平稳运行。

（2）压差低故障停机处理。

即使箱体压差在 8mmH$_2$O 时，箱体通风散热良好，而压差低都是由于外界原因导致的暂时状态，不会对箱体散热造成较大影响。所以，修改参数是比较实际可行的解决办法，对比 RR 机组箱体压差低报警设定值只有 1mmH$_2$O，跳机设定值只有 0.5mmH$_2$O。

2009年2月将K63BT_ALM(箱体差压低报警设定值)由0.19inH$_2$O改为0.1inH$_2$O即由4.83mmH$_2$O改为2.54mmH$_2$O。大风天气箱体压差最低在2.3mmH$_2$O，此方法很有效地避免了大部分由于箱体压差低导致的故障停机。但是，由于延时只有50s，在天气比较恶劣的情况小，箱体压差不能在100s内恢复到正常值，不能完全避免此类故障；适当延长延时时间，让压差低低停机信号避开外界风干扰的时间，这样能有效减少故障停机次数。由于箱体还有温度高切换风扇和TT-553、TT-555高高停机保护，适当增加延时没有大的风险。

(3) 信号故障处理。

① 首先尽量避免风机非信号故障自动切换。由于反馈信号不在一个模块上，主风机信号丢失后自动切换，不会影响运行。着重杜绝温度高导致机组风机切换，可以考虑将风扇半速向全速切换的设定值适当降低，根据现场实际情况，切换温度由41℉改为32℉(0℃)左右比较合适，风扇全速向半速切换的设定值由38℉(约3.33℃)变成为29℉(-1.67℃)，这样，环境温度大于等于0℃时，主风扇全速运行，这样可以确保GG和PT舱室的温度远离报警值，大大降低故障发生的频率。根据另一站场2009年3月6日记录，在3.0~5.0℃阶段，TT555很接近100℃的报警切换值，如表3-5所示。所以在机组自动切换的温度区间内，TT555值接近报警值具有一定普遍性，而不是单个现象。

表3-5　某站场2009年3月6日箱体温度记录

时　间	11：44	12：04	12：24	12：44	13：04	13：24
TT-531 箱体温度(℃)	3.02	3.71	4.1	4.22	4.45	4.82
TT-553 箱体温度(℃)	54.7	56.4	57.3	57.5	58	58.7
TT-555 箱体温度(℃)	92.5	92.5	93.4	94.2	95.1	95.7

适当降低切换温度，将PT箱体温度保持在报警切换值以下，有利于延长箱体内设备寿命，同时会减少故障停机。

② 及时切换、复位LATCH_2OUT，当机组自动切换到备机后，及时点击FAN SWITCH OVER切换主备。LATCH_2OUT就会复位由True变成False，风扇又能自动主备切换了。但要注意的是：在机组TT-555、TT-553温度没有降下来或箱体压差低报警没有消失，即引起切换的条件没有消失，EFANMANSW_DIS状态是True时，风扇手动切换被禁止，在这期间HMI上不能切换主备，复位不会成功。

③ 及时判断处理离散输入I/O包故障，发现问题后及时更换，或同机柜上没有使用相同通道或不是非常关键的相同I/O包互换，杜绝反馈故障引机组故障停机。

案例3-31　燃驱机组箱体通风系统程序问题处理

一、故障描述

2011年4月18日，某站场启动压缩机组。启机后在应急系统测试进程中应急风扇正常启动并成功通过测试，随后，机组成功进入辅助系统启动进程，然而，箱体主通风风扇却没有启动，同时应急风机持续运行。

在此情况下，启机进程却可以依序完成，无异常报警。可以顺利通过辅助系统启动（AUXSTART_R）、工艺进程启动（PROCESS_ON）、加速到盘车（ACC2CRNK_R）、机组吹扫（PURGE4IGNT）、点火（IGNITION）、加速到怠速过程（ACC2CIDLE）等进程。

而且，此过程中，若通过TOOLBOX强制两台主风扇（88BA-1或88BA-2）启动，则应急风扇（88BE）将停止；若取消强制则箱体主通风风扇停止、应急风扇再次启动运行。

二、故障处理过程及原因分析

1. 检查电气回路、电动机本体、控制系统硬件存在问题的可能

停机后，场站人员在TOOLBOX中强制两台通风风扇半速全速运行，强制启停应急风扇，均正常。检查控制系统硬件及接线也无异常。由此判定是控制程序出现问题，导致风扇运行方式错误。

2. 重新对MARK Ⅵe系统下载控制程序

反复阅读控制逻辑，仍然无法找出问题所在。重启MARK Ⅵe系统3个控制器，并重新下装备份程序，再次启动机组，故障现象依然存在。

3. 反复阅读程序并与其他机组对比查找问题

再次尝试阅读控制逻辑，并与本站场其他同型号机组控制逻辑对比，查找其中状态不同之处，以找出问题。

在经过长期的仔细检查后，发现目录AUXS/Enc_Ventil2_1中第60#模块STEP2_1输出信号状态异常。该信号EVFANOFF，提示说明为"Encl Vent Fans in Stop Satatus"，即"箱体通风电动机在停止状态"，在机组停机、箱体通风风机全停的情况下2#机组此变量为False，这不仅和站内另外两台压缩机组不同，而且与实际情况不符，如图3-180所示。

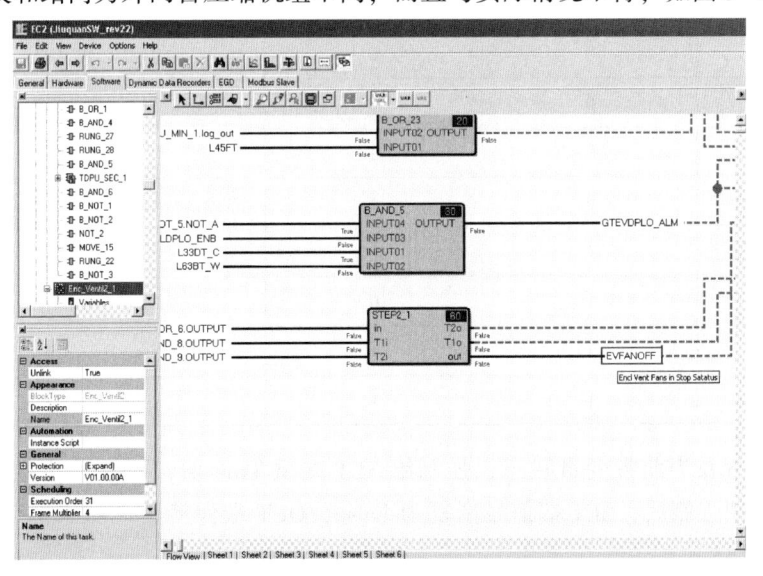

图3-180 出现异常的模块及其输出

4. 故障的解决

在目录 AUXS/Enc_Ventil2_1 下点击展开 STEP2_1，查看模块 STEP2_1 内部逻辑，其内部逻辑情况见图 3-181。

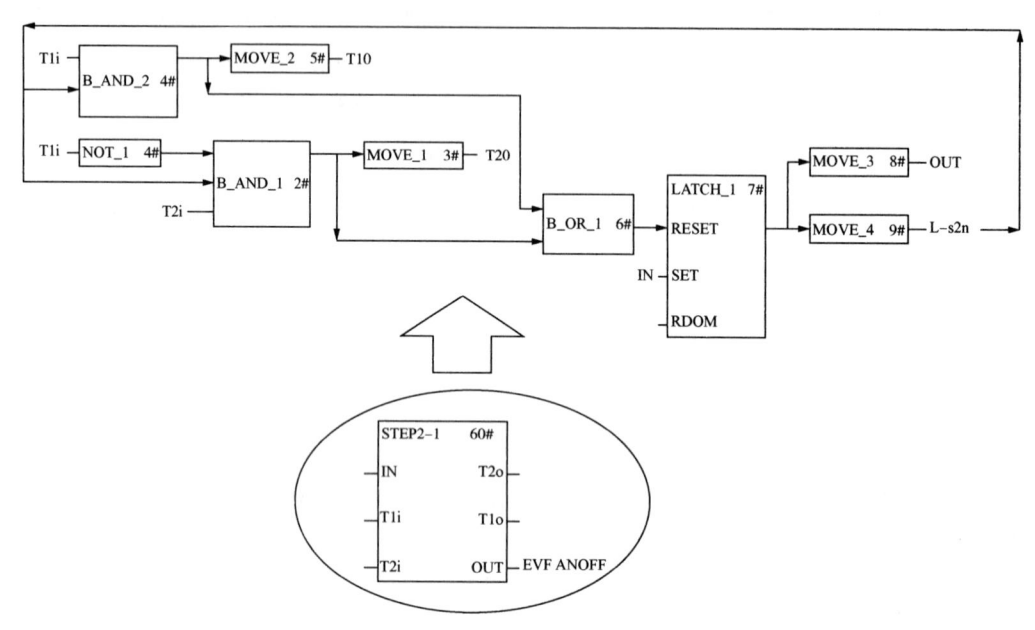

图 3-181　60#模块及其内部逻辑

其中 7#模块 LATCH_1 的输出端，即为异常的 EVFANOFF。该模块为锁存器模块，其输入输出变化规律见表 3-6。

表 3-6　LATCH 模块输出计算表

RDOM	SET(t)	RSET(t)	OUT(t)	OUT(t+1)
X	0	0	0	0
X	0	0	1	1
X	0	1	0	0
X	0	1	1	0
X	1	0	0	1
X	1	0	1	1
1	1	1	X	0
0	1	1	X	1

根据表 3-6 及当前各变量状态，强制给 SET 端赋 True 值，模块输出端 OUT 由 False 变为 True，取消强制后，SET 端信号恢复为 False，OUT 端保持上一状态的 True 值，如图 3-182、图 3-183 所示。

至此，程序恢复正常。启机进行测试，在应急系统测试阶段结束后，应急风扇正常停止，辅助系统启动进程开始，主通风风扇(88BA-2)成功启动，故障初步确认排除。

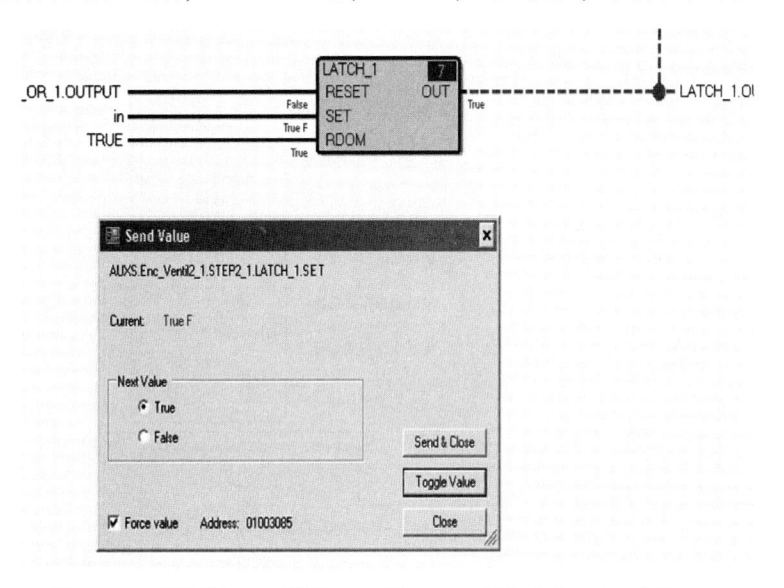

图 3-182 强制给 SET 端赋 True 值，OUT 端自动由 False 变为 True

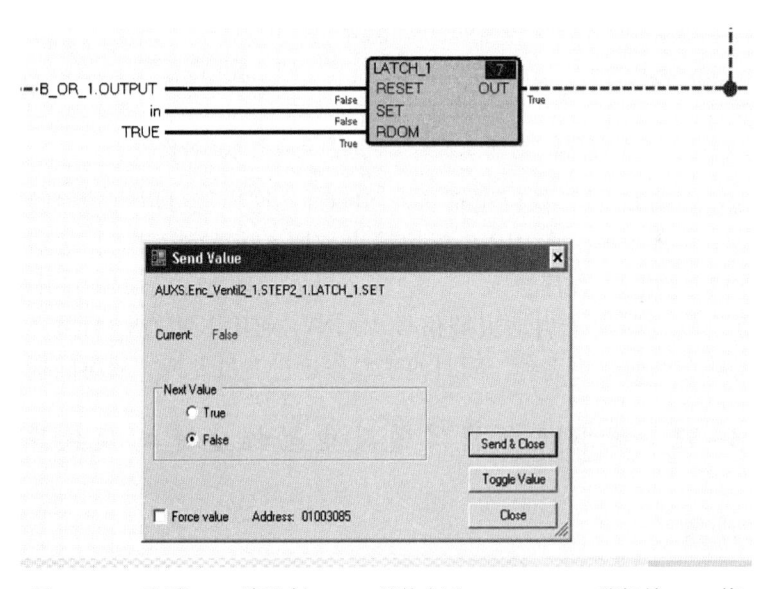

图 3-183 取消 SET 端强制，SET 端恢复为 False，OUT 端保持 True 值

三、改进措施及建议

根据前文的分析，机组控制程序在箱体通风系统控制和监测方面改进设想建议为：对程序做适当修改，以保证在主风扇没有启动的情况下，启机程序会在 AUXSTAT_R 阶段中止，并且系统发出相应报警(图 3-184)。

图中原程序为 Programs \ AUXS \ MasterAUX_START_PASSED_1 中 L3ASP 信号的检查程序；框内增加一个 RUNG 模块，让主风机总启动命令作为输入端 A，1#、2#风机反

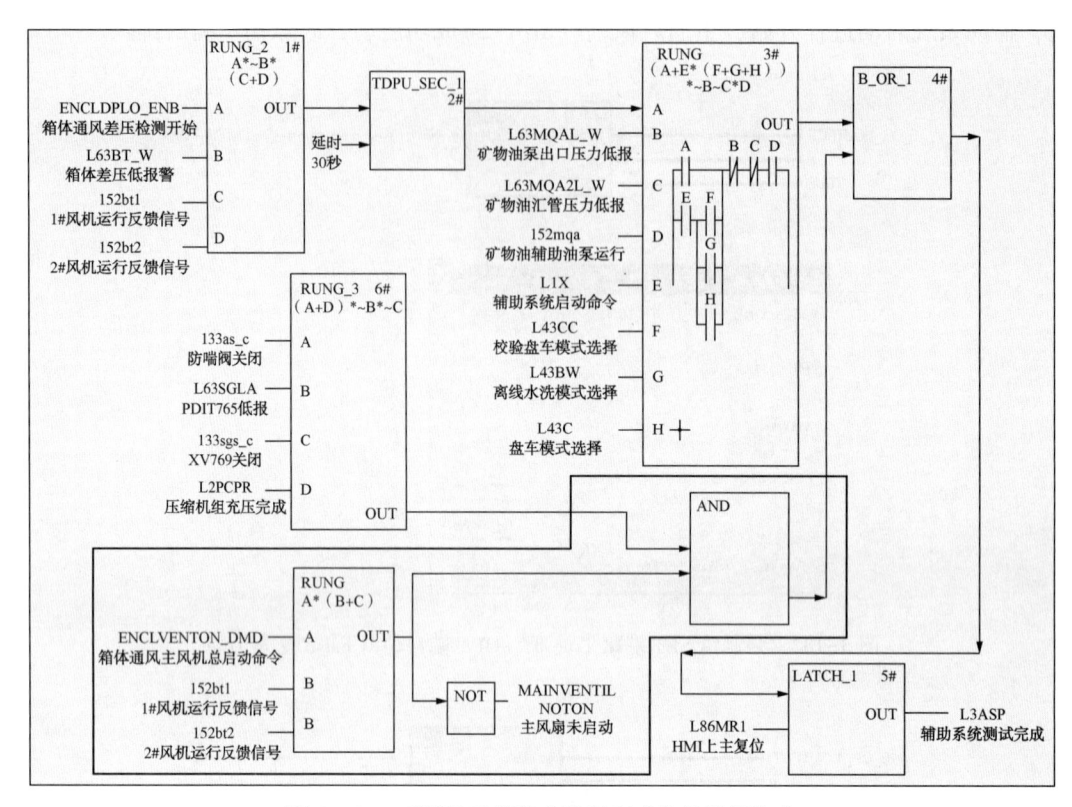

图 3-184 对辅助系统启动进程完成条件进行修改

馈信号分别作为输入端 B、C，执行逻辑 A*（B+C），这样就可以直接检验风机总启动命令是否成功启动了某台风机，将 RUNG 模块输出与原 6#模块求"与"，之后再输往下游模块；避免主风扇未启动时，程序进入下一进程。另外，RUNG 模块输出引至新增 NOT 模块，用于输出新增的主风扇未启动报警信号 MAINVENTIL FAILON_ALM。通过以上的修改，使风机运行状态的监测更完善，同时便于操作运行人员发现、解决问题。

案例 3-32 燃驱机组箱体通风电动机全速失败故障处理

一、故障现象

2011 年 4 月 18 日，GE 燃驱机组箱体通风系统程序问题处理完成后进行启机试验，在应急系统测试结束时，应急风扇正常停止；辅助系统启动阶段中，主通风风扇（88BA-2）成功启动半速，但却无法切换为全速，机组出现风扇全速启动失败报警，启机失败。

二、故障分析及处理

停机后，尝试强制主通风风扇（88BA-2）半速运行，反馈正常、箱体差压正常，但强制全速、取消半速运行命令时，无法进入全速状态，风扇停止；强制备用通风风扇（88BA-1），一切正常。

由于电动机 88BA-2 虽然不能全速运行，但却可以半速运行，所以初步判断电动机本体应该不存在问题，故障应该是出现在全速运行的控制回路或电气回路上。

（1）控制回路检查和故障排除。

断开总空开 Q52，保证高压电已被隔离，然后对所有的接线端进行了检查、紧固。确保线路中不存在虚接问题后，在控制系统上强制电动机全速。根据控制回路接线图所示，测量控制柜内 1G2 位置上的 TB 板的 2、3 端子，发现已经导通；测量 MCC 柜内端子排 X01 上的触点 X01-9、X01-10，发现同样正常导通。由此判定控制回路不存在问题。

（2）电气回路的检查和故障排除。

根据前述箱体通风风机的电气回路工作原理，决定先检查直接接受控制系统控制的继电器 KAUX2 的状态。

正常情况下，当强制风扇全速时，继电器 KAUX2 应吸合，然而检查发现 KAUX2 线圈虽然已经带电，但继电器却并未吸合。由此判断继电器 KAUX2 已经损坏。更换新的继电器 KAUX2 后，重给强制命令，继电器正常吸合。

闭合总空开 Q52，通过强制启停验证，确定 88BA-2 全速/半速运行都恢复正常，故障已被排除。

三、改进措施及建议

该机组箱体通风系统连续发生的控制逻辑问题和风机全速失败的故障，对压缩机运行人员带来了较大的挑战，通过故障的排除和事后的分析，使参与故障处理的人员对机组控制系统，尤其是对箱体通风系统控制逻辑的理解和电气回路工作原理的认识都获得了很大的提高，也为 GE 机组的故障处理提供了很好的案例。

案例 3-33 燃驱机组箱体差压低故障

一、故障描述

箱体差压的建立是由电动机带动风扇，将过滤后的空气吹入箱体形成的。箱体风扇共三个，两用一备。当环境温度低于 5℃时，箱体风扇切换至两个低速风扇运行，当箱体温度升高时，箱体风扇又会再次切换至两个高速运行。但是如果箱体压差低于报警值 0.01kPa 时，逻辑会优先考虑箱体压差，即低于 5℃ 的情况下也是运行两台高速风扇。但是当对报警复位后，逻辑又会因温度低，自动切换至两台低速风扇，此时又会产生报警，自动切换至两台高速风扇，所以各站场冬天都是对报警只确认而不复位(即箱体风扇在两台高速状态运行)。这样就造成了如果箱体差压再降低至报警或者停车值时，不会再有新的警示，因为报警一直存在着。所以当箱体差压再次出现低于报警值或停车值的情况时，站控室不能及时的发现故障并处理，从而造成停车。

二、故障处理过程及原因分析

故障出现后，首先用 FLUKE744 对箱体差压变送器检测零点及量程，强制模拟输出均正常，又对变送器的引压管进行检查，未发现引压管有堵塞现象。由此可以确定，箱体的压差是真实的，确实是箱体内的压力没有在设定的正常范围内。对电动机和风扇检查以及箱体内的进气及排气百叶窗进行检查也都正常，所以初步判断是由于风扇进气出现了问题。

于是决定测试是否因为电动机挡板打开时进气的阻力太大或者滤芯进气的阻力太大，因进气量小而导致箱体不能达到应有的压力。表3-7所示为3#风扇在不同状态下测试的数据对比，表3-8所示为1#、2#风扇测试以及进气过滤器差压的数据对比。

表3-7 3#风扇在不同状态下测试的数据对比

状态	3#风扇低速运行	3#风扇高速运行
更换箱体进气滤芯前的箱体差压	0.001~0.008kPa浮动，其间出现一段时间的0kPa	0.008kPa左右
更换箱体进气滤芯后的箱体差压	0.005kPa	0.023kPa左右
将3#电动机上方软连接拆卸后的箱体差压	0.008~0.01kPa	0.028kPa左右

从表3-7的对比中，可以发现随着进气阻力的减小，箱体内建立的压力逐步在增大，可以得出结论：箱体风扇的进气阻力对箱体压差的建立有着非常重要的影响。

表3-8 1#、2#风扇测试以及进气过滤器差压的数据对比

状态	1#、2#风扇低速运行	1#、2#风扇高速运行	过滤器差压
更换箱体进气滤芯前的箱体差压	0.01kPa(低报警值)	0.098kPa	0.75 KPa
更换箱体进气滤芯后的箱体差压	0.025kPa	0.115kPa	0.14kPa

从表3-8可以发现，两个低速风扇的运行状态时：在更换进气滤芯前，箱体差压已经达到了报警值；在更换箱体进气滤芯后，箱体差压完全正常，符合要求，并且进气过滤器的差压也减小很多，说明进气的阻力减小了很多。

在正常运行机组后，更换完进气滤芯的箱体差压正常，温度为3℃时，1#、2#风扇低速运行，压力为0.021kPa左右，完全正常，故障消除。

在做测试时发现，3#风扇在低速运行时挡板显示关位，高速运行时挡板显示开位（限位传感器的位置可能需要重新调整），但是由此可推断出，风扇在低速运行时挡板的开度没高速运行时的开度大，同时也说明风扇在低速运行时，挡板并不是全开的。因为低速风扇运行时压力波动较大（箱体差压0.001~0.008kPa浮动，其间出现一段时间的0kPa），可能是因为挡板在摆动造成的。从宏观的角度整体分析：当风扇把上游至挡板段的气体排出时，这段气体的压强就会减小，挡板外的压强不变，所以挡板内外的差压增加，$\Delta F = \Delta p \cdot S$，$\Delta p$增大，面积$S$不变，$\Delta F$就会增加，便会把挡板打开，从而进入了气体，风扇排入箱体的气体增加，箱体差压增加。随之挡板前后差压下降，ΔF随之下降，挡板关闭，反复使然，压力不停的波动。当高速风扇运行时，压力比较稳定（箱体差压

0.008kPa），也可推断此时的作用力 F 远大于打开挡板的阻力，使其一直保持在稳定开位。

三、改进措施及建议

综上所述，箱体风扇的进气阻力对箱体压差的建立有着非常重要的影响，同时也是导致此类箱体差压低报警的主要原因。可以通过以下方法来增加箱体内的压力。

（1）入冬前及时清洁或更换进气滤芯，减低进气阻力，保证空气进气的通畅。

（2）降低打开电动机上方挡板时的阻力，尽可能保证入口挡板全开。

（3）适当调整箱体通风系统的出口挡板角度，确保箱体内部压力维持在满足安全运行的要求。

第七节　燃气轮机燃料气系统故障

案例 3-34　燃驱机组燃料气液位计故障

一、故障描述

2018 年 11 月，西二线某站 2#GE 燃驱机组发出代码为"Fuel gas scrub high level trip l71gf1ht"（燃料气过滤器液位计 LT202 高报）等报警导致停机。

二、故障处理过程及原因分析

值班人员发现该机组出现燃料气过滤器液位计 LT202 出现高报（80%），液位持续快速上升。随后立即通知作业区值班领导，组织人员进行现场应急处置。现场人员手动打开燃料气过滤器排污阀进行在线排污，液位仍持续上涨；同时站控室值班人员向北调申请切换备用机组，申请期间机组液位突然达到停机值 90% 机组紧急停机

1. 原因分析

机组停机后，压缩机技术人员按照机组报警和历史趋势，排查燃料气液位上升原因，确定为机组燃料气过滤器液位高高报导致机组停机。2018 年 10 月 29 日完成西二线 2#机组燃料气管线动火连头，11 月 1 日至 9 日，2#机组运行期间燃料气过滤器液位均正常，11 月 11 日至 17 日 2#机组运行期间液位显示正常，11 月 17 日过滤器液位计液位逐渐上涨。此次液位的上涨原因为改造后的燃料气管线内存在积水，外加近期该地区连续降雪，天气骤变导致管线内出现凝析水，致使燃料气过滤器液位计出现高高报。

2. 排查过程

（1）查看液位计上升趋势，趋势平缓无跳变，排除液位计本体故障。

（2）现场打开手动排污阀进行排污，排污管线无过流声音，液位显示无变化；随后关闭燃料气手动截断阀，对过滤器进行放空排污，液位计逐渐显示为 0%。

(3) 拆除液位计对引压管进行吹扫。

(4) 现场对工艺区卧式过滤分离器进行排污，发现存在少量的积水。

对西二线工艺区卧式过滤器、2#机组燃料气过滤器排污后，机组燃料气过滤器液位恢复正常。

三、改进措施及建议

(1) 在进行管线改造水试压后，应进行完全的干燥并进行检测，确保管线可以正常投运。

(2) 进行现场施工或者升级改造后，机组再次启机试运行期间应提前做好排污工作，机组运行时关注各参数变化。

案例 3-35　燃驱机组燃料气计量阀故障

一、故障描述

2019年2月25日，某压气站1#GE燃驱机组故障停机，HMI报警界面显示"Fuel gas metering value driver shutdown ES GFMVDRVES"（燃料气计量阀驱动器关断—紧急停车），HMI界面停机图中"SEQ_ SHUTDOWN"（发动机紧急停机）为红色（图3-185和图3-186）。

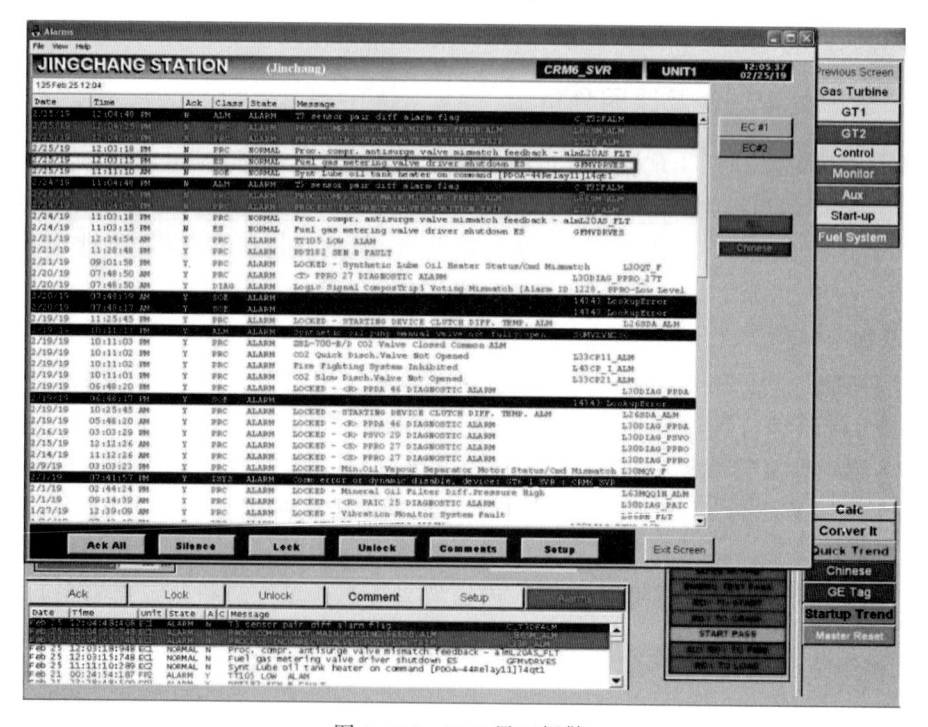

图 3-185　HMI 界面报警

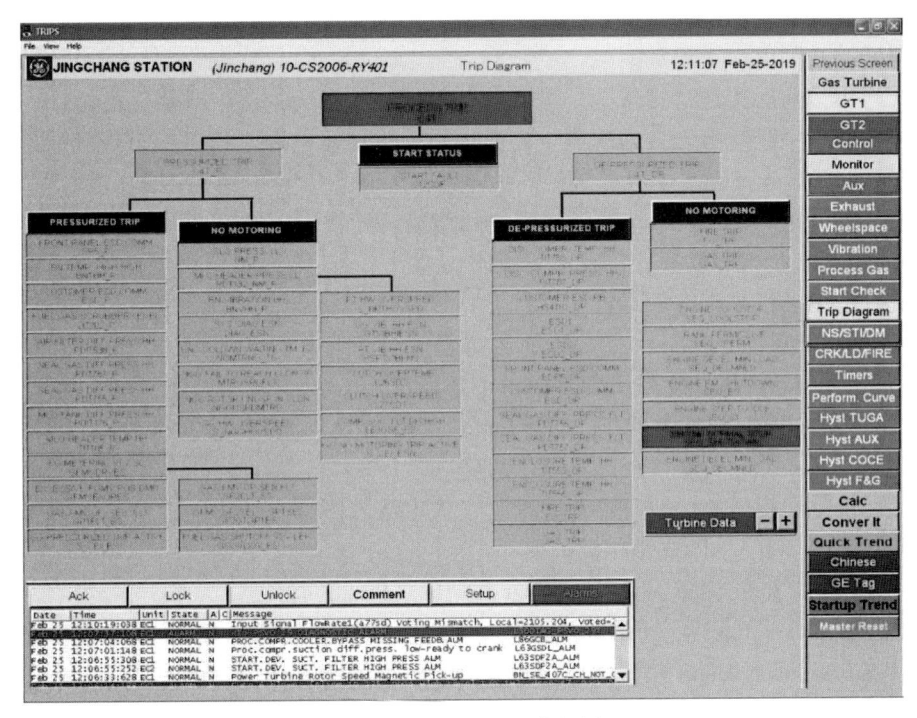

图 3-186　HMI 界面停机图

二、故障处理过程及原因分析

故障发生后机组完成保护冷拖停机。停机后，站内人员立即通过 Toolbox 对停机代码"GFMVDRVES"逻辑功能块进行查看，发现逻辑功能块中"GFMVDRVSD、COMPARE.OUT"信号为 True，由于在 Toolbox 分析逻辑中，停机信息的代码 GFMVDRVES 的逻辑只有满足 GFMVDRVSD、COMPARE.OUT 和 GFUELON 都为 True 时，才会保护停机。因 COMPARE.OUT 输入信号是燃料比率的比较结果，而燃料比率赋值为 0，逻辑没有实际意义，一致保持为 True。GFUELON 输入信号由一个 RS 主从触发器触发，只有停机和紧急停机时，才会响应变为 Flase。因此，停机信号是由 GFMVDRVSD（Fuel gas metering valve driver in shutdown status 燃气计量阀驱动处于关闭状态）（UA1999）发出。

查看 GFMVDRVES 的逻辑后发现，触发 GFMVDRVSD（Fuel gas metering valve driver in shutdown status 燃气计量阀驱动处于关闭状态）信号的原因可能有以下几点：

(1) FCV331 阀门及驱动模块反馈线路接线异常。
(2) FCV331 阀门驱动模块存在故障。
(3) FCV331 阀门本体故障。

根据以上原因分析，依次开展具体故障原因排查，排查过程如下：

(1) FCV331 阀门及驱动模块反馈线路接线异常排查。

查找 UCP 接线图，对机组控制柜 ZZ331、ZT331、XS2000、UA1999 端子排以及 I/O 包接线端子进行检查，接线无松动。

查找现场仪表接线箱图,对 FCV331 阀门控制驱动模块(JB-11)接线箱接线端子进行检查,现场接线紧固,无松动。

对阀门本体前后接线盒接线端子进行检查,接线端子无松动,线路无搭接。

为排查回路中线缆有无接地现象,切断燃料气驱动器电源,对机柜至现场驱动模块接线箱、现场驱动器至 FCV331 阀门接线对地绝缘进行测量,测量结果正常。

综上所述,排除 FCV331 阀门驱动模块回路接线异常。

(2) FCV331 阀门驱动模块存在故障排查。

停机后,用工程笔记本启动程序联接燃料气调节阀驱动器,驱动器可成功连接,并且 Servlink Server 和 Driver Interface Program 运行程序可正常打开,驱动器 RUN 界面、Alams 界面、Shutdowns 界面以及参数设定界面可正常显示。

通过对照程序 RUN 界面的 Demand Input、Actuator Position 数值与 HMI 界面 ZC311、ZT331 数值,数值大小一致。

综上,排除燃料气阀门驱动器存在卡死、失电等故障

(3) FCV331 阀门本体故障排查。

运行 Servlink Server 后,再运行 Driver Interface Program;

通过查看 Driver Interface Program 程序中 Alams 界面、Shutdowns 界面报警,报警信息显示为"Position Error Alam(位置偏差报警)"和"Position Error(位置偏差)"。

查看燃料气调节阀驱动器说明书中引起 Shutdown Page 各因素解释得知,触发"Position Error Shutdown(位置误差关闭)"因素为:如果执行器位置与给定值之间的差距较大,则变为红色(触发),报警参数大小以及持续时间设置可在 Tune 界面进行设置。

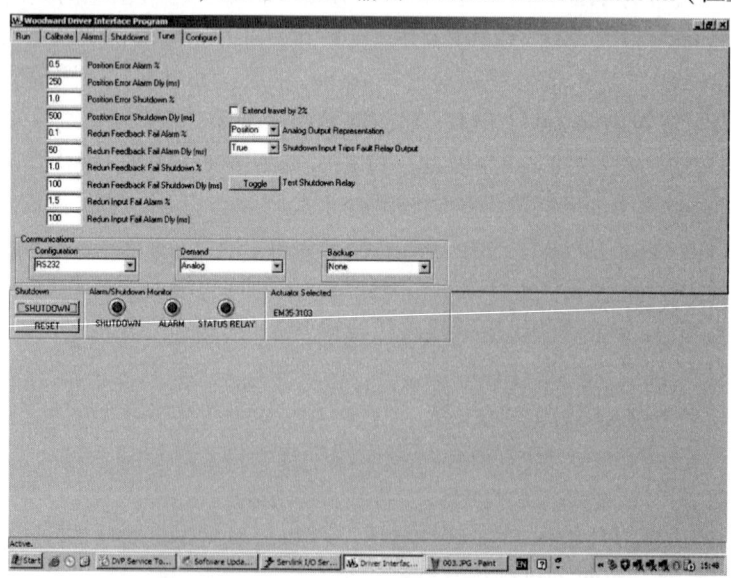

通过查看 Driver Interface Program 程序中 Tune 设定界面(图 3-187)参数查看得知,当阀门驱动模块输出信号 ZC331 与阀门实际位置反馈信号 ZT331 之间相差 0.5% 时,延时 250ms 输出"Position Error Alam(位置偏差报警)",当阀门驱动模块输出信号 ZC331 与阀门实际位置反馈信号 ZT331 之间相差 1% 时,延时 500ms 输出"Position Error Shutdown(位置偏差关闭)"。

图 3-187 Driver Interface Program 程序中 Tune 设定界面

调取 1#机组燃料气计量阀阀位控制信号 GFMVPOSCMD(ZC331)、现场阀位反馈信号 GFMVPOSFBK(ZT331)历史曲线(图 3-188),发现在触发机组紧急停机命令时,GFMV-POSCMD 信号为 51.516%,GFMVPOSFBK 信号为 50.515%,参数之间相差 1.001%。

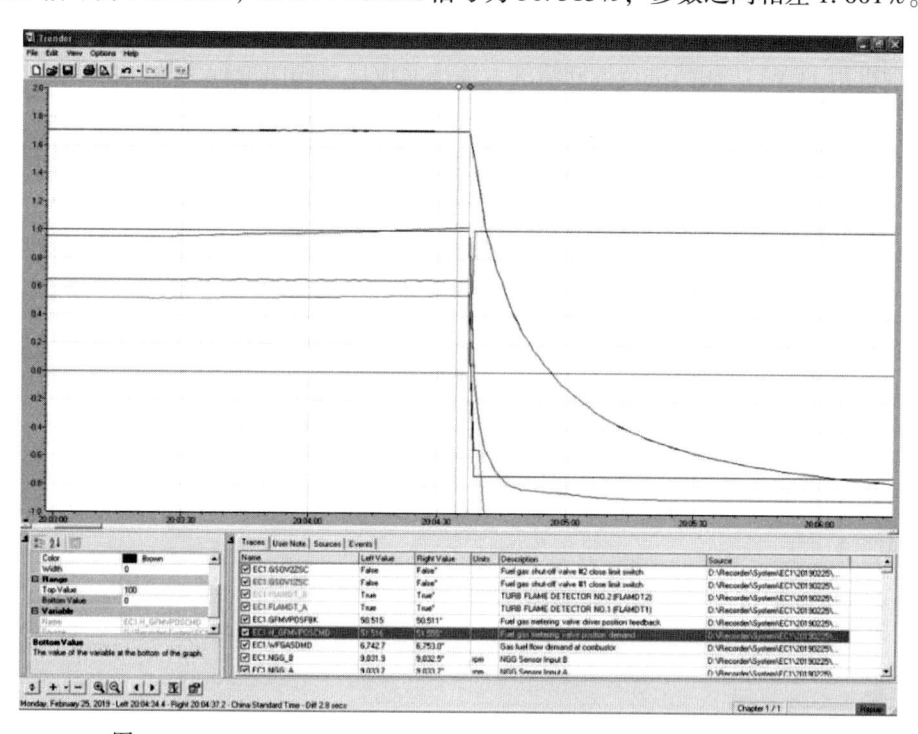

图 3-188 GFMVPOSCMD(ZC331)、GFMVPOSFBK(ZT331)历史曲线

查看燃料气计量阀说明书中针对于"Position Error (Position Shutdown)"原因分析,在运行过程中,阀门将检查阀门反馈位置与所需求的位置是否相同,如果不是一个位置,错误报警将触发,阀门将关闭。导致阀门位置存在偏差的排查步骤有:

① 检查阀门是否有阻塞。检查校验计量原件是否需要清洗,检查压力等级。
② 检查电动机在驱动时是否发出磨削噪音。
③ 检查执行器接线盒内是否有水。

按照说明书排查思路,对 FCV331 阀门本体故障依次开展排查如下:

① 检查执行器接线盒内是否有水损坏。通过检查燃料气驱动器接线箱、燃料气调节阀接线盒,内部无水损坏,内部清洁无异常。
② 检查电动机在驱动时是否发出磨削噪音。对燃料气调节阀分别进行 10%、20%、30%、40%、50%强制开关测试,现场伺服电动机工作正常,除正常伺服电动机工作声音外,无磨削噪音。
③ 检查阀门是否有阻塞,检查校验计量原件是否需要清洗,检查压力等级。对燃料气调节阀前端 Y 形过滤器滤芯进行检查,滤芯上没有异物,滤网清洁。

对燃料气调节阀驱动器断电后,现场对阀门本体进行拆卸检查,检查发现阀门阀芯表面存在积碳。

拆卸阀门伺服电动机后，对阀门进行手动开关动作，阀门动作较困难。

由此判断，由于阀门阀芯表面存在积碳，导致阀门在运行过程中出现卡涩，最终导致阀门控制信号与反馈信号存在 1% 偏差后触发"Position Error Shutdown（位置误差关闭）"，燃料气调节阀驱动器停止运行，机组紧急停机。

对 1# 机组 FCV331 阀门进行拆卸清洗，清洗完成后对阀门进行手动开关测试作，阀门动作较轻松，无卡涩现象。

阀门回装后，对燃料气调节阀驱动器接电，通过 Toolbox 强制不同开度对阀门进行开关测试，测试阀门运行正常，ZC331 与 ZT331 信号反馈一致（图 3-189）。

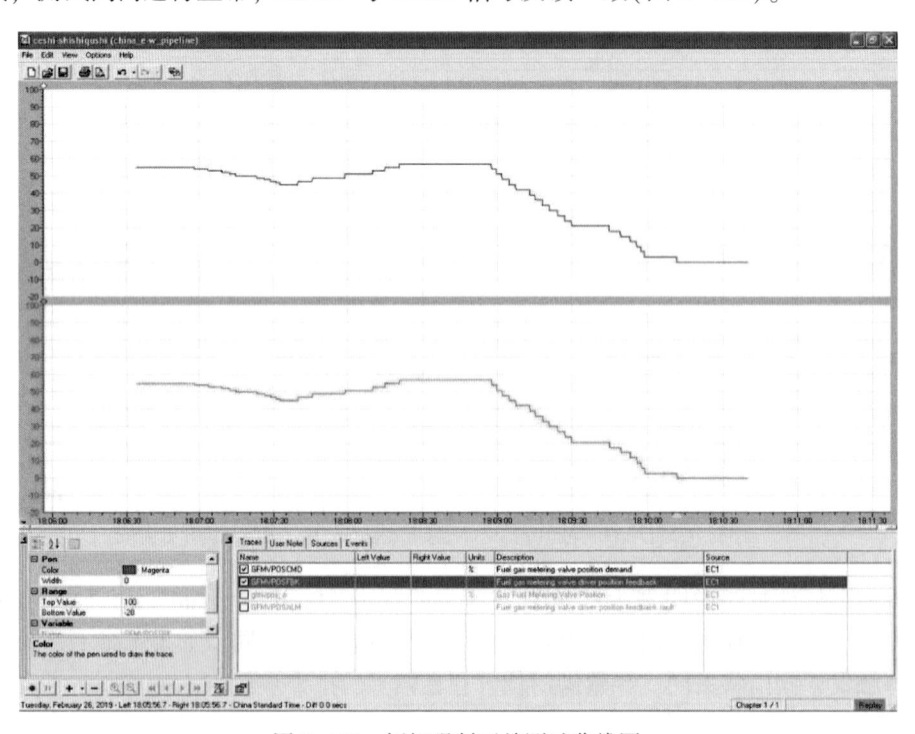

图 3-189 阀门强制开关测试曲线图

三、改进措施及建议

（1）由于机组长时间处于较为一定的燃料气调节阀开度运行，导致在阀门开度面有杂质堆积，建议每天进行手动升降速，让阀门自动对表面进行清洁，避免杂质堆积后阀门突然动作造成卡涩。

（2）在机组正常检修周期，将阀门从管道拆卸，对球面进行清理，避免杂质堆积。

案例 3-36 燃驱机组燃调阀卡滞故障

一、故障描述

2018 年 2 月，某 GE 燃驱机组因燃料气计量阀驱动故障造成机组停机，报警信息为：

Fuel gas metering valve driver shutdown ES。现场对燃料气调节阀开度进行强制,发现强制信号与反馈信号均正常。结合以前的故障信息来看,怀疑该阀门在某一位置下发生卡滞,造成控制信号与反馈信号不一致,进而造成的机组停机,因此决定阀门进行拆解检查。

二、故障处理过程及原因分析

将该故障燃料气调节阀进行拆解和清洗,检查发现阀芯前缘表面形成深约 0.2mm 的磨蚀沟(图 3-190)。由于阀芯表面具有 TiN 涂层,进而判断该磨蚀沟的 TiN 层已经磨除掉了。因为没有完整的阀门备件可更换,将另一个故障阀门进行拆解,将该阀门的阀芯阀座拆出,先使用螺栓松动剂清洗,然后使用柴油进行清洗。清洗完成后对阀芯阀座进行检查,目视检查阀芯阀座状态良好,因此将该阀芯阀座更换到第一个阀门中。

通过 Woodward 阀门配置的专用电脑,与现场控制面板进行通信连接,在阀门控制软件界面上发现有位置故障报警且无法消除。通过查询软件配置情况,如果在 500ms 后位置角度依然大于 1%,会在现场控制器上发出阀门停机报警信号。

图 3-190 阀芯前缘表面的磨蚀沟

为了消除报警信息,操作人员通过手动调节阀门反馈器,使执行器的位置值跟反馈器的位置值能够自动保持一致,并在软件上点击复位,此时故障信息消除。再次检查确认现场控制器无报警,而且反馈角度和命令值一致。在控制系统上进行强制阀门,现场实际检查阀门角度,全开时能够达到 57°左右(阀门的作动角度范围为 0°~60°)。

进行启机测试,结果在启机的过程中出现故障报警。查看程序,在程序中查到产生该故障的原因为点火后 20s 内 T48 温度还小于 400℉,因此判断为天然气给气量不足,可能为阀门实际开度过小。

现场拆开燃料气调节阀进行检查。在控制系统分别强制 15%(点火时阀门的控制命令开度为 12%)、50%、100%,现场检查阀门开度。发现当命令值在 5% 至 6% 之间时,阀门才开始出现缝隙,因此判断为阀门实际开度过小(图 3-191 至图 3-194)。

图 3-191 15% 的开度

图 3-192 50% 的开度

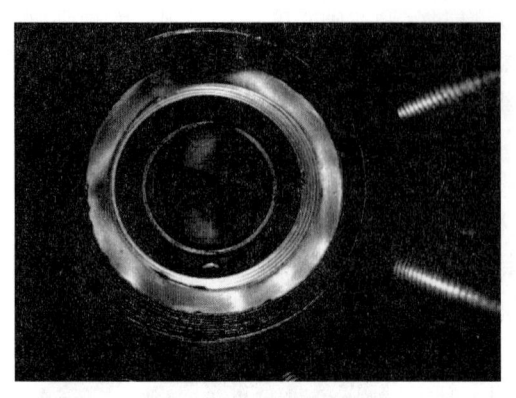

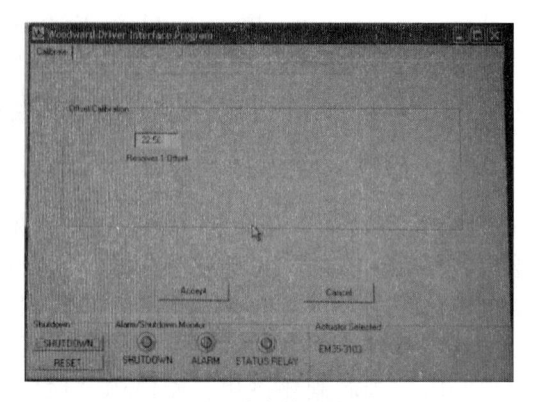

图 3-193　100%的开度　　　　　　　图 3-194　零点偏移位置设定

解决该问题有两种方法：一是改变阀门的机械限位位置（在阀门内有低位和高位限位，可以通过调节阀门上的限位来设定阀门的动作范围及零点），将阀门的机械零点限位调高，然后再重新设定该位置为反馈信号0%。二是软件设置阀门0%位置，通过摸索发现，调高该零点偏移位置能够改变反馈0%。在这里采用第二种方法，在配置软件中改变0%点的偏移位置。

初始零点偏移值为20.26，该值也是阀门上标示的偏移数值，但是由于操作人员已经拆开阀门，实际上已经改变了反馈器上的反馈位置，因此这个零点偏移值是错误的。通过几次试验最终将该数值调至22.50，然后进行机组启机，此时T48温度能够迅速上升至270℃，GG也顺利达到4500r/min并继续升速，启机成功。

三、改进措施及建议

燃料气调节阀的命令信号与反馈信号不一致，500ms后偏差还大于1%，会导致停机，这也是GE机组LM2500+燃料气调节阀卡滞的直接原因。因此对阀门的相关部件进行清洗，以保证阀门动作灵活，或对故障阀门的阀芯阀座进行更换，以保证阀门的正常动作，这是目前解决阀门故障问题的一种办法。

燃料气调节阀是控制燃气发生器稳定运行的关键设备之一，探讨摸索出一种解决阀门故障问题的处理解决方法，为相关机组燃料气调节阀的运行维护提供经验参考，进而保证输气生产的稳定运行。另外也可以提前采购相应的燃调阀备件，确保现场机组出现故障问题时，能够尽快恢复正常生产运行。

案例3-37　燃驱机组燃料气橇不加热故障

一、故障描述

2009年4月5日，接上级电力调度电话，由于外电线路负载过重，需要倒机。11：30开始对机组进行切换做准备，对低配Ⅱ段进行倒闸，并检查2#机组现场正常。

11：55启动2#机组，在启动过程中发现GE燃驱机组燃料气温度较低，即TIT-206检

第三章　燃气轮机及辅助系统故障分析与处理

测温度较低，不能正常启动机组；到现场进行检查发现燃料气橇加热器控制盘上有故障报警为"可控硅整流失败"，对控制盘进行确认复位后，燃料气橇控制盘显示正常。

12：10 对 2#机组进行第二次启动，同时电气人员到现场注意观察是否有异常现象，电气人员在燃料气进行放空提温时，听到有电气短路打火的声音，立刻通知主控室并停止对 2#机组的启动。

二、故障处理过程及原因分析

从控制原理以及逻辑方面对其原因进行了以下分析处理。

（1）对加热器进行检查。

切断燃料气供电电源，对电气元件及其接线箱进行检查，电气人员随即打开燃料气电加热器端盖进行检修，发现加热器接线处有明显的短路烧损痕迹，见图 3-194 和图 3-195，随后对接线端子用沙子打磨使其处于正常导电状态及对接线进行绝缘处理，并对加热阻丝进行逐一测量排查，其导电性能正常。恢复接线、端盖及供电，燃料器控制柜面板无异常报警信息。启动机组，发现 TIT-206 检测温度依旧较低，不能达到机组允许点火温度 32.3℃。

图 3-195　加热器内连接线被烧　　　　图 3-196　加热器内接线柱

（2）对燃料气控制柜进行检查

切断燃料气供电电源，打开燃料气控制盘柜及两个辅助控制柜，对内部的接线进行了仔细的检查，接线无松动现象；对主回路上的所有保险进行检查，保险良好无损坏。然后对所有的接线重新紧固。恢复燃料气系统供电，确认燃料气控制柜面板无异常报警信息。再次启动机组，TIT-206 检测温度依旧较低，不能达到机组允许点火温度 32.3℃，问题依然存在。

（3）燃料气系统反馈模块检查。

打开控制室控制柜，对燃料气温度反馈模块进行检查，发现无电流显示，随即对安全栅进行了检查更换。随后在主控室给现场电流信号，现场测量所有数据正常，燃料气控制盘柜上无异常报警。再次启动机组，TIT-206 检测温度依旧较低，不能达到机组允许点火温度 32.3℃，问题仍然没有解决。测量现场电压、电流，在回路保险后的所有电压均正常，但是检测不到电流。

(4) 对燃料气控制柜中的整流可控硅进行检查。

切断燃料气供电电源，对燃料气两个辅助控制柜进行细致检查，发现虽然可控硅状态指示灯显示无故障，但是实际上可控硅已经不能正常工作了，这是导致燃料气加热器不能正常加温的真正原因。对可控硅整流调控器拆下检查发现，双向可控硅前端的保险烧毁是燃料气系统无法正常工作的直接原因，导致不能正常启机。

由于可控硅是三角形连接（图3-196），在三个供电线路上只有两个供电线路加了保险，在检查时电压检测是正常的，而电流无显示。

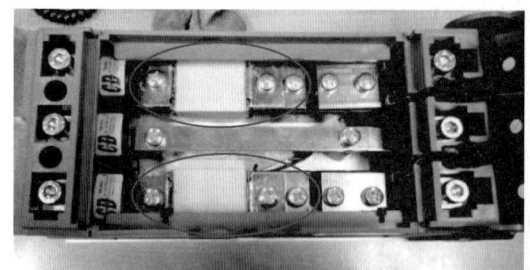

图3-196 可控硅内部结构

三、改进措施及建议

由于温度传感器传输导线外层为金属网（图3-197），极易导致内部端子搭接短路，导致故障的发生，对导线进行绝缘处理。此次故障发生后，我们对辖区内所有燃料气加热器都进行了绝缘处理，再也没有发生过类似的故障。建议对全线GE场站燃料气橇电加热器进行绝缘处理，将会避免这类故障的发生。

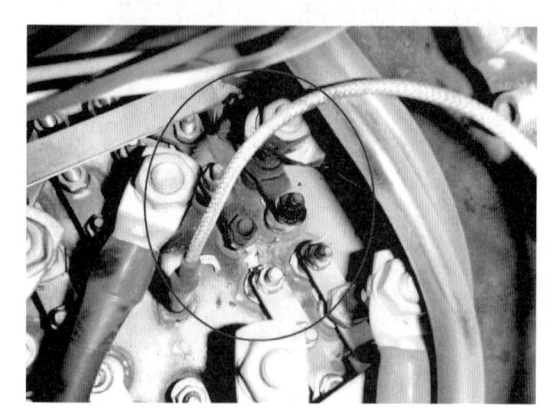

图3-197 温度传感器传输导线

案例3-38 燃驱机组燃料加热器超高温故障

一、故障描述

GE机组在备用状态下启机，经常会出现由于温度超高导致不能顺利启机的现象，严重影响备用机组启机的及时性，2009年12月13日，某压气站因机组错时运行需要，请示调度后准备切换为2#机组运行。启机过程至PROCESS ON进程时，燃料气温度TT221达到32.4℃，随即燃料气放空阀XV222关闭。十几分钟后，机组出现"燃料气加热器就地控制面板故障报警"（Fuel gas heater local panel fault），报警代码l86gfh。

压气站技术人员赶到现场，发现燃料气加热器就地面板显示温度值已高达160℃，远远超出设定值90℃，无法对就地面板进行复位。为及时启机，站内立即采取措施，打开过滤器上方的燃料气手动放空阀将过滤器、加热器及管段内气体进行放空，然后关闭 XV158 后的手阀，在 toolbox 中强制打开 XY158，现场手动缓慢打开手阀，向管线内充入燃料气。经过一系列的操作以后，加热器温度才降到 90℃ 以下，在加热器面板进行复位，机组重启成功。

由于此次启机是机组错时运行需要，所以 2# 机组启机以及处理问题过程中 1# 压缩机组仍处于正常运转状态，直到 2# 机组启动成功以后，才对 1# 机组进行停机，故不曾对运行产生影响。但是燃料气橇反复的充压、放空造成很大的浪费；另外，相同故障如果出现在备用机组需迅速投用的情况下，势必带来负面的影响，有必要进行详细分析。

二、故障处理过程及原因分析

机组启机逻辑中燃料气预热过程 AUXSTART-DN：
（1）燃料气橇进气阀 XV158、XV159 打开，XV160 关闭；
（2）燃料气加热器 23FG-1 启动（加热器主回路接触器吸合，可控硅没有触发导通）；
（3）燃料气温度 TIT221 低于 28℃；
（4）燃料气放空阀 XV222 打开；
（5）燃料气加热器可控硅触发导通加热；
（6）燃料气温度 TIT221 高于 32.4℃；
（7）燃料气放空阀 XV222 关闭；
（8）燃料气温度 TIT206 高于 50℃（酒泉压气站设定为 43.3℃，各站设定可能有差异）；
（9）燃料气加热器可控硅切断，加热器停止加热；
（10）燃料气温度就地控制面板温度 TE206 若高于 90℃（加热器余热或其他原因，各站各机组温度设定可能有差异）；
（11）燃料气加热器 23FG-1 故障报警（TE206 温度降到 90℃ 以下才能复位）；
（12）燃料气温度 TIT206 高于 55℃ 高报，高于 75℃ 高高报。

重复以上程序直到点火进程开始。燃料气橇及系统示意图如图 3-198、图 3-199 所示。

从燃料气加热的控制逻辑可以看出：当燃料气温度 TT221 达到 32.4℃ 时，燃料气放空阀 XV222 关闭，如果压缩机组此时并未运行到点火进程，则燃料气阀 XV224、XV226 不会打开，进入橇体的燃料气不再流通，整个橇体内部类似一个封闭空间。此时，燃料气加热器并没有停止工作，因为在启机过程中，加热器运行使燃料气供应温度 TIT206 升高至 50℃ 以上时（压气站设定为 43.3℃），可控硅才会切断，停止加热。而燃料气加热器控制面板温度报警值设定为 90℃，此温度由加热器内的热电阻 TE206 进行监测，不受加热器出口管线温度 TIT206 影响，若 TE206 超过 90℃，则认为加热器控制面板故障，且当其依然高于 90℃ 时，其故障状态无法复位。

由于燃料气不流通，热传导速率降低，就会出现以下情况：在 TIT206 温度到达 50℃ 之前，燃料气加热器不会关闭，可此时加热器内的温度 TE206 已经达到 90℃，引起加热器故障报警；在 TIT206 温度到达 50℃ 后，虽然加热器已停止，可是加热器的余热仍继续作用，能够在密闭空间内继续加热燃料气，使其温度不断升高，这也是加热面板上温度显示达到 160℃，出现故障报警且无法复位的原因。

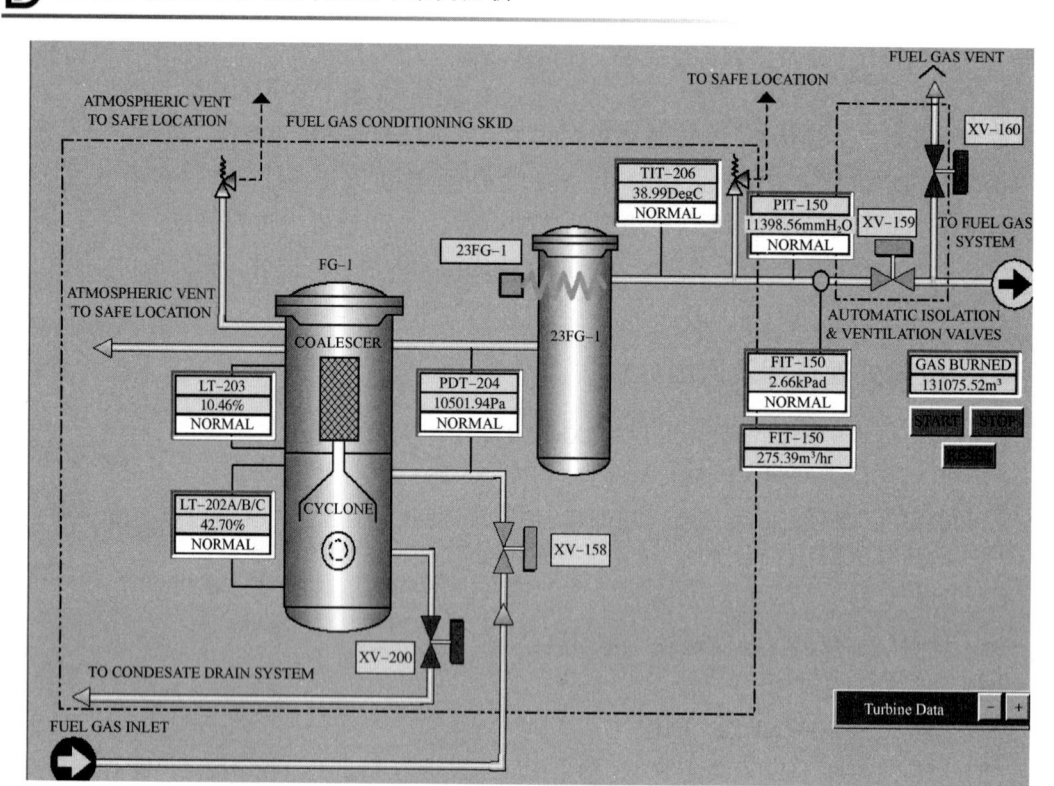

图 3-198 GE 机组燃料气橇概貌图

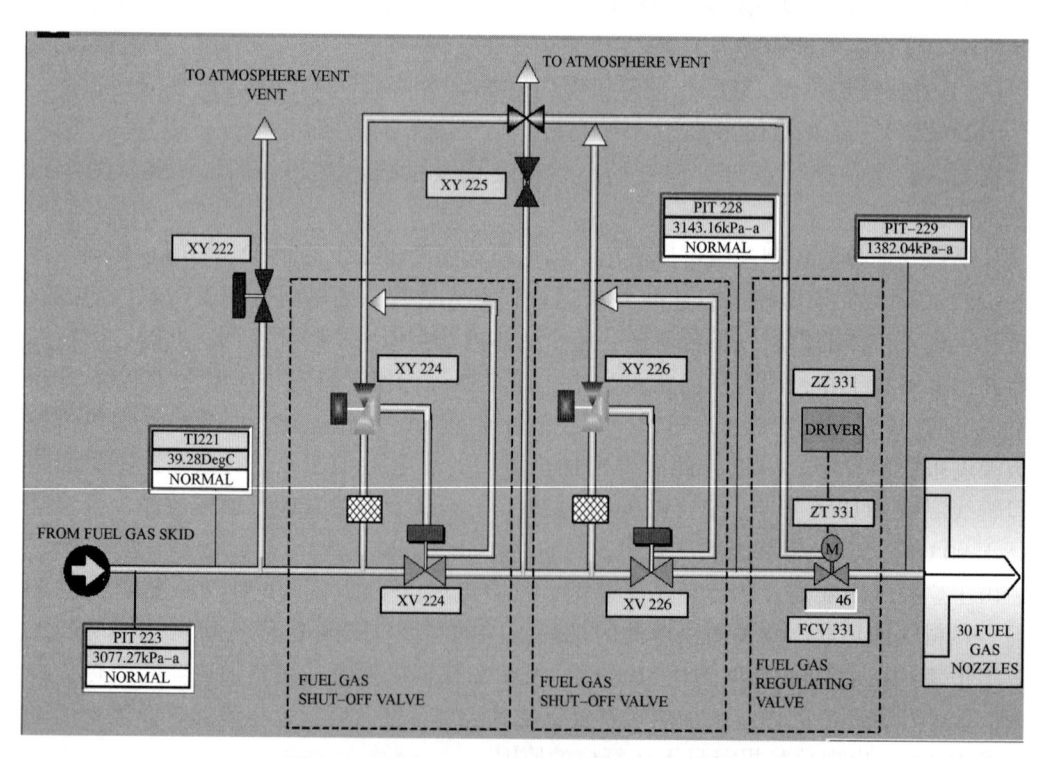

图 3-199 GE 机组基板上的燃料气管路概貌图

仔细分析机组启动的每一个进程，都有其必须满足的条件，任何一个条件不满足就不能进行下个进程。我们需要分析：为什么直到燃料气已经被加热达到32.4℃，机组仍迟迟未能进入下一步骤的点火进程。

经过分析观察，发现此问题是由于启机前矿物油总管温度TIT105过低（图3-200）引起。在启机逻辑中，矿物油温度高于74℉（约23.3℃）是机组进入拖转（CRANK）的一个必要条件，而拖转结束后，才能够进入点火进程。也就是说，如果矿物油TIT105温度不能够达到74℉，则机组不可能进入点火进程。

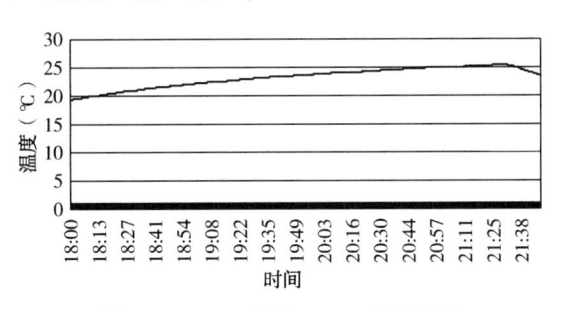

图 3-200 GE 机组 TT105 温度趋势

由历史数据曲线图（图3-200）可以看出：当日由于环境温度较低，矿物油总管温度在启机前甚至已经在20℃以下，经过大约1.5h的加热，温度才达到23.3℃以上，已经大大超出正常启机所需的时间，与此同时，燃料气预热放空阀XV222关闭后，又很容易引起加热器温度超高等并发问题，从而产生连锁反应，影响机组的正常启动。

由于矿物油总管温度TIT105较低，机组始终不能进入CRANK进程。而燃料气温度TT221达到32.4℃以后，放空阀XV222关闭，燃料气加热器仍继续加热，在TE206高于90℃时燃料气加热器面板故障报警，矿物油总管温度仍然不能够满足要求，燃料气温度也居高不下。对机组手动停车后，TE206仍高于90℃，无法对燃料气加热器进行复位，故障报警使得机组不能满足启动条件，直接影响了机组的投用，在站内工作人员将加热器内燃料气放空后重新充压，温度降低至报警值以下时，矿物油总管已经满足条件，机组方才启动成功。

三、改进措施及建议

1. 温度TIT105过低问题

实际生产运行中，在计划启机时间之前的1~2h手动投用矿物油加热器，使温度达到23.3℃以上。

矿物油加热器以油箱温度TE180作为参照控制启停，当矿物油箱温度TE180低于82℉（约27.8℃），加热器启动；当TE180高于95℉（约35℃），加热器停止。TE180和TI105测量点位置不同，在机组运行及备用过程中，矿物油经过轴头泵（或辅助泵）、单向阀、温控阀、矿物油过滤器及比较长的管道后才能进入矿物油供油总管。由于冬季环境温度影响，滑油在流动过程中热量损耗较多，供油总管温度TIT105总是比矿物油箱温度TE180低几度甚至十几度。即使矿物油箱内温度满足高于27.8℃，供油总管温度不一定能够达到23.3℃，有可能仅有20℃左右或者更低。

所以，在冬季运行中，建议适当提高矿物油加热器的启动设定温度，使矿物油箱内保持一个较高的温度水平，使得供油总管内温度相应提高。这样机组启机前加热器便能够在短时间内将TIT105达到23.3℃以上，提高机组在冬季的启动效率，缩短启动时间。

2. 燃料气超温问题

站内工作人员通常采用手动放空后再充压的处理方法，此方法因为热量主要集中在加热器内，而手动放空阀却位于燃料气过滤器上方，不能有效的带走热量，降温效果不好。比如此次启机，经过两个多小时的反复充压和放空后，才能将温度降低至90℃以下，对燃料气加热器进行复位。可采用以下两种方法解决燃料气超温问题：

方法一：可对XV159、XV160阀进行强制，同时对XV158阀强制打开，通过其后的手动球阀控制对燃料气管线进行吹扫，待温度降低至报警值以下后恢复。这样通过XV160的放空，能有效带走其上游加热器中的热量，避免降温效率低需反复充压放空造成的燃料气浪费，能更快的恢复机组备用状态。

方法二：当加热器内温度过高时，可手动打开XV159、XV160两个阀门，对燃料气管线进行吹扫冷却。同时在为机组燃料气橇充压时，使用新增的旁通阀可避免燃料气对过滤器内液位冲击的问题，相比于常用的强制XV158通过手动阀充压的方法，也更简便。

案例3-39 燃驱机组燃料气电加热器干烧故障

一、故障描述

某压气站为配合仪表春检，按照作业计划需要切换机组以完成三台GE燃驱机组的仪表检定，2017年3月25日，站内汇报两级调度后，于11：20启2#压缩机组，11：46停3#压缩机组，站内1#、2#机组运行，3#机组备用。11：49机组HMI界面出现3#机组报警"MCC MOTOR OVERLOAD ALARM"（MCC马达过载报警）、"FUEL GAS HEATER OVER TEMPERATURE ALARM"（燃料气橇加热器超温报警）、"FUEL GAS HEATER PANEL FAULT"（燃料气橇加热器控制盘故障），FG Condit界面加热器出口温度变送器TIT113示值90℃，11：53出口温度达到105℃。

打开控制柜发现第三组加热元件对应的接触器没有跳断，即超温报警后第三组加热元件主回路一直得电，加热器一直处于干烧状态，拆开加热器外电伴热不锈钢防护罩，发现电伴热带防护绝缘皮有部分融化和焦糊现象，如图3-201所示。

图3-201 电伴热带部分烧熔

二、故障处理过程及原因分析

1. 原因分析

加热器干烧可能的原因为：

(1) 加热器出口或加热器本体温度变送器故障，信号回路故障，导致控制命令到达不了接触器；

(2) 加热元件主回路对应接触器故障，超温报警后没有正常跳断，导致加热器继续运行；

(3) 加热器本体温控开关故障，本体保护失效。

本次故障出现前，已反复多次出现过机组停机后由于燃料气突然不流通，加热器加热元件温度短时间降不下来，会导致加热器超温指示灯常亮报警，现场复位后，指示灯熄灭。在最初几次出现该报警时，站内人员故障复位后都在现场对加热器持续观察，待加热元件自然冷却后，燃料气加热器恢复正常备用状态。站内人员对此也习以为常。

因此在3月25日11：49机组人机界面上出现加热器超温报警时，值班人员也是通知现场仪表春检人员对3#机组加热器进行检查。根据之前的经验，现场人员复位后便继续进行仪表春检，没有对加热器情况进行持续跟踪。12：24仪表春检人员发现加热器处有烟气时，立即对加热器进行断电。为了风险受控，12：41现场人员断开3#机组主电源，放空3#机组燃料气及工艺气，组织用二氧化碳灭火器对加热器筒体进行降温，拉警戒带进行现场布控，现场利用红外测温仪进行实时温度检测。

2. 查看历史报警及相关参数历史趋势

11：46将3#压缩机组熄火停机，加热器出口温度变送器TIT113示值43℃，11：49出口温度达到90℃、站控HMI出现"燃料气电加热器超温报警""燃料气电加热器故障"报警信息，11：53出口温度达到105℃（达到变送器最大值）。

3. 加热器本体排查

1) 加热器电缆绝缘情况排查

打开加热器本体接线端盖，加热元件为三角形连接，拆除电缆与加热元件接头，测试加热元件对地绝缘阻值、加热元件相间阻值如表3-9和表3-10所示。

表3-9 加热元件对地绝缘电阻值

机组	1#	2#	3#	4#	5#
对地绝缘阻值（MΩ）	2.1	2.1	2.5	2.2	8.9

表3-10 加热元件相间阻值

机组	1#	2#	3#	4#	5#
UV（Ω）	7.36	7.33	7.38	7.32	7.36
VW（Ω）	7.37	7.34	7.33	7.37	7.34
WU（Ω）	7.36	7.34	7.30	7.38	7.35

测量动力电缆对地绝缘值均大于550MΩ，测试结果表明加热器本体绝缘情况及加热元件阻值均正常，无断芯、短路现象。

2）加热元件检查

现场继续对本体进行排查，基于现场吊装条件限制，没有对加热元件吊装检查，打开加热器人孔对加热元件进行孔探，孔探仪显示加热元件外观完好，无损伤迹象。

3）加热元件满足投运要求性能确认

（1）加热元件材质为 INCOLOY 耐热铬镍铁合金，查阅资料得知该材料温度耐受值为 800℃，现场红外测温仪最高值为 228℃，没有超过加热元件耐受值。

（2）现场注氮进行压力测试，管线压力 3.2MPa 时检测泄露情况，压力保持恒定，现场未检测到漏点。

（3）打开加热器人孔进行通气测试，没有碎屑等杂物吹出，说明加热器本体是完好的，能够正常使用。

4. 铂电阻 T110A 和 T110B、温度变送器 TIT113 排查

检查加热器出口温度变送器 TIT113、加热器本体 PT100 电阻 T110A、T110B（备用），相间阻值分别如表 3-11 所示。

表 3-11 相间阻值

电加热器壳体表面温度		AB	AC	BC	温度换算
58℃	TIT113	111.1	111.2	0.7	30℃
	T110A	123.5	123.9	0.8	60℃
	T110B	123.6	122.3	1.1	
15.2℃（10h 冷却后）	TIT113	106.0	105.8	1.1	16℃
	T110A	106.9	107.4	0.8	
	T110B	106.8	106	0.8	

测试结果显示，现场温度变送器、加热器本体铂电阻均正常。

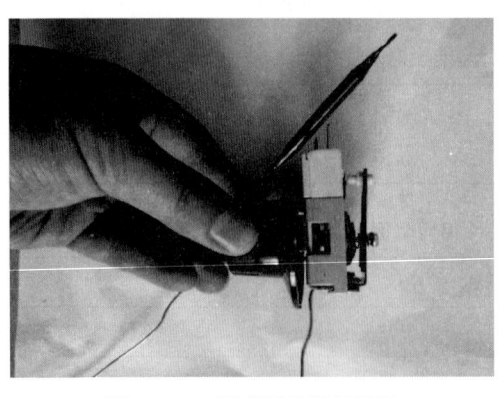

图 3-202 温度开关损坏情况

5. 温度开关 TSHH111 排查

控制回路接在温度开关常开触点，对其进行不同温度设定测试，该触点均不能闭合。打开检查，发现温度开关感温元件发黑、与毛细管相连的膜片已损坏，判断为加热元件内部温度过高导致温度开关超量程 200℃ 损坏，如图 3-202 所示。

目前，对损坏的温控开关更换后，已恢复正常。

6. 加热器控制柜排查

查看接线图纸，如图 3-203 所示。打开现场控制柜，发现第二组接触器有烧黑现象，拆开检查发现内部已经烧坏，不能正常工作；第三组接触器因触点烧融为吸合状态，没有正常跳断，如图 3-204 所示。

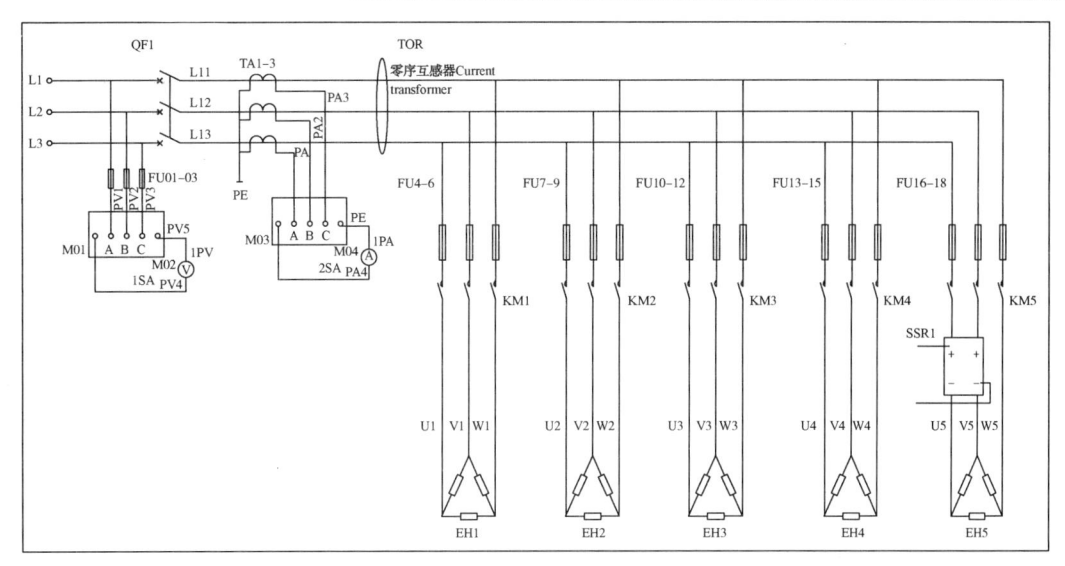

图 3-203 加热器主回路原理图

现场拆开正常路接触器后，拆解发现接触器触点有烧熔痕迹，如图 3-205 所示。目前 3#机组燃料气加热器控制柜内 5 路交流接触器已全部更换。

图 3-204 加热器主回路接触器 　　图 3-205 加热器主回路接触器拆解

三、改进措施及建议

加热器设计功率为 195kW，分为 5 组（每组 39kW），每组三角形连接，三相 380V 供电，计算额定线电流为 59.2A。控制柜内原有接触器型号为 ABB A75D，额定电流为 75A，热功率为 37kW，虽然电流很小，但热功率选型偏小，长期运行存在风险。建议选择容量大一个型号的交流接触器进行更换。

案例 3-40　燃驱机组燃料气调节阀故障

一、故障描述

报警信息：17：03 SCADA 界面，西二线某 RR 燃驱机组停机报警，如图 3-206 所示。

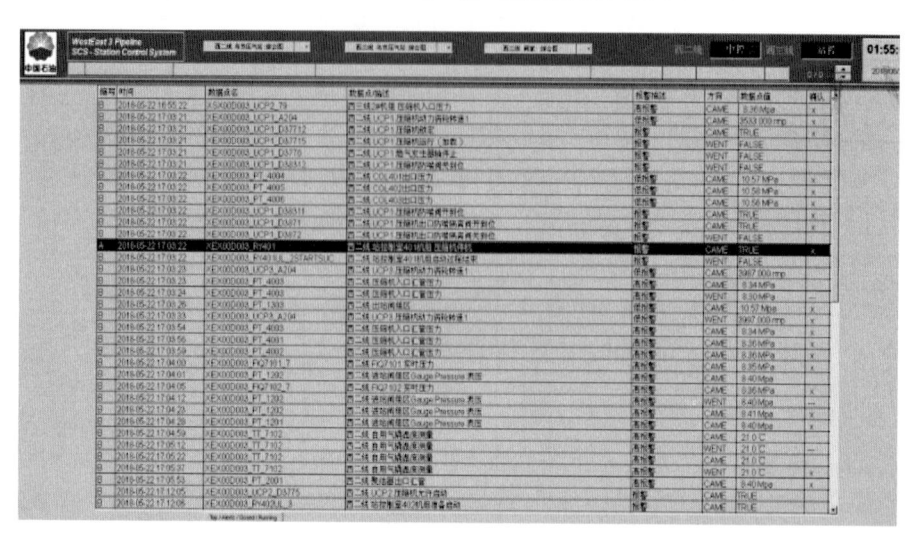

图 3-206　SCADA 系统界面报警信息

HMI 出现"Gas Metering Valve Failure Shutdown""Fuel Control Common SDL Gas""EMV DeviceNet Communications Failure Shutdown""EMV DeviceNet Card Comms Failure Shutdown""Gas Valve Position Error Failure Shutdown"等报警信息。

二、故障处理过程及原因分析

17:05 申请启动西二线 2#机组，17:45 启动成功。出现报警后，机组停机，EMV 阀门阀位控制输入为 0%，反馈阀位数值为 27.9%，但阀门运行状态为全关，其位号 86FGM 闪红。

在备用机组启机完成后，作业区对二线 1#机组进行全面检查，首先通过 RSlinx 查看 DeviceNet 通信环网状态，发现 DS2000XP（EMV Moog 控制器）失联，DeviceNet 卡件正常。在 UCP 机柜内查看 DeviceNet 与 DS2000XP 通信总线未发现断线或接线松脱情况，检查电阻值为 120Ω，正常。检查现场 EMV Moog 控制器接线箱，未发现接线松脱。排查期间，EMV 阀自动回位，开度反馈值从 27.9%自动变为 0，故障信号消失，在 RSlinx 上失联的 DS2000XP 控制器恢复正常通信。

由于停机时 EMV 阀持续反馈保持在 27.9%的开度，首先检查 EMV 阀卡阻情况，通过对 EMV 阀以 5%递增进行开阀、关阀 0%~50%行程校准，将输入与反馈及现场阀位指示器进行对比，未出现阀门卡阻的情况，阀门的开关位置反馈和现场实际显示正常，排除 EMV 阀门卡阻的可能性。

排除机械故障的可能性后，停机原因有以下几种可能：

（1）DeviceNet 卡件故障。

（2）DeviceNet 与 DS2000XP（Moog 控制器）通信总线故障。DeviceNet 与 DS2000XP 通信共 4 根，其中位于 DeviceNet 接线桥 XDNB1#与 5#位置（红线、黑线）的接线连接 DS2000XP 上 J6（数字量输入）端口，位于 DeviceNet 接线桥 XDNB2#与 4#位置（白线、蓝线）的总线连接 DS2000XP 上 J10（模拟量输入）端口，并通过 J11（模拟量输出）端口控制阀门状态，其总线包含阀门阀位的输入和输出以及控制器状态的反馈。

（3）DS2000XP 上 J7 通道输出阀位故障，接线端子与 TSCP 柜内 IB16 模块形成环路，当控制器输出阀位故障时，会出现 Gas Valve Position Error Filure Shutdown 报警。

（4）阀门执行机构与 DS2000XP 控制器反馈故障。

（5）DS2000XP 控制器本体故障。

（6）EMV 阀供电故障。

（7）控制器过流保护。

根据以上几种可能进行逐步排查。

（1）排查内容一：检查 ECS 程序，将主要报警 Gas Metering Valve Failure Shutdown、Gas Valve Position Error Filure Shutdown 参与的逻辑进行检查，发现这两条报警的触发条件为：在机组运行时，控制器故障或者 Devicenet 卡件通信、卡件与 DS2000XP 控制器故障。

（2）排查内容二：

① 打开 EMV 阀 5%，断开 J6 端口，等待 1min 左右，出现 Gas Metering Valve Failure Shutdown、Fuel Control Common SDL Gas、EMV DeviceNet Communications Failure Shutdown、EMV DeviceNet Card Comms Failure Shutdown 4 条报警，未出现 Gas Valve Position Error Filure Shutdown 报警信息，RSLINX 上 DS2000XP 通信中断，阀门输入值为 0%，反馈值锁存为 5%。恢复 J6 端口，将阀全关，取消使能状态，对报警进行复位。

值得注意的是，在接线箱盖板打开后发现 DS2000XP（Moog）控制器外壳温度较高。

② 打开 EMV 阀 5%，断开 J10 端口，同样只出现 Gas Metering Valve Failure Shutdown、Fuel Control Common SDL Gas、EMV DeviceNet Communications Failure Shutdown、EMV DeviceNet Card Comms Failure Shutdown 4 条报警，未出现 Gas Valve Position Error Filure Shutdown 报警信息，RSLINX 上 DS2000XP 通信中断，阀门输入值为 0%，反馈值锁存为 5%。恢复 J10 端口，将阀全关，取消使能状态，对报警进行复位。

③ 恢复 J10 端口，断开 J7 端口，只出现 Gas Metering Valve Failure Shutdown、Gas Valve Position Error Filure Shutdown 故障，阀门输入值为 0%，反馈值为 0%。恢复 J7 端口，将阀全关，取消使能状态，对报警进行复位。

④ 断开 DS2000XP 控制器过流信号线 J1 端，未出现 EMV DeviceNet Communications Failure Shutdown、EMV DeviceNet Card Comms Failure Shutdown 报警。

通过以上排查内容可以得知，当只有 DeviceNet 与 DS2000XP 通信总线出现故障时，不会出现 Gas Valve Position Error Filure Shutdown 故障，加上 RSLINX 中未出现 DeviceNet 失联情况，排除 DeviceNet 卡件故障。同时断掉 J1 端接线，未出现 EMV DeviceNet Communications Failure Shutdown、EMV DeviceNet Card Comms Failure Shutdown 报警，排除电动机过流保护。

（3）排查内容三：

① 打开 DS2000XP 控制器与 EMV 阀执行机构之间的接线箱 FG1 与 FG2，箱内所有接线桥接线未发现绝缘层破损、断线、接线端子脱落或者松脱等情况。

② 打开 EMV 阀执行机构，未发现接线松脱等情况

从以上两个排查内容可以得知：阀门执行机构 SIN/COS 位置译码器反馈至 EMV 控制

器的阀位应为正常。

（4）排查内容四：

检查 EMV 控制器上游供电冗余情况，采取实际断开一路电源实际测试负载是否正常供电方式，发现两路电源独立供给时，EMV 控制器电源 144V 供电正常。

综合以上检查结果，判断停机原因可能是 DS2000XP（Moog）控制器运行温度较高，出现故障报错，导致控制器与 DeviceNet 通信故障，并触发了阀位偏差失效报警。5 月 22 日机械故障原因排除后申请上级调度同意，对西二线 1#机组怠速测试，运行正常，机组恢复备用。

将对 Moog 控制器接线箱进行旋风制冷冷却改造，降低接线箱内部控制器运行温度，计划五月底完成三台机组改造。

进一步排查控制器故障诊断信息，以验证 Moog 控制器抗干扰稳定性能。继续与技术部门沟通诊断排查思路，提前做好工具、物资等准备。

三、改进措施及建议

（1）加强燃料气调节阀的维护和检查。
（2）在每次计划性维检修期间，对燃料气调节阀进行测试。
（3）定期检查燃料气控制回路的接线盒元器件的完好情况。
（4）对燃料调节 EMV 定期进行灰尘清理和检查检测。

第四章　电动机及辅助系统故障分析与处理

大功率电动机结构稳定，极少出现故障，电动机系统失效主要发生在变频器、冷却系统、电气线路等辅助设施上，其中变频系统结构较为复杂，目前国内厂家制造能力与国外厂家存在一定差距，使得国内厂家变频器故障率相对较高。本章汇编了变频器常见故障、冷却系统内外循环水常见故障等典型案例。

第一节　变频器故障

案例 4-1　变频器转速预估与实际偏差故障

一、故障描述

某站 2#压缩机组故障停机，报警信息显示为变频器故障。经对故障报警信息初步分析，判断为现场荣信变频器出现转速估算错误，触发了变频器保压停机逻辑程序，报警界面如图 4-1 和图 4-2 所示。

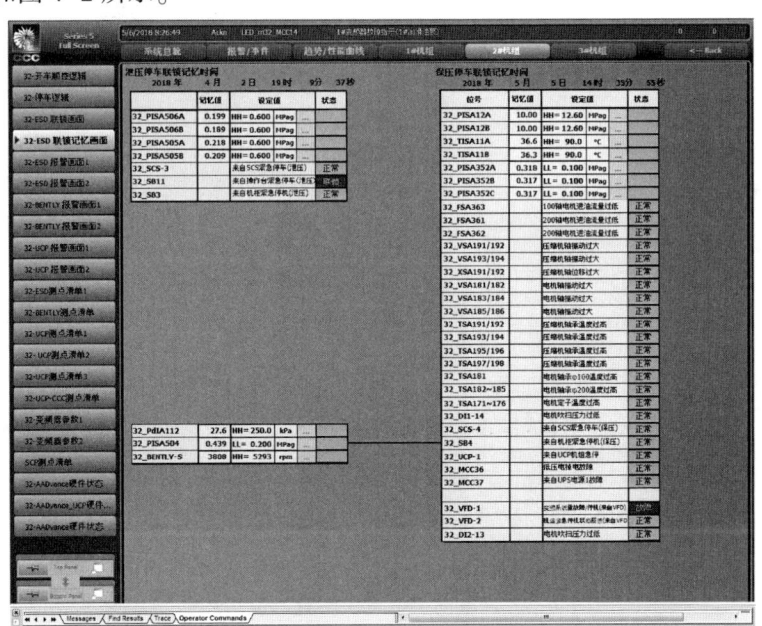

图 4-1　压缩机 ESD 联锁记忆画面

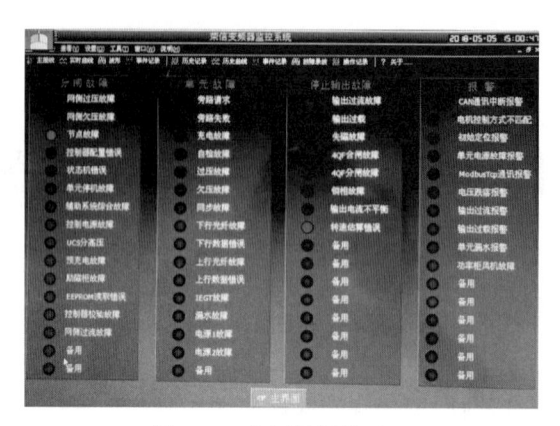

图 4-2　变频器报警画面

二、故障处理过程及原因分析

（1）现场变频器界面显示报警信息为转速估算错误，由于跳机前 1#、2#运行压缩机组转速同时出现下降，怀疑电网出现波动，调取 1#、2#压缩机转速、电动机电流、网测电压趋势进行对比。

（2）1#压缩机组电动机电流由 776A 直线下降至 159A，转速由 4155r/min 下降至 3454r/min，机组激活防喘振模式，防喘阀全开，轴振动正常，如图 4-3 所示。

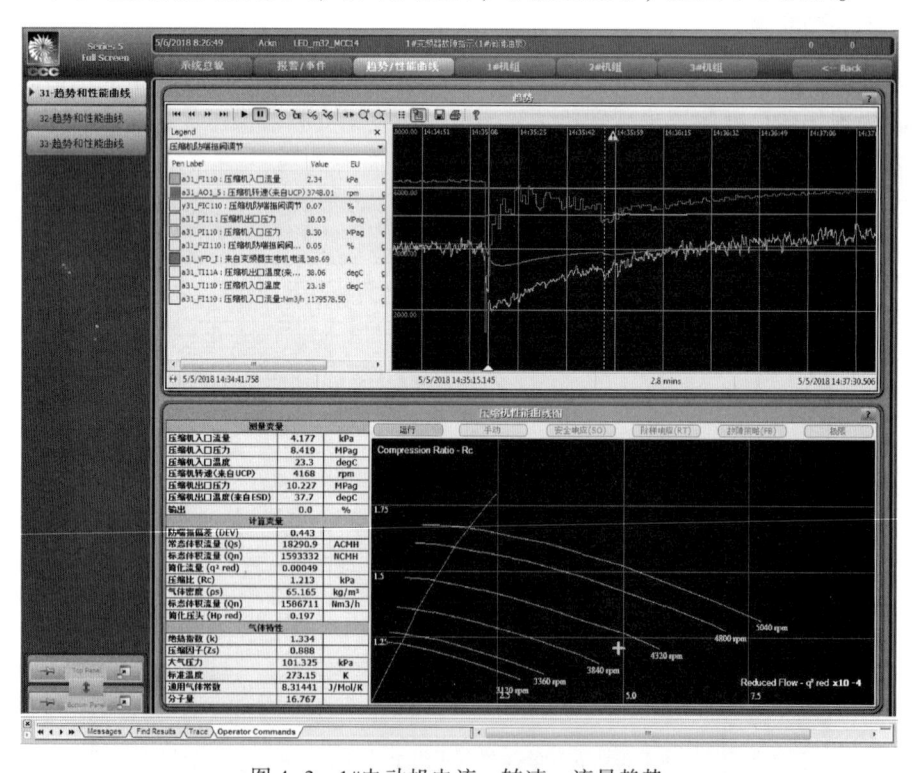

图 4-3　1#电动机电流、转速、流量趋势

第四章 电动机及辅助系统故障分析与处理

（3）2#压缩机组电动机电流由 759A 直线下降至 56A，转速由 4120r/min 下降至 3484r/min，机组激活防喘振模式，防喘阀全开，轴振动正常，如图 4-4 所示。

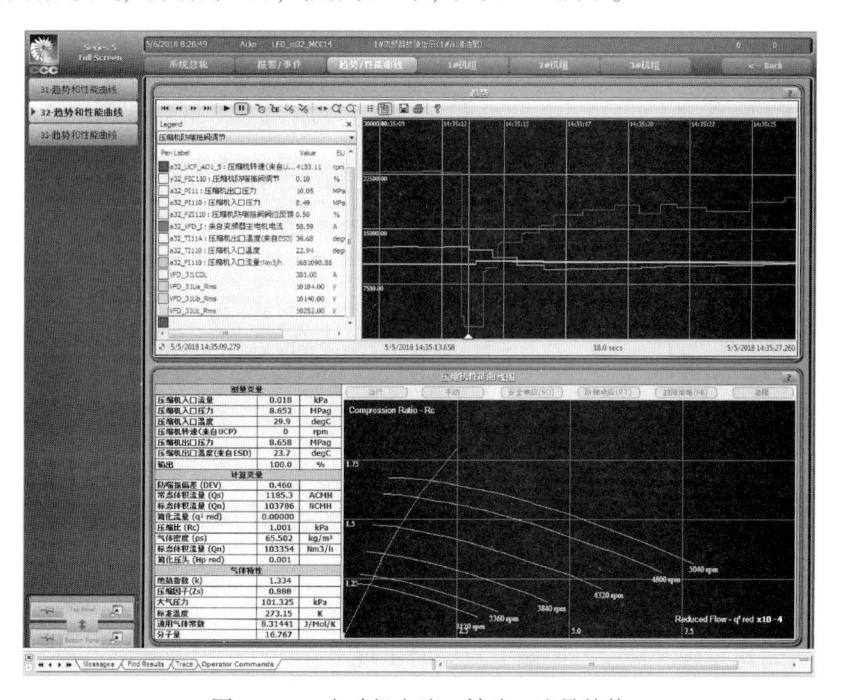

图 4-4　2#电动机电流、转速、流量趋势

（4）1#、2#网侧电流、电压检查结果，如图 4-5 和图 4-6 所示。

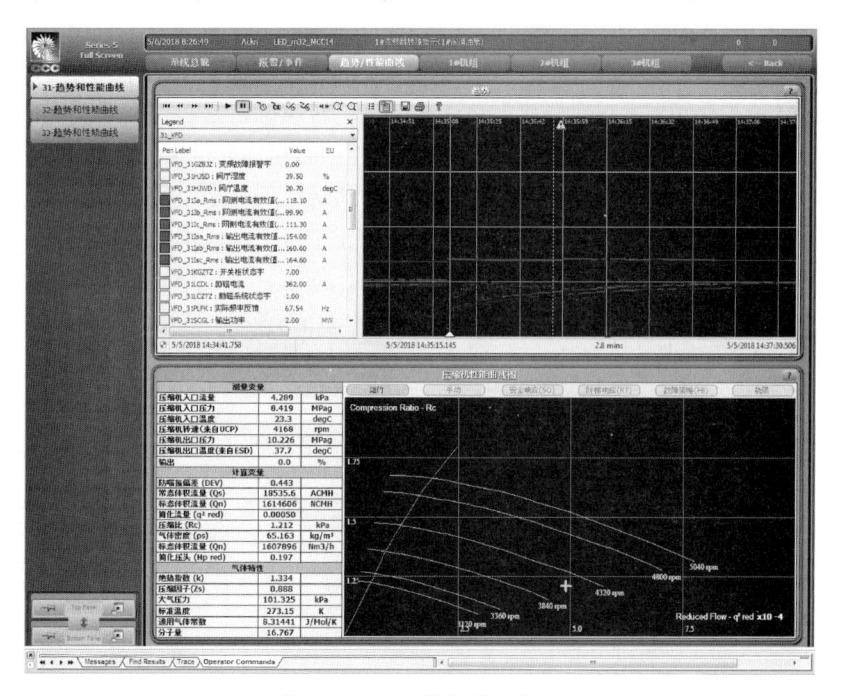

图 4-5　1#网侧电流、电压

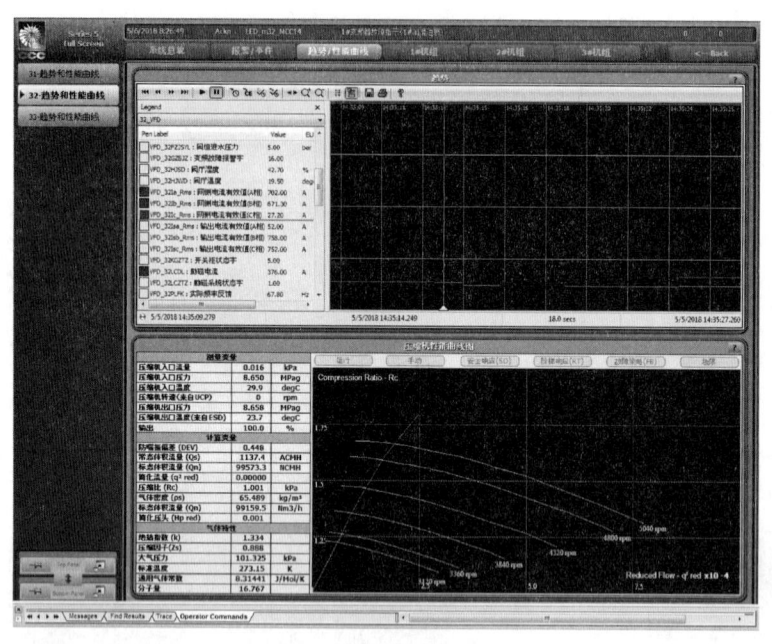

图4-6 2#网侧电流、电压

(5) 经过对比发现，1#、2#网侧电流同时出现下降，网侧电压异常升高400V，同时B相电压出现0V，时长10ms，怀疑B相电压出现缺相。

(6) 调取电气监控系统报警信息，主变测控继保装置无B相异常报警，怀疑上级变电所出线B相电压出现波动，导致电网出现波动。

(7) 电网B相出现波动后，影响了1#、2#变频器，使其进入瞬停保护状态，转速下降，电网恢复后转速上升。瞬停保护状态时，变频器切除转速估算程序，40s后重新投入，程序对比机组控制给定转速与变频器通过励磁机电势计算的理论转速确认是否存在误差。1#压缩机转速无误差，2#压缩机转速出现6Hz(360r/min)误差，机组报转速估算错误，2#变频器停机。

(8) 对比1#、2#电动机电流下降及恢复时间，1#机变频器电动机电流下降前776A，瞬降后159A，上升至384A，用时1s，上升至516A，用时2s。2#机变频器电动机电流下降前为759A，瞬降后为56A，上升至566A，用时4s，如图4-7和图4-8所示。

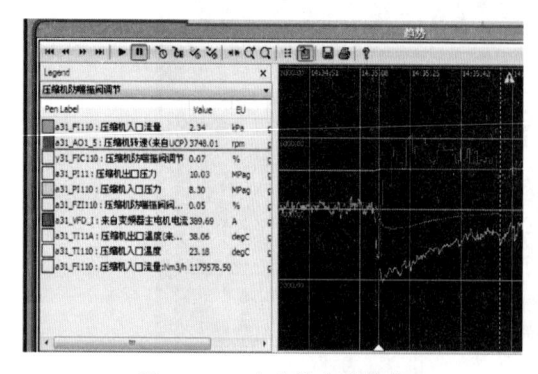

图4-7 1#电动机电流趋势　　　　图4-8 2#电动机电流趋势

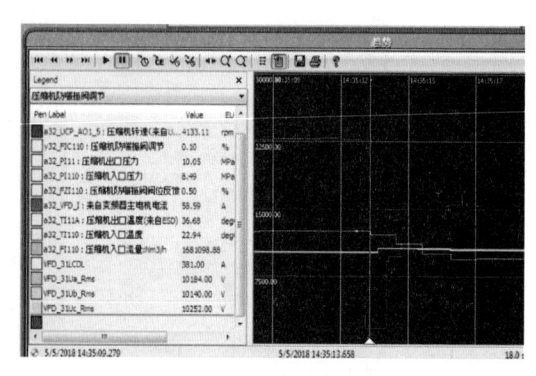

(9) 综上判断此次停机原因为电网波动。外电晃电时，电动机转速随着降低，外电恢复正常时，荣信变频驱动系统励磁转速计算与电动机实际转速比对偏差大于6Hz（360r/min）且持续40s，导致"估计转速错误故障"，引启机组停机。

三、改进措施及建议

由荣信变频器厂家重新核算相关参数设定值，出具正式修改文件后完成缺陷整改工作。

案例4-2 变频器主控制器AD1采样板故障

一、故障描述

某压气站压缩机组紧急保压停机，压缩机HMI报警信息为"变频器重故障"，变频器报警信息为"控制器故障"，事件记录显示"AD1采样板校验错误"，且报警页面"输出电流超限报警"闪烁约1min后消失。

经判断是控制器采样板故障，更换采样板后，变频器恢复正常。

压缩机组在更换变频器控制柜AD1采样板后试运行时再次出现紧急保压停机，压缩机HMI报警信息为"变频器故障"，变频器报警信息为"输出过流故障"。

二、故障处理过程及原因分析

（1）第一次压缩机组紧急保压停机故障原因及处理过程。

根据报警信号分析，该故障停机原因锁定为变频器控制系统，检查控制系统LNG通信、Modbus通信、故障录波通信状态正常，检查主控单元、扩展单元及各模块指示灯正常，且各接线无松动、硬件无明显损坏迹象。

通过对变频器历史事件记录及数据采集记录，初步判断为变频器主控制器AD1采样板卡故障造成停机。AD1采样板主要采集输出柜三相电流、三相电压、励磁柜输出电流、输出电压共8个信号，根据"输出电流超限报警"这一报警信息，初步分析应该是输出电流采样模块或板卡CPU处理模块故障。更换采样板后，变频器恢复正常。

（2）第二次压缩机组紧急保压停机故障原因及处理过程。

压缩机组在更换变频器控制柜AD1采样板后试运行，变频器在3200r/min向上升速过程中，转速达到3440r/min左右时，出现"输出过流故障"，变频器故障停机。当时变频器输出电流在650~1100A范围波动，输出电压在8800~9300V范围波动。

初步分析为更换的AD1采样板卡程序中采样系数不匹配导致此问题发生。

机组正常运转时的历史数据显示在3889r/min时输出电压为7203V，如图3-9所示。

序号	时间	频率给定	实际频率反馈	电机转速	电机功率因数	励磁电流反馈	PLC上传状态变量	PLC上传
1	2019-04-14 12:09:00	64.87	64.83	3889.00	5.000	394.40	31	
2	2019-04-14 12:09:03	64.87	64.83	3888.00	5.000	394.70	31	
3	2019-04-14 12:09:06	64.87	64.83	3889.00	5.000	394.10	31	
4	2019-04-14 12:09:09	64.87	64.84	3889.00	5.000	394.40	31	
5	2019-04-14 12:09:12	64.87	64.85	3890.00	5.000	393.80	31	
6	2019-04-14 12:09:15	64.87	64.93	3897.00	5.000	393.40	31	
7	2019-04-14 12:09:18	64.87	64.93	3896.00	5.000	394.10	31	
8	2019-04-14 12:09:21	64.87	64.86	3891.00	5.000	393.70	31	
9	2019-04-14 12:09:24	64.87	64.90	3895.00	5.000	393.70	31	
10	2019-04-14 12:09:27	64.87	64.84	3889.00	5.000	393.80	31	
11	2019-04-14 12:09:30	64.87	64.85	3890.00	5.000	394.00	31	
12	2019-04-14 12:09:33	64.87	64.87	3892.00	5.000	394.10	31	
13	2019-04-14 12:09:36	64.87	64.89	3894.00	5.000	393.80	31	
14	2019-04-14 12:09:39	64.87	64.85	3890.00	5.000	394.00	31	
15	2019-04-14 12:09:42	64.87	64.82	3888.00	5.000	393.60	31	
16	2019-04-14 12:09:45	64.87	64.94	3897.00	5.000	394.00	31	
17	2019-04-14 12:09:48	64.87	64.85	3890.00	5.000	394.00	31	

序号	时间	输出电压有效值(A相)	输出电压有效值(B相)	输出电压有效值(C相)	输出电流有效值(A相)	输出电流有效值(B相)	输出电流有效值(C相)
1	2019-04-14 12:09:00	7260.00	7190.00	7337.00	981.30	982.00	980.00
2	2019-04-14 12:09:03	7209.00	7264.00	7308.00	972.00	987.30	988.00
3	2019-04-14 12:09:06	7187.00	7203.00	7372.00	977.30	977.30	991.30
4	2019-04-14 12:09:09	7257.00	7222.00	7308.00	976.70	988.70	982.70
5	2019-04-14 12:09:12	7193.00	7257.00	7363.00	976.70	976.70	990.00
6	2019-04-14 12:09:15	7232.00	7190.00	7353.00	980.70	980.00	984.00
7	2019-04-14 12:09:18	7228.00	7187.00	7366.00	982.00	979.30	986.70
8	2019-04-14 12:09:21	7238.00	7270.00	7315.00	970.00	986.00	987.30
9	2019-04-14 12:09:24	7187.00	7235.00	7369.00	974.00	980.70	992.00
10	2019-04-14 12:09:27	7267.00	7203.00	7347.00	982.70	984.70	983.30
11	2019-04-14 12:09:30	7206.00	7267.00	7324.00	972.00	987.30	989.30
12	2019-04-14 12:09:33	7209.00	7203.00	7376.00	980.00	976.00	990.00
13	2019-04-14 12:09:36	7260.00	7209.00	7318.00	982.00	985.30	978.70
14	2019-04-14 12:09:39	7244.00	7206.00	7305.00	978.00	984.70	982.00
15	2019-04-14 12:09:42	7200.00	7264.00	7337.00	973.30	984.70	990.70
16	2019-04-14 12:09:45	7232.00	7184.00	7360.00	980.00	976.00	983.30
17	2019-04-14 12:09:48	7238.00	7241.00	7299.00	976.70	989.30	984.70

图 4-9　机组正常运行时数据

故障时刻之前的数据显示，转速稳定在 3364r/min，实际输出电压值是 8704V，如图 4-10所示，但电压理论值应为 6552V，相差 2152V，由此判断是 AD1 采样板卡程序中系数不匹配，导致输出电压不正常。

由于此板卡是用于变频器输出电压、电流采样信号处理使用的，而备件 AD1 板是作为变频输入侧电压电流采样信号处理使用的，两种板卡型号一样，但是程序内系数有区别，导致板卡程序系数与实际使用位置不匹配，造成压缩机组更换采集板 AD1 后启机测试失败。

重新更新程序后，启机测试，恢复正常。

三、改进措施及建议

（1）要熟悉掌握荣信慧科高压变频器主控制器组成及其功能，出现故障后能迅速查明原因。

第四章 电动机及辅助系统故障分析与处理

序号	时间	输出电压有效值(A相)	输出电压有效值(B相)	输出电压有效值(C相)	输出电流有效值(A相)	输出电流有效值(B相)	输出电流有效值(C相)
1	2019-04-25 12:09:02	8796.00	8803.00	8851.00	649.30	653.30	670.70
2	2019-04-25 12:09:05	8694.00	8745.00	8832.00	630.00	625.30	603.30
3	2019-04-25 12:09:08	8697.00	8704.00	8796.00	606.60	622.60	598.00
4	2019-04-25 12:09:11	9020.00	9014.00	9100.00	864.70	873.30	864.00
5	2019-04-25 12:09:14	8601.00	8630.00	8707.00	599.30	618.60	630.00
6	2019-04-25 12:09:17	9056.00	9030.00	9129.00	882.00	890.00	883.30
7	2019-04-25 12:09:20	8896.00	8966.00	9136.00	744.00	750.70	713.30
8	2019-04-25 12:09:23	8694.00	8697.00	8886.00	674.70	636.00	704.00
9	2019-04-25 12:09:27	8665.00	8611.00	8774.00	612.60	634.00	594.00
10	2019-04-25 12:09:30	9148.00	9264.00	9350.00	1046.00	1026.00	1045.30
11	2019-04-25 12:09:33	8614.00	8547.00	8729.00	628.00	646.60	626.00
12	2019-04-25 12:09:36	8512.00	8601.00	8691.00	594.00	644.60	654.60
13	2019-04-25 12:09:39	9366.00	9334.00	9372.00	984.70	966.00	1007.30
14	2019-04-25 12:09:42	8486.00	8585.00	8630.00	682.00	678.70	676.70
15	2019-04-25 12:09:45	9328.00	9289.00	9443.00	1095.30	1100.70	1062.70
16	2019-04-25 12:09:48	9139.00	9129.00	9299.00	745.30	782.70	719.30

序号	时间	效率给定	实际频率反馈	电机转速	电机功率因数	励磁电流反馈	PLC上传状态变量
1	2019-4-25 12:09:02	56.80	56.23	3376.00	5.000	351.10	31
2	2019-4-25 12:09:05	56.84	56.12	3367.00	5.000	351.50	31
3	2019-4-25 12:09:08	56.84	56.10	3364.00	5.000	351.40	31
4	2019-4-25 12:09:11	56.84	56.77	3339.00	5.000	351.80	31
5	2019-4-25 12:09:14	56.84	56.47	3392.00	5.000	352.40	31
6	2019-4-25 12:09:17	56.90	56.55	3397.00	5.000	353.00	31
7	2019-4-25 12:09:20	57.18	56.57	3402.00	5.000	353.30	31
8	2019-4-25 12:09:23	57.52	56.25	3376.00	5.000	354.20	31
9	2019-4-25 12:09:27	57.81	55.93	3344.00	5.000	354.30	31
10	2019-4-25 12:09:30	57.81	55.72	3410.00	5.000	355.90	31
11	2019-4-25 12:09:33	57.81	56.16	3360.00	5.000	356.20	31
12	2019-4-25 12:09:36	57.81	56.98	3427.00	5.000	356.80	31
13	2019-4-25 12:09:39	57.81	57.02	3423.00	5.000	357.30	31
14	2019-4-25 12:09:42	57.81	56.33	3377.00	5.000	357.80	31
15	2019-4-25 12:09:45	57.81	57.30	3445.00	5.000	358.60	31
16	2019-4-25 12:09:48	57.81	57.04	3422.00	5.000	358.80	31

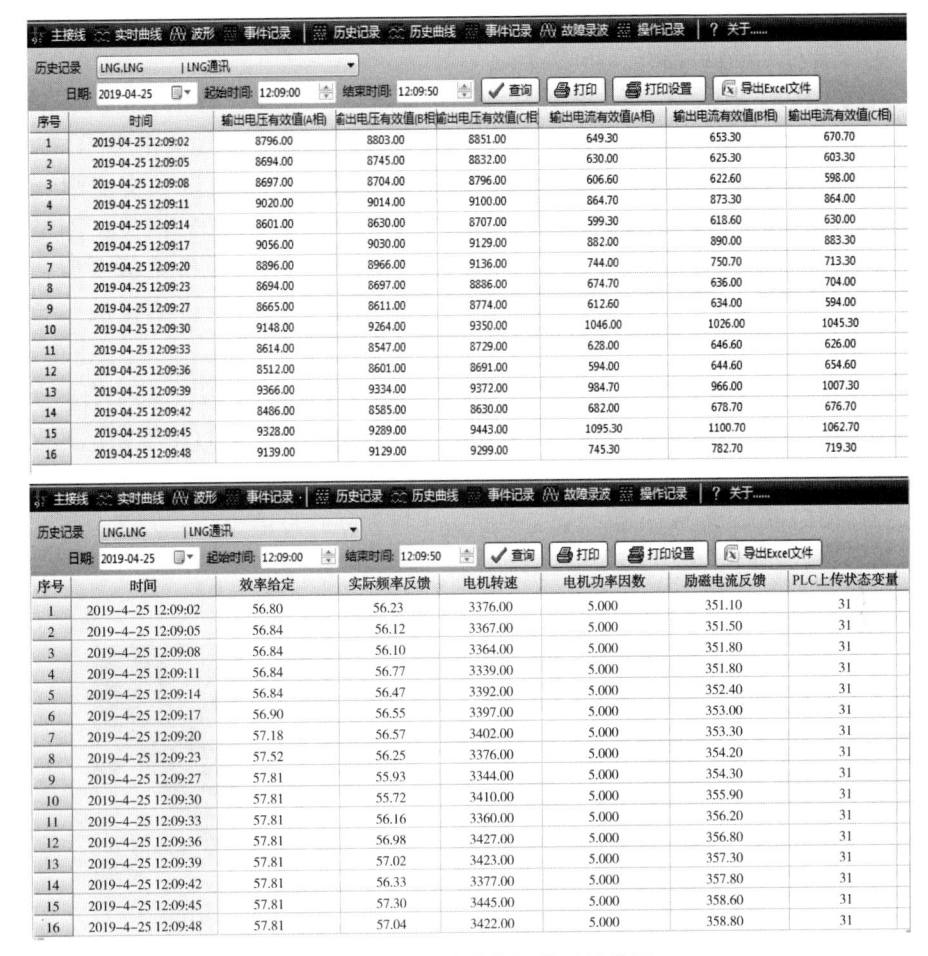

图 4-10 机组故障停机前运行数据

(2) 做好备件的信息记录，准确更换备件；更换备件后，进一步核实程序关键数据参数。

案例 4-3 变频器接地故障

一、故障描述

TMdrive-XL75 变频器接地检测原理是在变频器出线回路设置接地检测回路，通过检测三相电压不平衡所产生的电流值大小进行诊断。变频器内部设置 10A 报警，15A 接地故障保护停机。发生接地故障时，变频器控制面板会输出一个 GR_ T 或者 GR_ A 的报警代码，表明可能是电动机接地或电缆接地。

二、故障处理过程及原因分析

依次断开变频器输入、输出电缆。用 1000V 绝缘表对输入电缆进行绝缘检测，用

2500V绝缘表对输出电缆进行绝缘检测。然后断开绝缘有明显不同的电缆的两端电缆头,用2500V绝缘表对地进行检测。

第1次发生接地故障,按照上述方法找到接地电缆,测量值1MΩ/2500V。检查为隔离变一侧的电缆头的橡胶保护套接口开裂且有黑色胶状物排出,电缆头击穿。

第2次发生接地故障,对36根变频器输入电缆经过绝缘测试和交流耐压测试均正常。将36根电缆的屏蔽层接地线,全部悬空,用兆欧表1000V档位,测量电缆屏蔽层对地绝缘,检测其中一条电缆的屏蔽层有磨损接地。从电缆桥架拆下后,发现电缆如图4-11所示,塑料外皮有严重的外伤,屏蔽层铜皮与电缆桥架接触,导致电缆接地。

第3次发生接地故障,拆开变频器输入电缆,逐一测试绝缘电阻,其中有两条电缆不合格,绝缘电阻实测值0.1MΩ/1000V。对剩余的34根电缆逐一进行绝缘测试和交流耐压试验。其中30根电缆绝缘电阻均大于10000MΩ/2500V,有4根为(6000~7000)MΩ/2500V,交流耐压试验实验电压17.4kV,1min,4根绝缘较低的电缆试验不过关。通过破开隔离变段电缆头,检查发现电缆头均损坏。如图4-12所示,电缆头半导体层与铜屏蔽层之间烧损严重。

图4-11 电缆外皮损伤严重   图4-12 电缆头烧损

该压气站发生的3起电缆接地故障,通过对故障电缆进行更换,重新制作电缆头,经绝缘和耐压试验测试合格,运行考核一段时间无问题。通过对接地电缆认真检查分析,电缆外保护层破损,极有可能发生在电缆敷设过程中,电缆桥架边角处未做防护,导致桥架尖锐边角嵌入电缆,接触到铜屏蔽层。对破损的电缆头解剖开来进行检查,如图4-13所示,在剥离半导体层时,下刀太深,导致主绝缘层受损,刀口处能看到明显的放电痕迹。

从故障发生的部位来分析,电缆头发生的区域均位于隔离变副边出线部位。结合压气站实际,得出造成电缆接地的主要原因有:

(1) 电缆敷设不规范,对造成电缆损伤的部位未进行保护。

(2) 隔离变副边出线安装设计不合理。首先电缆头是向下安装,在进入隔离变前,弧度较小,电缆受力较大,与盖板接触部位已有明显压痕,如图4-14所示。

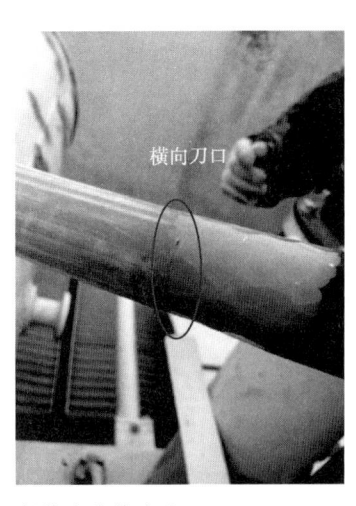

图 4-13 电缆头刀口损伤主绝缘痕迹

图 4-14 电缆进入隔离变

（3）隔离变在室外安装，封闭不严，雨水可进入接线柜。且电缆安装位置狭窄、电缆头制作空间狭小易在制作过程中损坏电缆。

三、改进措施及建议

结合电缆布线作业标准和工程施工建议，提出以下建议：

（1）施工过程要保护好电缆，不能在地面、桥架上面拖拽，防止尖锐物体损伤电缆保护层。

（2）在易造成电缆损伤的部位必须作好保护，比如桥架的拐角部位、向上延伸的部位、与混凝土类的接触部位、角铁支撑架的角以及其他突起物等。

（3）铺设电缆时，在桥架上要用扎带将电缆紧固。

（4）建议更改隔离变副边出线设计，将接线部位通过母排连接改为水平连接，一是可以消除电缆弯曲应力，二是有利于电缆接线柜防水防潮处理。

（5）建议运行中的电缆的耐压试验必须包含在高压预防性试验中，但试验周期和试验电压需要重新确定。实际选择不需按电缆出厂标定的电压等级,而是要按运行电压作为基准电压。采用变频升压试验设备进行试验。

(6)建议增加电缆外皮完好性的复查,如果电缆敷设有桥架或穿墙,可以借用兆欧计,2500V 电压等级测量屏蔽层对地绝缘电阻,间接判断电缆外皮是否完好,如测量结果不合格,就需要找到电缆外皮损坏处用冷或热缩套包裹,修复最外层绝缘。

案例 4-4 变频器看门狗故障

一、故障描述

某压气站 GE 电驱压缩机组运行期间发生看门狗故障报警信息为:P3.114 Ctrler WDog Relay FT(控制器看门狗继电器故障)、P3.103 PIBe CPU Write FT(PIBe 写入 CPU 故障)、P3.100 PIBe General FT(PIBe 全局故障)、P3.151 ECAT1 System FT(ECAT1 系统故障)、Ext Emergency Stop(外部紧急停机)。当看门狗故障报警触发后,压缩机组紧急保压停车。

GE 电驱机组停机期间也曾出现看门狗故障报警,此时会联锁启动电动机顶升泵运行,直至看门狗继电器故障消除。

二、故障处理过程及原因分析

1. 故障报警分析

对变频器控制系统中 PIBE 与 CPU 之间通信回路进行梳理,针对看门狗报警信号,其信号传输架构如图 4-15 所示。其中:

PIBE,即 Power Interface Board Ethercat,为功率接口板,采集变频器内部的电流、电压信号,输出变频器内部元器件的控制信号;

UK1801/DI5 为 Bechoff 模块的数字量输入模块 5;

UK2001/DO5 为 Bechoff 模块的数字量输出模块 5;

KA1287、KA1282 为继电器;

U1282 为脉冲监测继电器。

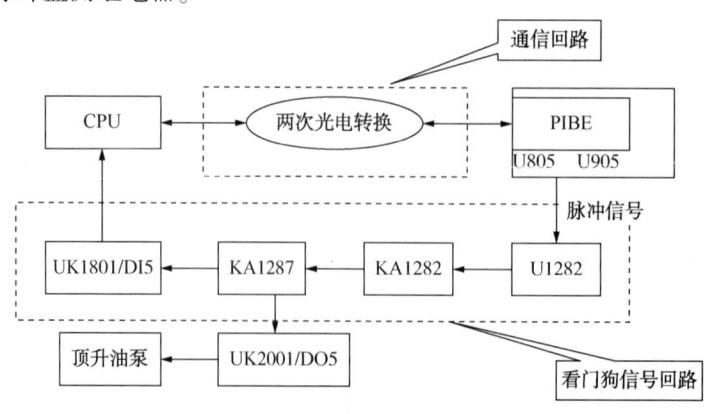

图 4-15 信号传输架构图

第四章　电动机及辅助系统故障分析与处理

信号传输架构图中的通信回路为：CPU 通过 RJ45 双绞线经两次光电转换后与 PIBE 板进行数据通信。

信号传输架构图中的看门狗信号回路为：PIBE 板通过光纤接入至 U1282。

正常情况下 U1282 会收到持续的脉冲信号，同时使 KA1282 继电器得电，然后 KA1287 继电器得电，Bechoff 模块 UK1801/DI5 第二通道正常，Bechoff 模块 UK1801 通过 RJ45 双绞线将数据传送至 CPU。

发生看门狗故障时，U1282 脉冲灯熄灭，KA1282 继电器失电，KA1287 继电器失电，KA1287 的 03/04 常开触点连接的 Bechoff 模块 UK1801/DI5 的第二通道为 0，触发看门狗故障报警；同时 KA1282 的 21/22 常闭触点连接 Bechoff 模块 UK2001/DO5 的 2 个通道，对应为电动机驱动端、非驱动端顶升油泵启动命令，触发顶升油泵运行。

2. 测试分析判断

针对变频器所发生的看门狗故障报警，结合信号传输架构图，当 PIBE 板不能持续发出脉冲信号后会触发看门狗故障报警，在压缩机组变频器上对相关信号回路进行了中断测试，测试情况如图 4-16 所示。

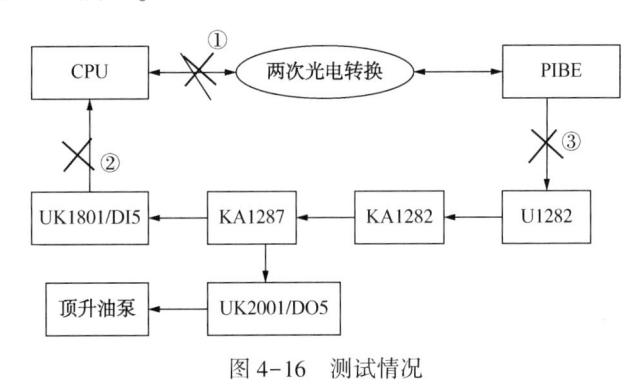

图 4-16　测试情况

断开 PIBE 至 CPU 的通信回路中的以太网接口，查看变频器中相关故障报警信息为：P3.151 ECAT1 System FT、P3.114 Ctrler WDog Relay FT。

此时触发了看门狗继电器故障报警，并伴有 ECAT1 网络通信故障，与所发生的看门狗故障报警 2 条信息一致。

断开倍福模块 UK1801 与 CPU 通信的以太网接口，查看变频器中相关故障报警信息为：P3.154 ECAT2 System FT、P3.114 Ctrler WDog Relay FT。

同样触发了看门狗继电器故障报警，并伴有 ECAT2 网络通信故障。

断开 PIBE 板 TX16 至 U1282 的光纤输入，查看变频器中相关故障报警信息为：P3.114 Ctrler WDog Relay FT。

此时仅触发了看门狗继电器故障。

针对机组看门狗故障，在停机后进行现场检查，故障报警与之前出现的看门狗故障停机相同，现场检查 PIBE 至 CPU 的网络通信指示灯，发现传输指示灯处于常亮状态，不闪烁，现场按下复位按钮 SB1287 后，指示灯开始闪烁，恢复正常，控制系统手操器及 HMI 上 P3.151 ECAT1 System FT 报警消除，但看门狗继电器故障仍然存在。现场确认变频器接地刀闸闭合后，断开 Q1087 开关，对 CPU 断电，重新送电，按下复位按钮 SB1287 后，看门狗继电器故障报警消除。

3. 测试结果分析

根据该压气站 3 台机组的运行情况分析，2#机组未发生看门狗继电器故障停机现象，但 1#、3#频发故障停机现象，3 台变频器均使用相同的软件及程序，分析判断为系统软件部分工作正常，硬件部分应该是导致该故障停机的原因。

针对相关的硬件设备工作情况，结合前文的测试结果，看门狗信号回路的设备均工作正常。当脉冲信号中断时，脉冲监测继电器与其他继电器均正确响应，恢复时状态正常；当 bechoff 模块 UK1801 与 CPU 通信故障时，除触发看门狗继电器故障外，同时伴有其他报警。故看门狗信号回路设备工作正常，不是触发变频器看门狗继电器故障的原因。

根据该压气站历次的故障停机情况，多次出现 ECAT1 System 故障，并伴有看门狗故障。结合前文测试结果，现场检查 ECAT1 网络的相关指示灯工作不正常，数据传输指示灯不闪烁。初步判断 PIBE 与 CPU 的通信回路故障是导致机组运行时看门狗继电器故障停机的原因。

由于通信回路中的工作灯指示回路连通正常，而传输指示灯不闪烁，进一步判断可能为 PIBE 故障导致回路数据传输通信故障。PIBE 部分的 U905 模块与 U805 模块串联后再与 CPU 通信，U805 是 PIBE 与 CPU 通信回路中的通信中继，同时负责看门狗脉冲的输出。PIBE 与 CPU 通信回路如图 4-17 所示。

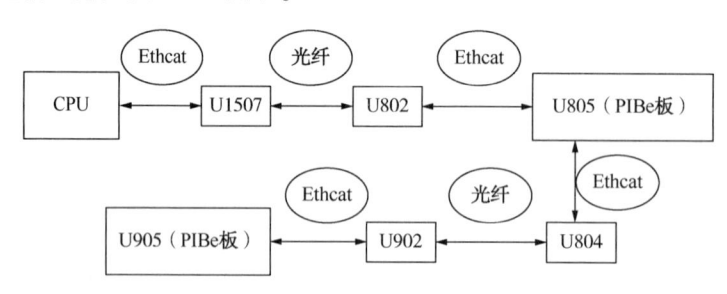

图 4-17　PIBE 与 CPU 通信回路

建议对 PIBE 进行检测或更换升级。同时将 PIBE 与 CPU 通信的链式结构改为星形结构，两个 PIBE 模块与 CPU 直接通信，改善通信网络的运行状况。

机组停机期间曾出现看门狗故障报警，对 PIBE 板至 CPU 通信回路光钎及网线连接情况进行检查均正常紧固，信号传输指示灯常亮，但不闪烁，说明 ECAT1 网络通信传输存在故障。

4. 故障诊断与处理

结合站场的测试结果，对看门狗故障进行了进一步的分析，故障诊断如图 4-18 所示。

三、改进措施及建议

根据诊断情况给出以下整改措施：
(1) 将目前的 RJ45 电缆更换为 Belden 电缆；
(2) 将目前的 Traco 电源模块更换为 Phoenix Contact 电源；

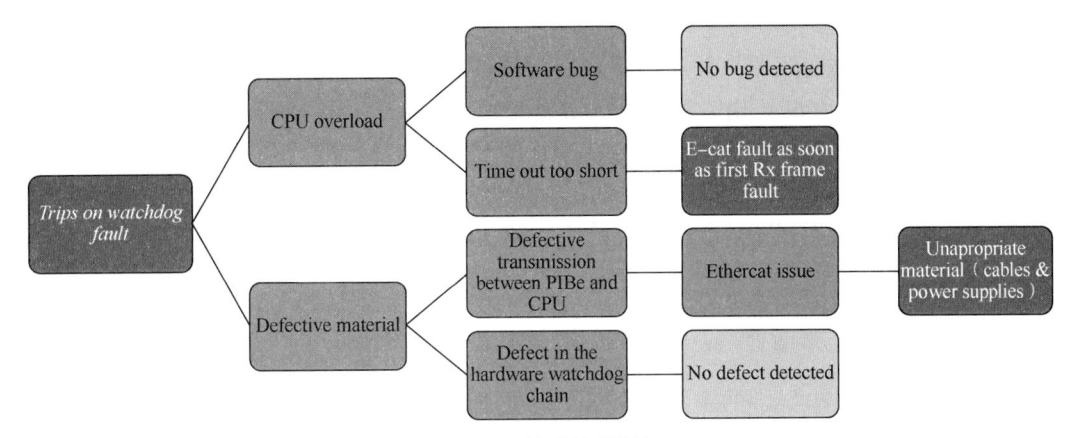

图 4-18 故障诊断框架

(3) 升级软件，在体系故障时，使系统保持运行直到 5 倍的快速任务周期(5ms)。

由于控制柜内提供 24V 的电源的该类型电源模块曾在其他场站出现过故障，不稳定的供电会导致 PIBE 板与 CPU 间的通信网络故障。随后现场组织对变频器控制柜内的电源模块及通信电缆进行了更换，更换清单如下：

(1) 电源模块 QUINT-PS/1AC/24VDC/5；
(2) 电源模块 QUINT-PS/1AC/24VDC/10；
(3) 电源模块 QUINT-PS/1AC/24VDC/3.5；
(4) 电缆 CORDON DROIT 4P RJ45 SFTP CAT6A。

现场对 1#、3#机组分别进行了启机运行，再未发生看门狗故障报警导致的机组故障停机。

由于停机状态下 PIBE 至 CPU 的通信回路故障时，触发看门狗故障停机会联锁启动顶升油泵，故在进行看门狗问题排查测试时需确定润滑油站系统处于运行状态，避免因顶升油泵供油不足发生空转现象，如果顶升系统管路中进入大量空气，会导致下次启机时出现顶升油流量波动，启机期间电动机轴承振动升高等异常现象。对于看门狗故障停机会联锁启动顶升油泵的问题给出如下建议：

(1) 建议停机期间暂时将顶升油泵电动机电源断开，避免顶升油泵启动；
(2) 建议在变频器程序与电气控制回路中，针对顶升油泵启动增加逻辑判断，当机组处于停机状态时，不发出顶升油泵启动命令。

案例 4-5 雷击过电压造成供电异常故障

一、故障描述

某站出现报警变频驱动系统欠速，造成压缩机组发生故障停机。

二、故障处理过程及原因分析

根据报警信息"首先发生 2 台主变复压动作(主变分列运行)，后发生变频器

Ridethrough 失败跳机",排查电气后台报警信息以及变频器故障报警信息。经查看,故障当时为雷雨天气,主变压器高低压侧断路器未分闸,初步判断原因可能是雷击过电压(直击或感应过电压)导致 6kV 相关柜内避雷器短时动作,6kV 电压降低触发变频器的低电压跨越功能失败。经查变频器参数,发现 UNDERVOLT MAX LEN 参数为 0ms,其设定低电压跨越时间为 0ms,确定变频器低电压跨越功能未启用。

将变频器复位后无报警、无故障,检查隔离变继电保护器无报警、无故障,重新启动压缩机成功。

三、改进建议及措施

本次故障造成供电异常的主要原因是雷击造成。改进建议及措施如下:
(1) 加强避雷技术的研究,降低外电线路以及站内变电所遭受雷击的风险。
(2) 将变频器 UNDERVOLT MAX LEN 参数由 0ms 改为 200ms,投用低电压跨越功能。

案例 4-6 变频器励磁系统故障

一、故障描述

某压气站 2#站变油温超温保护动作后,导致 2#站变频器高、低压侧断路器跳闸,2#、3#、4#压缩机组故障停机。将 2#站变频器负荷切换至 1#站变频器后,重新启动 2#、3#和#压缩机组,发现 2#压缩机组启机后,变频器励磁电流波动幅度超过 60%,但变频器未停机;4#机组转速升到 1900r/min 后,变频器报"SYNCLOS(失步)"故障,机组停机。

二、故障处理过程及原因分析

根据 4#变频器所报"失步"故障信息,经分析,判断变频器报"失步"故障的原因为同步电动机励磁机现场电流控制的控制偏转超过设定值(CP_SYNC_LOSS_A)25%,且持续时间超过定值(TIME_SYNC_LOSS_A)为 1s。

进一步检查励磁柜,发现变频器在停机状态下,励磁柜电流表显示励磁电流约为 120A,而停机状态下励磁电流应为 0A。导致这种情况通常有两种原因:
(1) 励磁主回路晶闸管被击穿,励磁机定子绕组为负载。
(2) 励磁电流检测回路故障。

为确认是否为电流检测回路出现故障,用钳形电流表测量励磁输出电流,发现 A 相和 C 相均有 120A 电流,与励磁柜电流表显示结果一致,因此判断电流检测回路没有问题,说明励磁主回路晶闸管被击穿。

进一步排查励磁柜 R、S、T 三相晶闸管,发现 R 相晶闸管和 T 相晶闸管被击穿。2#压缩机组停机后,对其励磁柜晶闸管进行了检测,发现 2#压缩机组 R 相晶闸管也被击穿。

原因分析:2#站变频器停电瞬间,2#、4#电动机的励磁机励磁绕组产生的反电动势 $E = L \cdot dI/dt$,导致励磁柜晶闸管被击穿。另外,4#变频器励磁柜 R 相和 T 相晶闸管被击穿,且励磁机定子绕组为 Y 形接法(中性点不接地),励磁机定子 R 相和 T 相绕组串联充当负载，因此励磁输出 A 相和 C 相均有 120A 电流。4#机组启机时，转速在 1900r/min 之前，变频器未达到"SYNCLOS(失步)"保护的报警条件(同步电动机励磁机现场电流控制的控制偏转超过设定值 25%，且持续时间超过定值 1s)，因此变频器未停机，当达到报警条件后，变频器发出"失步"报警，机组停机。虽然 2#变频器 R 相晶闸管击穿，但由于变频器未达到"SYNCLOS(失步)"保护的报警条件，故 2#变频器未停机。更换三组击穿的晶闸管后，故障排除。

三、改进措施及建议

(1) 日常巡检中要关注变压器温度变化，及时调整变压器运行方式。
(2) 及时补充变频器易损部件，保证变频器故障时可及时更换。
(3) 巡检中若发现变频器处于异常状态，要及时采取措施，申请停机检查，避免故障范围扩大，造成更大的损失。

案例 4-7 电驱机组励磁电流滞后故障

一、故障描述

某压气站压缩机组故障停机，ESD 触发主要信息为：变频器故障(来自 VFD)联锁停机，如图 4-19 所示。

图 4-19 停机报警信息

二、故障处理过程及原因分析

（1）检查机组 HMI 界面故障停机信息，发现报警信息为 VFD 变频器故障，同时检查信号来源备注为来自于变频器，排除压缩机组故障。

（2）检查变频器触摸屏运行日志界面出现"励磁建立故障"报警信息。

（3）查看励磁控制器的监控触摸屏，查看"报警事件列表"，出现"变频器故障输入接点吸合"，"变频器发生故障"等报警信息，排除励磁机故障。

（4）查看电动机电流趋势，电流随着转速升高而上升，在机组转速稳定后最高升至 1245A，未达到额定电流 1264A，也未达到电动机过流、过载保护的设定值，输出电流未出现不平衡问题，励磁机在升速过程中的电流趋势平缓，如图 4-20 所示。

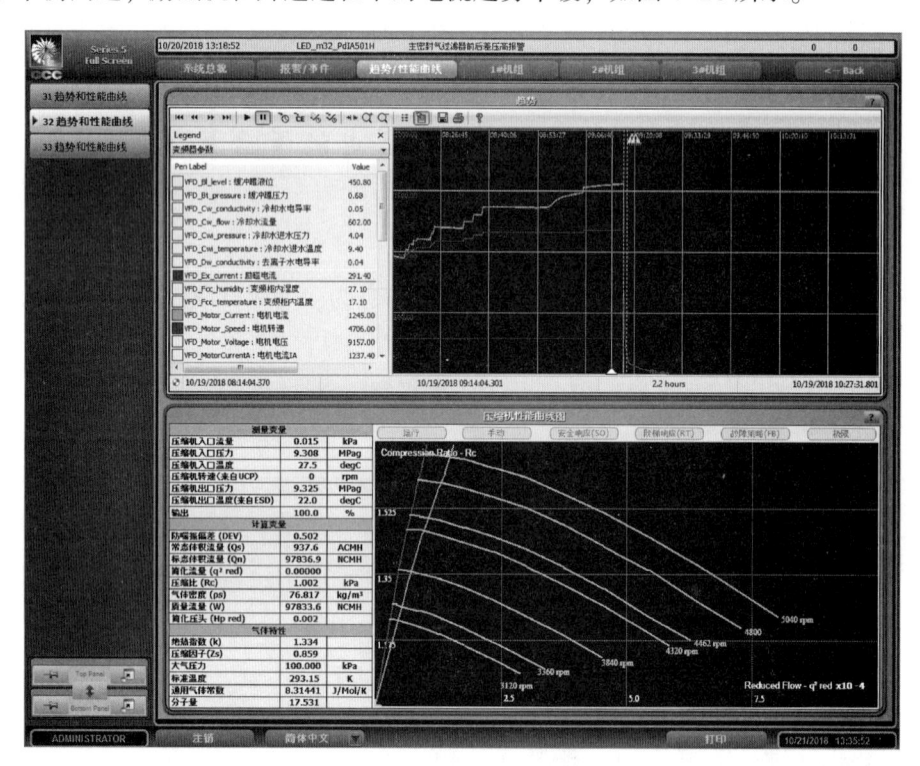

图 4-20　电流趋势图

（5）查看电动机电压趋势，机组升速过程中，电动机电压与转速趋势一致且平稳，三相电压未出现不平衡问题，如图 4-21 所示。

（6）综上所述，由于对压缩机进行提速，机组负载增大，电动机电流开始上升，励磁电流需求增大，但由于机组负载快速上升，励磁电流输出滞后，导致励磁建立故障。

三、改进措施及建议

为预防变频器参数出现问题，对变频器参数进行重新下载。

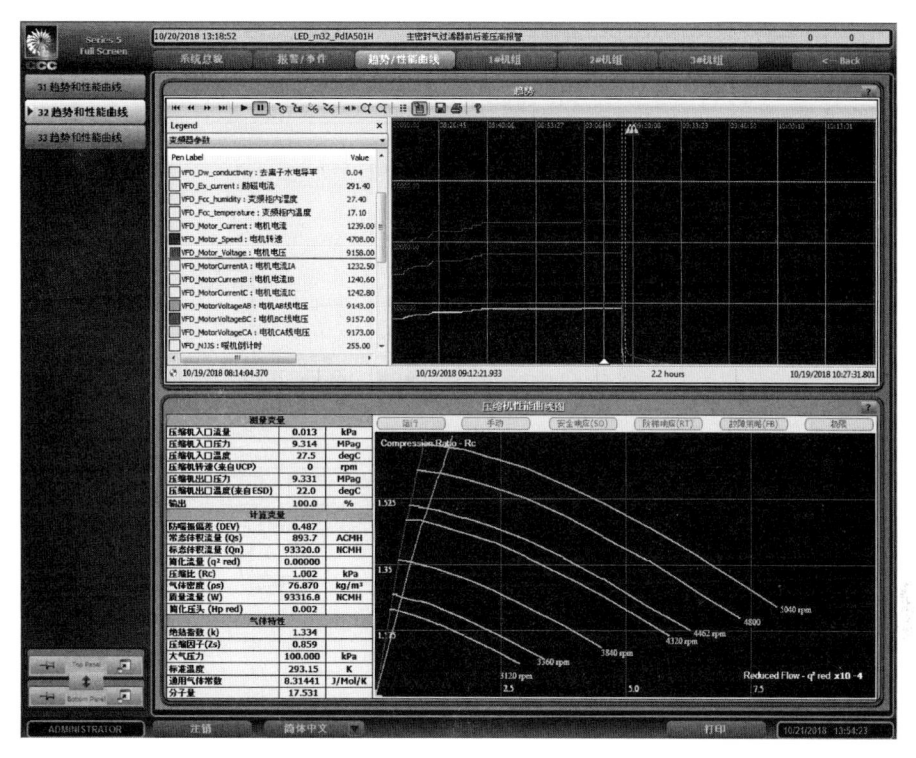

第四章 电动机及辅助系统故障分析与处理

图 4-21 电压趋势图

第二节 冷却系统故障

案例 4-8 变频器内循环水系统压力低故障

一、故障描述

某压气站科孚德变频器连续运行 60d 左右，内循环水压力会由 2bar 下降至 1.3bar 左右(低限值为 0.9bar)。为保证机组运行可靠，压气站对科孚德变频器内循环水系统(图 4-22)的补水周期锁定为 60d，将水压控制在 2.0bar 左右，因此需要频繁补水。

二、故障处理过程及原因分析

针对科孚德变频器内水压力下降，需频繁补水这一问题，排查结果如下：
(1) 对比荣信变频器，荣信变频器水系统基本不需要补水。
(2) 不同站场科孚德变频器的补水周期基本一致，一般为 45~60d。
(3) 现场对科孚德变频器进行开柜检查，未发现明显漏点，当有肉眼可见漏点时，水压下降非常明显，一般 3~5d 即可见端倪。

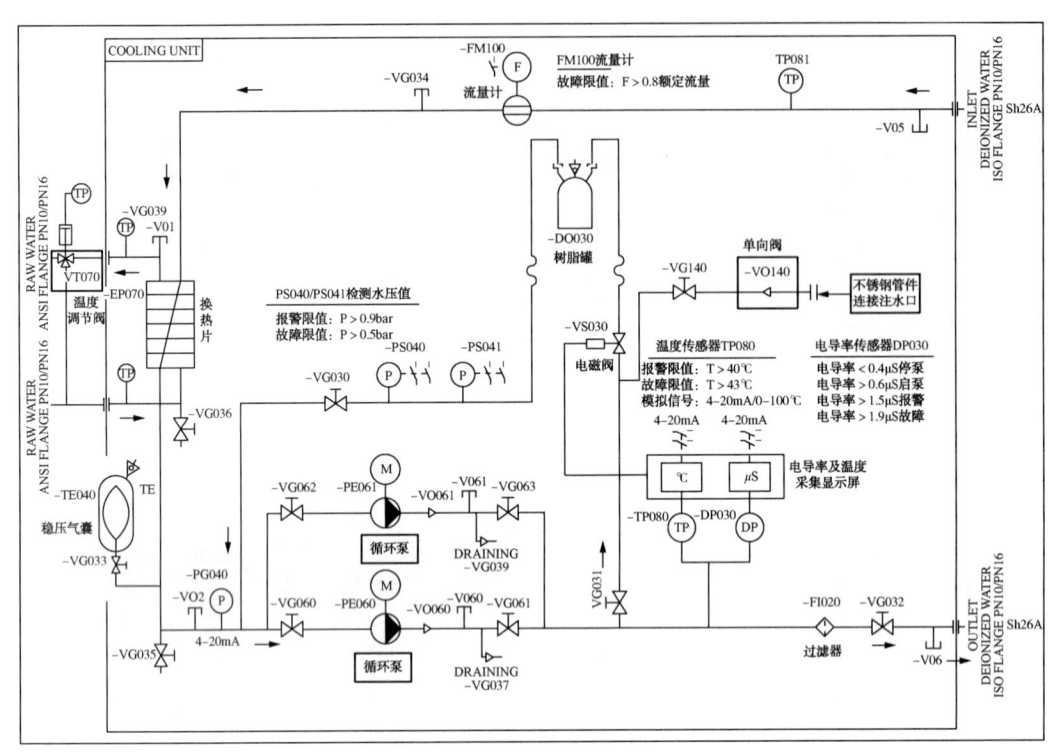

图 4-22 变频器内循环水系统图

（4）经分析和与厂家工程师讨论研究，推测原因为水系统接头处蒸发导致。

因此，判断科孚德变频器内水压力下降，需频繁补水这一问题，属于科孚德变频器特有的现象。考虑原因可能为水系统管线设计不合理，或是有非常微小的不易发现的漏点存在。

电导率反映水系统中金属离子含量，电导率过高意味着金属离子含量过高，易在管线内壁及设备内表面结垢，影响设备散热效果，严重时损坏关键设备。科孚德变频器内循环水系统正常运行时电导率一般控制在 $0.6\mu s$ 以下。机组停运状态下，电导率低于 $0.4\mu s$ 时循环泵停运，电导率高于 $0.6\mu s$ 时循环泵启转；机组运行状态下，循环泵一直处于运行状态。电导率高报值为 $1.5\mu s$，联锁停机值为 $1.9\mu s$。

压气站给变频器补充的去离子水，电导率一般在 $2\mu s$ 左右，要达到变频器运行要求，就需要有去离子树脂的过滤。

由于科孚德变频器频繁补水的缘故，而补充的去离子水均需要树脂的过滤，因此对于树脂来说荷载过重，导致树脂使用周期大大缩短。经统计，该型号变频器大约平均运行6400h，就需要更换一次树脂，而每次更换树脂需 15L。

三、改进措施及建议

（1）厂家对该型号科孚德变频器内循环水系统进行全面检查，对于内循环水供水管路接头设计不合理或者老化的情况，建议对供水管路进行改造，更换供水管路。

(2) 增加高位水箱。

案例 4-9 变频器漏水检测器异常报警故障

一、故障描述

某站在巡检时发现 2#变频器(备用状态)OP17 控制器出现异常报警。同时水冷控制器 OP7 出现报警信息："FM93 leakage detection from simovert alarm(来自变频器的漏水检测报警)"，现场对 OP17 和 OP7 控制器报警进行手动复位，报警未消除。

二、故障处理过程及原因分析

该站的西门子变频器柜底部安装有 4 个漏水检测器，报警信号接入控制器 DI 通道，正常为 1，当检测有漏水报警时变为 0，具体信号传输流程如图 4-23 所示。

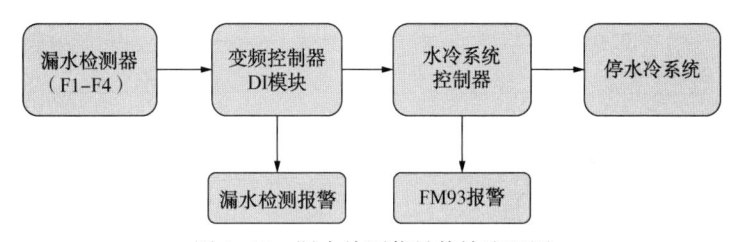

图 4-23 漏水检测信号传输流程图

根据报警信息和报警信号传输流程，分析故障原因可能有以下几点：
(1) 变频器去离子冷却水泄漏，导致漏水检测器报警。
(2) 漏水检测信号回路故障。
(3) 漏水检测器故障，误报警。
(4) 变频控制器 DI 模块故障。
故障排查与处理过程如下：
(1) 对变频柜进行检查。

合上 2#变频器接地刀闸，打开变频器柜门进行检查，变频器底部未发现漏水痕迹。对变频器功率单元各个接头进行检查，均未发现漏水痕迹，排除变频器去离子冷却水漏水的情况。

(2) 对水冷控制器报警回路进行排查。

查看变频器互联图，如图 4-24 至图 4-26 所示。发现"变频器漏水报警"是由变频控制柜 DO 模块 A300-D621 经水冷系统控制柜内中间继电器 3K4 下发至水冷系统控制器 1A1 的 I 2.3 通道，水冷系统控制器在接到报警信号后，触发水冷系统故障报警。

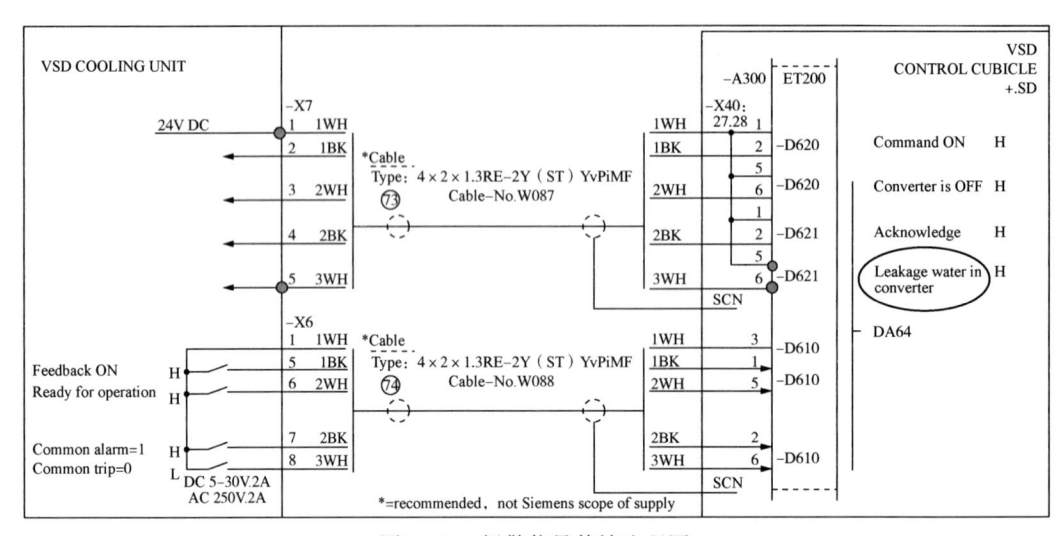

图 4-24　报警信号传输流程图

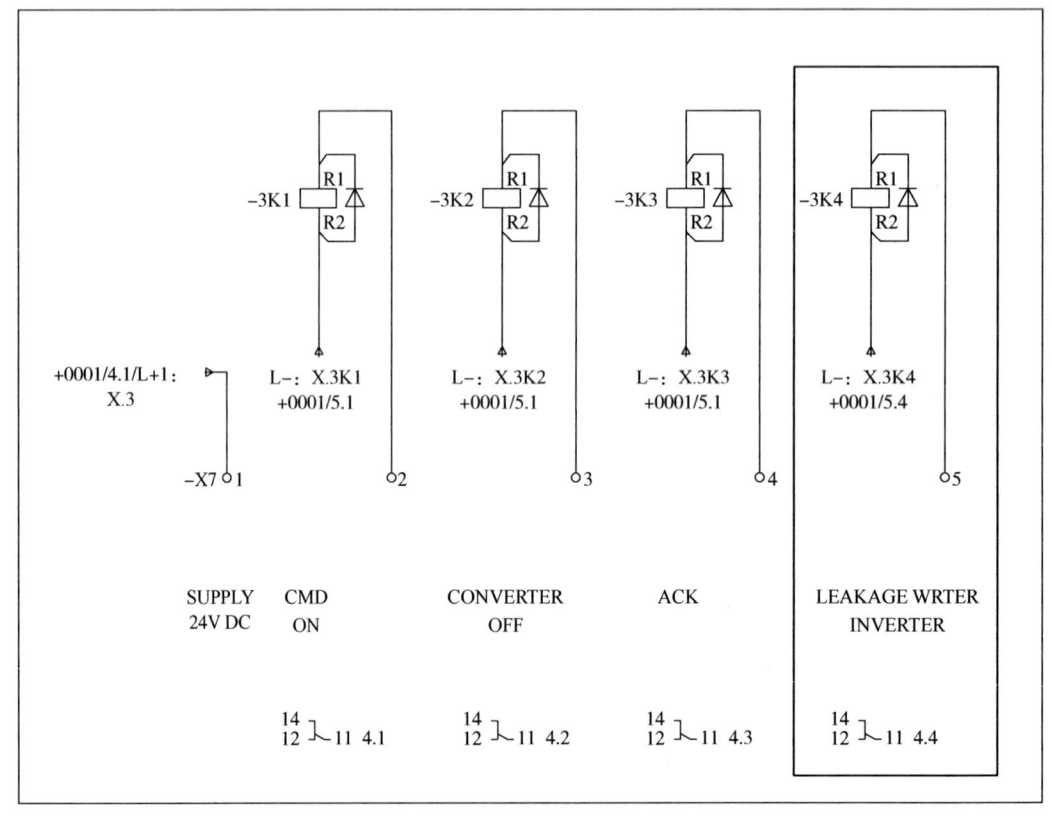

图 4-25　3K4 继电器线圈供电回路

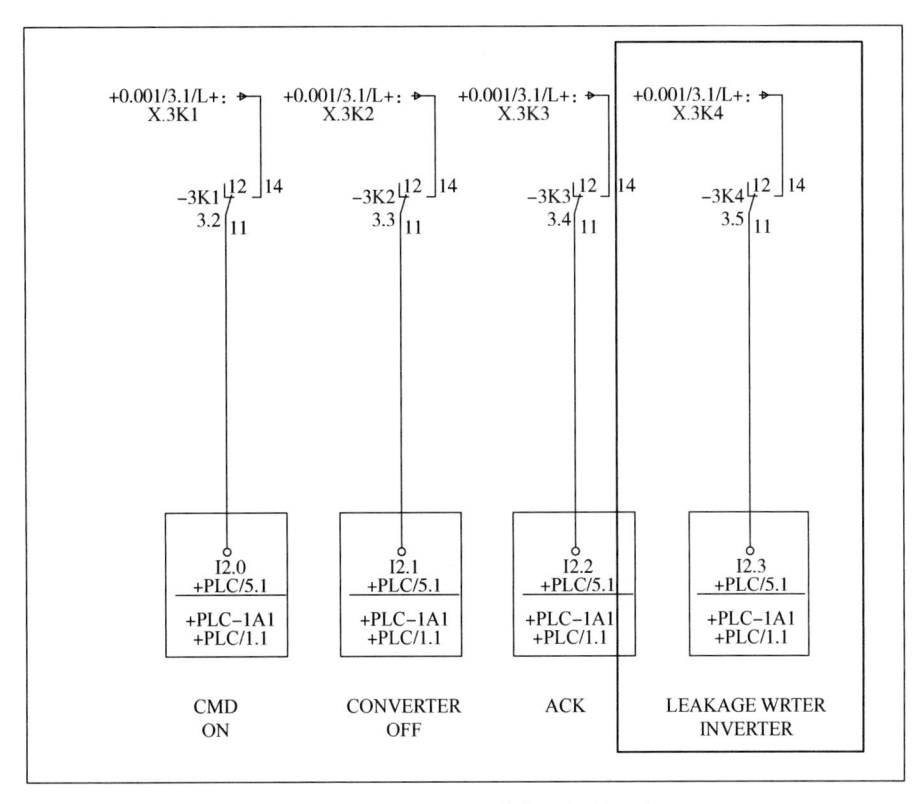

图 4-26 水冷系统报警信号控制回路

(3) 查看变频器内 4 个漏水检测器运行情况。

4 个漏水检测器红色指示灯常亮,其中 F1、F2、F3 漏水检测器红色指示灯为微亮,判断是因为设备老化造成指示灯亮度不够,初步认为漏水检测器无故障。

(4) 核对漏水检测器连接通道。

查看变频器控制系统图纸发现 F1、F2、F3 漏水检测器报警信号接至 A300-D410 模块的 DI1、DI2、DI3 三个 DI 通道,F4 漏水检测器接至 A300-D510 模块的 DI 3 通道。

(5) 检查报警信号来源。

对信号回路接线进行检查,未发现接线松动现象。查看 A300-D410 和 A300-D510 两个模块的运行情况,发现 F1、F2、F3 漏水检测器对应的 A300-D410 模块 DI1、DI2、DI3 三个通道输入信号指示灯 2、5、6 熄灭(1 正常,0 报警),说明现场 F1、F2、F3 漏水检测器无信号输入 A300-D410 模块。F4 漏水检测器对应的 A300-D510 模块 DI 3 通道输入信号指示灯 6 常亮。由此判断报警信号由 F1、F2、F3 漏水检测器发出。

图 4-27 为漏水检测器结构原理图。此检测器为三线制,由 24V+、公共端、24V-组成。两个状态指示灯,分别为红色电源指示灯 L2 和绿色运行状态指示灯 L1。正常运行时红色、绿色指示灯常亮;当检测到漏水时,绿色指示灯熄灭。当信号输出发生短路时,红色、绿色指示灯闪烁。查看 4 个漏水检测器指示灯发现 F1、F2、F3 漏水检测器绿色指示灯熄灭,F4 漏水检测器绿灯常亮。综上所述,可确认 F1、F2、F3 漏水检测器运行异常。

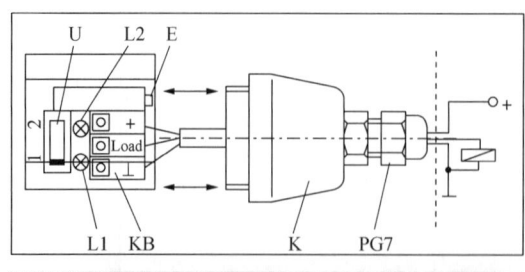

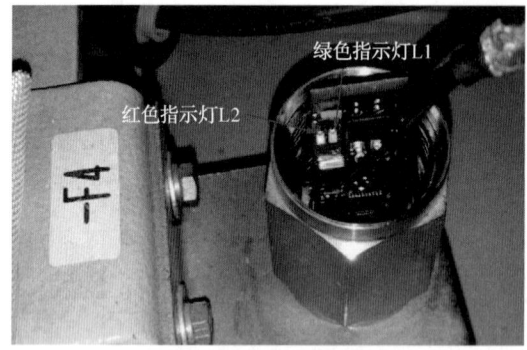

图 4-27 漏水检测器原理图

（6）测量 F4 漏水检测器正极、公共端对地均为 24VDC，负极对地电压为 0V，均正常。测量 F1、F2、F3 漏水检测器正极、公共端、负极对地电压均为 0V。由于 F1、F2、F3 漏水检测器 DC 24V 电源均由 A300-D410 模块提供，并且 3 个漏水检测器电源线并联，所以可由此推断产生这种现象的原因可能有以下几点：

① A300-D410 模块故障。
② 漏水检测器供电回路故障。
③ 漏水检测器侧存在短路。

根据以上可能原因，展开以下排查：

① 查看 A300-D410 模块状态指示灯正常，更换该模块后故障仍然存在，排除 A300-D410 模块故障的可能性。

② 拆除 F1、F2 漏水检测器的电源线（电源线不回装），经测量电源线对地电压均为 0V；当拆除 F3 漏水检测器的电源线后，测量 3 个漏水检测器电源线对地电压均为 24V。

③ 接上 F1、F2 漏水检测器电源线，F1、F2 两个检测器的红色电源指示灯常亮，绿色运行指示灯常亮，对应 DI 通道指示灯常亮。

④ 将 F3 漏水检测器电源线接上后，F1、F2 漏水检测器红色电源指示灯变暗，绿色运行状态指示灯熄灭，与 A300-D410 模块对应的 DI 2、DI 3 两个通道输入信号指示灯 5、6 熄灭。

⑤ 拆除 F3 漏水检测器电源线两侧接线，经测量电源线对地绝缘和线间绝缘均正常。

⑥ 拆除 F3 电源线，测量三个接线柱对地电阻，24V+接线柱对地阻值为 0。

综上所述，漏水检测器异常报警故障原因为 F3 漏水检测器 24V+接线柱接地，更换该漏水检测器后设备恢复正常。

三、改进措施及建议

该变频器漏水检测器故障的主要原因为 F3 漏水检测器 24V+接线柱接地。改进措施建议如下：

(1) 在相关机组 Ia 级维护保养时增加对漏水检测器的检查与保养内容。

(2) 在机组中修或者大修时对漏水检测器相关元器件进行专项检测分析，及时更换检测结果不理想、老化较严重的元器件。

案例 4-10 外循环水系统水冷器散热管渗漏故障

一、故障描述

某站电驱压缩机组外循环冷却水系统入口流量低报警，立即组织进行现场排查，却在 4min 后发生压缩机组保压停机。

二、故障处理过程及原因分析

经排查发现，压缩机组水冷器散热管有漏水现象，拆卸外盖检查没有明显结冰现象，且外循环水系统水温在 18℃左右。初步判断原因为散热管内部腐蚀(铸铁材质)及环境温度低引发散热管破裂，外水快速泄漏，水冷系统流量降低，最终导致压缩机组停机。

正常运行时水冷器出口压力为 593kPa，发生故障低报警时间为 13 时 6 分；而在 13 时 9 分水冷器出口压力降至 0kPa，此时变频器因外水冷压力低低报故障停机。13 时 10 分，机组检测到电动机欠速，导致安全 PLC 保压停机。13 时 21 分，干气密封差压低低报，导致机组泄压放空。水冷器散热管破裂泄漏现场如图 4-28 所示。

该站压缩机组共有 3 套外循环水冷系统，出口管线共用 1 条汇管，从汇管处分别通向各机组电动机及变频器，各机组冷却水管线属于并联结构。因此，当其中 1 台水冷器发生漏水故障后，导致出水汇管失压，引发其余 2 台水冷器压力低报警，造成压缩机组停机。

关闭故障水冷机组进出口阀门，切断隔离出现故障的水冷器，通过正常水冷器进行外水补水。当补水压力

图 4-28 水冷器现场故障图

达 2bar 以上后，启动其余 2 套正常水冷系统，对应的 2 台压缩机组具备启机条件，成功启机。

三、改进措施及建议

变频器外循环水系统故障停机的主要原因为水冷器散热管因腐蚀破裂漏水。改进措施及建议如下：

（1）对水冷机组运行的水质进行定期检测，对管道内部腐蚀情况进行评价，及时更换存在严重腐蚀的铸铁管线。

（2）监测水冷管线压力、流量，设置低报警值，发现水压降低或水流量异常后及时报警，便于快速处理。

（3）对水冷机组进行改造，既能并联，也能单独运行。

案例4-11 变频器冷却系统故障

一、故障描述

某站TMEIC电驱机组变频器冷却水系统出现CA_ ALM286报警，立刻赶往变频器室查看，在5min后压缩机组停机。

二、故障处理过程及原因分析

故障停机的直接原因为变频器冷却系统故障导致变频器故障。进一步排查后，确定根本原因是变频器冷却系统去离子水循环泵故障停止运行。

查看变频器去离子水循环泵控制逻辑，当去离子水温度上升至38℃时引发报警，上升至39℃时，延迟5min后引发循环泵自动停止运行，导致变频器冷却系统故障报警，机组故障停机。

现场排查发现机组变频室空调故障，未起到制冷作用，导致环境温度上升。排查变频器室空调，发现空调皮带损坏（图4-29）。

图4-29 断裂的空调皮带

通过分析变频器控制逻辑，确定变频器冷却水（外水）流量控制与室温有逻辑关联（图4-30）。当环境温度上升，外水进口调节阀开度会关小，使去离子水温度上升（防止去离子水温度低于环境温度而产生冷凝水）；因此去离子水温度与环境温度同步上升导致循环水泵停止运行。

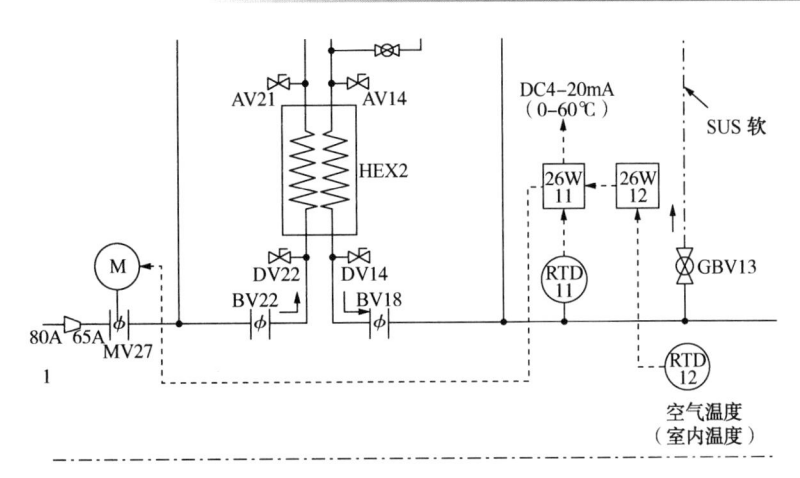

第四章 电动机及辅助系统故障分析与处理

图 4-30 室温与去离子水温度逻辑关联图

三、改进措施及建议

变频器冷却水系统故障导致机组停机的主要原因是变频室内空调皮带断裂。改进措施及建议如下：

（1）定期巡检空调系统，出现异常及时处理，对变频室内空调进行全面的维护保养，防止因皮带老化、损坏等原因造成空调停止运行。

（2）在 SCADA 系统中增加对水冷系统温度参数的监视，设置预报警值。

（3）对变频室空调皮带等进行储备。

案例 4-12 电动机外循环冷却水流量低故障

一、故障描述

某站 TMEIC 电驱机组出现电动机冷却水流量低报警，排查发现冷却水系统中 3#循环水泵、4#循环水泵均发生故障，无法正常运行。

三、故障处理过程及原因分析

1. 3#冷却水泵

（1）绝缘测试：打开冷却水泵电动机接线盒，使用 500V 绝缘摇表测量电缆对地绝缘电阻及相间绝缘电阻，均正常。

（2）检查循环水泵电动机接线：打开接线盒对电动机三相接线检查均紧固无松动，排除接触不良造成接触电阻过大而发热故障。

（3）盘车：拆除电动机与循环水泵的联轴器分别手动盘车测试，转动灵活无卡滞。

（4）检查冷却水电动机接线盒：发现电动机 U 相引出线接线鼻处断裂，断裂处的热缩套烧黑。摇测绝缘试验结果合格，电动机绕组及电缆绝缘本身无异常。分析发现电动机 U

相引出线接线鼻子在制作过程中未压紧，电动机在启动时电流大，导致电动机 U 相引出线接线鼻子烧毁。

（5）检查冷却水泵控制柜：冷却水循环泵电动机控制原理为△直接启动方式（图 4-31）。

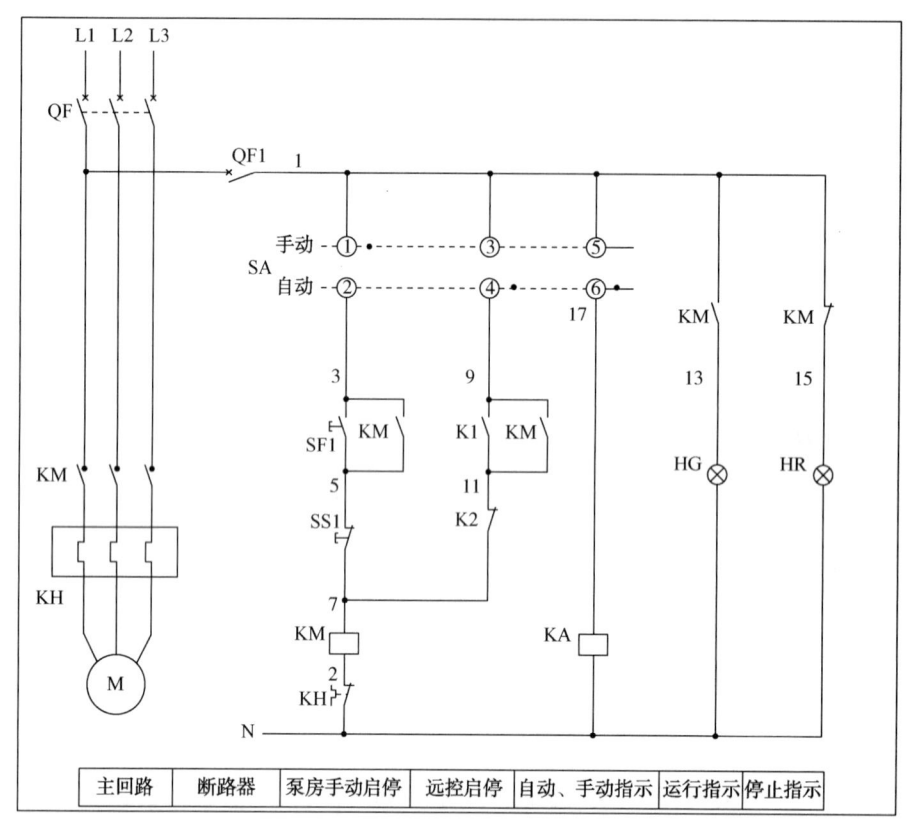

图 4-31　电动机控制原理图

冷却水循环泵电动机额定功率为 37kW，额定电流 67.9A，由于电动机为△直接启动，启动瞬间电流达到 200~400A 左右，对电动机及电气回路损伤较大。站内冷却水循环泵启动瞬间，启动电流大，接触器触头存在打火现象，对电动机连接线伤害较大，循环水泵频繁启停，电动机连接电缆性能下降。造成循环水泵电动机启动瞬间电动机连接电缆头发热烧坏。电动机直接启动的电流是正常运行的 4~7 倍左右，容易造成电动机过热，电缆过热造成保护跳闸，影响电动机寿命。启动电流大会冲击电网，对电网和其他设备稳定运行不利，一般 37kW 的电动机要采用降压启动方式。

2. 4#冷却水泵

（1）拆开 4#电动机接线盒，内有黑烟冒出。

（2）测试 4#电动机绕组对地绝缘、相间绝缘及相间阻值正常。

（3）检查配电柜 4#电动机主回路及控制回路，回路热继电器保护动作，各触点位置正常。

（4）拆除 4#电动机后发现电动机轴承磨损（图 4-32），轴承两端带密封盖（厂家通称免维护轴承)。

三、改进措施及建议

此次机组冷却水系统流量低报警主要原因是冷却水循环泵均发生故障，其中4#循环水泵电动机轴承磨损严重、主回路热继电器保护动作；3#循环水泵启动电流过大烧坏U相引出线接线鼻，无法启动。改进措施及建议如下：

（1）强化日常巡检。定期采用红外测温仪测量转动设备的运行温度，检查转动设备的振动、噪音是否正常、有无异常气味；在机组停机及春秋检作业中检查引出线包扎绝缘的情况、是否有过热或电蚀。发现异常排查处理。

图4-32 电动机轴承磨损

（2）做好转动设备的日常维护保养。对转动设备定期注润滑脂，充填适当的润滑脂，拆开电动机检查油脂的注入量。注脂量过少，易造成缺脂或干摩擦，影响寿命。注脂量过多，轴承温度升高。对于无法注脂的电动机定期拆开检查轴承，根据轴承的使用寿命储存备件，视情况更换。

（3）将转动设备电动机纳入中修及小修计划。每年对转动设备电动机拆开检查电动机内部，清洁环境、风扇叶轮，更换补充润滑脂，检查绕组及轴承等。

（4）将冷却水循环泵更换为变频电动机控制。根据冷却水系统实际流量要求及时调整冷却水循环泵的投入数量及变频泵马达的运行频率，大幅度降低电能消耗，保证冷却水介质压力的稳定，电动机平缓启动，启动电流降低，提高了设备运行寿命。系统压力、设备启停等信号可直接传输到站控上位机，实现远程监控，提升设备管理水平。

案例4-13 变频器外循环冷却水供水温度高故障

一、故障描述

某站SCADA系统显示冷却水泵房流量低报警，控制界面显示在运行的2#、3#循环水泵已停运，检查后确认循环泵停运，发现3#循环水泵电动机壳体温度异常偏高。在启动备用泵过程中，压缩机组上海电气变频器因冷却水供水温度高报警保压停机。

二、故障处理过程及原因分析

查看SCADA系统报警记录，站控SCADA系统显示冷却水压力低报警，同时显示冷却水流量低报警、机组变频器报警，随后机组冷却水供水温度高报警。

查看机组HMI历史趋势图(图4-33)发现，变频器外循环水压力瞬间降低，同时变频器功率单元柜内水冷系统回水温度升高，2min后温度到42℃超过变频器超温报警值，触发变频器故障。HMI历史趋势图(图1)，其中曲线1为外冷循环水压力，曲线2为变频器功率单元水冷系统回水温度，曲线3为电动机转速。

检查3#水冷循环泵，测量泵电动机绕组对地绝缘为0Ω，确认泵电动机已故障损坏。

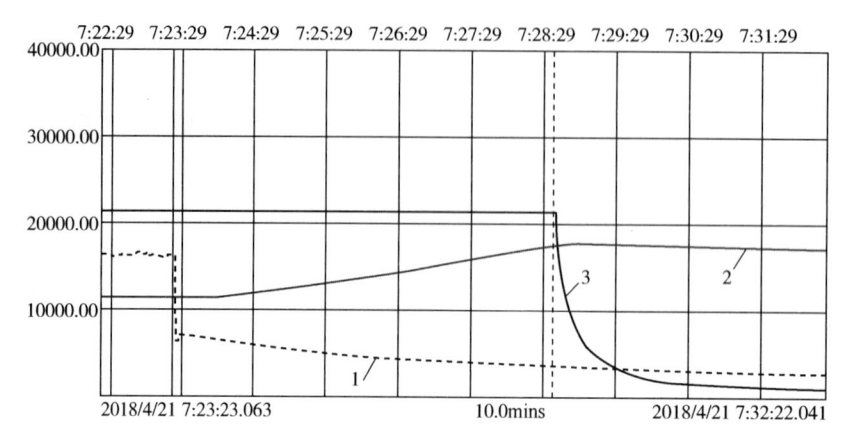

图 4-33　HMI 历史趋势图

随后对电动机供电回路进行逐级排查，发现上级低压配电室空开保护跳闸。

拆解电动机发现绕组存在变色、绝缘层脱落现象，因电动机绕组接地绝缘失效致使电动机故障且瞬间电流增大，引发上级低压配电室空开保护跳闸。

循环泵控制柜电源具有双电源自动切换功能，从低压 400V 一、二段母线各引入一路电源进入双电源自动切换装置，在正常情况下由一路电源供电，当主路供电中断时电源自动切换装置动作投用备用电源。本次故障中，3#循环泵故障瞬间电流增大造成主路电源空开跳闸，备用电源自动投入；电源切换时瞬间失电，循环泵停止运行，水冷系统停止工作，促使 3#变频器水冷系统温度持续升高至保护跳闸值 42℃，触发变频器故障，压缩机组保压停机。

（1）排查、分析 3#循环泵电动机故障原因。该电动机额定功率 45kW，额定电流 84.7A，经测量，发现电动机 B 项绕组匝间短路，B 相绕组单项接地。拆检电动机发现绕组存在烧蚀发黑现象。由此推断，电动机故障原因为电动机长期处于满负荷运行状态，绕组可能存在漆包线划伤或浸泡不均匀等缺陷，匝间绝缘损坏，匝间短路后发热造成线圈烧毁，引发单项接地故障。

（2）冷却水系统停止运行原因。循环泵电动机运行控制存在三级开关，分别为 180A（速断保护 10In，0.2s）、400A（速断保护 10In 0.2s）、630A（速断保护 5.5In，30ms）。因电动机绕组短路瞬间电流过大造成上级总开 630A 断路器保护跳闸，主电源失电，两台电动机同时失电；因此，冷却水系统停止运行。

三、改进措施及建议

本次外循环冷却水供水温度高故障主要原因是循环泵电动机绕组短路电流过载主电源保护跳闸。改进措施及建议如下：

（1）定期检查循环泵电动机的运行情况，对绕组进行测试和外观检查。

（2）电动机运行控制第一级断路器 180A 改为 120A，提高此断路器的敏感度，降低主电源断路器跳闸的概率。

第三节　电气设备故障

案例 4-14　10kV 进线柜合闸信号丢失故障

一、故障描述

某站压缩机组运行过程中触发压缩机保压停机命令(Alarm Comulatative Pressurized Trip)导致压缩机停机。

MCC 间变频控制柜 OP17 控制屏查看报警记录，发现引发变频器跳机的报警信息代码为 003、065、082、407、406 报警，查阅报警代码信息如下：

003，"Circuit-breaker 1, rectifier, closed checkback signal missing"，高压开关 1 没合上。

065，"Circuit-breaker, filter circuit, not ready"，滤波器开关没准备好。

082，"control cubinet, safety circuit violated"，控制柜急停开关。

406，"Motor, DE bearings, oil flow < LV1"，电动机传动侧轴承油流量<LV1。

407，"Motor, NDE bearings, oil flow < LV1"，电动机非传动侧轴承油流量<LV1。

分析故障报警信息，"高压开关 1 没合上"为初始报警命令；"滤波柜开关没准备好""控制柜急停开关"为高压开关没合上引发的连锁报警信息，同时触发；"电动机传动侧轴承油流量<LV1""电动机非传动侧轴承油流量<LV1"为压缩机停机后，轴头泵停止工作，启动辅助油泵，中间时间差导致的压缩机润滑油压力下降。

二、故障处理过程及原因分析

查阅西门子公司图纸得知，触发"高压开关 1 没合上"的设备是 1#压缩机 10kV 进线柜分闸所致，引发压缩机停机。触发此报警可能的原因如下：

(1) 信号回路存在故障，电缆信号线存在断点，中间经过防雷击端子或其他端子排损坏。

(2) 变频控制器接收的信号处理的模块损坏，内部元器件老化或失效。

(3) 10kV 开关本体故障，机械结构存在故障，控制回路元件损坏(合闸线圈、分闸线圈等)。

逐项排查过程如下：

(1) 信号回路存在故障。查看图纸(图 4-34)，发现报警命令触发的信号线接在变频控制柜的 X30 端子排的 1、2 端子上，检查其接线紧固，未发现松动现象。拆下后短接测量通断无问题，对地绝缘无问题。改回回路上，经过 X30 端子排后直接连接至 A300-D310 模块(图 4-35)，中间未经过其他元器件，均正常。因此，排除线路故障。

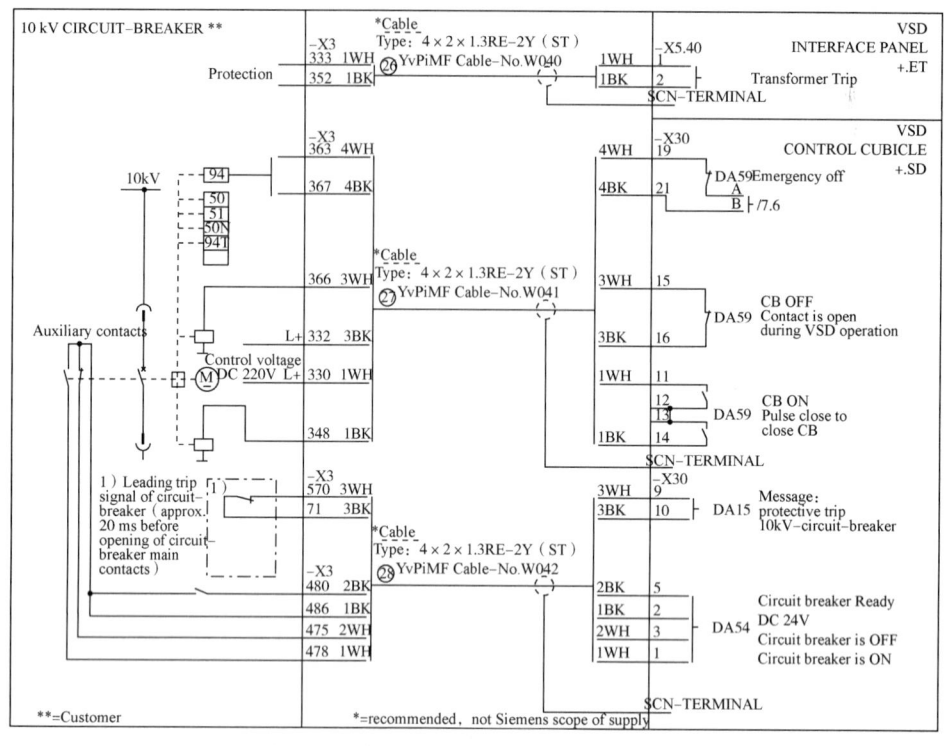

图 4-34 变频控制柜的 X30 端子排接线图

（2）西门子变频控制器接收的信号处理的模块损坏。现场对变频控制柜进行断电，对调 1#、2# 压缩机变频的 A300-D310 模块，重新启机，仍然无法合闸启动，排除此项原因。

（3）10kV 开关本体故障。将 10kV 开关柜手摇小车摇至试验位置，将变频控制器控制柜内 X30 端子排上 15、16 联锁信号线屏蔽，拔下负极端子 16（图 4-36），可使压缩机进线柜在压缩机停机的状态下合闸。对 10kV 开关柜现场就地合闸，开关柜无法正常合闸，确定开关本体存在故障分闸。

打开柜门，使用升降小车将手摇小车取出，打开小车的前面板，检查其机械结构，未发现明显的形变和损坏迹象，手动、电动储能均正常。

测量其合闸线圈阻值，发现阻值无穷大，现场合闸线圈本体铭牌上显示其阻值为 1950Ω，说明开关柜合闸线圈损坏，导致开关柜无法正常合闸。

测量备用柜内正常开关的合闸线圈，其阻值为 2193kΩ，阻值正常。将备用柜开关的合闸线圈更换到 1# 压缩机 10kV 进线柜内，就地手动合闸正常，故障消除，确定为合闸线圈故障。

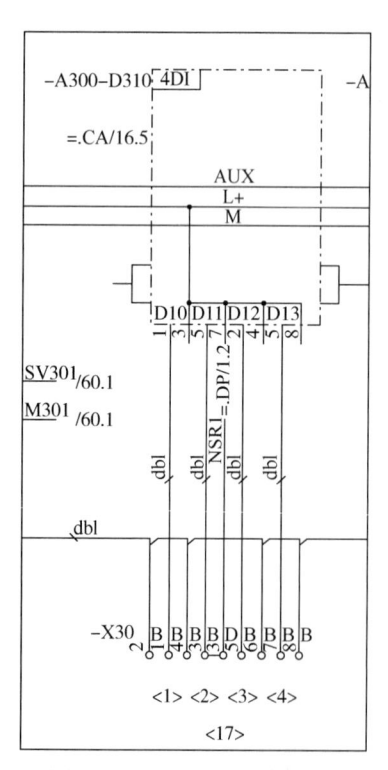

图 4-35 A300-D310 模块图

第四章 电动机及辅助系统故障分析与处理

图 4-36 现场端子接线图

进一步分析可知，西门子、ABB、施耐德等高端品牌断路器的分合闸线圈设置有前置稳压模块，用于抑制电压、电流突变对线圈本身的损伤，提高线圈对电压、电流的适应范围。测量发现，线圈阻值正常，推测判断为前置稳压模块老化损伤所致。

三、改进措施及建议

此故障停机的主要原因为压缩机 10kV 进线柜合闸线圈前置稳压模块故障。改进措施及建议：

（1）定期检测 10kV 开关柜合闸线圈前置稳压模块工作情况，视情况更换。

（2）近年来发生多次因合闸线圈失效导致的停机事件，对此类备件储备后集中预防性更换。

案例 4-15 电驱机组 UMD 系统故障

一、故障描述

某站 SIEMENS/RF3BB36 压缩机组驱动部分是由西门子公司提供的 22MW 同步电动机，压缩机为 RR 公司提供的 RF3BB36 压缩机。值班人员巡检发现 UMD 室存在焦糊味，检查发现 UMD 系统蓄电池温度高，电池鼓包并出现漏液。断开 UMD 系统电池充电器电源，使系统退出运行。经检查蓄电池充电整流器输出充电电压 DC 440V，工作正常；进一步检查发现，负载的整流逆变器和直流 440V 母线间的截止二极管反向击穿，致使整流逆变器上的 DC 570V 电压加在直流母线上对蓄电池充电，导致电池短时充电过压鼓包、漏液。UMD 系统接线原理图见图 4-37。

二、故障处理过程及原因分析

电驱机组 UMD 系统作用是：正常运行时提供系统主滑油电动机和同步电动机顶轴油泵的电源，在突然失电情况下保证主滑油泵 8min 的后润滑运行和失电后同步电动机停机过程中转速低于 800r/min 时顶轴油泵对轴的保护作用。

排查分析，发现顶轴油泵整流器和直流母线间的正极—R31 截止二极管和 1#主滑油泵负极回路—R34 截止二极管反向击穿，致使回路失去所要求的反向截止功能，使得各自的整流逆变器间的直流正负极自成回路加在直流母线上，对蓄电池以 570V 的电压充电，导致电池损坏。UMD 系统原理图见图 4-38。

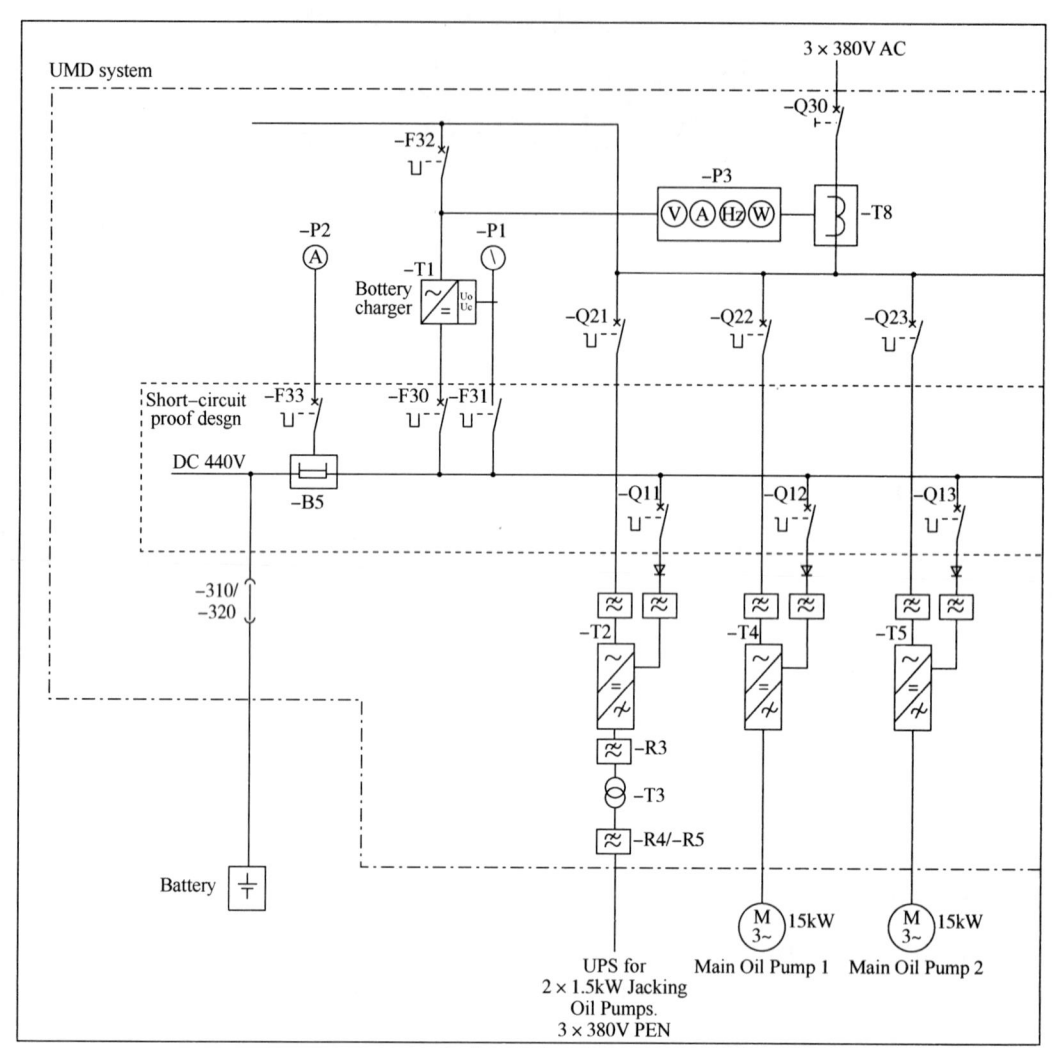

图 4-37　UMD 系统接线图

二极管击穿的原因是两回路的整流逆变器直流环节运行中瞬间出现高电压，而设备本身可能存在以下三个方面原因：

（1）二极管产品质量问题，反向击穿电压达不到其标称值，容易被电网中的畸波击穿。

（2）整流逆变器装置本身存在过电压保护缺陷，该装置设置有直流母线过电压保护，整定值为 820V，但对瞬间高压反应不灵敏。

（3）电池不具备充电过压保护功能，造成过压充电损坏。

因此，在 UMD 供电回路设计上存在缺陷：直流母线和整流器仅用单一二极管进行隔离；同时电池的充电电压未设过压保护，未能在二极管击穿情况下的实现自我保护。蓄电池过电压保护仅在整流充电器本身发生故障时动作，由于充电直流电压低于负载整流器直

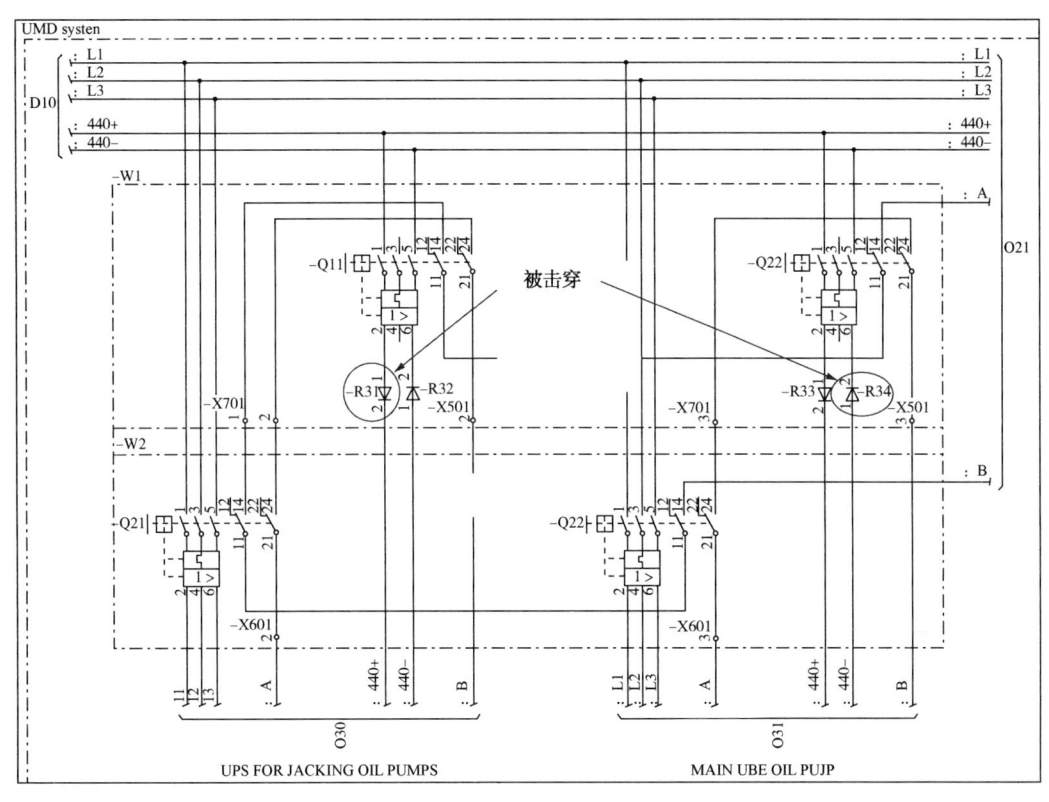

图 4-38 UMD 系统原理图

流环节输出电压，击穿后由负载整流器直流环节输出电压供电并未触发过电压保护，存在设计隐患。

三、改进措施及建议

本次故障的主要原因为 UMD 蓄电池供电回路二极管击穿，且未触发过电压保护造成电池损坏，存在设计缺陷。改进措施及建议如下：

（1）在现有回路的反向上串联增加一个截止二极管正、负极回路，从而使回路反向击穿电压升高。

（2）去掉原充电回路的整流充电器，增加蓄电池数量使电池充电电压达到570V，由负载的整流逆变器直流环电压直接对其浮充电。

案例 4-16 开关柜接线问题导致空开跳闸

一、故障描述

2019年6月14日，某站3#国产电驱压缩机组故障停机，机组HMI报43VFD_1变频器系统重故障停机，变频器HMI报"网侧欠压故障""单元停机故障""过压故障"，机组执行紧急保压停机。

二、故障处理过程及原因分析

查询电力故障录波分析装置，上面有"10kV 2#母线 Ua 突变量启动"报警，其中110kV 波形正常，10kV 2#母线无电压信号，查看10kV Ⅰ段母线 PT 柜，柜内"控制电源"空开 QA1 跳闸，第一次合"控制电源"空开 QA1 失败，排查发现"FBZ-3071 电压并列及 PT 监测装置"1#、2#端子有变色现象，摘除1#、2#端子接线后，再次合"控制电源"空开 QA1，电力故障录波分析装置"10kV 2#母线"电压信号恢复，6月15日对10kV Ⅰ段母线 PT 101Y 柜进行详细测试。

初步分析10kV Ⅰ段母线 PT 101Y 柜"控制电源"空开跳闸导致变频器电压信号检测异常，引启机组停机。

处理过程：

（1）查看电气后台机报警信息，有10kV PT 电压并列2段 PT 手车工作信号消失等报警信息，以及1#直流屏母线1绝缘异常，分析可能原因有，1#直流屏输出存在故障，且10kV PT 信号检测异常。

（2）查询电力故障录波分析装置，10kV 2#母线电压信号消失，在"控制电源"空开 QA1 恢复后，电压信号恢复。

（3）现场查看变频器报警信息，有"网侧欠压故障""单元停机故障""过压故障"报警，导出变频器故障录波文件，查看变频器故障录波文件，三相电压均下降至0，但是6个单元直流电压均呈现上升现象，与电压跌落现象呈现矛盾情况，出现此问题的可能原因是变频器网侧电压检测错误。

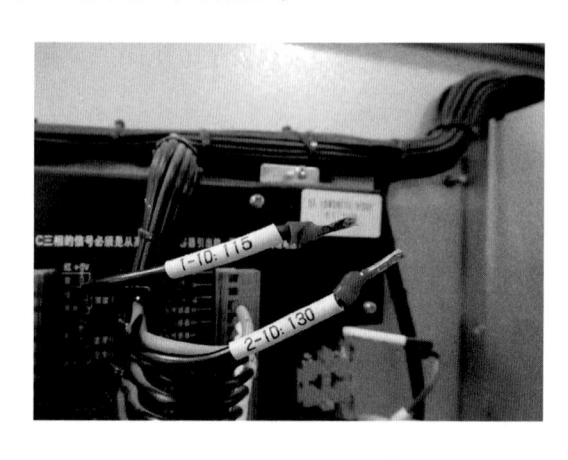

（4）6月15日，在3#压缩机组停机后，对10kV Ⅰ段母线 PT 101Y 柜进行测试。首先对摘除的端子重新压接并缠绝缘带后恢复10kV Ⅰ段母线 PT 101Y 柜接线（图4-39）。对10kV Ⅰ段母线 PT 101Y 柜绝缘进行测试，测试均正常，判断由于10kV Ⅰ段母线 PT 101Y 柜"FBZ-3071 电压并列及 PT 监测装置"1#、2#端子短节偶发短路，引起"控制电源"空开 QA1 跳闸，"控制电源"为1#直流屏供电，引起1#直流屏母线1绝缘异常。测试完成后，恢复对10kV Ⅰ段母线 PT 101Y 柜至工作位置，电气后台机及1#直流屏无报警信息。

图4-39　10kV Ⅰ段母线 PT101Y 柜端子

三、改进措施及建议

建议各压气站在仪表春秋检过程中，加强线路排查工作，特别针对机组控制系统、站控系统、SIS 系统、电气二次侧接线进行紧固，全方位覆盖站内线缆，减少因信号干扰、线路虚接等问题引起的非计划停机。

机组定期保养及电气高压春秋检维护保养作业时，对各电缆桥架及电缆头进行详细检查，做好屏蔽层绝缘测试，局部增加保护垫层，确保运行电缆不因外力受损。

案例 4-17 电驱机组电缆击穿故障

一、故障描述

2019年10月7日，某电驱机组TMEIC电驱机组故障停机，变频器报警故障显示：A组接地检测计时器，站场立即对机组故障停机报警记录及变频器故障波形记录进行分析梳理。

二、故障处理过程及原因分析

对4#变频系统进行停电、验电、放电、转检修操作，打开4#变频器进出线柜及功率单元柜进行检查，发现外观完好无异常。对变频器直流检测回路相关元器件检查，未见到损坏痕迹。接着对电缆终端箱打开检查，对电缆拆除进行绝缘性能测试，通过对隔离变到变频器的36条输入电缆进行交流耐压试验，发现有4根电缆存在缺陷被击穿，分别是：2根T21-2W4、1根S41-2V6和1根R11-2U1。因为第一次测试中有试验用保护绝缘套被击穿，在更换电缆前对2根疑似缺陷电缆再次进行交流耐压试验复测，重新加装保护绝缘套后，发现T21-2W4（2根）再次被击穿；S41-2V6（1根）、R11-2U1（1根）耐压试验合格，经过确认只有T21-2W4（2根）需要更换。

对T21-2W4电缆终端进行解剖，发现电缆头外保护套存在明显烧伤点，放电明显部分是该电缆变压器侧（图4-40）。

图4-40 户外电缆头内部有黑色粉末，有局部放电痕迹

组织对电缆终端头进行采购，对4个电缆终端头以及70m长电缆进行更换，更换后恢复正常。

三、改进措施及建议

（1）新建或改建工程，在工程竣工后，应根据电气火灾隐患排查要求对变频电缆的合格证进行全面检查和确认；针对电缆在施工工程中不合理安装事项，场站应做好工程施工过程监管，结合监理严格把关，杜绝低质量施工。

（2）定期排查各输电电缆的绝缘情况。

（3）电驱机组 4k、8k 以及电气高压秋检维护保养作业，对变频电缆桥架及电缆头进行详细检查，对所有电缆头进行紧固，局部增加保护垫层，确保运行电缆不因外力受损。

第四节　润滑油系统故障

案例 4-18　励磁机润滑油流量低故障

一、故障描述

某站 2#压缩机组因 ABB 励磁机润滑油流量低低报，触发安全 PLC 保压停机。排查发现 2#压缩机组的励磁机润滑油流量计信号传输出现闪断，现场流量计示值反复跳变。

二、故障处理过程及原因分析

（1）对 2#压缩机组励磁机润滑油流量计进行断电和上电操作，发现励磁机润滑油流量计依然出现闪断，流量值不断跳变无法稳定。

（2）将 1#压缩机组的励磁机润滑油流量计更换到 2#的励磁机润滑油流量计上，励磁机润滑油流量计运行正常，经分析为润滑油流量计硬件板卡存在缺陷。尝试对 2#压缩机组启机，但 2#变频器内循环去离子冷却水电导率降至 0.5μs 后保持不变，未继续下降，不满足启机条件。

（3）准备启用 1#压缩机组时发现，1#变频器内循环去离子冷却水电导率下降较为缓慢，次日电导率才下降至 0.54μs。

（4）经分析，造成电导率下降缓慢的原因是去离子罐（图 4-41）性能降低，在调拨备用去离子罐同时，为了促使电导率尽快下降，调整变频器循环水温度参数，改变内循环水三通温控阀开度，加快电导率下降速率，当电导率降低至 0.45μs 以下后，满足启机条件。

图 4-41　去离子罐

三、改进措施及建议

本次故障停机的主要原因是2#压缩机的励磁机润滑油流量计板卡故障造成润滑油流量值失真，触发保压停机。改进措施及建议如下：

（1）对润滑油流量计系统检查与升级。

（2）在考虑设备可靠性和安全性基础上论证取消润滑油流量计的可能性，防止误报警造成停机。

（3）定期检查去离子罐性能状态，发现性能下降后及时更换。

案例 4-19 主备润滑油泵切换油压无法保持导致停机

一、故障描述

2019年11月30日站控系统发出报警，显示1#国产电驱压缩机组润滑油总管压力低低报警，机组ESD锁定停机。站控SCADA系统报警记录显示，报警信息依次为润滑油总管压力低、润滑油泵出口压力低、润滑油总管压力低低。

查看润滑油总管压力曲线图发现润滑油总管压力下降至0.1MPa（停机值）以下。机柜间UCS系统停机联锁记忆画面显示润滑油总管压力低低三取二联锁，判定由于润滑油系统压力低低导致1#机组故障停机。

二、故障处理过程及原因分析

现场查看UCS系统报警记录显示1#润滑油泵远程控制故障。随后将1#压缩机组的两台润滑油泵状态、润滑油总管压力、润滑油泵出口压力历史趋势进行比对，发现1#润滑油泵故障停运后，2#润滑油泵检测到泵出口压力降低至0.6MPa后立即启动，在2#润滑油泵启动过程中润滑油总管压力迅速下降至0.1MPa以下，润滑油总管压力低低联锁保压停1#压缩机组。

直接原因：1#润滑油泵故障停运，润滑油总管压力降至0.1MPa以下，三取二联锁造成1#压缩机保压停机。

间接原因：1#润滑油泵故障停运，2#润滑油泵虽立即启动，但由于是变频软启动的原因，启动过程延时较长（10s），未及时补充足够压力，造成润滑油总管压力迅速下降至停机值。

12月4日变频器厂家施耐德技术人员来站进行现场检查，确认为由于通信电缆与动力电缆信号干扰造成1#润滑油泵变频器故障停运。随后进行处理，将外显示屏控制线由显示端口移至远传控制端口，24V控制电源并联电容以及对变频器内部数据线外层包裹锡箔纸进行信号屏蔽，处理完成后进行现场试运，所有润滑油泵均能正常运行。另外站场工作人员又对润滑油系统的蓄能装置进行了压力补充，进一步增加油泵切换过程中压力维持时间。

三、改进措施及建议

（1）本次1#润滑油泵变频器故障停运的原因为通信电缆与动力电缆信号干扰，建议新建工程做好信号线缆敷设和屏蔽工作，定期检测屏蔽电缆对地电阻（要求小于1Ω），超出范围应及时改造。

（2）部分新投产沈鼓机组的滑油蓄能装置未安装压力表，值班人员无法通过巡检确认压力是否正常，建议运行单位对有此类问题的压气站进行改造，杜绝安全隐患，避免再次发生因设备及系统缺陷引起的非计划停机。

第五章 离心压缩机及辅助系统故障分析与处理

离心压缩机本体故障较少，一旦发生本体故障，往往需要进行抽芯检查甚至返厂维修，造成机组不备用，严重影响设备可用率。本章汇编了典型的压缩机本体故障案例，辅助系统故障案例中，大部分为仪表控制类故障，主要包括误报警、信号干扰、误动作等原因引起，辅助系统故障除会引起压缩机组非计划停机外，也可能会造成压缩机本体的损坏，如防喘阀执行不力可能导致喘振造成压缩机本体损伤等。

第一节 离心压缩机本体故障

案例 5-1 离心压缩机叶轮故障

一、故障描述

西气东输三线西段某站配备了 4 套 GE 公司的 PGT25+SAC \ \ PCL603N 燃驱离心压缩机组。2014 年 9 月开展机组投产测试，在测试过程中出现 1#机组离心压缩机止推轴承副推力轴承温度高于报警设定值、径向振动高于报警设定值，2#、3#、4#机组离心压缩机径向振动高于报警设定值、转速达到第一临界转速时振动高于连锁值等问题，机组测试工作被迫中断。

对压缩机进行孔探检查，发现 4 台压缩机入口导叶固定螺栓均发生断裂现象，1 级叶轮出现不同程度损伤的情况。根据以上情况，有必要对压缩机机芯解体，检查分析压缩机受损原因。

二、故障处理过程及原因分析

1. 现场检查

对 4 台压缩机抽芯解体检查，确认 4 台离心压缩机入口导叶固定螺栓均有不同程度拉伸变形或断裂脱落等现象，离心压缩机叶轮、隔板出现不同程序的损伤，具体情况如下。

1) 入口滤网压缩机检查情况

拆卸 4 台压缩机入口短节，检查入口进气滤网，未发现破损现象。

2) 干气密封拆卸检查情况

（1）1#机组离心压缩机非驱动端干气密封未发现明显损伤。

(2) 2#机组离心压缩机非驱动端干气密封高压侧迷宫密封定位螺钉有2颗断裂脱落，在入口导叶与非驱动端端盖间形成的密封腔体内发现。

(3) 3#机组离心压缩机非驱动端干气密封高压侧迷宫密封紧固螺栓有1颗断裂脱落，在入口导叶与非驱动端端盖间形成的密封腔体内发现。

(4) 4#机组离心压缩机非驱动端干气密封未发现明显损伤。

3) 压缩机机芯内部损伤情况

1#机组离心压缩机入口导叶8颗螺栓中位于4点和6点钟位置固定螺栓断裂，断裂螺栓在叶轮或隔板流道内。第1、2级叶轮损伤严重，有明显材料缺失、翻边现象，轴上叶轮定距套外表面有明显的击打痕迹，第3级叶轮有轻微击打凹坑损伤(图5-1)。第1级入口隔板有较明显击打凹坑，第2级隔板有明显损伤和材料缺失现象，梳齿密封面有明显击打损伤、磨损痕迹。

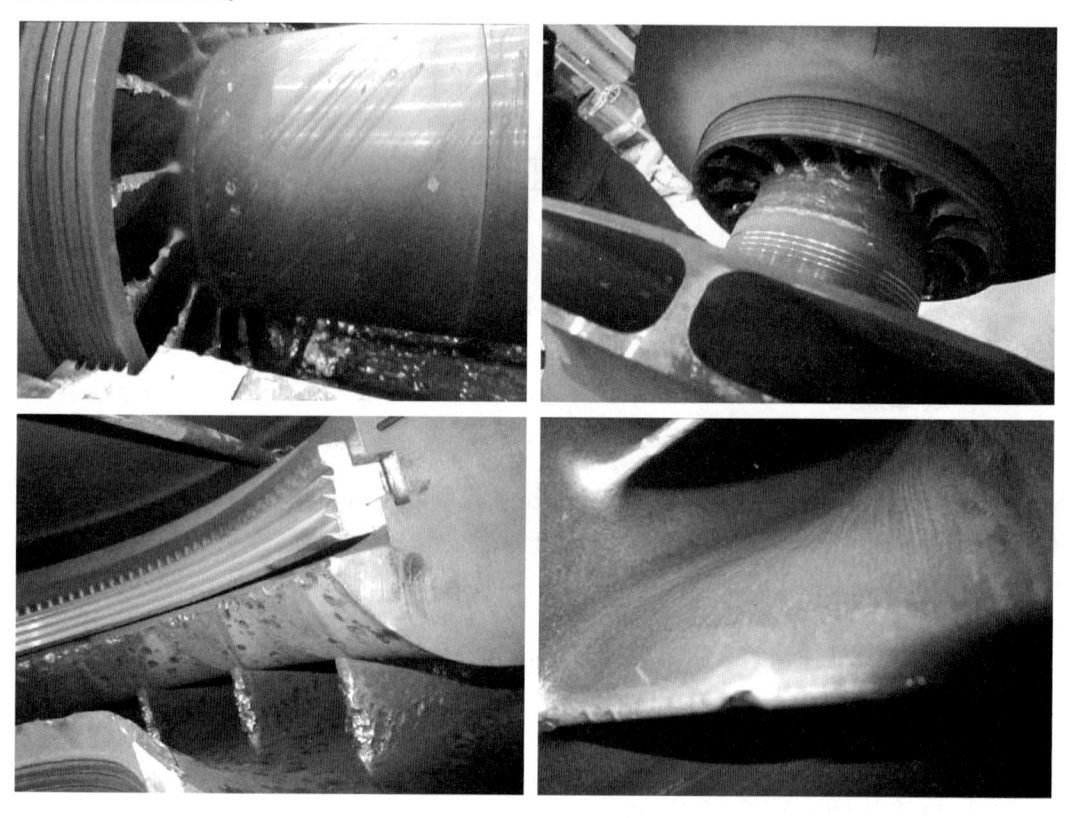

图 5-1 叶轮损伤情况

2#机组离心压缩机入口导叶8颗固定螺栓有3颗断裂，另外位于3点钟和9点钟位置固定螺栓有明显变形拉伸现象。第1级叶轮有轻微损伤，第2、3级叶轮未发现损伤。第1级梳齿密封面有明显击伤痕迹，但梳齿完好，其他部位未发现损伤痕迹。

3#机组离心压缩机入口导叶8颗固定螺栓有5颗断裂，另外有2颗固定螺栓有明显变形拉伸现象。第1级叶轮有明显金属缺失及轻微翻边现象，第2、3级叶轮未发现明显损伤。叶轮入口梳齿密封面有密集的凹痕，其他部位未发现明显损伤痕迹。

4#机组离心压缩机入口导叶8颗固定螺栓有5颗断裂。第1级叶轮有严重的金属缺失现象,叶轮入口流道内表面有密集的击伤凹坑,定距套表面有轻微的击打凹痕,第2、3级叶轮有轻微损伤。第1级隔板有金属缺失。叶轮入口梳齿密封面有密集的凹痕。

2. 原因分析

1)压缩机入口短节滤网

拆卸压缩机入口短节,检查入口短节过滤器,滤网表面洁净无损伤、骨架完好、焊缝无开裂、支撑筋板牢固、外部金属网无外物击打损伤痕迹。

2)入口导叶固定螺栓

离心压缩机入口导叶固定螺栓锁紧方式,采用GE公司在BCL/PCL系列离心式压缩机通用设计。同时,现场的安装方式符合技术规范要求。

入口导叶固定螺栓为M20,材质为X12Cr13,最大屈服强度450 MPa,最大抗拉强度650 MPa。检查离心压缩机入口导叶固定螺栓断裂面及其外观,部分螺栓存在明显的拉伸变形现象。通过该型螺栓的实验验证,入口导叶螺栓承受了很大的静态拉应力,超过其屈服极限后发生拉伸变形直到断裂。对入口导叶承载面所能承受的最大差压进行理论计算。

入口导叶承载面所能承受的总推力:

$$F = 8 \times 0.01693 \text{m}^2 \times 450 \text{MPa} = 810001.9674 \text{N}$$

其中,0.01693m^2 为入口导叶固定螺栓截面积。

入口导叶承载面积:

$$A = (0.606^2 - 0.184^2) \times \pi / 4 = 0.2617033 \text{m}^2$$

其中,0.606m 为入口导叶承载面最大直径处,0.184m 为入口导叶承载面最小直径处。

入口导叶承载面所能承受的最大压差:

$$DP = F/A = 810001.9674/0.2617033 = 3.1 \text{MPa}$$

通过以上的计算数据得出,当压缩机入口导叶两侧压差超过3.1MPa时,就会使得入口导叶固定螺栓发生拉伸变形,超过最大抗拉强度后断裂。

3)干气密封系统

在4台PCL603N离心压缩机入口导叶固定螺栓断裂分布情况中发现,主要分布在安装面4:30~6:00区域(图5-2),而在此区域为非驱动端干气密封供气通道。在离心压缩机启动过程中,密封气会通过此通道到达非驱动端干气密封。当密封气压力大于工艺管路天然气压力时,就会在入口导叶两侧产生压差,使得入口导叶的固定螺栓产生拉应力。

(1)干气密封供气控制流程。

一般情况下,在PCL603N离心压缩机充压阶段,密封气引自压缩机出口汇管,通过压差调节阀(PDCV3153)、旁路孔板(FO3151)和旁路阀门(XV3770)配合工作,调节干气密封供气与平衡气压差(PDIT3153)在50kPa左右后供入干气密封。当压缩机进口压力(PIT3785)与出口汇管压力(PIT3769)压差

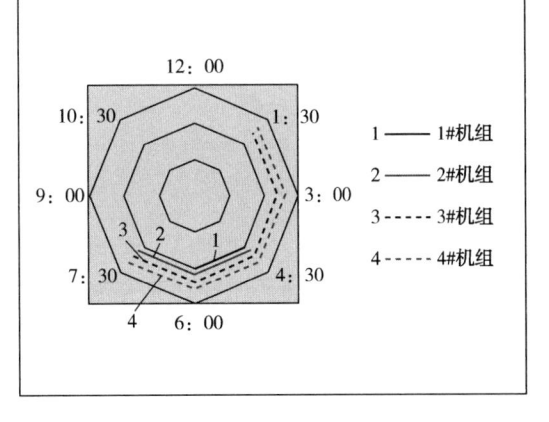

图5.2 入口导叶固定螺栓断裂分布情况

小于等于150kPa时，干气密封增压橇开始工作，增压橇供气管路阀门(XV3769)打开，此时在干气密封供气系统中的旁路阀门(XV3770)打开，密封气通过此阀直接供入压缩机两端干气密封，没有经过压差调节阀(PDCV3153)和旁路孔板(FO3151)的调节。当压缩机进口压力(PIT3785)与出口汇管压力(PIT3769)压差大于200kPa时，干气密封增压橇停止工作，增压橇供气管路阀门(XV3769)关闭，此时在干气密封供气系统中的旁路阀门(XV3770)关闭，密封气通过压差调节阀(PDCV3153)和旁路孔板(FO3151)的调节后进入压缩机两端干气密封(图5-3)。

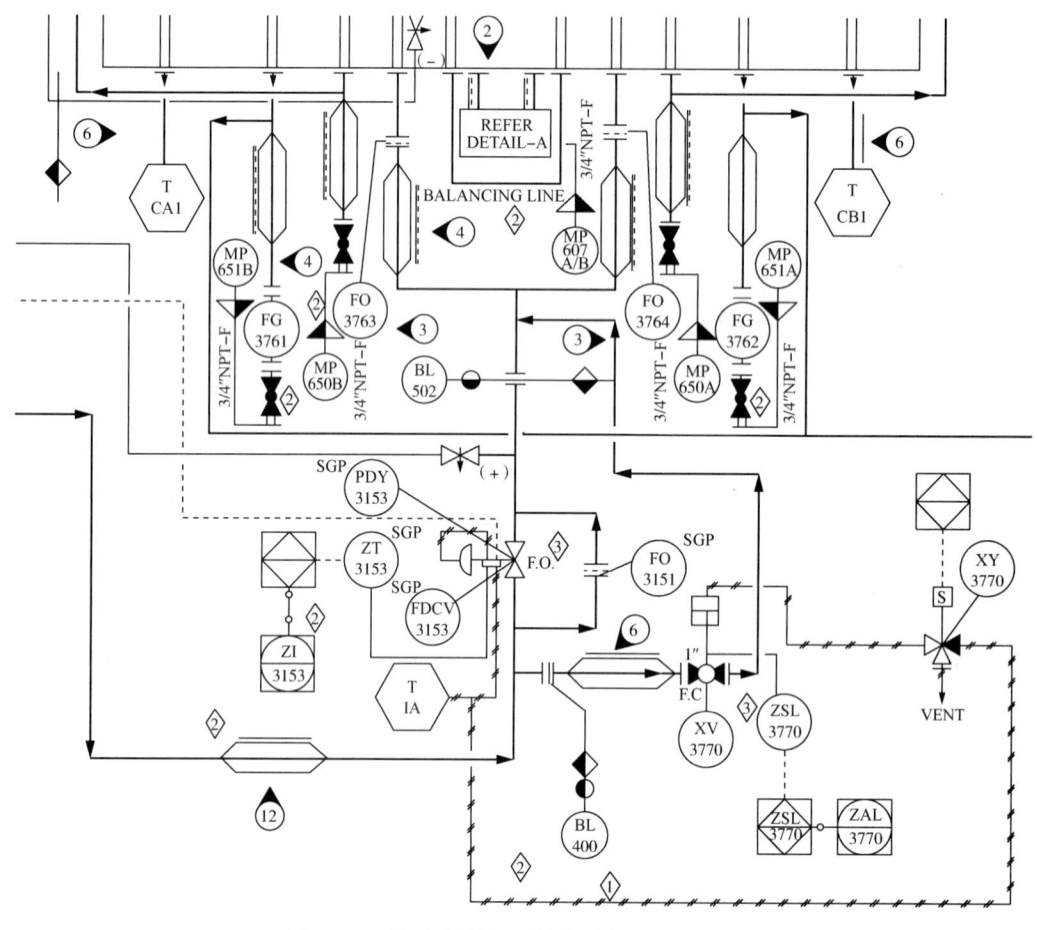

图5-3　干气密封供气系统旁路阀门(XV3770)

而在PCL603N离心压缩机泄压放空过程中，发现增压橇供气管路阀门(XV3769)关闭，说明此时干气密封增压橇是停止工作的状态。而干气密封供气系统旁通阀门(XV3770)全开，压差调节阀(PDCV3153)全关，此时密封气是由增压橇的旁路提供。在图中所示的干气密封供气与平衡气压差(PDIT3153)显示高报警(H：100kPa，L：20kPa)，288.59kPa应为满量程显示，具体数值无法确定，那么在入口导叶两侧就存在具体数值无法确定的较大差压。此种情况在4台机组的趋势图中都出现过。

(2) 干气密封

PCL603N离心式压缩机两端采用的是FLOWSERVE公司的干气密封，此种干气密封不同于 BURGAMANN 和 JOHN CRANE。它将迷宫密封、串联式干气密封和隔离密封进行一体式设计，提高了设备的集成度，简化了现场维检修作业。

在 2#和 3#压缩机入口导叶与非驱动端端盖间的密封腔内发现了断裂的迷宫密封定位螺钉。从 5-3 图所示的安装位置发现，迷宫密封的定位螺钉的安装位置应在入口导叶与端盖的结合面处。可以推测入口导叶螺栓断裂后，入口导叶轴向位移增大而使得迷宫密封定位螺钉承受剪切力断裂。

3. 分析结果

（1）断裂的入口导叶固定螺栓及其锁套在 PCL603N 离心式压缩机运转过程中吸入叶轮，导致机芯内部叶轮严重损坏。

（2）PCL603N 离心式压缩机的入口导叶设计存在缺陷。入口导叶与端盖的结合面存在明显的间隙，高压气体可以进入其中，使得入口导叶在机械结构上只能承受 3.1MPa 的压差，存在安全风险。

（3）PCL603N 离心式压缩机在干气密封系统的控制逻辑上存在设计缺陷。机组在泄压放空过程中，干气密封供气系统旁通阀门（XV3770）全开，导致入口导叶承受无法监测的较高压差。

三、改进措施及建议

（1）针对同型号机组，开展结构优化，目前已完成所有机组结构的优化。

（2）对干气密封供气逻辑进行优化，将干气密封供气温度进行提升将设定值保持在 45℃以上。

案例 5-2　离心压缩机不平衡故障

一、故障描述

2016 年 9 月，西部管道西二线某压气站 3#离心压缩机启机时，压缩机两端轴承振动高报，其中非驱端高高报（高报警值为 70μm，高高报警停机值为 90μm），导致机组无法启机。通过查看站控上位机和 System1 振动趋势，发现该机组在过一阶临界转速时的振动值高达 115μm，而且振动值从投产时期就比 1#机组偏高，早在 2014 年就有过高高报警停机记录。

二、故障处理过程及原因分析

1. 临时处理措施

由于到达冬季用气高峰，无法进行机组返厂大修，为现场生产顺利开展，协调 GE 原厂家开展临时性处理措施。GE 公司对 3#机组前期运行的振动趋势进行了分析，发现机组只有在过临界时振动值会突然变大，然后振动值随转速的上升会逐渐下降，可以采取对启机过程中的振动报警进行短暂放大的方式保证机组启机。GE 公司根据振动大小和轴承间隙值对启机过程中的 Trip Multiply 放大系数进行了计算，西部管道公司对风险进行了评估。

最后 GE 厂家工程师将该机组启机过程中 Trip Multiply 的放大系数改为 1.25（此时振动高高报警值为 112μm），待后期具备作业条件后再进行处理。放大系数调整，如图 5-4 所示。

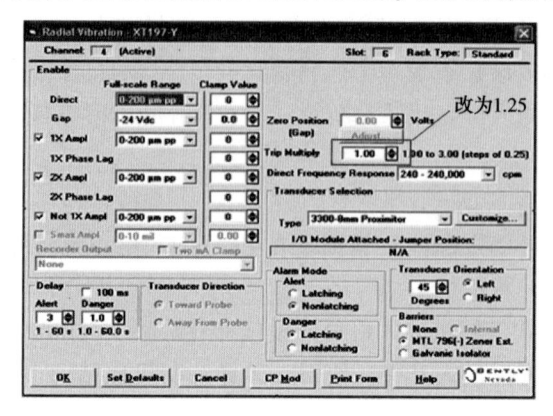

图 5-4　放大系数调整界面

图 5-4 将 XT-197X/Y，XT-196X/Y 四个通道的 Trip Multiply 值改为 1.25。修改报警值后，该机组能通过一阶临界转速，但是在通过临界转速后振动值仍然偏高，启机运行后振动高故障仍真实存在，对 2015 年 9—11 月 3#机的振动情况进行截屏整理，如图 5-5 所示。

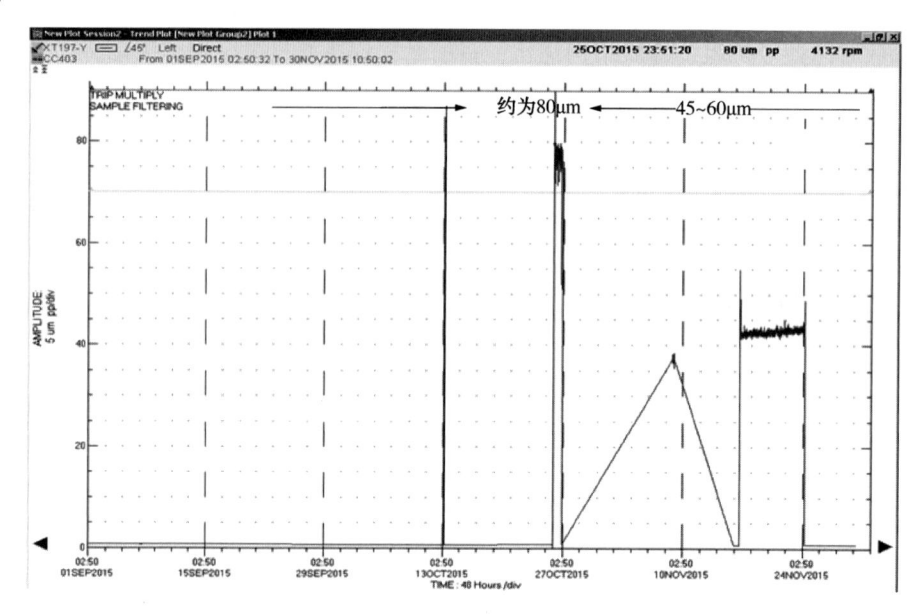

图 5-5　机组振动情况

2. 仪表及振动回路排查

（1）现场检查 XT-196X/Y、XT-197X/Y 探头和接线，前置放大器供电电压为-24V，振动探头间隙电压在-10V 左右，符合要求。

（2）查看振动历史趋势图，各振动探头无明显跳变，只有在过临界时才发生突变。

因此，可以排除振动探头及振动回路故障。

第五章 离心压缩机及辅助系统故障分析与处理

3. 外部排查

(1) 检查压缩机地脚螺栓有无松动。

(2) 检查联轴器筒体连接螺栓是否有松动或脱落。

(3) 拆卸机组联轴器护罩和中间短节，检查联轴器轮毂膜片有无损伤或断裂，测量动力涡轮与压缩机轴头法兰间距为1432.77mm，计算需添加的联轴器垫片数量为2片，实际垫片的数量为2片，均在GE手册要求的范围内。

(4) 测量压缩机轴承间隙为0.24mm，符合GE手册规范要求(0.19~0.25mm)。

经过上述检查，排除地脚螺栓松动、联轴器损坏和轴承间隙超标原因。

4. 运行原因分析

2016年9月，该机组启机时，机组入口流量、压力无大幅波动，压缩机轴位移检测正常，机组未发生喘振，排除工艺和运行原因。

5. 制造原因分析

(1) 调取3#机2016年9月振动图谱(图5-6)，发现XT-197X振动分量主要为1X倍频，而1X倍频分量偏大，大部分是由转子不平衡引起。

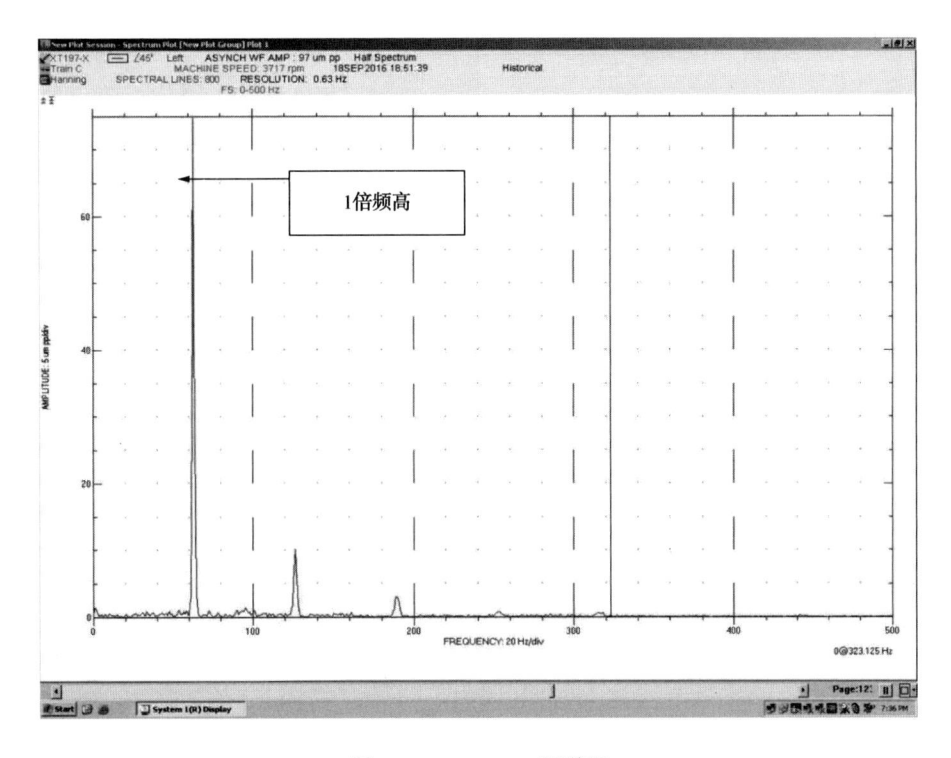

图 5-6 XT-197X 频谱图

(2) 查阅3#机组2016年1—4月运行报表(5—9月机组基本没运行)，XT-196X/Y，XT-197X/Y在5500~5800r/min转速下的振动平均值，见表5-1，发现197X/Y振动数据没有突变，而是一个缓慢增大的过程，可以排除压缩机叶轮损坏出现掉块或磨蹭、刮碰。

表 5-1　3#压缩机 1—4 月压缩机振动平均值统计表单位　　　　　单位：μm

探头名称	1月	2月	3月	4月
XT-196X	41.1	42.1	36.1	38.8
XT-196Y	39.9	41.3	41.3	44.6
XT-197X	47.9	48.6	52.5	56.8
XT-197Y	38.8	38.8	42.4	54.2

（3）分析 3#机振动相位趋势图 5-7 和 BODE 图 5-8，振动处于高位，相位基本不变，符合转子不平衡的基本特征。

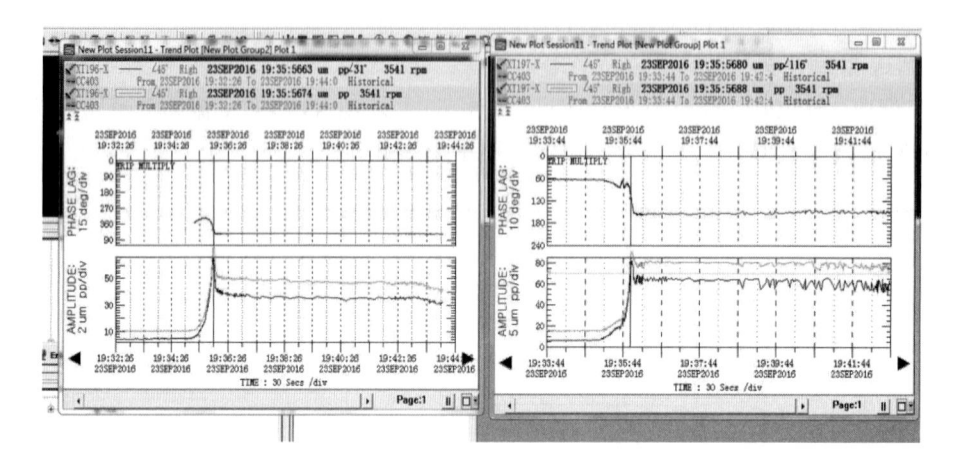

图 5-7　XT-196X 和 XT-197X 振动相位趋势图

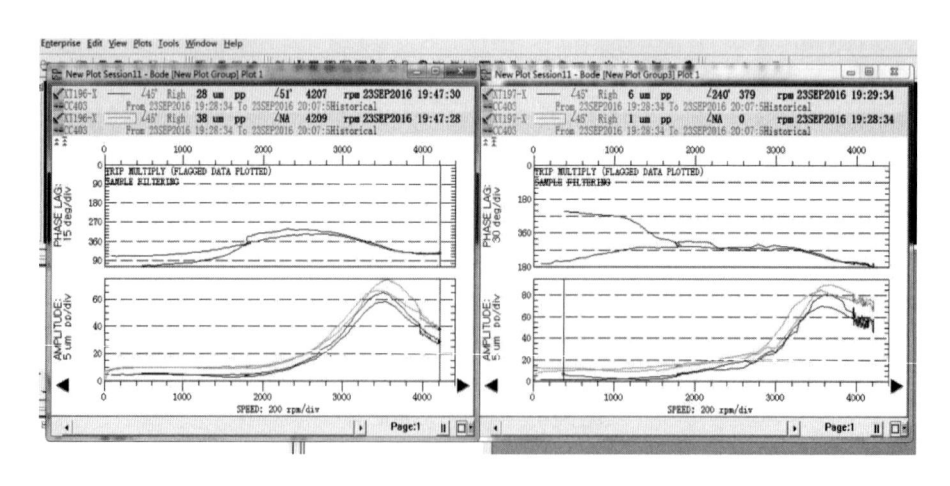

图 5-8　XT-196X 和 XT-197X　BODE 图

（4）分析瀑布图，振动频谱分布情况以 1X 倍频为主，其他分量较小，如图 5-9 所示，该图谱同样显示转子不平衡特征。

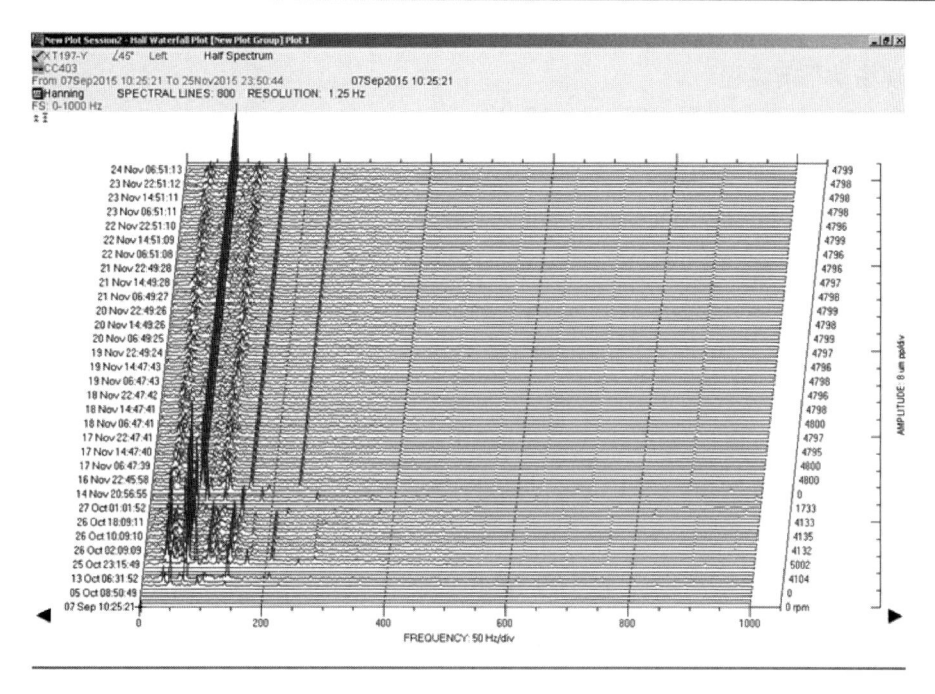

图 5-9　XT-197Y 瀑布图

（5）通过转子不平衡振动特征分析（表5-2），进一步确定不平衡类型，确定处理措施。通过查询3#机投产测试报告，发现3#机在投产期间振动就高于其他机组，且2014年8月就已经出现过振动高跳机的记录，结合该机组2011年投产，机组运行时间相对较短，可以排除结垢引启机组振动高。

表 5-2　转子振动不平衡振动特征表

序号	特征分量	原始不平衡	渐变不平衡	突变不平衡
1	时域波形	正弦波	正弦波	正弦波
2	特征频谱	1X	1X	1X
3	常伴频率	较小的高次谐波	较小的高次谐波	较小的高次谐波
4	振动稳定性	稳定	稳定	稳定
5	振动方向	径向	径向	径向
6	相位特征	稳定	渐变	突发后稳定
7	轴心轨迹	椭圆	椭圆	椭圆
8	进动方向	正进动	正进动	正进动

综上所述，确定3#压缩机振动高的原因为转子原始不平衡。

6. 故障处理

1）方案选择

3#压缩机的振动在启机过程中超过112.5μm，无法启机，耽误了现场生产任务，必须对转子进行动平衡处理，让振动值符合标准。压缩机动平衡的调整方法一般有转子离机平衡和现场动平衡，根据现场生产实际情况和维修条件，选择开展现场动平衡。

2）现场动平衡流程

现场动平衡开展的过程如图 5-10 所示。

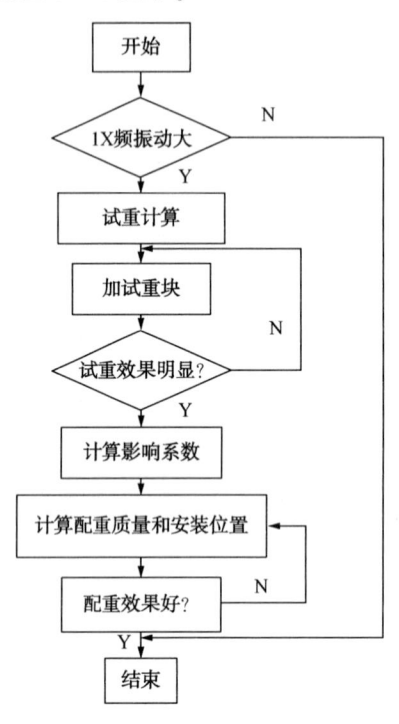

图 5-10 影响系数法动平衡流程图

3）现场实施

（1）准备工作。

① 检查记录 3#机组及辅助系统运行工艺参数，确认压缩机转子振动报警、联锁停机设定值，并对其他参数进行核实，确保动平衡工作完成后其他参数设定正常，统计结果见表 5-3。

表 5-3 西二线 GE 机组压缩机跳机信号

序号	跳机参数	仪表位号	报警设定值
1	矿物油箱压差	PDIT-176	HH=0.5kPa（应为负值）
2	矿物油滤出口温度	TE-105	L=50℃，H=72℃，HH=79℃
3	矿物油总管压力	PIT-182	LL=90kPa，L=140kPa，H=160kPa，
4	压缩机轴承振动	XT-196X/Y，XT-197X/Y	H=70μm，HH=90μm
5	压缩机轴位移	ZT-138	H=±0.5mm，HH=±0.7mm
6	第三级密封进气压力	PIT-750	L=250kPa，LL=150kPa
7	干气密封第一级放空压力	PIT-755，PIT-757	HH=500kPa
8	干气密封加热器温度	TE-208	HH=100℃

第五章　离心压缩机及辅助系统故障分析与处理

续表

序号	跳机参数	仪表位号	报警设定值
9	干气密封加热器出口温度	TIT-207	H=40℃，HH=100℃
10	干气密封增压器压差	PDT-779	L=90kPa，LL=50kPa
11	工艺气加载阀压差	PDIT-775	LL=0.1MP
12	压缩机入口过滤器压差	PDIT-780	H=50kPa，HH=100kPa
13	压缩机出口压力	PIT-782	H=11.85MP，HH=11.95MP
14	压缩机出口温度	TIT-783	H=85℃，HH=90℃

② 最后一次启机振动图谱如图5-11所示，振动值96μm，相位角70°。

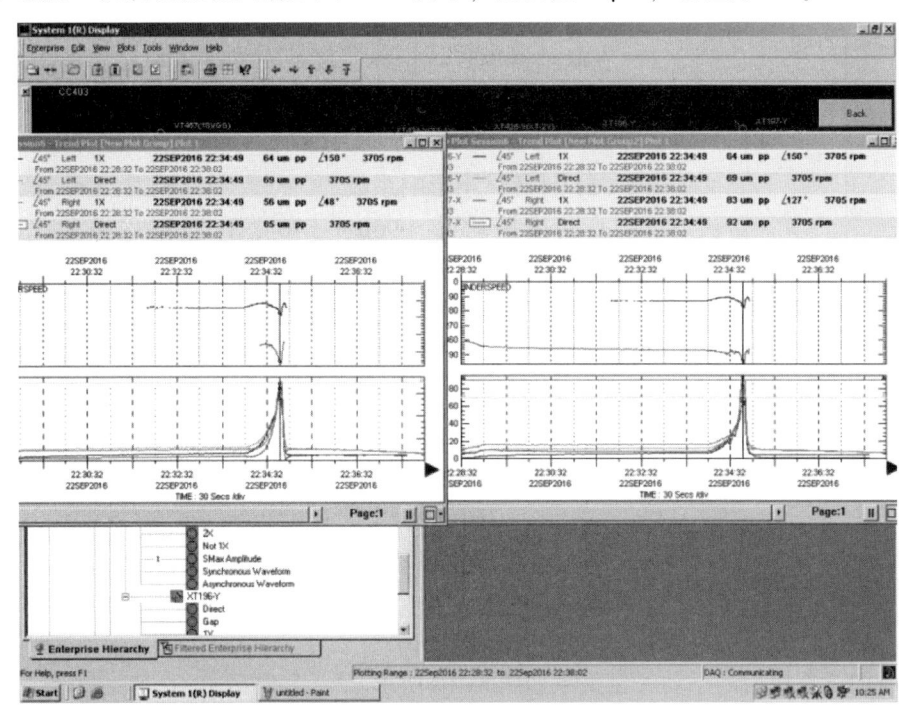

图5-11　最后一次启机振动图谱

（2）标记0°相位角。

拆卸联轴器与联轴节螺栓，盘动动力涡轮转子，确认压缩机转子键相位零点，使用吊带及倒链缓慢盘动压缩机及动力涡轮转子，在JB1接线箱或UCP3本特利3500/25机架上测量KE-423间隙电压，当电压突变时即为键相位的零点，并在联轴器上做好0°、90°、180°、270°标记，如图5-12所示。

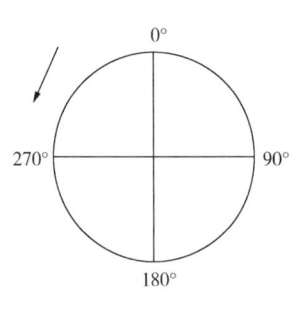

图5-12　压缩机侧联轴器上标记图

（3）计算试重块质量。

根据式(5-1)计算试重质量：

$$m_t = \frac{Mx}{(10 \sim 15)r(n/3000)^2} \tag{5-1}$$

式中：m_t 为试重块的质量，g；M 为转子质量，二级叶轮 1487.5，kg；x 为振幅-与转速对应，选取 96μm，μm；r 为试重安装半径，实际测量并与联轴器图纸对照，mm；n 为转速，选取 4000r/min。

经计算，m_t 理论计算值为 48.6g。

（4）实际试重块质量。

考虑到机组正常转速为 5800r/min，且转速越高，质量块影响越大，同时联轴器部位增加的质量块位置有限。为安全起见，一般比计算的结果，适当减少试重，最后根据现场实际情况，增加的质量块质量为 25g。

（5）初次安装试重块。

在联轴器短节与轮毂连接处安装试重块，质量 25g，相位角 36°附近，如图 5-13 所示，连接螺栓以 100N·m 的力矩紧固。

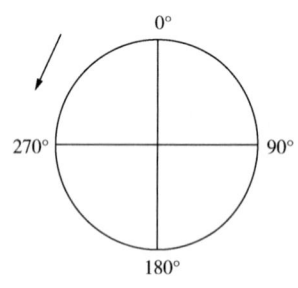

图 5-13 试重块安装位置图

（6）计算试重影响系数。

① 初始振动 $x_0 = 96$μm∠70°，试重以后振动 $x_1 = 79$μm∠141°，试重影响 X_2，计算影响系数 a_{ij}，记为 $a∠a$。

$$a_{ij} = \frac{\text{加试重后振动矢量} - \text{原始振动矢量}}{j \text{平面上加的试重}} \tag{5-2}$$

其中，i 为轴承号，即采集振动信号的位置；j 为加试重径向平面位置号。

$$a_{ij} = \frac{X_2}{25∠36°} \tag{5-3}$$

$$a_{ij} = \frac{101∠201°}{25∠36°} \tag{5-4}$$

计算影响系数为：

$$a_{ij} = 4.04∠165° \tag{5-5}$$

② 增加试重块后的振动矢量关系如图 5-14 所示。

（7）根据影响系数，计算配重质量。

$$M_a = \frac{X_0}{a_{ij}} \tag{5-6}$$

计算得：$M_a = 23.7g∠-95°$

（8）安装配重块

恢复机组隔离和管路，启机测试，振动图谱见图 5-15。

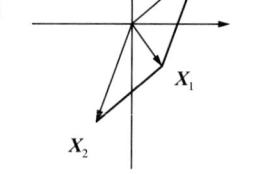

图 5-14 矢量关系图

7. 实施效果对比

压缩机转子进行现场动平衡调整后，试重块的质量为 25g、相位角为 36°，配重块的质量为 24g、相位角为 265°，3#机顺利通过一阶临界转速，并且随着转速的提升，振动随之下降，最终测试转速 5700r/min。测试完成后，对振动情况进行了对比，如表 5-4、图 5-16、图 5-17 所示。

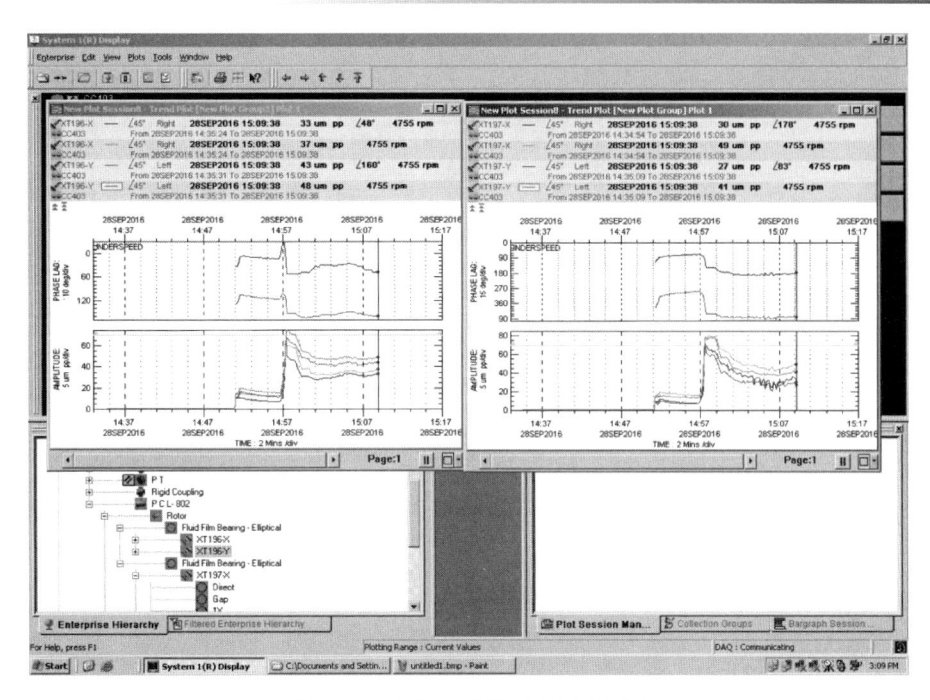

第五章 离心压缩机及辅助系统故障分析与处理

图 5-15 增加配重块后的振动图谱

表 5-4 动平衡开展前/后不同压力、转速对应振动值 单位：μm

探头位号	动平衡前振动最大值（无法启机）	动平衡后振动值（入口压力 6.3MPa，临界转速时）	动平衡后振动值（入口压力 9.1MPa，临界转速时）	动平衡后振动值（入口压力 9.1MPa，转速 5700r/min）
XT-196X	69	69	60	28
XT-196Y	79	70	75	42
XT-197X	97	70	70	40
XT-197Y	大于 112.5	63	80	32

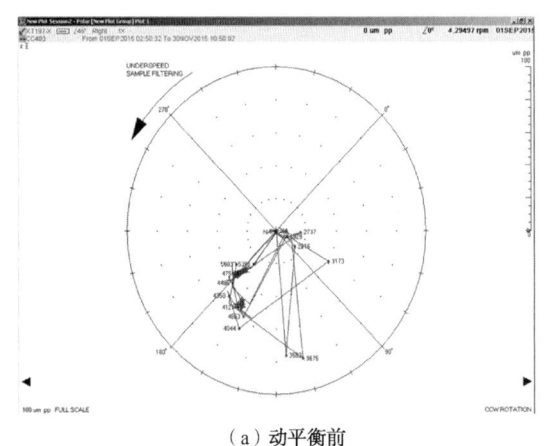

（a）动平衡前　　　　　　　　　　　（b）动平衡后

图 5-16　3#机动平衡开展前后极坐标图谱对比

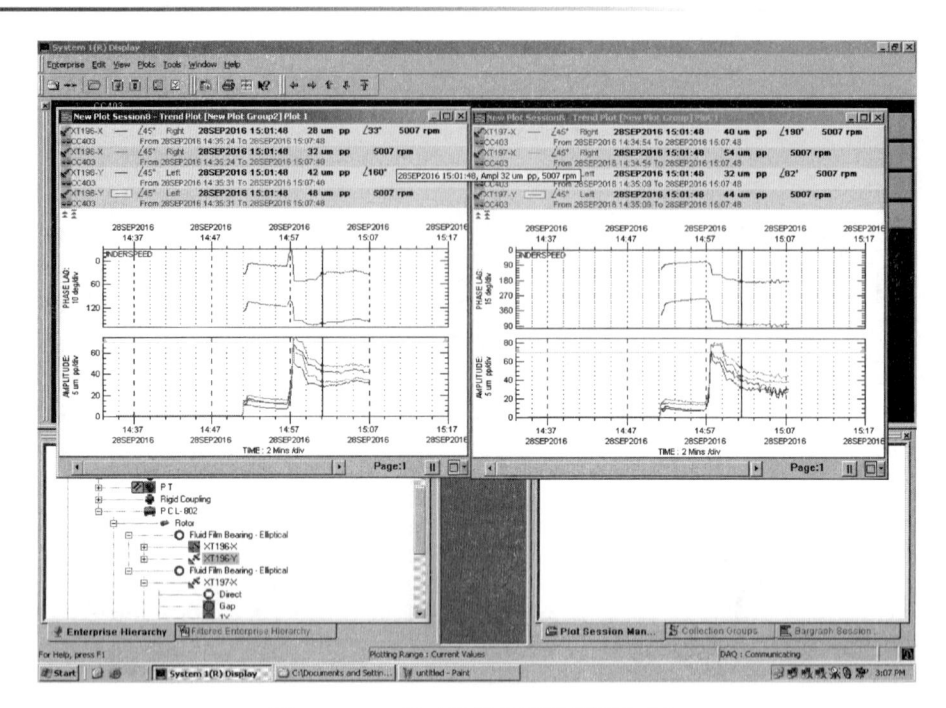

图 5-17 3#机动平衡前后振动图谱对比

三、改进措施及建议

在确认转子失衡的情况下，分析是何种类型的不平衡，针对不同类型的不平衡，应用不同的平衡技术，消除不平衡现象，达到设备平衡的目的。对于由于动平衡造成转子振动高的问题，可以通过现场动平衡进行临时处理，在度过了冬季保供期后，该机组已返厂进行动平衡，返回现场运行振动数据恢复正常。

案例 5-3 离心压缩机叶轮故障

一、故障描述

某压气站配备 3 台电驱曼透平离心压缩机组，编号为 DY401、DY402、DY403，2011 年 1 月 9 日至 19 日期间，三台压缩机先后出现故障，详情如下。

1. DY403 号机组故障情况

2011 年 1 月 9 日，压气站 DY401 机组与 DY402 机组并联运行，07：22DY401 机组由于喘振停机，遂启动 DY403 机组，机组暖机后开始提速时，DY403 压缩机驱动端 VT4402X 振动测点、VT-4402Y 振动测点，压缩机非驱动端 VT-4405X 振动测点、VT-4405Y 振动测点的振动值发生突变，导致机组停机。因此再启动 DY401 机组，令 DY401、DY402 双机运行。

2011 年 1 月 12 日，组织曼透平公司处理 DY403 机组的故障，对压缩组进行抽芯检查。1 月 18 日机芯抽出，经检查发现：机壳驱动端的检修螺栓孔一号位置的封堵螺杆断裂，断裂的螺栓将内芯捣出一处凹陷；第三级叶轮严重损坏，叶轮盖的外缘多处缺损，且叶轮盖开裂(图5-18和图5-19)。

图5-18 叶轮损坏

2. DY402号机组故障情况

2011年1月17日17：18，正在单机运行的DY402压缩机组驱动端在没有发生工况变化的情况下，出现振动值突变报警，振动值由35.9μm突变为48.5μm后回落稳定至44μm。经检查发现VI-4205X、VI-4202X、VI-4202Y均有振动值突变情况发生。

鉴于DY403机组叶轮损坏的情况，组织曼透平公司对DY402压缩机进行抽芯检查。1月20日DY402机芯抽出，经检查发现：机壳一号封堵螺杆断裂，断裂的螺栓同样将内芯捣出一处凹陷；第二级叶轮的入口处叶片多处缺损；第三级叶轮的叶片入口有缺损和撞击痕迹。

图5-19 螺栓断裂

3. DY401号机组故障情况

2011年1月19日15：10，操作员在机组画面监控中发现DY401压缩机组驱动端VI-4105Y突然发生突变，振动值由27μm上升至42μm，超过报警值。根据前两台的状况，组织曼透平公司对DY401压缩机抽芯检查。1月21日，DY401机芯抽出，经检查发现：第三级叶轮轮盖的外缘有两处缺损，其中一处缺损较大。

二、故障处理过程及原因分析

(1) 除两个第三级叶轮现场发现可见损伤外，在叶轮的叶片与轮盖焊接处还发现了裂纹(图5-20)。

(2) 第三级叶轮盖损伤的主要原因是机组过载引起叶轮出口气流高频涡旋，高频涡旋的激振导致轮盖在受力最大处疲劳失效而出现损伤。

图 5-20 裂纹

（3）在转子的沉积物中发现了汞的化合物，该化合物对叶轮焊接材料具有腐蚀作用，此腐蚀作用与气流激荡振力共形成的应力腐蚀导致叶片与轮盖焊接生成裂纹。

（4）由于共振而导致了封堵螺杆断裂。

（5）由于操作系统中压缩机流量计算有误，系统显示的流量小于实际流量，导致压缩机长期在过载工况区运行。在过载流量下，气流在机内的流动方向偏离设计方向过多而在第三级叶轮出口处形成高能量的气流涡旋。

三、改进措施及建议

（1）曼透平公司重新测试并修正机组现场压缩机计算流量。

（2）将第三级出口的有叶扩压器更换为无叶扩压器，以减少在大流量下气流涡旋的形成。

（3）叶轮盖不再采用钎焊方式，改为电焊方式焊接。

（4）设计、制作、安装检修螺栓的封堵螺杆，使其固有频率离开工作频率。

第二节 润滑油系统故障

案例 5-4 电驱压缩机组矿物油流量分配问题

一、故障描述

（1）某站电驱 GE 机组调试启机过程中，当机组转速达到 3120r/min 时，根据程序辅助油泵自动停止供油，压缩机组供油由主供油泵完成，但在两个油泵切换过程中出现了供油压力不足，驱动端矿物油流量低跳机，现场将油泵切换时点改为机组转速达到 3400r/min 时，再次启机，报警没有出现。

（2）2009 年 10 月 27 日启机试验机组在启机过程中出现驱动端供油流量低报警停机，现场监测到的数据是驱动端矿物油流量 29L/min，非驱动端矿物油流量 32L/min，励磁端矿物油流量 3L/min，供油泵供给压力是 155kPa，供油孔板直径 17mm，现场调节供油流量和压力后始终不能全部达到设计流量和压力，数次出现因矿物油流量低导致电动机跳机，压缩机无法正常启动运行。

二、故障处理过程及原因分析

经 GE 公司、西门子公司、施工单位、监理及业主代表共同协商各方意见优化后达成如下共识：提高供油泵供给压力 200kPa；再次启机在现场监测到的数据是驱动端矿物油流量 30L/min，非驱动端矿物油流量 33L/min，励磁端矿物油流量 3L/min，供油泵供给压力是 200kPa，机组运行不稳定仍出现供油流量低报警停机。各方多次探讨后决定将供油孔板直径由 17mm 扩大到 19mm，改造后，供油孔板前管线压力 240kPa，供油孔板后管线压力 185kPa，各项矿物油参数刚刚满足设计要求，达到机组运行条件。

机组运行 24h 后，在励磁端矿物油流量计后接口泄漏量开始增加，判断是供油压力过高导致密封泄漏，停机重新密封励磁端矿物油流量计后接口，降低供油压力，将供油孔板直径由 19mm 扩大到 21mm，各项参数无明显变化，驱动端油流量始终为 29L/m，无法提高。

经 GE 公司确认在给定条件下供油孔板直径为 17mm 情况下可以满足电动机用油需求，将供油孔板直径 21mm 换回直径 17mm 孔板，西门子公司代表重新调整了供油流量报警停机值。表 5-5 和表 5-6 分别为西气东输各电驱站电机供油参数设定表和供油管线参数表。

表 5-5　西气东输各电驱站电动机供油参数设定表

位置	额定流量 L/压力	淮阳站设定流量 L/压力	郑州站设定流量 L/压力	玉门站设定流量 L/压力
驱动端	30m/1.38bar	25m/1.38bar	30m/1.38bar	30m/1.35bar
非驱动端	35m/1.38bar	31m/1.38bar	35 m/1.38bar	35m/1.2bar
励磁端	3m/0.8bar	1.4m/0.8bar	3m/0.8bar	3m/0.8bar

表 5-6　西气东输各电驱站电动机供油管线参数表

位置	淮阳站直径/长度	郑州站直径/长度	玉门站直径/长度
驱动端	26.5mm/2.2m	26.5mm/2.2m	26.5mm/2.2m
非驱动端	26.5mm/2.1m	25mm/2.14m	26.5mm/2.14m
励磁端	21mm/2.3m	22mm/2.5m	21mm/2.5m

根据表中数据可以看出，淮阳站矿物油流量报警值设定已接近电动机允许的下限，机组运行时油温、压力等略有波动就有可能导致停机甚至是烧毁轴瓦。现场实际采集数据：2010 年 5 月 10 日 10：30 淮阳站 1#压缩机转速 3970r/min，油温 54.5℃，轴头泵压力 563kPa，电动机侧供油管线压力 152kPa，孔板直径 17mm，孔板处压力 176.5kPa；现场供油流量，驱动端 29L/m，非驱动端 32.5L/m，励磁端 3.2L/m；现场供油压力，驱动端 1bar，非驱动端 0.8bar，励磁端 1.2bar。

三、改进措施及建议

（1）将供油管线直径改为 28mm 以上，增加供油量。
（2）缩短供油管线长度，减小管线压降。
（3）启机前保持机组矿物油温度在 50℃，增加矿物油流动性，减小摩擦阻力。
（4）减少供油管线上的各种连接件，减小矿物油阻力，提高流量。

案例 5-5　燃驱压缩机组油气分离器故障

一、故障描述

某站 GE 燃驱机组在核对以前抄写的压缩机参数时，发现运行的 1#压缩机油箱负压突

管道压缩机组典型故障处理与案例分析

然由原先稳定的-200Pa上升到120Pa左右，然后稳定在此值附近。油箱负压，达到400Pa会高报，达到500Pa机组就会停车。

从油箱顶部来的油雾气通过一根管道进入分离器，分离器为不锈钢筒，内装有玻璃纤维筒。润滑油在筒内经过玻璃纤维的吸附作用，将油雾中的微小油滴吸附并通过罐底的管子引回到集油盒。初步过滤后的油气，再经过有三根滤芯的过滤器，油气内所含油雾基本除净。过滤器内润滑油通过罐底的管子回到集油盒，集油盒里的油通过顶部回油管返回到矿物油箱。过滤后的空气经罐顶部管道经抽风机FNL-1将空气排到安全区域。

二、故障处理过程及原因分析

在油箱负压值出现上升之后，发现两个压力表PI-681、PI-685示数正常，调节阀在正常位置，异常情况是油气分离器的振动变大，且内部有高频率撞击声音。

首先怀疑是油气分离器的三个排油管堵塞造成排油困难，进而导致进气量和排气量的下降。但三个油观察窗SG-682、SG-683、SG-690内都没有出现油，并通过排放废油箱的油，最后确定三个排油管是畅通的。接下来我们又检查了油气分离器放空管，没有发现堵塞的迹象，高空阻火器通过观察也是正常的。由于是在机组运行期间，没办法采取更多的措施，只是加强了对油箱负压的关注，数值比较稳定地保持在120Pa左右。

出现这种情况几天后，北调通知停1#机组。在停机后展开对油气分离器的检查。首先打开了油气分离器上部的过滤器，发现里面的滤芯完好无破损，表面很干净，如图5-21和图5-22所示。排除了滤芯压差高导致排气量不足的可能。

图5-21　油雾分离器滤芯　　　　　　图5-22　滤芯基本干净无杂物

根据PID图，分离器有一个旁通管，旁通管上有一个单向阀，当可被接受的总的油雾气压力达到40mmH$_2$O时，部分空气经单向阀会回流到分离器。分析振动大的原因可能是进气旁通阀频繁打开造成的；频繁打开也会造成从油箱抽气量的减少，造成油箱负压的升高。打开油气分离器进气筒后，发现用于压紧旁通阀圆盘的弹簧基本处于松弛状态，本应有一定压紧力的弹簧没有起到作用（图5-23和图5-24）。

可以明显看出，脱落的是一个卡环和一个垫片，该卡环的作用是固定旁通阀调节轴，以使在转动调节手轮时可以调节弹簧的松紧度。如果卡环松脱，调节轴在调节时会由于没有固定住而被逐渐抽出，也会影响压紧弹簧的位置。随着多次的调节，弹簧慢慢达到了自由伸长的程度。因为抽风机出口的压力要大于进口的压力，所以在弹簧不起作用后，大量的出口气量通过旁通阀进入进气口，油箱的负压升高也就顺理成章，而且会慢慢引起进出口气体压力的波动，导致旁通阀的反复打开，形成高频率的振动（图5-25和图5-26）。

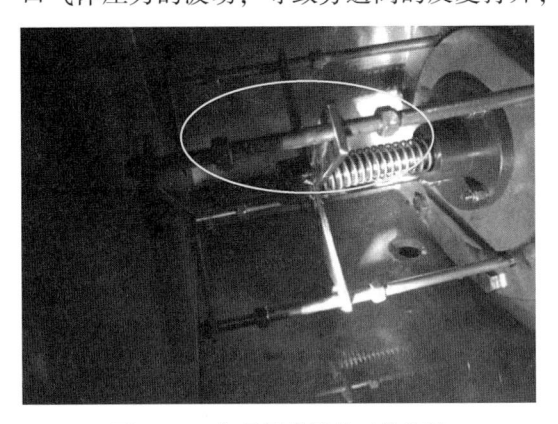

图 5-23 旁通阀弹簧的正常位置

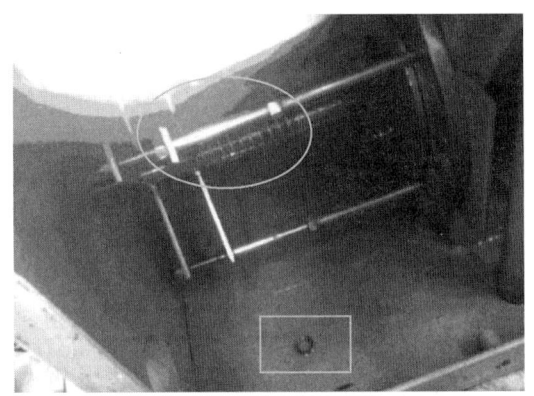

图 5-24 故障时旁通阀弹簧的位置

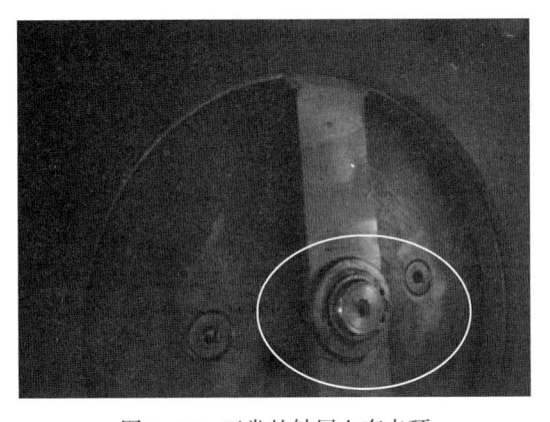

图 5-25 正常的轴尾上有卡环

图 5-26 轴尾上的卡环已脱落

三、改进措施及建议

（1）将卡环安装到旁通阀调节轴尾端后，按照正常的状态校准完旁通阀后，启动油气分离器和辅助油泵测试，发现油箱负压恢复到以前的正常值，保持在-370Pa左右。从处理完到现在已运行半年，油气分离器一直平稳工作，油箱负压也保持正常稳定。

（2）要对压缩机参数的变化保持高度的敏锐感，不管数值是不是处于报警状态，都需要倍加关注；压缩机定期保养或油气分离器振动较大时，要对油气分离器的旁通阀进行重点检查。

案例 5-6 机组油冷器风扇启动故障

一、故障描述

在日常的运行中某GE燃驱机组油温升高超过了55℃，此时主风扇启动以降低油温，当时机组转速为 3965r/min，在这个转速下机组油温在 5min 内并没有降低至 55℃，5min 之后，备用冷却风扇没有自动启动，在站控 UCP 界面上手动启动和在 MCC 柜上的就地启动备用风扇约 6s 后，变频器断路器 Q42 跳闸，MCC 柜故障灯亮。

二、故障处理过程及原因分析

在 GE 的这套油冷系统中，油冷风扇是由变频器驱动的，变频器为 ABB 的 ACS800 系列，这套变频器是由控制盘和传动单元组成的，其中的逻辑程序及控制参数储存在传动单元，而控制盘具有发送控制信号和显示作用。该油冷系统有远控和就地两种控制模式，当远控模式时由机组 UCS 控制界面发送命令，在探测到油温高于 55℃ 后，发送启动命令，也可在 UCS 控制界面直接手动启停任一风扇；就地控制盘在 MCC 柜上，当控制开关打在就地档位上时即可自动实现就地启动风扇，如果此时油温低于 55℃ 则风扇自动加速至满负荷开始冷却油温，如果油温远小于 55℃ 则转速为零，需从变频器控制盘 CDP312R 手动加速，此时转速可控。

当出现油温 55℃ 以上且保持 5min 没有降低，备用风扇没有启动时，用远控和就地两种方式下手动启动备用风扇，在启动命令发出 6s 后，变频器跳闸。因为在变频器跳闸后，其控制盘是不带电的，所以不能从控制盘上得到任何的故障信息。

根据上述分析，按照如下步骤进行问题查找：

（1）确认电动机是否故障。

将变频器系统断电后取下熔断器，在 MCC 柜动力电输出端测量是否是电动机三相短路或者接地故障，测量三相之间的阻值和接地电阻均接近无穷大，判断未发生短路和接地故障，可以初步判断不是电动机的故障。

（2）确认变频器是否完好。

将变频器的动力输出电缆断开，即使变频器不带负载，然后启动备用风扇，变频器依然跳闸，可以判断至少在电动机之前还有故障点。然后再向前检查变频器本身是否故障，处理方法只能是拆下变频器，将一个备用变频器换下带有备用风扇的变频器，此时的变频器内是没有任何数据的，再次在就地模式将开关拨至手动位置，变频器初始化完成，也没有出现跳闸现象。判断可能是变频器的问题。

（3）确认变频器是否存在故障。

因为变频器此时是没有数据的，所以需要将变频器数据输入，变频器数据的输入是通过变频器的控制盘，将 2#正常的变频器的数据读入到控制盘内，过程是：按"func"键，进入功能模式，在功能模式的显示屏菜单中找到"UPLOAD"，用上下键选中此功能项，此时在"UPLOAD"下会有光标闪烁，按"ENTER"键，执行上传功能，上传完成后，按"LOC·REM"键，切换至远控模式，然后才能取下控制盘；将带参数的控制盘安装到换上的备用变频器上，下一步就是将数据下载到新变频器，操作步骤是，首先必须将变频器模式切换到就地，即按下"LOC·REM"键，在屏幕的第一行会有一个"L"显示，表示已经是就地模式，然后按"func"键，选中"DOWNLOAD"，光标闪烁，按"ENTER"键，执行下载功能，这时变频器内的数据已经更新完成，需要检验看能否启动风扇，在 MCC 上，将熔断器复位，断路器合闸，将控制开关打在就地，变频器初始化成功，但是没有转速，从控制盘上

第五章 离心压缩机及辅助系统故障分析与处理

手动加速，风扇还是没有转速，新的问题出现了，变频器本身的硬件已经证实没有问题，但是不能升速。

(4) 确认 UCS 系统的信号是否正常。

根据前面的检查，可能是站控 UCS 电脑信号没有发出，从而对变频器产生影响。再从 UCP 控制柜侧检查，首先找到 UCP 柜发送信号的接线，判断是否有松动接触不良，在 UCP 柜上启动信号接线(图 5-27)。

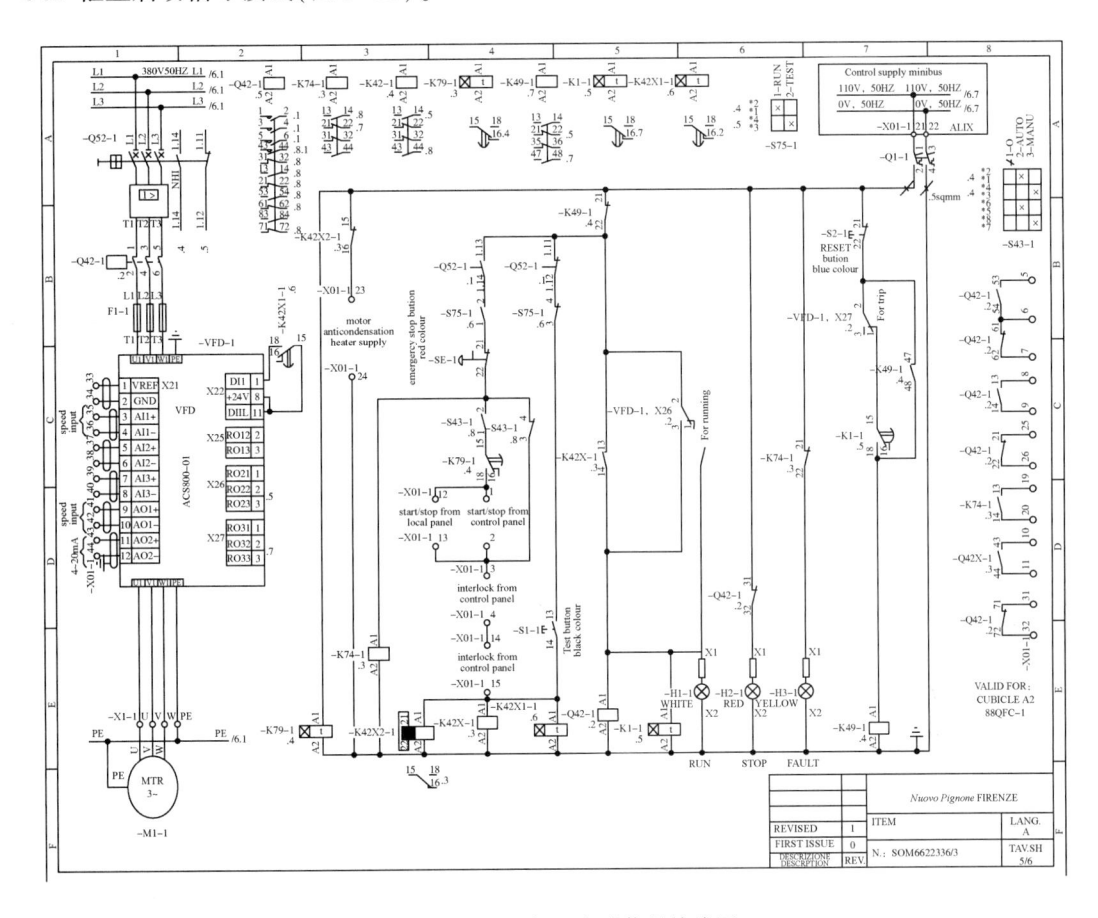

图 5-27 UCP 柜上启动信号接线图

设定值和反馈值信号如图 5-28 所示。当两台风扇都发出启动命令后在图 5-28 所示 1、2 接线端是 1#风扇的信号端，3、4 是 2#风扇的信号端，测量二者的电压都是 0.2V，对比发现两个风扇的启动信号都已发出，启动正常，之后再使油温升高一定温度，此时设置 2#风扇为主用，风扇开始升速(油温没有达到 55℃ 时，风扇会有一定的转速但不是满负荷)，转速达到 300r/min 时，测量图 5-28 中的 1~8 端子，其中 1、2 为 1#风扇的反馈信号，5、6 为 1#风扇的设置值信号，3、4 为 2#风扇的反馈信号，7、8 为 2#风扇的设置值信号，测量 3、4 端电压为 0.486V，7、8 端电压为 0.97V，而 1、2 端为 0.2V，5、6 端为 0.41V，在 UCP 控制界面上 2#风扇显示 Fbk 为 33%，SP 为 33%，而 1#风扇对应的 Fbk 和 SP 都为零，所以可以看出是没有升速命令发出，将 2#风扇转速将为零后测量，其反馈值

— 243 —

3、4和设置值信号端7、8电压分别为0.2V和0.41V,说明1#风扇在UCP柜上是有信号发出的,那么问题还应该是变频器。

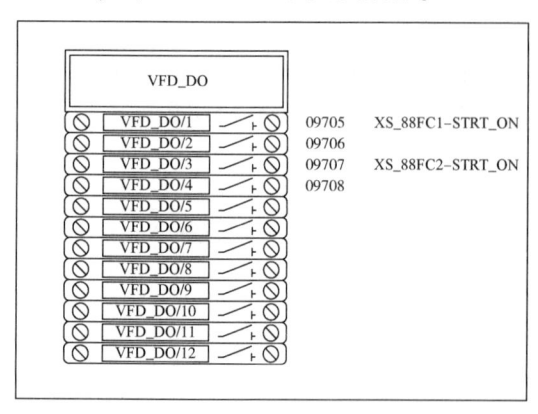

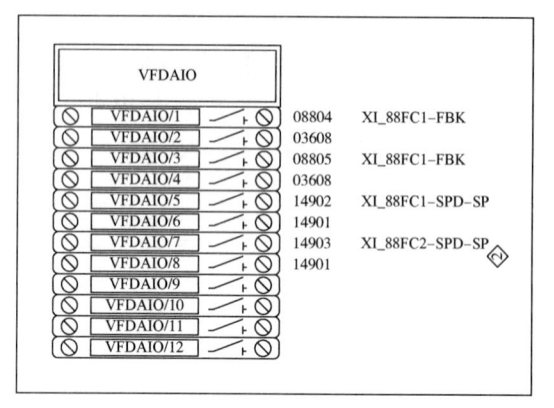

图 5-28 设定值和反馈值信号接线图

(5) 变频器故障的处理。

对比1#、2#变频器的参数发现,2#变频器中有其所负荷的风扇电动机的参数,而在1#中,只是下载了变频器的控制参数信息,厂家考虑到每一个变频器负荷的电动机可能会不一样,所以在上传和下载时是不会自动下载电动机的信息的,电动机的参数需要手动输入,步骤是按"func"键,在其菜单中选中"Motor Setup"项,按照该项中将电动机的参数输入,此参数要严格按照电动机铭牌上的数据输入,主要有转速、频率、功率等,电动机参数设置完成后,按"LOC·REM"键,选择远控模式,判断方法是第一行的"L"消失,至此,变频器的更换和设置完成,此时在站控室 UCS 电脑上启动备用风扇,油温加热到53℃,备用风扇启动并且转速达到30%,说明远控已经可以启动风扇,在MCC柜上就地启动备用风扇,也可以完成升速,故障排除。

三、改进措施及建议

通过对问题的分析和对故障的实施处理,逐渐养成一套处理问题的思路和正确的实施程序,为以后的故障处理提供借鉴和参考,只有这样才能逐步提高分析处理问题的能力。任何设备故障都是有原因的,只要按照正确的问题处理思路,查阅资料,借鉴以往的事故处理经验,弄清楚故障的来龙去脉,逐步排除,任何问题都可以得到解决的。

案例 5-7 电驱机组润滑油箱电加热器结焦

一、故障描述

2016年3月10日,某压气站值班员在巡检过程中,发现4#机组附近有润滑油结焦的气味,怀疑4#机组润滑油系统存在故障。

二、故障处理过程及原因分析

分析原因可能为油系统进水或润滑油局部过热结焦,引发了润滑油异常气味的产生。

2016年4月14日至16日，组织对润滑油系统进行了全面的排查。

1. 进水情况排查

（1）通过站控系统查看空压机的水露点历史趋势，显示四台空压机出口水露点长期处于良好的水平，其中A机为95℃、B机为68℃、C机为80℃、D机为55℃，并且对空气储罐进行排污作业时，未排出过污液。排除了含水仪表风窜入压缩机两端轴承箱的可能。

（2）拆解润滑油箱油雾分离器，未发现含水迹象（图5-29）。排除了雨水或冷凝水沿就地高点放空管线进入油箱的可能。

（3）查看2016年3月油样检测报告，显示水分（质量分数）为0.003%，即30mg/L，远低于规定的2000mg/L。

综上所述，可基本排除油箱进水造成乳化或酸化的可能性。

2. 局部过热情况排查

（1）通过对机组轴瓦温度、振动历史趋势的分析，排除了轴瓦过热的可能性，具体情况如下。

机组运行期间，电动机驱动端和非驱动端轴承温度在58℃到74℃之间，励磁机端轴承温度在49℃到59℃之间，总体温度范围在30℃到75℃之间，均在正常范围内。

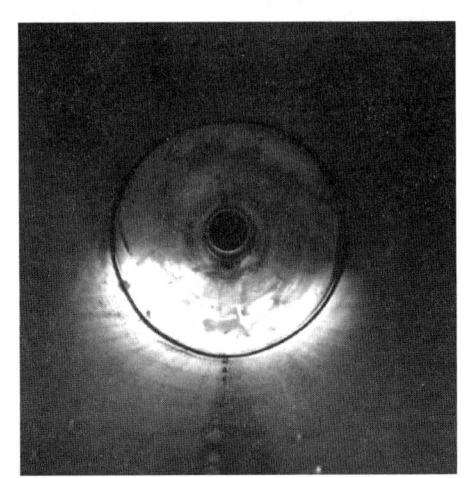

图5-29 油雾分离器底部

机组运行期间，电动机驱动端轴承振动在25μm至75μm之间，电动机非驱动端轴承振动在2μm至50μm之间，励磁机端轴承振动在10μm至40μm之间，均未超出正常范围。

（2）综合分析整个润滑油系统，最有可能局部过热的部件便是电加热器，于是重点对电加热器进行了检查。对3台加热器摇绝缘，数据均正常；拆除加热器，发现底部加热管为绕圈式结构、积碳严重，且顶部有水滴、锈蚀严重（图5-30）。

图5-30 润滑油箱电加热器

打开另一型号机组油箱电加热器进行比对，总体为倒"L"形结构，加热管为正常直"U"形结构，横穿油箱约1m，与油接触面积大，干净无积碳（图5-31）。

3. 电加热器结焦原因分析

（1）加热器设计不合理。加热管绕圈式结构，使得加热管之间没有间隙，与润滑油的接触面积很小，容易造成了加热器的局部过热。加热器的过热保护热电阻安装位置不合理，应安装到加热管中间位置，且紧贴加热管（图5-32）。

图5-31　GE机组加热器热端 　　　　图5-32　电加热器保护热电阻位置

（2）加热器平面布置不合理。3台加热器集中在右上角，未在润滑油流动通道上，并且同油箱测温点距离较远，使得对整个油箱的加热不均匀。

（3）加热器加热管表面热功率密度过高。对4#机组加热器的冷端和热端进行了测试。将加热器取出，导热管表面油处理干净，选工艺区外通风良好的场地，对加热器上电10s进行干烧测试，全程用红外测温仪检测。加热器上电前表面温度均为21.28℃。当上电后：①约6s时间热端温度已经达到298℃左右，在接下来的4s内温度无明显上升；②冷热端交界处温度全程为79℃左右；③冷端（即加热器直管段部分）的温度全程维持23℃无明显上升。由此可见加热器加热丝只分布在导热管的头部（回弯处）。

加热器功率为13kW，通过测量计算得到加热管表面积为2198cm^2，加热器的表面热功率为5.9W/cm^2，远大于矿物油2.48W/cm^{2}的参考值。

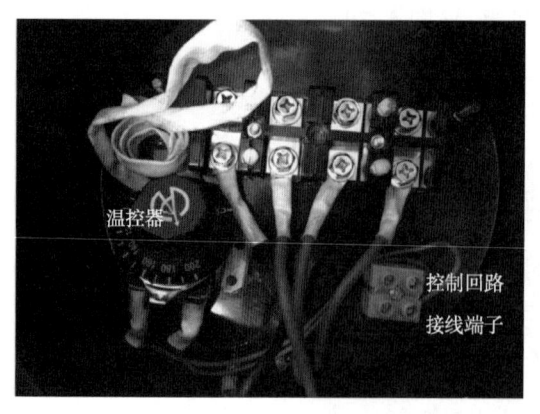

（4）加热器超温保护设计存在缺陷。加热器在自动状态下是由油箱温度传感器控制它的启动停止，当加热器加热元件表面温度达到自保护设定温度时，加热器无法实现自切断功能，只能通过油箱温度传感器检测到的温度控制。打开电加热器密封盖，发现加热器在设计时内部安装有机械式温度开关（用于设定自保护温度），如果温度开关接入加热器控制回路，加热器就可以通过温度开关实现自切断功能，但是现场没有接线（图5-33）。查看加热器控制原理图未发现加热器设计有自切断控制回路。

图5-33　电加热器内部元件
（控制回路端子没有接线）

(5) 加热器启停逻辑存在缺陷。

① 在停机状态下,加热器启停与泵的运行状态没有逻辑联锁。加热器自动运行状态下,润滑油箱温度低于35℃,自动启动加热器,润滑油温度高于42℃,加热器自动停止。润滑油温度达到25℃时,允许启动油泵。

② 手动启停加热器逻辑在手动启加热器时,只有达到55℃才可以自动停加热器,无法手动停止加热器。

综上分析,加热器控制设计存在严重缺陷,没有设计自保护的控制回路(现场也没有控制电缆),实际运行过程中极容易由于温度过高,造成润滑油碳化,影响机组正常运行。

三、改进措施及建议

(1) 根据推荐的表面功率密度,更换为换热面积大表面热功率密度低的加热器,如外型为L形。

(2) 增加手自动时的泵和加热器的启停连锁逻辑,如加热到25℃时自动启泵,达到42℃时停加热器,在手动启停加热器时增加温度及泵启停状态判断等。达到加热启动同时泵必须启,防止油处于静态加热,加热不均匀。

(3) 对加热器无超温保护进行改造处理。原接线方式为:主回路进线直接接电加热器;建议接线方式为:主回路进线接32A接触器后接电加热器,接触器由温控开关控制,通过实验确定温控开关设定值。

(4) 调整加热器热电阻位置至加热管中间,且靠近加热管,使其真正的起到加热管本体过热保护及防结焦的效果。

第三节　控制系统故障

案例 5-8　燃驱机组控制系统 I/O 包停机故障

一、故障描述

2009年6月3日,某压气站1#GE燃驱机组"Proc. valves incorrect position trip L33p1"报警停机,随后于4日和9日,又因相同原因发生两次停机,6月3日的报警记录见图5-34。

二、故障处理过程及原因分析

6月3日出现报警停机,根据报警信息分析,PDIA39包瞬间通信故障,导致接到该包上的压缩机放空阀阀位、进口加载阀阀位及热旁通阀阀位不匹配引起紧急停机,停机后主复位,报警消失,当时征求GE公司意见,据说此种情况在其他站场也出现过,他们复位后启机,后来运行一直正常,所以怀疑是偶发的情况。复位后机组正常,而6月4日机组运行中出现同样报警停机,停机后主复位报警消失,这样就否定了偶发现象,GE控制工

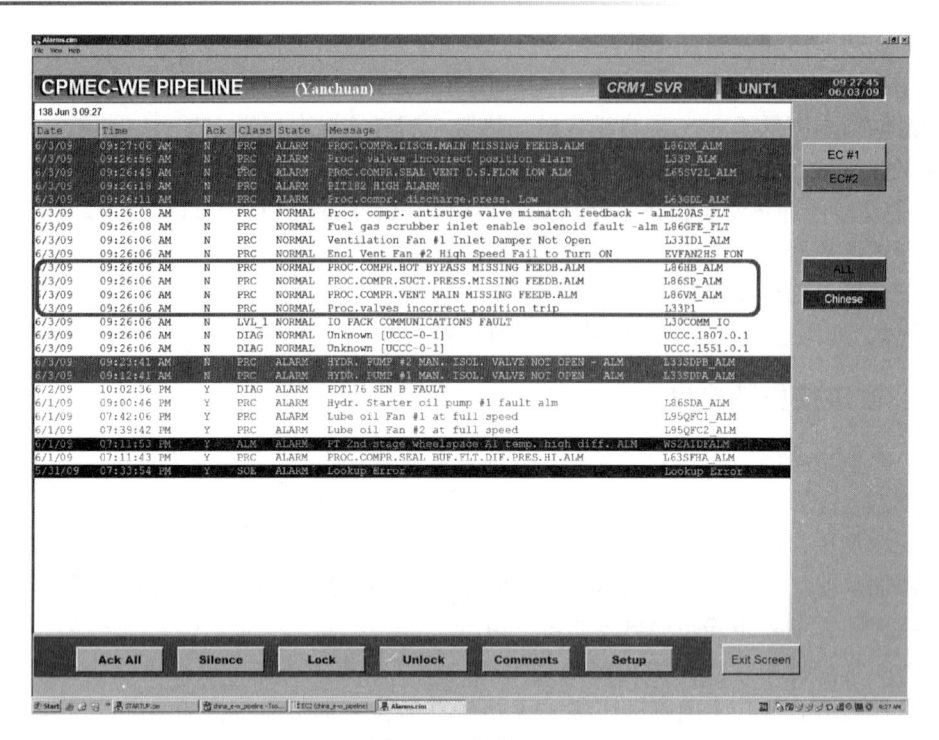

图 5-34 报警界面

程师分析与 PDIA39 包通信故障可能的原因有三种情况：底板故障或底板的供电线路有问题；卡件故障或卡件的供电电路有问题；包的通信线路有问题。当时，该压气站库房没有 PDIA39 包的底板和卡件备件，先对底板和卡件的供电线路及包的通信线路、接口进行了检查，更换了可能存在问题的供电线缆和通信电缆，改换了通信开关接口，经上述检查和措施，停机观察两日，未出现工艺阀位报警紧急停机记录出现，所以 6 月 6 日重启 1#机（当时 1#机刚更换完 GG，需要连续运行 72h 测试）。但 6 月 9 日又出现与前两次同样的报警停机，所以确定了 PDIA39 包的卡件或底板有故障。6 月 10 日，PDIA39 卡件和底板备件到达现场，随后对卡件和底板进行更换，更换后启机正常，以后再未发生此类报警，可以确定排除了该故障。

上述报警停机的处理，虽然最终排除了故障，但未第一时间准确、及时地分析故障确切原因，而是将与 PDIA39 相关的卡件、底板及卡件、底板的供电和通信线路进行了全面的检查和更换，即耗时又费力，最终未搞清确切的故障部位。为明确原因，利用 2009 年 12 月在某压气站 1#机组 4K 保养的机会，在现场做了一些相关试验，并进行了记录拷屏。试验内容如下：

（1）将底板断电，类似于底板故障或底板供电线路有故障，出现的报警记录拷屏如图 5-35 所示。

（2）断开接到包上的一条通信线路，相当于通信线路有故障，出现报警记录拷屏如图 5-36 所示。

（3）断开卡件的电源，类似于卡件故障或卡件供电线路故障，出现报警记录拷屏如图 5-37 所示。

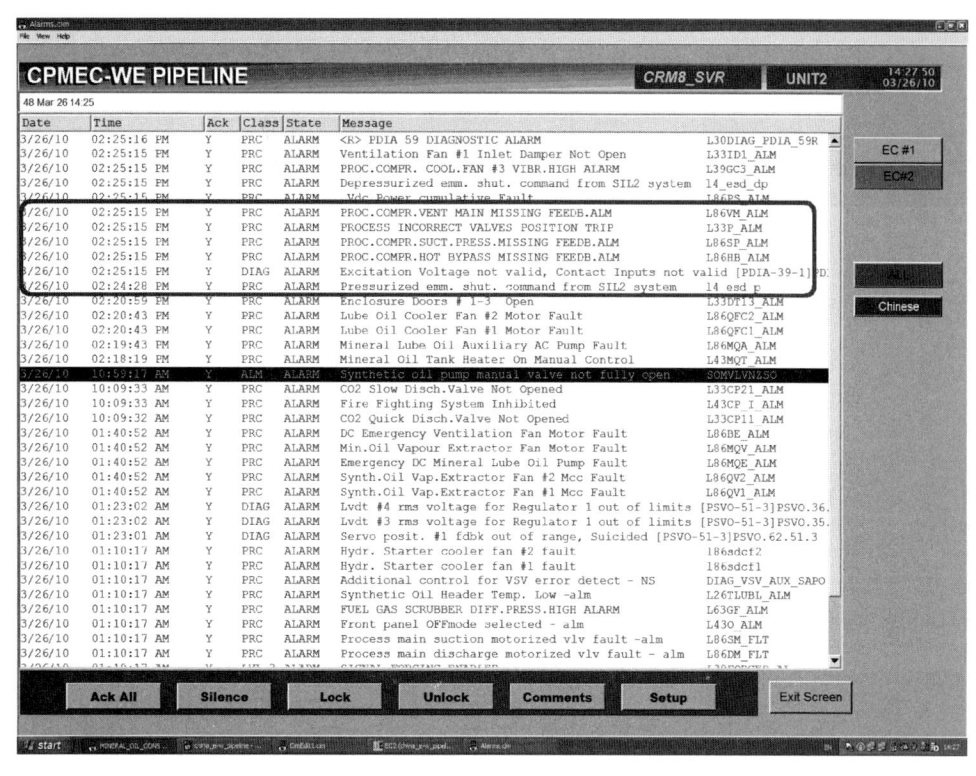

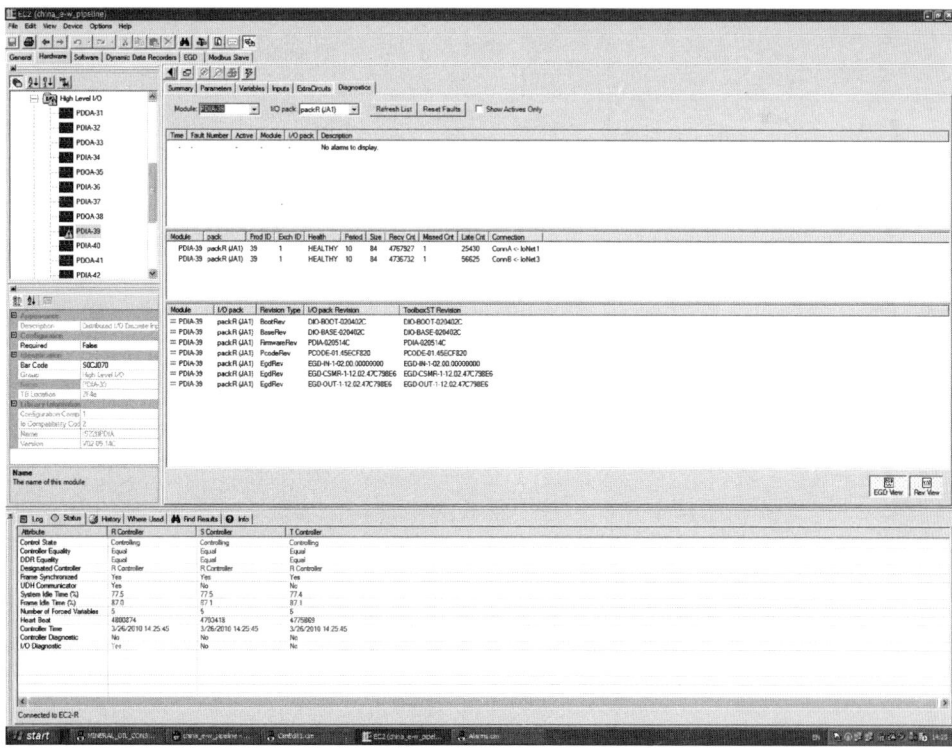

第五章 离心压缩机及辅助系统故障分析与处理

图 5-35 底板断电报警记录

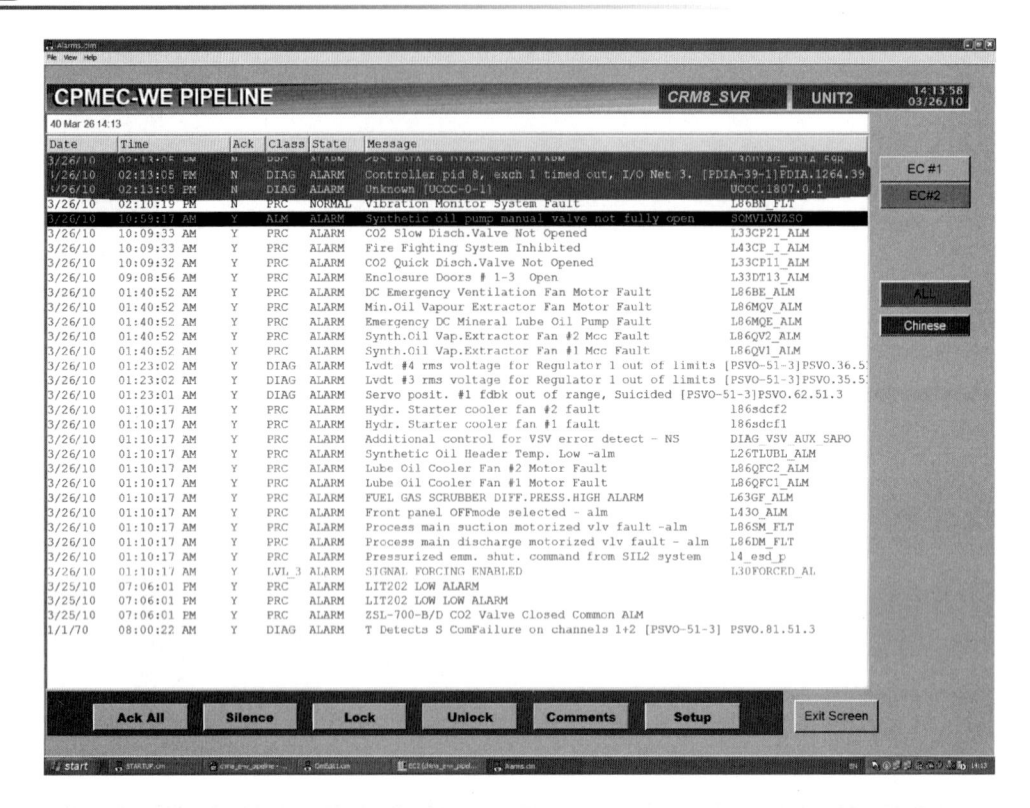

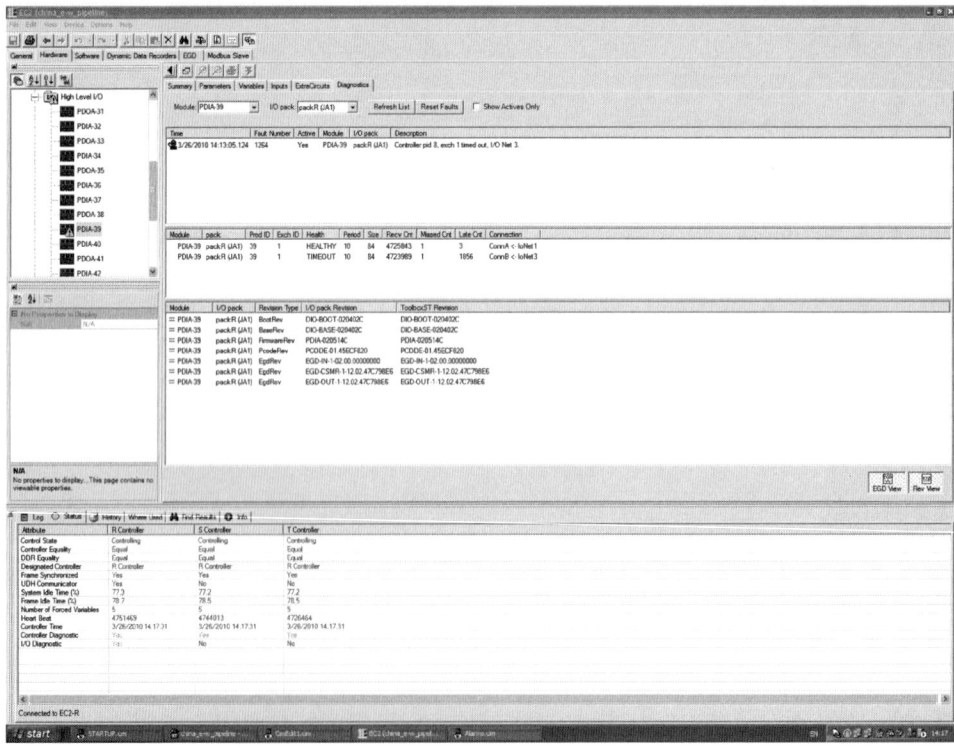

图 5-36　断开通信线路报警记录

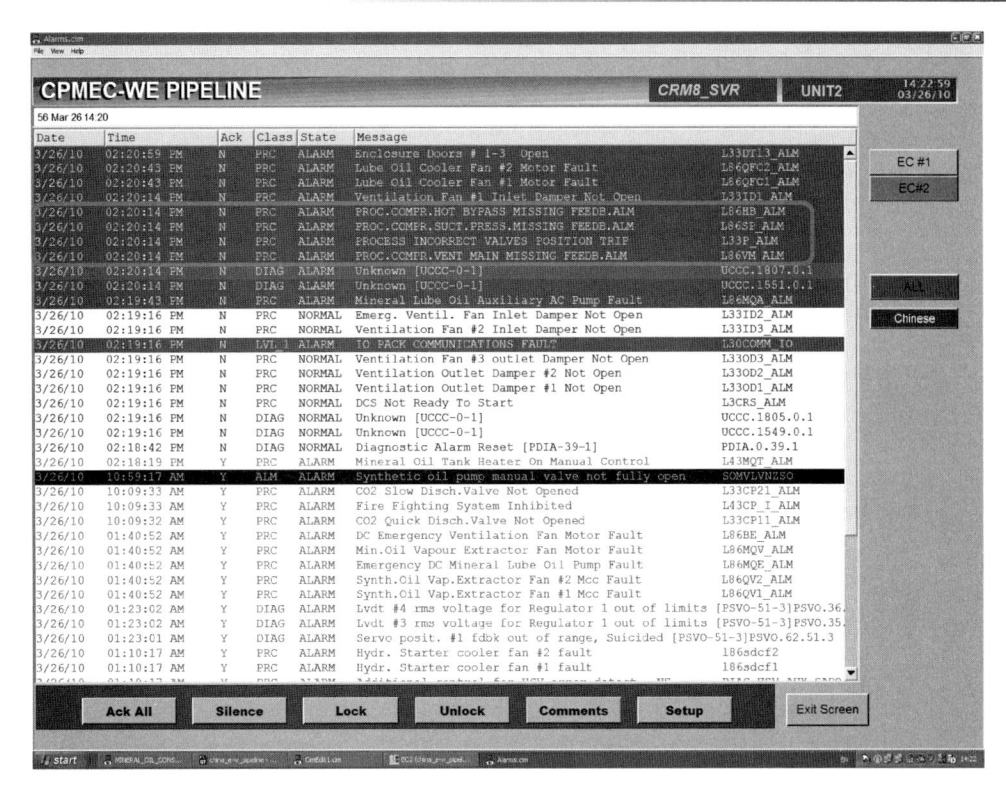

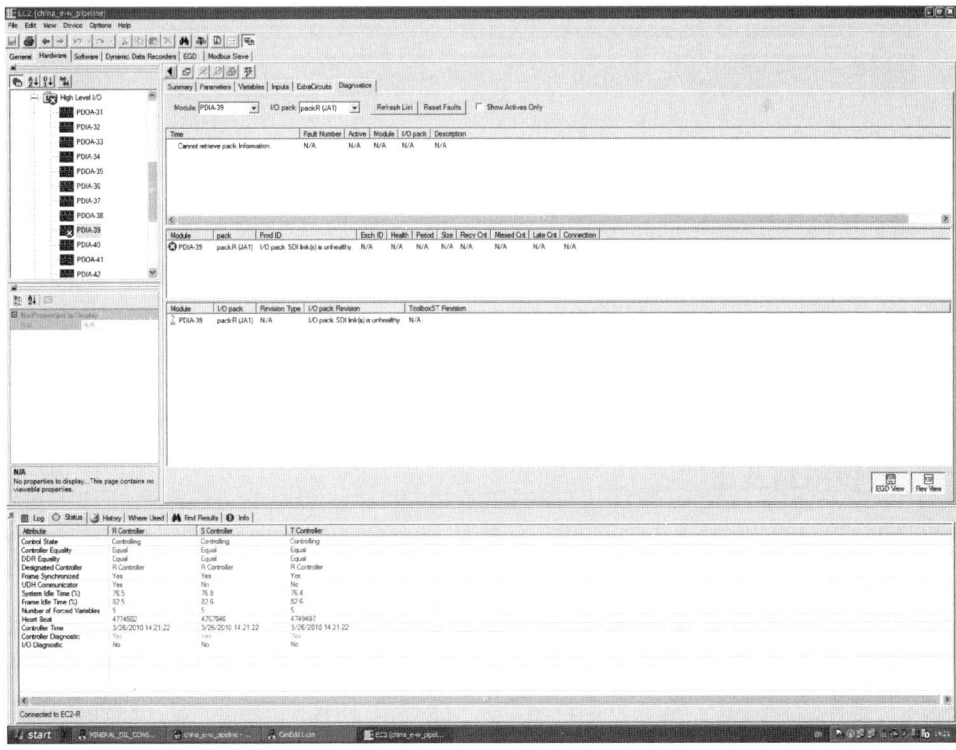

图 5-37 断开卡件电源报警记录

从试验结果明显可以看出，试验(3)在断掉卡件电源后出现的报警停机信息与延川站出现的报警停机信息完全一样，可以肯定故障原因是 PDIA39 的卡件出现了问题(卡件的供电线路已检查，可以排除)，而试验(1)得出，当底板出现故障时，则触发"Pressurized emm. shut. command from SIL2 system l4_ esd_ p"的停车报警记录。试验(2)得出，当通信线路有问题时，一般会出现"Controller pid 8 exch 1 timeout, i/o net3, [PDIA39-1]"的报警。

2010年1月7日某压气站1#压缩机组又出现该类停机报警，报警记录拷屏如图5-38所示。

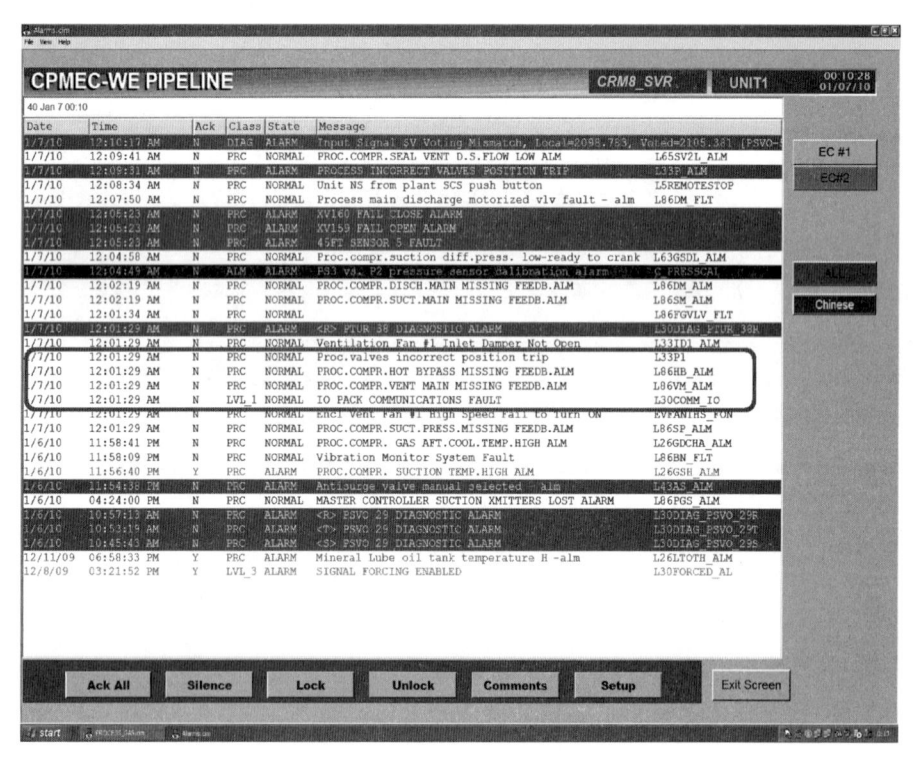

图 5-38　1#压缩机组停机报警记录

由报警记录可见，与该压气站三次报警一样，结合上述试验，当场更换了 PDIA39 的卡件，启机后运行数天，再未出现上述报警停机，说明故障排除，与试验结果一致。

三、改进措施及建议

PDIA39 包的故障或不稳定的情况，可能是该包的光电管故障或电路不稳定导致的，而该包 GE 设计为单工单板 I/O 包，不具有冗余功能，加之该包内采用了光电隔离，其自身故障率较高，所以该包容易引起故障停机。有多座压气站都曾出现过该包瞬间故障导致停机的情况。所以对该类报警停机的分析和相关试验，有助于今后准确、及时地处理同类报警停机。延伸到其他数字输入包，甚至是其他各类 I/O 包的故障处理，这种分析和试验方法也有同样的借鉴意义。

案例 5-9 MarkVIe 控制器 CF 卡故障

一、故障描述

2012 年 4 月 9 日，某压气站自动化专业人员发现 1#GE 机组 HMI 提示如下报警：Internal runtime error — Could not create CEL log file，如图 5-39 所示。

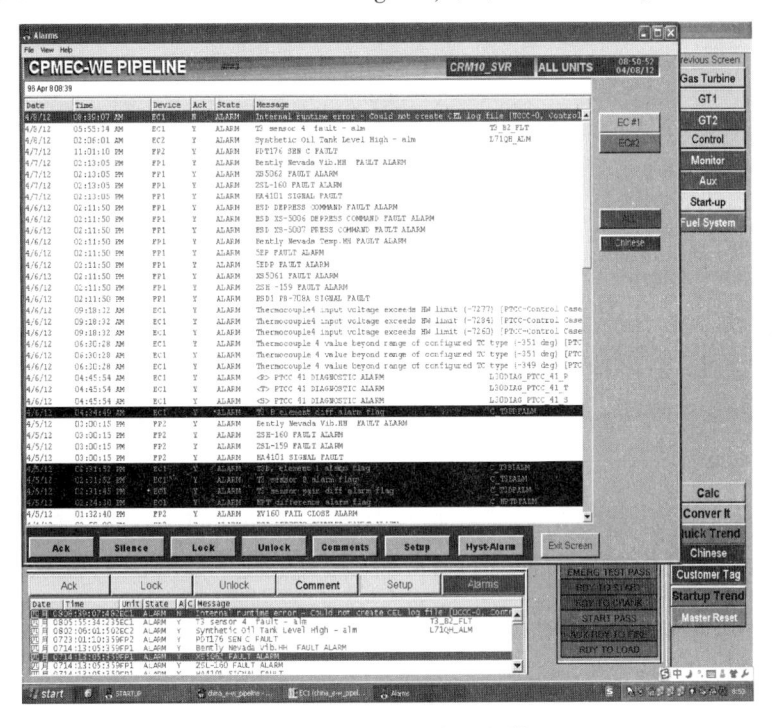

图 5-39 GE 机组 HMI 提示报警界面

二、故障处理过程及原因分析

此报警为控制器的诊断报警，于是我们进入 ToolboxST 查看控制器的状态。在连线控制器(Go online)时，连线用时远大于正常情况。连线成功后，发现 S 控制器的 System Idle Time(系统空闲率)只有 0.3%，与其余两个控制器对比明显不正常，如图 5-40 所示。

起初认为是控制器内部程序出现问题，于是首先尝试重新下装程序的办法加以解决，但下装过程无法完成，并提示"不能打开文件""不能进行写操作"等报警。

上述方法失效后，再次从软件自带的控制器帮助文件中寻找解决办法，通过搜索关键字，我们定位到该报警(463)。GE 对此给出的解决方法是：重新下装控制器程序，若问题仍未解决，则考虑更换控制器主处理板。

再次尝试下载控制器程序(与之前采用的下装程序不同，下装程序仅下装应用程序，而下载控制器程序包括重新安装存储卡的操作系统等)。

在 ToolboxST 中打开"EC1"，在"Device"的下拉菜单中找到"Download"，点击"Controller Setup"，弹出对话窗口。

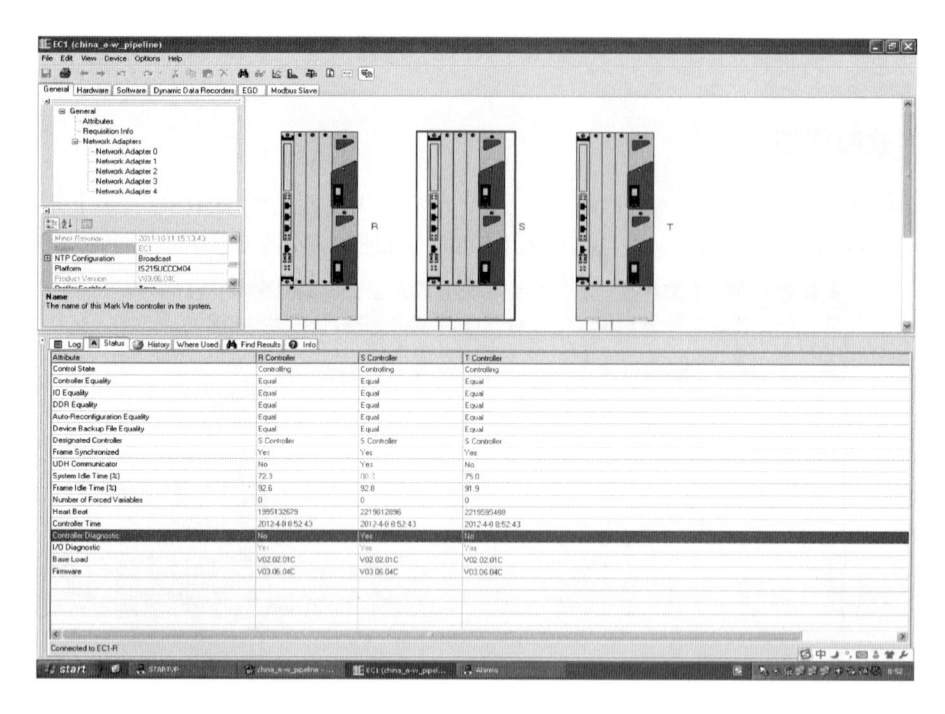

管道压缩机组典型故障处理与案例分析

图 5-40　S 控制器的系统空闲率

选择"Next",出现"格式化 CF 卡"和"配置网络地址"两个选项,我们选择"Format Flash",此时提示 CF 卡必须从控制器内移除后方能格式化,如图 5-41 所示。

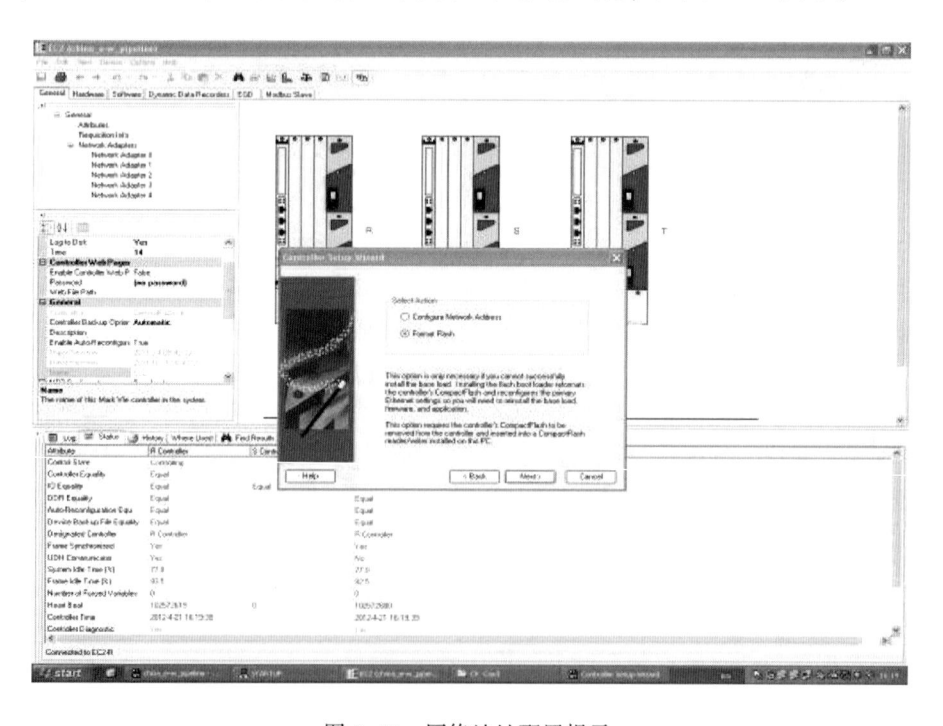

图 5-41　网络地址配置提示

第五章 离心压缩机及辅助系统故障分析与处理

要移除 S 控制器的 CF 卡，就要将 CPCI 机架拆卸下来。打开机柜，关闭 S 控制器电源，松开两端的紧固螺丝，向两边用力掰开卡扣，抽出里面的处理板，移除控制器处理板上的 CF 卡，如图 5-42 所示。

图 5-42 控制器上的 CF 卡

使用专用读卡器将 CF 卡与电脑连接，再次运行"Controller Setup"，选择格式化 CF 卡，点击"Scan"，ToolboxST 会自动识别出连接到电脑的 CF 卡，在 Channel 选项中选择"S"，软件会自动分配 IP 地址，然后点击"Write"，软件开始对 CF 卡进行格式化并安装操作系统，该步骤完成后点击"Finish"，断开 CF 卡和电脑的联接，如图 5-43 所示。（对原 CF 卡进行"Write"操作时，出现错误，无法完成格式化，CF 卡容量显示为 0kB，与损坏的 U 盘显示容量为 0kB 的现象类似，于是我们使用新的 CF 卡，进行格式化操作，该操作顺利完成。）

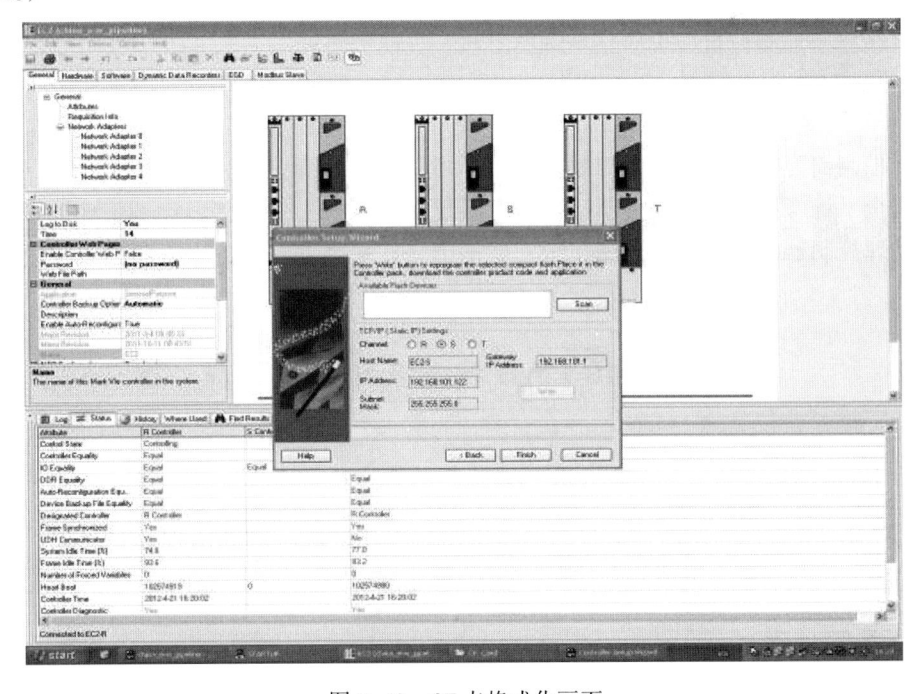

图 5-43 CF 卡格式化画面

将格式化好的 CF 卡装回处理板，插入卡槽，紧固好后开启电源。此时还需下装应用程序到 CF 卡。在程序中点击"Download"选项，软件会自动选择需要安装的程序，依据提示进行操作，耐心等待下载安装过程结束，如图 5-44 所示。

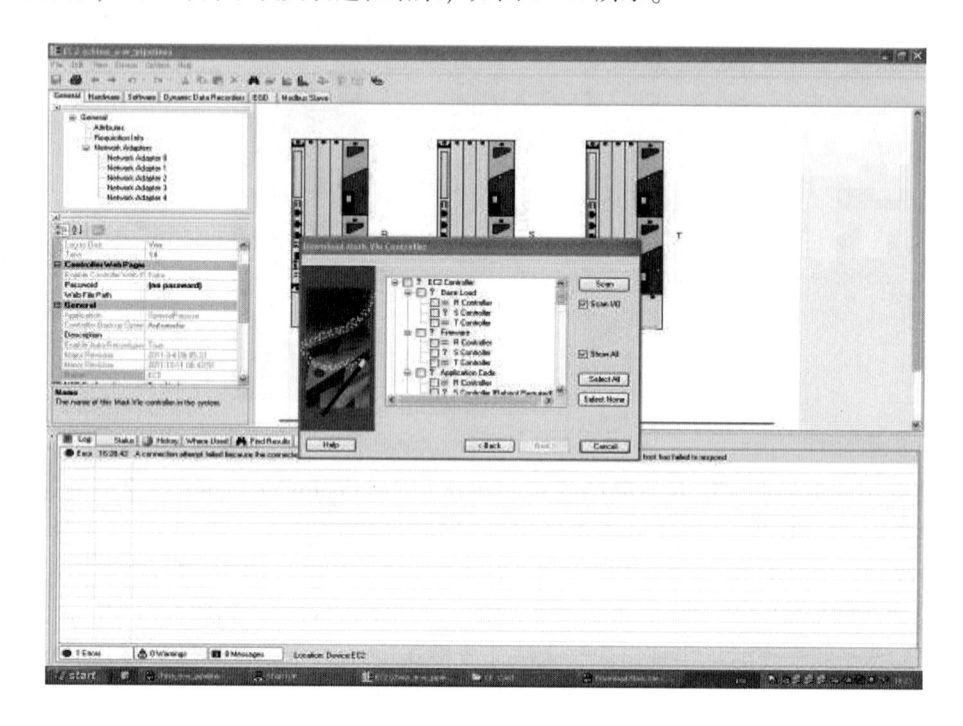

图 5-44 程序下装过程提示

下装完成后控制器自动重启，系统恢复正常，故障排除。

三、改进措施及建议

由于控制器为 3 冗余配置，控制器存储卡可以实现在线更换。考虑到实际情况，出于运行的安全平稳考虑，不建议机组运行时在线更换 CF 卡。

在处理控制器的故障时，优先在帮助文件中寻找解决方案，可少走弯路，缩短故障处理时间。

案例 5-10 AB 控制系统模块故障

一、故障描述

某压气站 AB 控制系统断电后再启动多次出现模块故障，例如出现控制网模块、冗余模块、以太网模块、设备网模块故障等，无法通过自检。

二、故障处理过程

AB 控制系统断电后出现模块故障，无法通过自检，经过服务商进行专业性模块故障检查后，需要对模块进行更换。

1. AB 控制系统模块简介

AB 控制系统为 LOGIX 55 系列，使用 ControlNet 网络构架，该构架即存在一个主网路，在该网络上有多个支网，如同一条河流，上有多条支流汇入，进行数据交互。该 C 网络中，有一对冗余机架作为 ControlNet 网络管理员，并且该冗余机架承担着机组控制中的绝大多数功能；有一个机架为 Safety 机架，其主要功能类似 SIS，为机组的安全运行保驾护航；其余的都为简单的 I/O 网络子站。该冗余机架中每一个机架中含一个电源模块，一个 CPU 模块，两个 C 网卡模块，两个 E 网卡模块，一个同步冗余模块。电源模块，其主要功能是为机架中的模块以及背板供电，其中有外部电池是为保证在短暂的无正式电源时，程序能够保存。其故障易出现在外部电池馈电或没有电池时。CPU 模块，其主要功能为运算、处理、执行程序任务等，为该系统的大脑，同时也可诊断系统中所有设备的状态以及故障功能。C 网卡模块，是连接 Control Net 网络的连接器，是从 C 网上读写数据的执行者，冗余系统机架上有两个 C 网卡，其目的是为了保证系统冗余，当一个 C 网卡故障，则另一个仍然工作，可保证系统正常运行。E 网卡模块，其主要功能是控制系统和外部系统进行数据交互的连接器，保证了 AB 系统能够读取外部由以太网传输过来的数据，并将 AB 系统中的数据传输至外部的工具。同上，冗余系统中的两个 E 网卡，其目的也是保证系统冗余。同步冗余模块的功能为将两个机架上数据实时同步，保证在主机架故障时，能够切换到备用机架，且数据一致，不会引起外部故障。该 UPP 系统中有一个电源模块，一个 CPU 模块，一个 C 网卡模块，数个安全型 I/O 模块，该机架保证了在冗余机架出现故障无法运行时，也能安全的停机。其他的每一个 I/O 子站中都有一个 C 网模块和数个普通的 I/O 模块。

2. 冗余机架模块更换（以 1756-CN2R 控制网模块为例）

（1）使用调试软件 RSLINK 连接至主机架，确认主机架对应槽位模块型号及版本。

（2）备用机架上电，确认对应槽位模块型号与主机架模块型号一致（注：1756-CN2R/B 与 1756-CN2R/C 型号不一致，后期无法进行固件版本刷新，必须同为 1756-CN2R/B 或 1756-CN2R/C），核对拨码节点地址一致。若对应模块槽位、型号无法满足一致，整体考虑主备机架进行调整，只需保证相同槽位模块一致，再以离线方式进行主备机架配置即可。

（3）模块调整完毕，通常情况下相同槽位模块因固件版本不一致，主备机架无法同步。此时可通过 RSLINX 选中 09 槽位 1756-RM 模块，右键选择模块配置（Module Configuration），通过查看 Configuration、Synchronization、Synchronization Status 这三个标签（图 5-45），可以获知无法同步的确切原因。

（4）找出固件版本（Revision）不一致的模块，前往 Rockwell 官方网站->SUPPORT->Drivers&Firmware 页面，搜索对应型号的模块，免费注册并下载所需的模块固件。

（5）1756-RM 模块配置-Configuration，如图 5-46 所示，取消从机架的资格。

（6）使用 ControlFlash 软件进行模块固件刷新，注意固件刷新过程中，不能断电或通信连接中断；同型号的模块可以互刷固件，不同型号的模块不能互刷固件，必须保证冗余系统对应槽位模块型号一致。

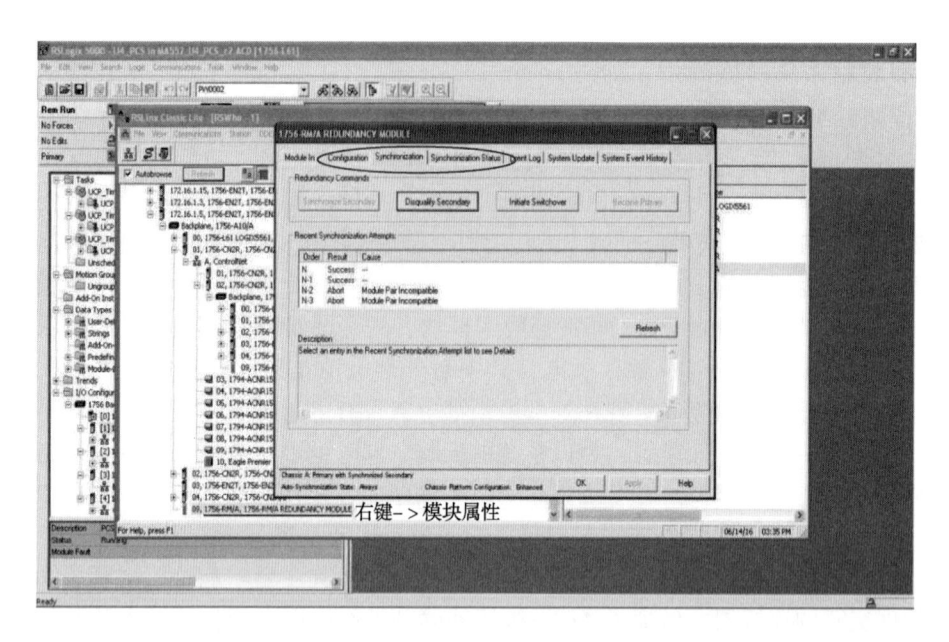

图 5-45　1756-RM 模块配置

图 5-46　1756-RM 模块配置-Configuration

（7）连接 PCS 控制网，使用 RSNetWork for ControlNet 软件对控制网模块进行组态，如图 5-47 所示。

（8）当在线调整主机架模块时，可能出现 1756-CN2R 控制网模块液晶屏显示 Keeper unconfigured(slot changed)告警，需手动清除 keeper 再重新组态，如图 5-48 所示。

（9）检查确认 ControlNet 为冗余配置（图 5-49），选择 Enable Edits，保存配置文件并重新下装(download to network)。

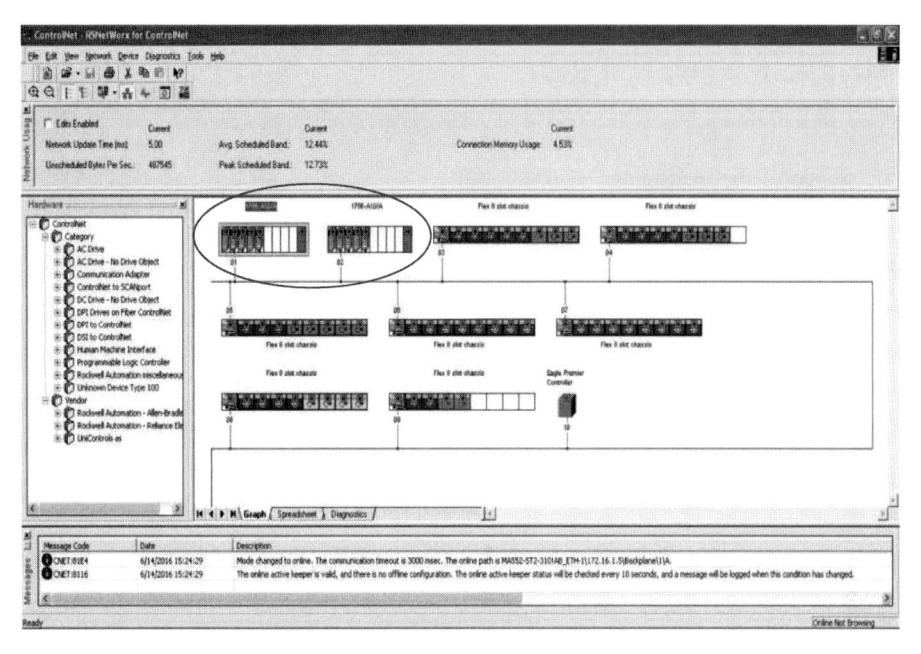

第五章 离心压缩机及辅助系统故障分析与处理

图 5-47 扫描 ControlNet

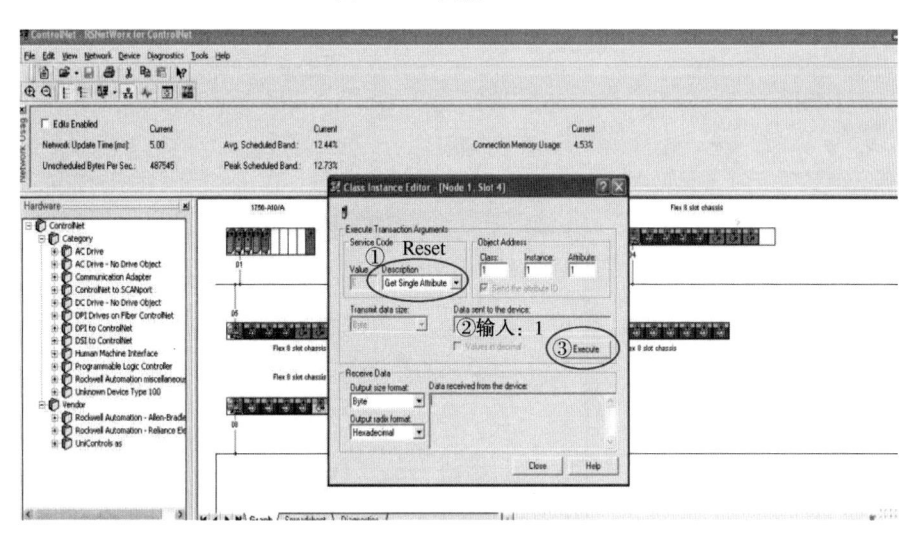

图 5-48 手动清除模块 keeper

(10) 检查 keeper 签名是否刷新。

(11) 检查 1756-RM 模块配置-Synchronization Status 标签,确认主备机架模块是否显示完全兼容性(Compatibility Full)。

(12) 同步从机架。主备机架冗余模块分布显示 PRIM 和 SYNC,表示主备机架冗余成功。

(13) 使用钥匙将 CPU 模式为 REM 切换为 RUN,再切换回 REM,主备机架控制器恢复正常运行。

(14) 在线 Controllogix5000 工程,修改对应模块的型号及固件版本,如图 5-50 所示,

— 259 —

重新下装 Controllogix 程序。(通常情况下此步骤可取消,因为在用 controllogix5000 版本能够支持已更换的模块,无须配置下装程序。)

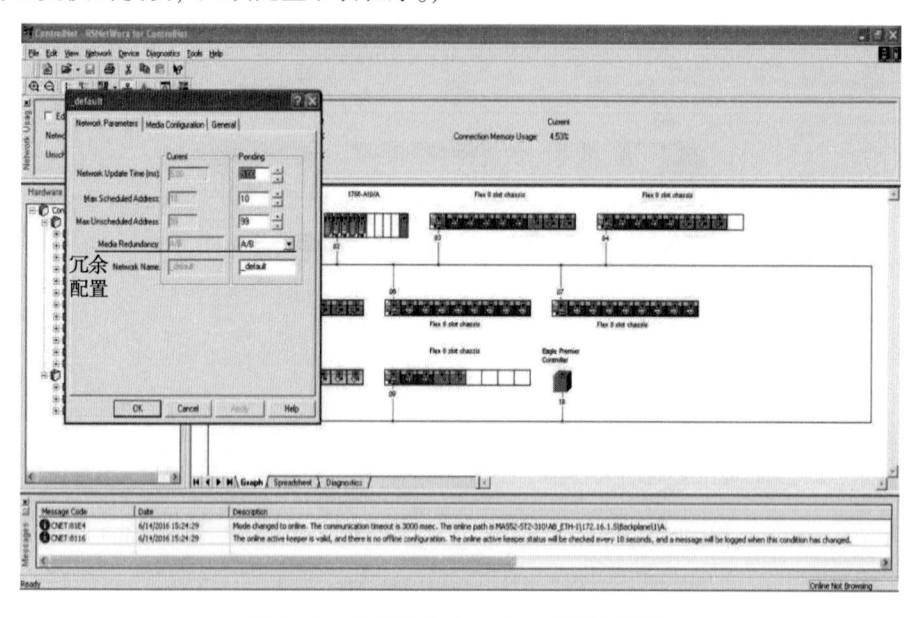

图 5-49 检查确认 Controlnet 为冗余配置

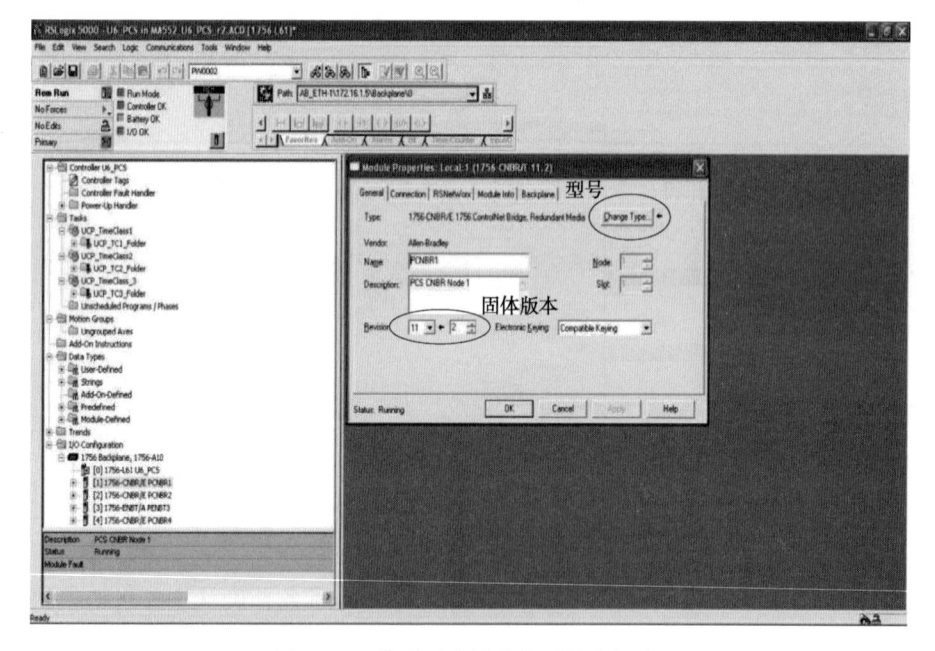

图 5-50 修改对应模块的型号及版本

3. 非冗余机架模块更换(1756-DNB 模块为例)

(1)确认备件 1756-DNB 模块型号与原有模块一致,核对节点地址以及波特率设置。

(2)机架上电,安装 1756-DNB 模块。

(3)使用 RSLINK 连接到对应机架,找到 1756-DNB 模块,若出现 1756-DNB 设备网模块无法识别时，需前往 rockwell 官网下载对应 EDS 文件并安装升级。

（4）使用 RSNetWork for DeviceNet 软件对设备网模块进行组态。

工程本中已保存相应机组 DeviceNet 组态文件，打开对应备份组态文件进行网络扫描，若出现设备版本不匹配情况，需使用 ControlFlash 软件进行固件刷新再进行组态文件下载（此次更换需将 12.005 降为 11.003）。

由于目前机组设备网模块为单网配置，方便进行全新组态。新建 DeviceNet 组态文件，网络扫描完毕后双击 DNB 模块，通过比对其他机组组态文件对 DeviceNet 模块进行参数配置，配置好后进行配置下载即可。

（5）在线 ECS 程序，手动测试燃料气调节阀，确认 DeviceNet 模块正常工作。

三、改进措施及建议

（1）加强设备巡检，确认设备状态。为保证压缩机组平稳运行，可将压缩机控制系统各模块正常状态制作表格后粘贴到机柜，让所有员工都能够通过表格内容进行设备状态确认，保证 PLC 系统主站处于正常运行状态，从站处于热备状态。

（2）定期进行冗余测试，确保设备性能完好。结合多年的运行经验，在压缩机保养内容中增加了机组控制系统冗余测试条目，在机组保养时，根据现场实际情况对模块的冗余及机架的冗余进行实际测试，确保冗余功能完好。

（3）加强机组控制系统火灾相关探头、IRT8 模块等易发故障模块的相关备件备货，同时模块更换尽量带电更换。在更换备件时，需要将备件进行固件刷新后再进行更换。

（4）在每次断电、上电操作时容易发生氧化等现象加剧模块故障，所以要确保系统电源供应，尽量不让系统电源断电；如果迫不得已电源断电，重新上电后需检查各模块状态是否正常，当模块状态异常时应按照指导手册进行分析判断并进行下一步处理。

（5）AB 系统要求不能单独给从站的 CPU 进行程序下载安装，如果从站的程序丢失，只需要对从站进行断电、上电操作后冗余系统会自动将主站程序通过冗余模块传递给从站。

（6）AB 系统程序中使用的是中断轮询，并非为一般使用的定周期轮询扫描方式，即在特定的条件下，会优先执行某特定程序，容易触发硬件中的次要故障报警，该报警的消除需要通过软件将程序在线，查找硬件的相关报警，确认报警信息后进行报警清除。

（7）一旦 E 网卡模块的网络断掉（包括断网线或交换机），都会触发该 E 网卡所在机架重新启动，并且会切换到另外的机架，所以需要保证网络和网线的正常，一旦发现发生了机架切换要关注网络是否正常以及从站各模块的运行状态是否正常。

（8）AB 系统电源模块中含一个外部电池，该电池作用是保证在系统断电后还能支撑 CPU 保存程序一段时间，一旦发现电池报警，需立即更换电池备件，以免程序丢失导致系统需要重新下装程序。

（9）AB 系统的 DI 信号中在端子板后端是有 24VDC 供电的，故在更换 DI 信号所对应的设备或者更换电缆时要注意不能短接或者使电缆接触信号地，会导致空开跳闸、烧保险等情况，因此在带电区域作业时应断电操作。

案例 5-11 燃驱压缩机组 HIMA 火气系统故障

一、故障描述

2017—2018 年，某站场 3 台 GE 燃驱压缩机组频繁出现进气滤芯下部可燃气体探测器、排气道可燃气体探测器，以及火焰探头(45UV1-3)，CO_2 手阀，消防按钮和火气系统相关设备出现瞬时故障报警的现象，多次造成压缩机组意外停机。

二、故障处理过程及原因分析

对 HIMA 控制系统相关的各类仪表进行分析，最初判断发生类似现象的原因是进气滤芯下部可燃气探测器 45FT(1-6)故障报警导致，45FT 为 DET-TRONICS 95-8526 型红外式可燃气探测器，靠光谱反射的原理测量可燃气体，通过 4~20mA 电流回路输出信号，灰尘附着在探头上，控制系统就会认为探头故障，而现场探头确实存在污垢。

另一方面 HIMA 控制系统的接线方式为双冗余 Safety CPU 和 FF CPU 通过 Profibus 与 GE MarkVie 通信，现场的各类探头接入 HIMA I/O 模块和 HIMA CPU 模块，CPU 与 I/O 模块直接与以太网交换机连接，而交换机之间以串联连接，无冗余配置。

进气滤芯下部 6 个可燃气探测器污浊频繁报故障，数据通信量增大，且 N-Tron 509FX 型 8 口网络交换机可靠性不高经常出现诊断报警，多重因素可能会造成节点通信不畅网络阻塞，出现火气系统相关的所有设备故障报警。

现场通过对进气滤芯可燃气探测器进行定期清洁之后，该问题得到了有效的解决。但系统网络仍然存在缺陷，无法实现冗余，建议进行改造。

三、改进措施及建议

1. 进气滤芯下部可燃气体探测器改进建议

《PGT25+SAC/PCL800 燃气轮机/离心压缩机组维护检修规程》要求在Ⅰa、Ⅰb 级维检中检查可燃气体监测系统回路是否工作正常，在Ⅱ级维检中对进气过滤器下部 6 个可燃气体探头(45HT1-6)进行校验。在实际运维工作中，一般为Ⅰa、Ⅰb 级维检对可燃气体探测器进行回路检查并进行灰尘清理，每 12 个月随仪表专业检定工作，对可燃气探测器进行检定。

DET-TRONICS 95-8526 配备有防雨防尘罩，可满足大部分室内室外应用。由于该站场环境潮湿多雨，且运行多年以来未整体更换过进气滤芯，虽然空气进气系统的滤芯压差保持在正常范围，无明显破损。但是滤芯不同程度受潮，附着尘土偏多，伴随着滤芯定期反吹以及潮湿的气候，进气滤芯下部可燃气体探测器整体运行环境逐年恶化，且红外式可燃气体探测器寿命一般为 5 年，传感器性能已进入下降周期，正常的维护频次不能满足实际运行的需求。

遂对进气过滤器下部的可燃气体探测器每 3 个月进行常规性检查。拆卸下防雨防尘罩,用软刷、肥皂和水清洗并晾干,如果挡板通气口损坏或者明显存在污物,及时更换防雨防尘罩。使用适量的酒精冲洗并完全清除镜头和窗口颗粒和残留污染物。

2. HIMA 火气系统冗余改造建议

GE 机组 HIMA 火气控制系统使用的 N-Tron 509FX 型 8 口网络交换机可靠性不高,经常出现诊断报警。由于原交换机属于一层交换机,HIMA 系统原有的拓扑结构无冗余功能。现场仅仅使用 4 个交换机简单串联,而每个交换机连接火气系统的部分控制器以及 I/O 模块,当某个节点通信不畅或者出现故障,会对整个系统产生影响。这种网络结构可靠性不高,缺乏故障自恢复能力。原有交换机本身无诊断功能,当出现故障后,也不能记录故障信息,增加了故障排查难度。通过对原有网络拓扑进行优化,将原有串联模式(图 5-51)改为环网模式(图 5-52),实现环网冗余功能。使用二层网管型工业以太网交换机赫斯曼 RS20-0400M2M2SDAE(图 5-53)替换原 N-Tron 509FX(图 5-54)型交换机。

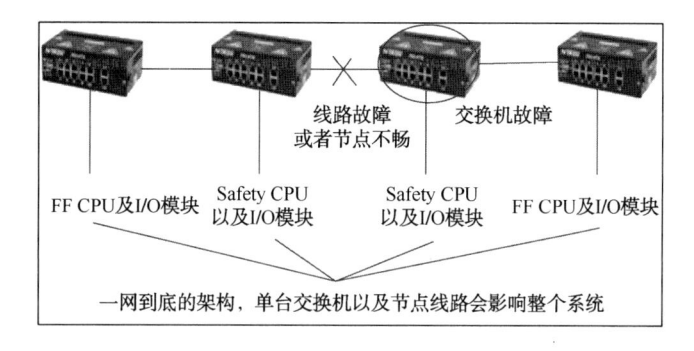

图 5-51 现有网络结构

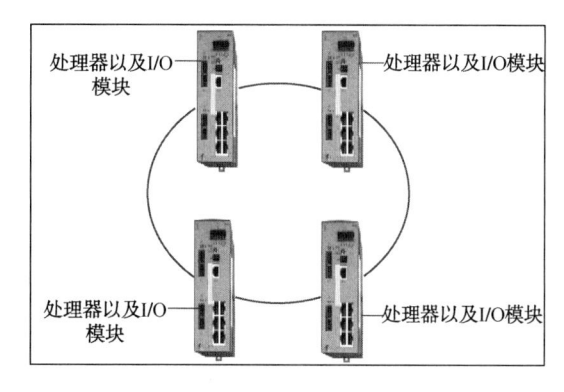

图 5-52 改造后的网络结构

使用智能型交换机组成环网,使得 HIMA 火气系统具备了故障自恢复能力,在一处网线不通或者单个交换机故障的情况下,能够迅速切换信号传输通道,保障网络正常运行。赫斯曼 RS20-0400M2M2SDAE 平均无故障时间为 53.5 年。同时设有运行状态提示灯,可以直观的看到交换机是否运行正常。并且可以通过单独的接口与调试电脑相连,搭载两层增强版软件,可进行交换机参数配置、查看日志等操作,具备更为强大的管理功能。

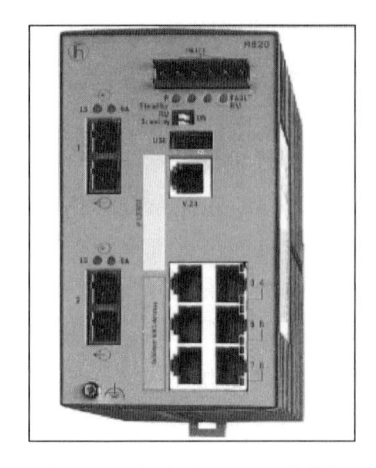

图 5-53　改造后 RS20 型交换机 　　　　图 5-54　现用 509FX 交换机

案例 5-12　燃驱机组可燃气体探测器误报停机故障

一、故障描述

GE-NP 机组使用的 DET - TRONICS PIR9400 型探测器在大风天气或阴雨大雾天气很容易导致误报警停机。在 2008 年 GE-NP 燃驱机组共发生 18 次由于进、排气系统可燃气体探测器误报警造成的停机，占总停机次数的 13.74%，是 GE-NP 机组当年故障停机的首要原因。同时今年以来又发生多次由于该问题造成的停机。为弄清停机原因，有必要对机组进、排气系统可燃气体探测器及控制系统进行系统的认识和分析。

（1）可燃气体探测器。可燃气体探测器 45HT 安装于机组进气道空气滤芯下方，探测空气进口处的可燃气体含量。当可燃气体浓度达到 15% 时会发出一个高报警，浓度达到 30% 时会发出一个高高报警。并在 HMI 上显示。报警信号由现场传输至 PLC。

箱体通风出口可燃气体探测器 45HA 安装于箱体通风排气道内，检测箱体通风系统可燃气体含量，信号由现场传输至 PLC。当箱体通风空气出口被探到可燃气体浓度达到 5% 时发出一个高报警，当可燃气体浓度达到 10% 时会发出一个高高报警，则触发 ESD 紧急停机。如果有两个或者三个探测器失败则正常停机。

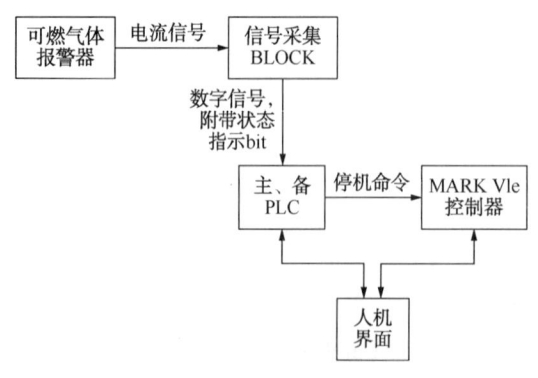

（2）控制系统。机组的控制系统是一个复杂的整体，可燃气体探测器问题牵扯到控制系统的各个环节（图 5-55）。可燃气体探测器将检测到的可燃气体浓度信号转换为电流信号送入 BLOCK，BLOCK 将模拟信号数字化后送入 PLC，PLC 将可燃气体浓度送入人机界面显示，并根据信号状态判断是否要发送停机命令给 MARK VIe 控制器。

本案例从 DET - TRONICS PIR9400 型可燃气体探测器、PLC 信号采集 BLOCK 以

图 5-55　可燃气体探测器控制系统信号流程图

及可燃气体报警器 PLC 停机逻辑三方面来分析此问题，并给出分析结果和相应的解决方案。

二、故障处理过程及原因分析

1. PLC 逻辑分析

排气道可燃气体探测器 HA45 与进气道可燃气体探测器 HT45 在 PLC 中逻辑基本一致，这里以进气道可燃气体探测器 HT45 举例。

HT45 六个探测器部分逻辑相同，只是寄存器地址不一样。寄存器地址与本文所述目的无关。为简化分析过程，在此仅分析 HT45_1 一路。

HT45_1 现场模拟信号送入 GB1.6 BLOCK 第 1 通道，并转化为数字信号，PLC 读取相应 HT45_1 数据，地址%AI5121[3]，将数据由整型变量（INT）转化为单精度浮点型变量（REAL）存入寄存器%R07162，接下来把%R07162 数据除以 10，送入寄存器 HT45_1_R，对应地址%R07000，如图 5-56 所示。此处其余探测器与 1#探测器逻辑相同。

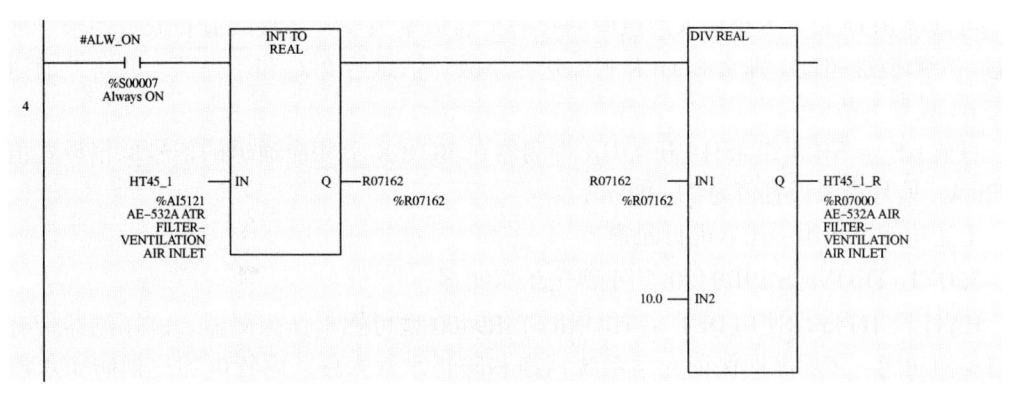

图 5-56　数据读取逻辑

PLC 读取相应 HT45_1 数据，地址%AI5121[3]。若%AI5121 内故障指示 bit 有效，或者低报指示 bit 有效，或者高报 bit 有效，并且火气系统不在 reset 状态，触发 HT45_1_FLT，地址%M01058。HT45 探测器 1#探测器故障，如图 5-57 所示。其余探测器与 1#探测器逻辑相同。

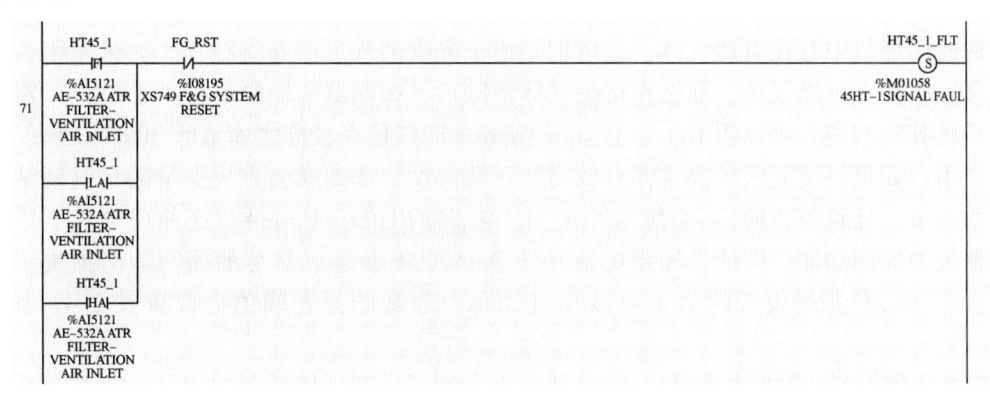

图 5-57　数据有效性判断逻辑

绝大部分可燃气体探测器问题造成停机案例都是因 HMI 显示探测器故障报警停机。通过以上分析，发现造成探测器故障报警的逻辑被触发的原因是 BLOCK 送来的数据高报 bit，低报 bit 或者故障 bit 被激活。因此，解决此故障的着眼点应首先放在将模拟信号转为数字信号，并对信号附加状态 bit 的 BLOCK 上。通过手操器配置 BLOCK 信号滤波器时间，调整高报及低报阈值，或是探测器本身，保证探测器输出信号稳定，没有突变，不会让 GB 模块对信号激活错误状态指示 bit，报故障给 PLC。

注：这里的低报阈值和 HMI 里的低报阈值是两个概念，HMI 中的低报阈值是探测器探测到的可燃气体浓度值，而在这里是可燃气体探测器输出电流信号的阈值，可以利用这个阈值判断探测器是否故障。BLOCK 里面的报警阈值与可燃气体浓度无关。

2. 电流源输入 BLOCK

GB1.6、GB1.7、GB1.8 为 6 通道电流源输入 BLOCK。带有信号诊断、输出状态保持、信号转换时间可调、CPU 冗余等功能。信号诊断功能可进行回路开路检测、输入信号高报及低报检测、信号超限检测。

可以对 BLOCK 上 6 个输入通道中的每一个通道单独设定高报阈值和低报阈值。如果任意一个阈值被超过，那么 BLOCK 将发送一条故障信息给 PLC 和手操器，并将此通道的状态 bit 设置为故障。

目前 GE‐NP 机组 45HT 和 45HA 探测器在 BLOCK 上相应通道的信号低报设置值为 2.72mA，信号高报设置值为 21.280mA。

上述功能可使用手操器进行配置。

3. DET-TRONICS PIR9400 型可燃气体探测器

HA45 及 HT45 均使用 DET‐TRONICSPIR9400 型可燃气体探测器。该探测器带有光学自检测功能、多层滤网保证光学系统洁净和防止水气入侵、内置电加热器防止水汽凝结、标准 4~20mA 电流源输出，工作相对湿度为 0%~99%。输出 23.2mA 代表超限报警 (120%)，输出值为 0~2.3mA 代表正在校准、故障或者需要清洁光学系统。

在实际观测中，普遍存在输出电流在 2.4~4mA 之间的状态，但是按照仪表标准，不应该出现这个输出值。输出电流值一旦低于设定阈值 2.72mA，BLOCK 就会报故障给 PLC。若同时有两个探测器向 PLC 报故障，就会造成停机。

通过查阅资料，发现之所以会出现 2.4~3.9mA 之间的电流输出值，可能是因为在校准的时候环境中存在可燃气体，也可能是由于光学器件上面有凝结物。如果是因为校准时环境中存在可燃气体，那么在可燃气体消除后，探测器的输出值会小于 4mA。对于光学系统脏的问题，可以用 Det‐Tronics "zero air" 气体在校准之前清吹 30s。在户外环境下使用，如果温度起伏较快且伴有较高的环境湿度，那么就会有很少量的水汽凝结在光学系统中，导致短暂的(可持续数小时)的电流输出值小于 4mA。这种现象并不导致探测器失去探测功能，即使是输出电流小于 3mA 也不会造成显著的探测能力损失。因此，推荐"零漂"报警设置阈值不应该超过 3mA。通常的报警阈值应设置在 2.4~3mA 之间。

可燃气体探测器输出电流低于 4mA 是因为受到了外部环境的影响而导致了光学系统工作状态改变，但是不管是光学系统有脏污附着物还是有水汽凝结，在正常工作状态下探测器输出电流值都不会小于 2.4mA。所以把不小于 2.4mA 作为解决此问题的关键点，通过调整相应的机组参数来解决此问题。

三、改进措施及建议

通过对 PLC 逻辑，BLOCK 和探测器三者进行综合分析得出，造成停机的主要原因是可燃气体探测器在工作中输出电流偏离了正常范围。偏离正常范围的主要原因是光学系统有轻微的水汽凝结或者有轻微的脏污附着物，在这种情况下输出电流范围在 2.4~3.9mA 之间，但并不会造成显著的探测能力损失。而 GE 的信号检测阈值 2.72mA 设置相对偏大。在空气湿度、温度突然变化的恶劣天气环境下，如果探测器光学系统突然受到外界环境影响，造成输出电流在 2.4~2.72mA 之间，则会判断此探头故障。如果有两路信号同时处于上述状态时就会停机。

综上所述，对于本文中所涉及 45HT、45HA 故障报警停机的问题，可以通过以下方法解决：

（1）适当调低 HT45、HA45 在 BLOCK 上相应通道的信号低报阈值，根据情况可以取可燃气体探测器工作最低输出电流 2.4mA。

（2）定期使用所推荐的 Det-Tronics "zero air" 气体（也可考虑使用其他清洁气体）吹扫探测器光学系统，清除脏污附着物。

（3）检查探测器阻水滤芯，确保阻水滤芯正确安装，没有变皱、变形，没有直接通往光学系统的水汽通路。

（4）若信号低报阈值设为 2.4mA 后，HMI 出现探测器故障报警，则表明此时探测器已真正故障，故障状态可由 HMI 显示数值或手操器读数对应表查出。此时探测器已停止工作，需要根据故障状态进行相应的处理。

案例 5-13 压缩机温度传感器故障

一、故障描述

某压气站压缩机组因压缩机出口温度高高报警，导致机组停机。查看报警记录，发现 Process Compr. disch. temp. high. hightrip_ alm L26GDHH_ ALM 报警导致机组停机。

二、故障处理过程及原因分析

在 HMI 画面上观察压缩机出口温度传感器 A、B 的数值，A 为 21.3℃（70.34℉），B 为 28.1℃（82.58℉）。根据压缩机组系统模块设置，当 A 和 B 传感器数值偏差小于 10.5℉ 时，模块有效输出平均值；当 A 和 B 偏大于 10.5℉ 时，模块输出高选值。此时两个传感器数值偏差较大，模块输出高选值 28.1℃。压缩机出口温度值出现较大波动，触发跳机值。压缩机出口温度显示数值虽然只有 101℉，远小于跳机值为 194℉（90℃），是因为历史趋势里变量的采样时间设置为 500ms，远小于控制器采样周期 40ms，导致未能捕捉到温度报警的峰值。

现场变送器显示值和 HMI 上显示数值一致，排除线路通信故障。

根据压缩机进口温度变送器和站场其他温度变送器均远未达到90℃，排除了工作介质实际温度达到跳机值90℃的可能性，因此判断B传感器热电阻可能存在故障。

现场拆下其热电阻，测量其内阻和新热电阻内阻值，两者相差约3Ω，将新备件热电阻更换上后，现场观察变送器数值，传感器A和B都数值约22.5℃，两者相差不到0.5℃。压缩机组启机恢复正常。

三、改进措施及建议

压缩机出口温度传感器A、B数值偏差较大时，压缩机系统模块会选高值进行有效输出，因此如果所选传感器发生故障，输出的数值容易跳变至跳机值导致机组停机。因此日常运行中应多关注同一测点不同传感器显示数值偏差较大现象，及早发现故障传感器并更换。

第四节 供电系统故障

案例 5-14 燃驱机组进出线柜故障

一、故障描述

2015年12月，某压气站2#压缩停机，SCADA系统出现多设备断电报警，HMI报警信息显示"Unit NS from plant SCS push button"（来自站控系统按钮的机组正常停车）、"220 Vac MCC Line Undervoltage"（220 Vac MCC 低压线报警）、"Pepressurizedemm. shut. command from SIL2 system"（来自SIL2系统的紧急不卸压停车命令），并且出现机组电动机、加热器、风扇等故障报警，从而导致2#压缩机ESP停机。

二、故障处理过程及原因分析

（1）2#压缩机EPS停机的同时，全站照明灯熄灭，应急照明灯亮起，值班人员初步判断为因外电线路故障导致的全站失电。随即站内人员赶赴现场对故障原因进行查找，并同时上报北调协调好上下游站场做好启机准备。

（2）站内人员到达高压室，首先用手持检漏仪检测，无SF6气体泄漏迹象，对现场SF6泄漏报警装置进行检查，显示SF6无泄漏，排除SF6气体泄漏可能，同时发现宗专一回路进线柜内存在烧焦味，宗专一回路进线断路器3501跳闸，宗专二回路进线断路器3502跳闸，查看保护装置记录，显示均存在零压启动报警（事件发生前主回路运行方式为宗专一回路通过35kV母联带1#、2#主变，备投方式为跳进线合进线，即当一号进线断路器3501保护动作时，二号进线断路器3502合闸，运行方式切至宗专二回路通过母联带全站，但由于母线段存在接地故障，实际备自投并未合闸成功），期间作业区电气专业人员与压气站电调取得联系询问情况，回复宗专一回路存在A相接地故障，宗专二回路供电正常，作业区决定立即进行倒闸操作，将35kV一段母线隔离，将电力系统主回路运行方式切至宗专二回路带通过1#主变带全站，及时恢复站场供电，随后启2#机组成功（期间由于排查故障需要，向北调申请停用站内低压系统及运行机组一次），中油电力公司人员到达后，对35kV一段计量柜、进线柜、出线柜进行了排查，发现1#进线柜避雷器B相接地侧存在烧痕，使用红外测温枪测量后发现该避雷器温度在90℃以上初步判断B相避雷器被击穿（图5-58）。随后依次对35kV二段出线柜、进线柜、计量柜、二号主变及高压电缆进行检查，发现该柜内部避雷器C相存在过热现象，温度也达到100℃左右，其余两只避雷器温度在15℃左右，判断该相避雷器被击穿（图5-59）。

图5-58　1#进线柜避雷器B相击穿　　　　图5-59　2#出线柜避雷器C相击穿

（3）外电巡护人员1月1日上午11点左右开始巡线，对宗专一回线路进行检查，未发现异常，作业区申请电网调度空投宗专一回外电线路，送电成功，但电网调度答复A相电压明显偏低，为17kV左右，正常值为22kV左右，2h后再次询问，回复三相电压均为22kV左右。

（4）经过一系列排查检测，35kV一段进线柜B相避雷器及二段出线柜C相避雷器均被击穿，原因为上级变电所宗专一回路出线A相接地，B、C相电压升高，超过避雷器的允许值，导致避雷器击穿，站场失电。

目前站内供电恢复，压缩机组运行正常，但35kV一段进线柜及二段出线柜避雷器损坏，已与厂家取得联系，尽快发送备件，恢复高压柜备用，同时玉门外电正在进行第二次线路排查，寻找故障点，同时与金昌供电公司联系，确认3513宗专一回线路保护动作情况，查找故障原因。

三、改进措施及建议

外电线路问题对于站场压缩机的平稳运行具有重要影响，一方面在巡线时将所辖外电线路下的杂物、树木等进行清理减少外部影响，另一方面制定相关的外电失电应急方案，并定期进行应急演练，进行风险识别，储备相关的备件，将发生外电失电时造成的影响降至最小。

案例 5-15　燃驱机组 UPS 故障

一、故障描述

长期以来，某压气站一直存在 1#GE 燃驱压缩机组 UPS 系统故障，无法实现外电与发电动机供电的正常倒闸切换，在倒闸的过程中，压缩机组控制系统全部失电，机组瞬间停机甚至有时锁机 4h，长时间无法备用，严重影响场站的正常生产。

二、故障处理过程及原因分析

站内对 1#压缩机组进行针对性的倒闸测试，并同时对 2#压缩机组也进行了相应的对比测试。在 1#压缩机运行时，启动备用发电动机组，稳定后进行倒闸，由外电供电切换至发电动机供电，测量发现切换的瞬间 UPS 输出端突然失去电压输出为 0V，控制机柜整个失电，并持续近 10s 以后才切换为由发电动机供电，恢复电压输出，期间已触发压缩机组紧急泄压停机信号。然后同样对 2#压缩机组进行对比测试，发现切换过程中 UPS 输出端电压正常，并且连续、无中断，机组正常运行，能够实现供电系统的正常倒闸切换。经过测试以及与 2#机组的对比，1#压缩机组在倒闸过程中近 10s 的时间内，UPS 未能起到不间断供电的作用，不能进行正常的倒闸切换。

根据测试和对比结果，以及 UPS 系统的报警信息，确定问题出在 UPS 逆变器输出不同步的问题上，于是针对性地对逆变器进行同步调整，调整程序如下：

（1）关闭变流器 1，即在 LCID 卡上将"INVERTER"切换至"OFF"位。注意液晶显示屏，为了能够正确同步校准，在切换开关前应确定无误。

（2）关闭变流器 2，即在 LCID 卡上将"INVERTER"切换至"OFF"位。注意液晶显示屏，为了能够正确同步校准，在切换开关前应确定无误。

（3）关闭开关 52-8。

（4）打开开关 52-7。

（5）此时只有 1#变流器工作。

（6）关闭 logic 盒电源。即将 AL1 卡上的"Logics"开关切换至"OFF"位。

（7）等待所有的指示灯熄灭。

（8）从模块上取出 LPS 卡。

（9）从卡上可以找到 DIP SWITCH 的一系列 DIP 开关。将 5#开关拨至"ON"。

（10）将板卡装回。

（11）打开 Logic 盒电源，即将 AL1 卡上的 LOGICS 开关由"OFF"拨回"ON"。

（12）将 inverter 开关拨回"ON"位，重新激活 1#变流器。

（13）用万用表测量电容频率。

（14）在 MIU MIU 卡上将频率上限调整为 50Hz。

（15）将 LCID 卡上的 inverter 开关拨至"OFF"位。

（16）关闭 Logic 盒电源。即将 AL1 卡上的 LOGICS 开关拨至"OFF"。

（17）等待所有的指示灯熄灭。

(18) 拔出 LPS 卡。

(19) 将 DIP5#拨至"OFF"并装回板卡。

(20) 对 2#变流器做(6)~(19)同样的操作，不同的是将 2#变流器的频率调至 50.10Hz。

(21) 打开 1#和 2#变流器的 AL1 卡，即将 Logics 开关拨至"ON"。

(22) 激活 1#变流器，即将 LCID 卡上的 inverter 开关拨至"ON"，然后等待所有的指示灯恢复(除了绿色)。

(23) 激活 2#变流器，即将 LCID 卡上的 inverter 开关拨至"ON"。

(24) 然后检查 2#变流器所有的指示灯发光并无闪烁。

(25) 两个变流器绿色的指示灯代表变流器处于同步状态。

(26) 关闭 1#变流器，即将 LCID 卡的 inverter 开关拨至"OFF"。

(27) 关闭 2#变流器，即将 LCID 卡的 inverter 开关拨至"OFF"。

(28) 关闭开关 52-7。

(29) 打开开关 52-8。

(30) 激活 1#变流器，即将 LCID 卡上的 inverter 开关拨至"ON"，然后等待所有的指示灯恢复(除了绿色)。

(31) 激活 1#变流器，即将 LCID 卡上的 inverter 开关拨至"ON"操作中经测量变流器 A 电容频率为 50.43Hz，变流器 B 电容频率为 51.64Hz，按照操作标准，将变流器 A 电容频率调整为 50.00Hz，变流器 B 电容频率调整为 50.00Hz，调整后频率虽然一致，但变流器指示仍不同步，即 1#机组 UPS 变流器 A、B 绿色同步指示灯不亮，并且频繁出现变流器不同步报警，与 2#机组 UPS 变流器的工作情况对比分析认为，虽然经调整频率已同步，但变流器仍不同步工作，同步操作不完整，需进行进一步的同步调整工作。

对两个逆变器的输出进行测量发现 1#逆变器输出电压为 220V，输出正常，2#逆变器的输出电压为 190V，于是对 2#逆变器进行调整(在 MIU 卡上调整相应的电位器)。

三、改进措施及建议

经调整后，2#逆变器输出电压与 1#逆变器取得一致，均为 220V，逆变器工作正常，UPS 不同步报警消失，工作指示灯恢复正常。启动压缩机进行测试，UPS 正常工作，1#压缩机组市电供电切换发电动机供电一切正常。

案例 5-16 燃驱机组外电波动停机

一、故障描述

西气东输西段站场多处于西部人烟稀少地区，外部电网相对薄弱，且站场高压进线架空线路较长，造成站场供电电能质量不高，供电稳定性和可靠性较差。自投产以来多次出现因外电网电压波动造成燃气轮机配套的辅助低压用电设备故障停机，从而引起燃驱压缩机组联锁停机事件，严重影响了压缩机组的正常运行和生产连续稳定性。据统计，西二线某压气站 4 台 GE 燃驱机组在 2015 年一年内由外电波动引起的机组停机次数多达 12 次。

二、故障处理过程及原因分析

1. 供电质量分析

当压气站场高压供电系统电源出现短时波动时，必将造成站内 0.4kV 供电系统会跟随出现电压波动。根据对西二线某压气站电能质量监测数据分析发现，站内 0.4kV 供电系统电压波动时长大部分在 3~5s 内，电压波动范围在 20%~80%U_e 之间。图 5-60 为其中一次的电压波动时的波形。

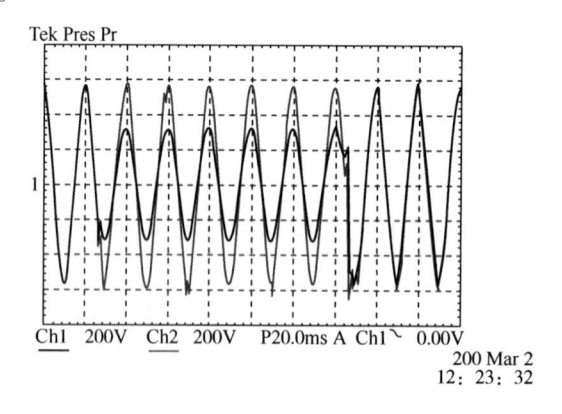

图 5-60 电压波动时的波形

2. 电压波动造成压缩机组停机原因分析

对上述站内机组多次受外电波动干扰非计划停机后现场技术统计和分析发现，通过对每次由外电波动造成燃驱压缩机组停机进行分析可以发现，引起压缩机组停机原因有三个方面：一是仪表风压力低于 0.6MPa；二是燃气轮机箱体通风压差小于 0.15kPa；三是矿物油油箱压差超过 0.5kPa。只要上述其中一个条件满足就能引起联锁停机。通过对 GE LM25000 型燃驱压缩机辅助电气设备进行分析，电压波动时引起上述三个参数发生变化的原因是站场空压机组、GT 箱体通风电动机、矿物油冷却器变频电动机、矿物油油雾分离器电动机等辅助电气设备保护停机。

3. 辅助电气设备停机原因分析

通过查阅现场使用的施耐德低压控制产品相关技术参数，发现上述电动机控制回路所采用的 TE 型号的接触器线圈释放电压极限值为 75%U_e，所以当电动机控制接触器线圈控制电压下降到额定电压 75% 以下时，接触器将会自动释放断开，无法实现自保持功能。当出现电压波动时，接触器将会断开，导致低压变频器报主电源丢失或直流母线电压低故障，此故障只能现场复位后才能再次启动，因此虽电压波动只是很短暂的时间，电压恢复正常后站场空压机组、GT 箱体通风电动机、矿物油冷却器变频电动机、矿物油油雾分离器电动机等辅助电气设备已经停机，只有现场复位后才能再次启动，从而导致燃驱压缩机组停机。

第五章　离心压缩机及辅助系统故障分析与处理

4. 对策研究

针对电压波动时造成电动机控制接触器自动释放的问题，采用U不间断电源代替上述相关电动机控制电源，保证接触器线圈在电压波动时不会释放。同时，增加一套0.4kV母线电压监控装置，当母线电压低于75%时，启动时间继电器，如母线电压波动在设定时间内恢复，电动机控制接触器将不会释放，电动机运行不受影响；如母线电压波动时长超过设定时间，监控装置将切断上述电动机的控制电源，电动机控制接触器自动释放断开电源，保证电动机的正常停机，防止长时间断电后，突然来电造成电动机无控自启动，造成人员及设备的损害，0.4kV母线电压监控装置原理图如图5-61所示。

根据现场调研，空压机、箱体通风电动机、油雾分离器、油冷风机电动机在燃驱机组正常运行期间，电动机负荷均保持在60%～70%额定负荷。根据$P_e = U_e \cdot I_e$可知，在现场电动机输出轴功率不变情况下，动力电源电压下降到$70\% U_e$之前，电动机运行电流不会超过其而额定电流(I_e)。因此，在保证其安全裕度情况下，将0.4kV母线电压监控装置电压检测继电器(kV)设定为$75\% U_e$。根据现场的电能质量监测数据分析，将0.4kV母线电压监控装置时间继电器整定值设为5s，可以满足躲避外电波动对电动机连续运行影响。

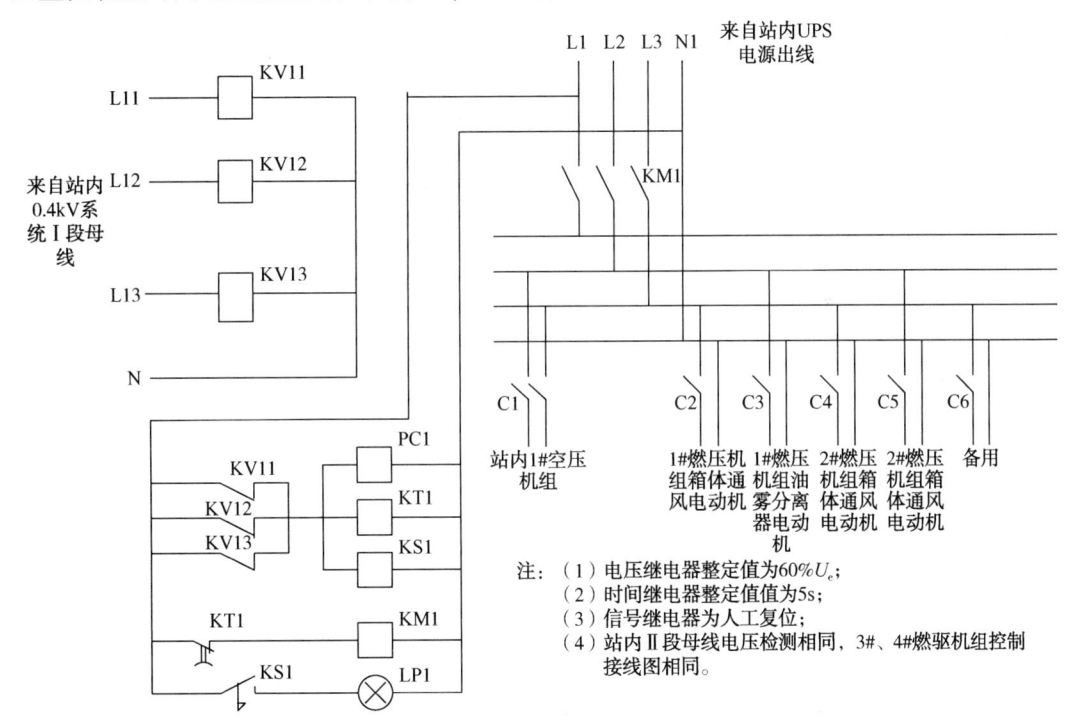

图5-61　母线电压监控装置原理图

由于空压机组采用交流接触器和现场PLC控制，热继电进行电动机过负荷保护控制方式。当采用不间断电源代替交流接触器线圈的控制电源后，在外电网出现电压波动时电动机控制接触器线圈不会自动释放，完全可以避免电动机自动保护停机。当出现电压波动低于$75\% U_e$时，电动机将会出现过负荷现象，而电动机采用的过负荷保护元器件——热继电器，其特性是过负荷倍数越小，允许运行时间越长；反之过负荷倍数越大，允许运行时间越短。根据热继电器制造标准，在1.05倍动作时间大于2h，1.2倍动作时间大于

20min，1.5 倍动作时间小于 30min，6 倍动作时间大于 5s。因此在电压波动低于 75% U_e 时，上述 0.4kV 母线电压监控装置时间整定值可以保证电动机在电压波动时过负荷保护元件热继电器不会动作。

由于箱体通风电动机采用 ABB ACS800 变频器进行驱动，需要启用变频器自带的电网瞬时掉电保持运行功能。如果电网电压瞬间丢失或波动时，只要主回路接触器保持闭合状态，变频器在电源恢复后，电动机可立即投入运行。采用不间断电源替代接触线圈交流电源后，当电源波动时接触器将不会断开，实现变频器主电源保持连续供电。根据现场监测，GE 机组在运行时箱体通风压差在 0.25kPa 以上，在箱体通风电动机停运后，箱体压差在 7~8s，降到 0.15kPa 以下。根据设备参数手册及现场电能质量监测数据，可将变频器控制参数 21.01 START FUNCTION 项设置为 AUTO，保持变频器出厂设置时间 5s，就可以实现其电动机在外电网波动时能跟踪自启动，保持电动机连续运行需求，避免其燃驱机组联锁停机。

同样，针对矿物油冷却器电动机采用的 WEG CFW-11 变频器，需要启用变频器本体抗扰跨越和捕捉启动功能。将变频器内部参数电压斜坡控制参数（P331）和死时间控制参数（P332）进行设定。当电源电压降到一个低于欠电压（65% U_e）跳闸门限值时，变频器 IGBT 逆变模块就被禁用（电动机上无电压脉冲），变频器欠电压不会动作跳闸，直到电源电压恢复。如果电源电压恢复的时间超过 P332 设定时间，变频器将由 E02 保护动作跳闸；如果电源电压能在 P332 设定时间内恢复，变频器将以电压斜坡线方式自动启动电动机，保持电动机连续运行。根据设备参数手册及霍尔果斯站电能质量现场监测数据，可将变频器内部电压斜坡控制参数 P331 设定为 2s，死时间参数 P332 设定为 2.5s，保证所驱动电动机在 5s 内自行启动。

5. 现场实施后的效果

2016 年 7 月 21 日至 8 月 8 日，对西二线某压气站 4 台燃驱压缩机组辅助电气设备进行改造，增加了电源监视柜，将箱体通风电动机、油冷器风扇电动机、空压机、油雾分离器电源由市电改为 UPS 供电，并对箱体通风电动机变频器和油冷器风扇电动机变频器的参数进行了优化。

自从 2016 年 8 月 8 日改造完成至 11 月 1 日共发生两次晃电，两次晃电均未造成压缩机组停机，其中 9 月 13 日发生的晃电西三线的压缩机放空、站内 UPS 已发生市电失电报警，西二线运行的压缩机组未受影响。通过应用情况分析，可以有效地避免电网波动造成的压缩机停机，提高了机组运行的可靠性和连续性，同时避免了停机放空，带来了很好的经济效益。

三、改进措施及建议

通过对西气东输二线 GE LM2500 型燃气轮机由电压波动而造成的停机进行分析和研究，找出了导致停机的根本问题，并提出了解决方案，并选取试点站场对方案进行现场验证。改造后取得了很显著的效果，能有效地避免由电压波动而造成的停机，提高了燃驱压缩机组的可靠性。由于同类机组在西气东输一线、二线、三线中有大量应用，具有推广价值。

第五节　干气密封系统故障

案例 5-17　干气密封增压泵四通阀故障

一、故障描述

某压气站电驱压缩机组启机进入暖机时序（1200r/min）后，压缩机非驱动端密封气体供给压差低低报警，导致安全 PLC 触发机组泄压停机命令。

排查发现：UCP（机组控制系统）未发送停止运行增压泵的信号，但密封气供给压差低低报前 2min 干气密封增压泵停止工作。现场检查增压泵动力气源供给正常，增压泵动力气电磁阀处于全开工作状态，初步判断为干气密封的密封气增压泵故障。

压缩机组启动电动机前密封气供给压力正常，达到暖机转速后非驱动端密封气供给压差发生低低报警，导致压缩机组泄压停机，经现场核实发现增压泵停止运行。随后再次启机测试，UCP 发送增压泵启动信号后，增压泵动力气电磁阀打开，但增压泵未能正常运行，触发压缩机组非驱动端密封气供给压差低低报警，再次导致压缩机组泄压停机。

二、故障处理过程及原因分析

压缩机组干气密封预处理系统故障导致机组无法启动。分析干气密封预处理系统故障可能存在以下两方面原因：

（1）增压泵存在加工缺陷，动力气切换四通阀组表面存在毛刺，导致在高频率切换过程中卡阻，最终致使泵卡死。

（2）增压泵四通阀动力气在泄放时产生节流降温，导致增压泵四通阀组堵塞。

处理过程如下：

（1）关闭干气密封预处理系统之间的阀门，将预处理系统隔离。

（2）拆除干气密封增压泵动力气电磁阀，检查电磁阀是否卡阻，经检查电磁阀工作正常。

（3）检查干气密封预处理橇前置过滤器滤芯（图 5-62），经检查滤芯完好，杂质较少，同时更换了前置过滤器。

（4）检查预处理橇仪表风滤芯（图 5-63），经检查滤芯完好，同时更换了滤芯。

（5）拆除干气密封增压泵进行检查和保养，经检查发现缸体活塞及增压泵四通阀（图 5-64）略微卡阻，经检查保养后完成回装。

（6）回装完成后，再次启机，现场监护人员发现增

图 5-62　拆卸检查过滤器滤芯

压泵动力气电磁阀打开，但增压泵仍未能正常运行，25min 后触发压缩机组非驱动端密封气供给压差发生低低报警，导致压缩机组泄压停机。

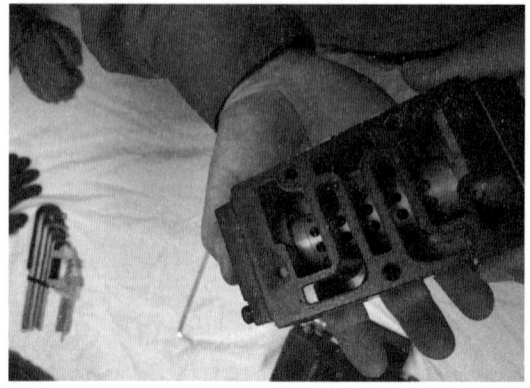

图 5-63　检查仪表风滤芯　　　　　　图 5-64　检查增压泵四通阀组

（7）更换 2 台增压泵后，开始启动压缩机组，压缩机进入暖机时序（1200r/min）7min 后，压缩机非驱动端密封气体供给压差低低报警，导致安全 PLC 触发机组泄压停机命令。通过观察故障现象，发现在暖机时其中一台增压泵停止运行，另外一台增压泵增压频率较启机前低，停机后检查增压泵指挥器，发现指挥器四通阀卡阻。

（8）增压泵厂家将维修合格的增压泵指挥器回装后，开始启动压缩机组，压缩机进入暖机时序（1200r/min）4min 后，压缩机非驱动端密封气体供给压差低低报警，导致安全 PLC 触发机组泄压停机命令。继续观察故障现象发现：在暖机时增压泵增压频率较启机前低，判断为增压泵指挥器四通阀中的换向器因低温导致卡阻，采取对增压泵指挥器局部加热的方式启机。

（9）启动压缩机组，随时监测增压泵指挥器温度，增压泵在暖机、升速时运行正常，压缩机组启动成功。

三、改进措施及建议

经现场测试，增压泵指挥器四通阀发生进水甚至冰堵现象，则四通阀卡阻严重，甚至造成四通阀密封面磨损，四通阀卡死。增压泵在工作期间，执行机构排气降温，根据节流效应，在执行机构降温时产生结霜和结冰现象，建议在压缩机组增压泵动力气管线和指挥器相关位置加装加热设施，防止增压泵指挥器因低温导致四通阀卡阻。

案例 5-18　干气密封增压泵换向阀故障

一、故障描述

某压气站 1#压缩机组启机过程中，压缩机进口球阀两端压力平压完毕，即将打开 4101#进口球阀，UCP 突然发出放空停机命令，启机程序终止，启机失败。检查发现是

第五章　离心压缩机及辅助系统故障分析与处理

PDIT-1612-06(密封气压差)低于 0.03bar 低低停机值,导致启机失败。按照 UCP 程序逻辑,当 PDIT-1612-06 压差低于报警值 0.13bar 时,密封气增压泵启动,差压值会升高。但是查看 PDIT-1612-06 压差值趋势图,发现其差压值是持续降低,直至低于低低停机值。因此,判断增压泵并没有启动。随后 1#压缩机组再次启机测试,故障现象与之前一致。PDIT-1612-06 压差低于报警值 0.13bar 时,密封气增压泵并没有启动,因此,锁定故障点为密封气增压泵系统。

二、故障处理过程及原因分析

监控启机程序运行过程中,发现"SEAL GAS BOOSTER CONTROL VALVE ON(密封气增压控制阀开启)"命令已发出,对应 DO 输出指示灯亮,现场测试增压泵动力气控制电磁阀(SV-662)24V 电源得电,且电磁阀也已动作,现场检查增压泵动力气供气压力正常,排除动力气气源不正常导致的故障。由此判断故障点为增压泵本体。

根据增压泵的工作原理,推测导致增压泵故障的原因有:(1)增压泵气缸内活塞卡死,或者是活塞密封失效无法建立动力气压差推动活塞运动;(2)增压泵换向阀无法正常工作,导致动力气缸内活塞运动到行程极限时,活塞运动无法换向。

增压泵出现故障时,累计运行时间 242h,远远未到达正常寿命 2000h,且上次启机增压泵运行正常,初步排除可能的故障原因(1)。

根据换向阀的工作原理(图 5-65)分析故障原因(2):换向阀安装于动力气缸上,是增压泵动力气缸活塞实现往复运动的关键设备。动力气供给通过"四通阀"流道进入动力气缸"B"腔,推动活塞往左运动。当活塞运动到左侧极限时,活塞顶开"导向阀 A",使动力气沿着"导向阀 A"流道进入"四通阀"左侧阀腔内,推动阀芯(黑色)向右运动。

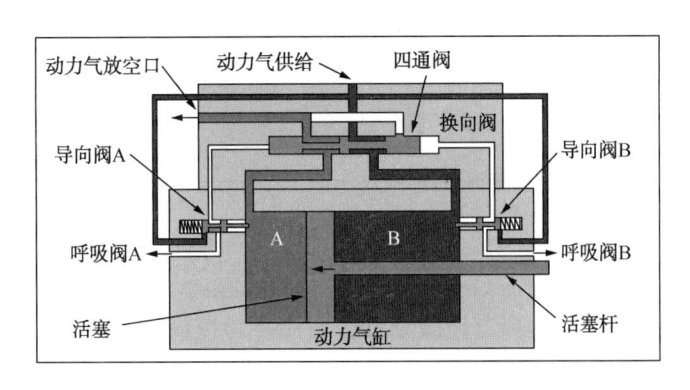

图 5-65　换向阀原理简图 Ⅰ

运动至右侧极限时,如图 5-66 所示,"四通阀"流道发生改变,动力气供给通过"四通阀"流道进入动力气缸"A"腔推动活塞往右运动。当活塞运动到右侧极限时,活塞顶开"导向阀 B",使动力气沿着"导向阀 B"流道进入"四通阀"右侧阀腔内,推动阀芯(黑色)向右运动。

由此可以看出,"四通阀"阀芯的左右来回移动,实现动力气流道改变,驱动动力气缸

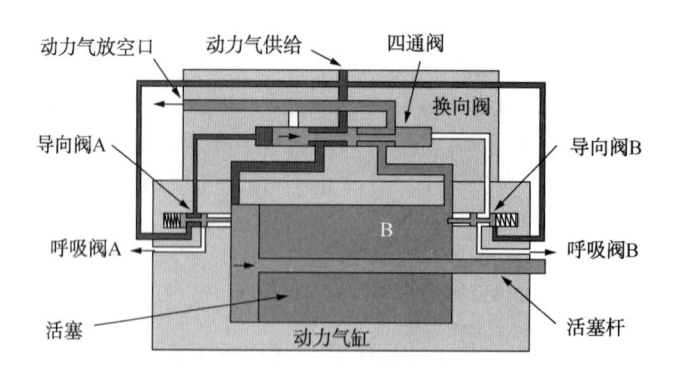

图 5-66 换向阀原理简图 Ⅱ

活塞的往复运动。如果换向阀内"四通阀"阀芯卡阻或者阀芯密封失效无法换向运动，将导致活塞运动无法往复运动。

根据以上分析，卸下增压泵换向阀组件进行检查。正常状态下，换向阀阀芯在阀腔内的移动阻力较小，但使用工具来回拨动阀芯过程中，发现阀芯阻力非常大，无法拨动。再逐步拆开换向阀阀芯，换向阀结构和组成如图 5-67 所示，包括弹簧缓冲装置、阀芯、阀座、端盖和阀腔等。

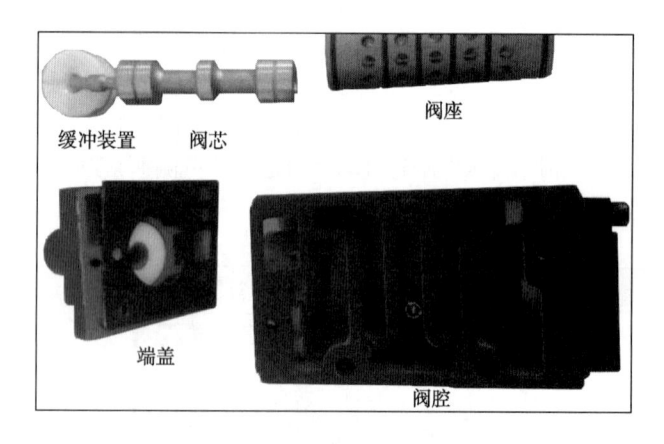

图 5-67 换向阀结构和组成

检查内部密封件、O 形圈无磨损，阀芯表面和阀座内表面均有附着润滑脂，润滑良好。但是检查阀芯表面时，发现有轻微划痕，再用手触摸阀座内表面时，也发现有划痕，特别是阀座内表面气孔处有凸起的倒刺。阀芯与阀座接触面是硬金属直接接触，接触面间隙非常小，靠填充润滑脂密封，如果接触面加工不平滑或者接触面间隙吸入硬杂质，将直接划伤阀芯或者阀座内表面，增大阀芯来回运动的阻力，直至卡死。

检查动力气源(仪表风)最近一级精过滤器，滤芯完好，无杂质，排除硬杂质随动力气源吸入换向阀划伤阀芯、阀座的可能。判断是阀座在加工气孔时，加工质量不合格，导致阀座内表面气孔处有倒刺，进而划伤阀芯，长时间运动后，划伤越来越严重，最终导致卡死。

采取细磨阀芯表面和阀座内表面的方法来修复划痕，具体实施过程：首先使用柴油清洗干净阀芯和阀座表面，然后使用细砂纸打磨处理划痕和倒刺，直至划痕和倒刺消失（用手触摸），最后再用柴油仔细清洗干净打磨产生的铁屑，阀芯和阀座重新涂抹润滑脂后，组装换向阀，使用工具来回拨动阀芯，发现阀芯动作顺畅。随后安装换向阀，调试增压泵，增压泵恢复正常工作。

三、改进措施及建议

（1）气动增压泵对动力气源的清洁度要求很高，如果气源中夹带着硬杂质，换向阀或者动力气缸吸入硬杂质，将会损坏换向阀或者动力气缸的内表面，致使阀芯或者活塞的密封失效，严重情况将导致卡死，在生产运行的过程中，需要保持气动增压泵动力气源的清洁。

（2）建议将换向阀阀芯等部件的检查增加到压缩机组 8000h 保养规程中，定期检查是否有磨损、密封失效等问题，查看阀芯在阀座内部活动是否灵活。

（3）按照增压橇的设备型号，统计好内部配件的型号及国内可供货厂家和周期，做好厂家资源储备。

第六节　工艺系统故障

案例 5-19　离心压缩机平衡气管线断裂故障

一、故障描述

2013 年 5 月 4 日，某压气站运行中的 3#RR 燃驱机组压缩机平衡气管线与压缩机驱动端端盖连接法兰紧固螺栓突然断裂，导致管线崩脱变形，天然气大量泄漏，压缩机因为轴向平衡力的突然失衡导致轴位移高高及非驱动端干气密封一级泄漏压力高高联锁动作，压缩机 ESD 动作跳机。天然气大量泄漏导致厂房可燃气监测探头报警，由站控系统正常发出全部压缩机停机指令。

在对 3#机组现场隔断后，针对该故障及存在的潜在隐患，立即开展了如下排查工作：

（1）对某压气站以及另外一组压气站 6 台 RR 机组的压缩机平衡气管线两端连接法兰的紧固螺栓进行对角拆卸目视检查，并依次对螺栓进行着色无损检测，确认合格后回装并恢复机组运行；

（2）立即对全线压缩机平衡气管线、干气密封供气管线、干气密封一级及二级放空管线与压缩机两端端盖相连的法兰进行泄漏检测；

（3）对 3#机组螺栓断裂情况组织开展失效分析工作；

（4）对 3#机组故障进行分析和拆检，确定该台机组受损情况及后续处理措施。

截至 5 月 11 日，以上工作检查情况如下：

（1）另外一组压气站 3 台机组压缩机平衡气管线与端盖连接的共 24 条螺栓均拆检完成着色检测，未检测出缺陷，已经回装，机组按要求恢复运行及备用。

某压气站 3#机组压缩机平衡气管线驱动端连接的 4 条螺栓均断裂，该管线严重变形，与入口端相连法兰 4 条螺栓中，在面对压缩机方向看，左侧有 1 条螺栓着色检查发现有裂纹，其他未检测出缺陷；2#机组 8 条螺栓目视检查未发现异常，回装后启机运行，计划在 5 月 11 日停机更换螺栓并将原螺栓送检；1#机组平衡气管线高压侧连接法兰下端两条螺栓完全断裂，上端两条螺栓送检着色分析，确认也已经出现明显裂纹缺陷，平衡气管线低压侧与压缩机入口端相连的法兰的 4 条螺栓中，有 2 条螺栓发现裂纹缺陷。

（2）全线压缩机高压工艺管线与压缩机端盖相连法兰检查未发现漏点。

（3）3#机组及 1#机组断裂螺栓共 6 条，已经联系西安管材所、中国船级社及 RR 公司同时开展材质分析和失效分析，其中，西安管材所检测工作周期为 7d，中国船级社为 30d。

（4）3#机组完成停机相关运行参数的分析及推力轴承的拆检，确定该机组推力轴承副推力瓦磨损严重，驱动端干气密封损坏，轴套变形且轴头螺纹严重变形，机组需要进一步解体检查，初步判断压缩机需要大修。

二、故障处理过程及原因分析

3#机组停机后，为进一步确定故障损失及下一步工作计划，首先对机组停机前后的运行参数历史趋势进行了分析，考虑到机组在正常负荷运行时，压缩机平衡气管线突然脱开，压缩机瞬间的轴向力变化极大，导致压缩机轴向上发生较大串动，进而损伤推力轴承、干气密封等部件。3#压缩机组停机前后关键参数趋势如图 5-68 所示。

由趋势图可以看出：

（1）压缩机驱动端干气密封损坏，非驱动端干气密封可能仍能正常工作。故障发生前，机组各参数运行正常，无异常波动。故障发生后，机组轴向位移首先超量程联锁动作，同时，非驱动端干气密封一级泄漏压力达到高高联锁值 ESD 动作，说明压缩机轴向力在瞬间有很大变化，进而导致轴向驱动端发生较大串动量，使非驱动端干气密封静环无法在推环作用下立即反应调节，进而使一级动静环间刚性气膜破坏，导致泄漏量超量程。在轴串向驱动端后，驱动端干气密封损坏，非驱动端一级泄漏压力迅速恢复正常，说明非驱动端干气密封可能仍能够正常工作，这也是在现场确定需要做静态充压测试的原因，并在测试中部分得以验证。

（2）压缩机推力轴承损坏，特别是副推力轴承轴瓦已经发生磨损甚至烧融现象。在机组停机过程中，轴位移 A39CPA1 立即得到慢量程，间隙电压超慢量程值一倍以上，达到 −22.21V，副推力轴承温度 A26CPIB1 由 73.3℃ 迅速上升至 132.5℃，由此可以判断副推力瓦已经损坏，瓦面磨损严重。

（3）平衡鼓两侧压差变化过大，平衡鼓低压侧阶梯迷宫密封可能损坏。

根据以上分析，确定对 3#机组需要首先开展如下检查工作：

（1）静态充压测试，确认非驱动端干气密封状态。

（2）压缩机轴串检查，确认轴向串动量大小及机组可能受损程度。

（3）推力轴承的拆解检查。

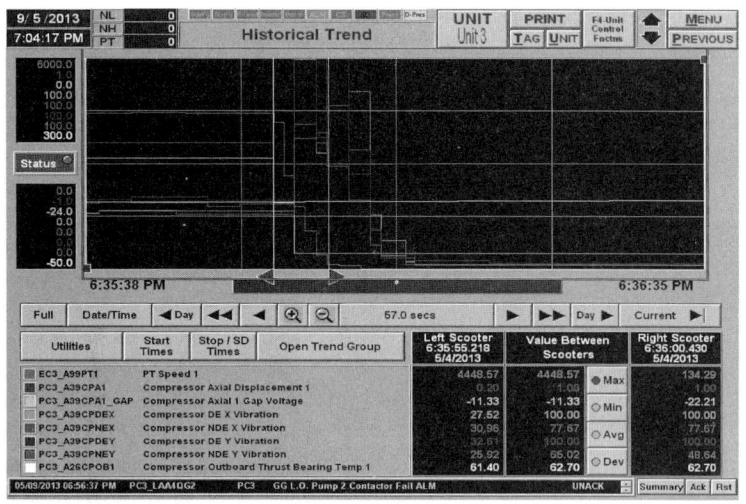

第五章 离心压缩机及辅助系统故障分析与处理

(a)停机前

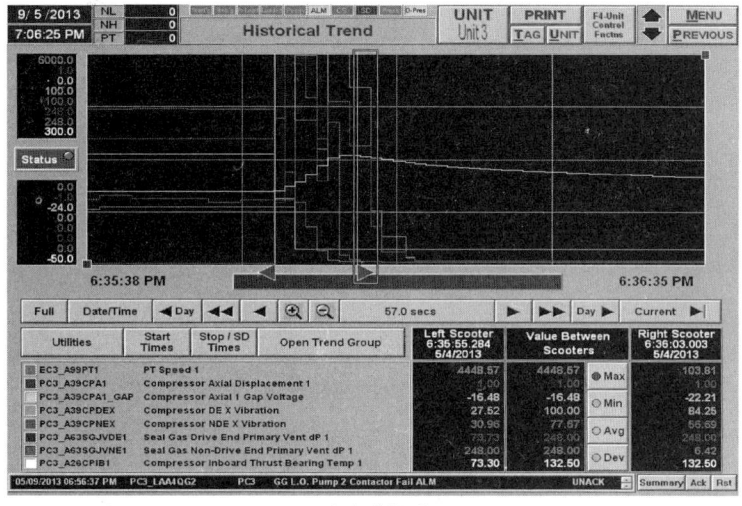

(b)停机后

图 5-68 3#压缩机组停机前后关键参数趋势

(4)平衡鼓低压侧迷宫密封的孔探检查，若无法确认完好状态，则需要抽芯解体检查。

根据分析，对 3#机组进行了相关检查，检查结果如下：

(1)压缩机非驱动端推力轴承轴套严重变形(图 5-69)。

(2)锁紧螺母与推力轴承座黏连(图 5-70)。

(3)轴头螺纹严重变形(图 5-71)。

(4)推力盘有轻微磨损(图 5-72)。

图 5-69 推力轴承轴套严重变形

(5) 主推力轴承瓦块表面无异常,摆动灵活(图5-73)。

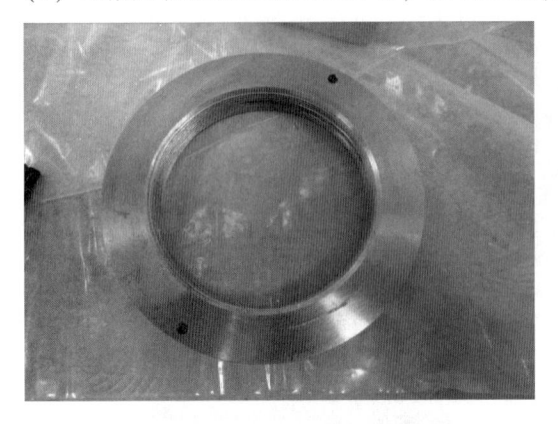

图 5-70 锁紧螺母与推力轴承黏连

图 5-71 轴头螺纹严重变形

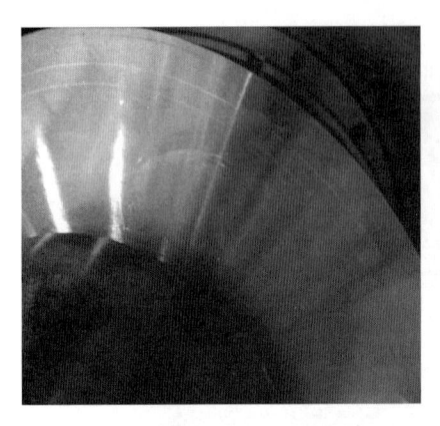

图 5-72 推力盘有轻微磨损

图 5-73 主推力轴承瓦块表面无异常

(6) 副推力瓦瓦面巴氏合金层大片磨损脱落,在轴承回油管路视镜中可以看到有巴氏合金碎片,副瓦瓦背合金层有磨损,止推块及基环无压痕、磨损,未发现异常(图5-74)。

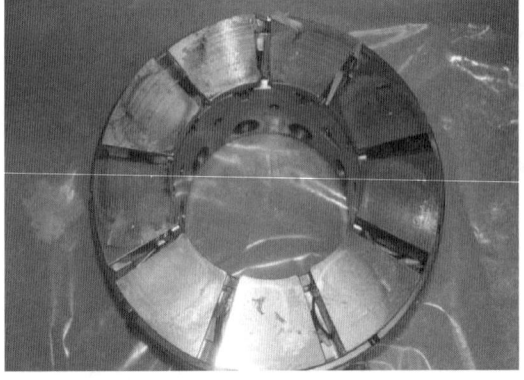

图 5-74 副推力瓦瓦面情况

(7) 驱动端干气密封一级泄漏量超量程，再次静态充压测试，确认非驱动端干气密封的状态时，在缸体压力达到 969kPa 时，驱动端干气密封一级泄漏压力已经达到高高联锁值，测试未能继续进行。在对非驱动端轴头与推力盘间距测量后，初步判断转子轴向串动量超过 3mm，已经超过干气密封允许的轴向串动量上限值，故该侧干气密封需要予以更换。静态测试结果见图 5-75。

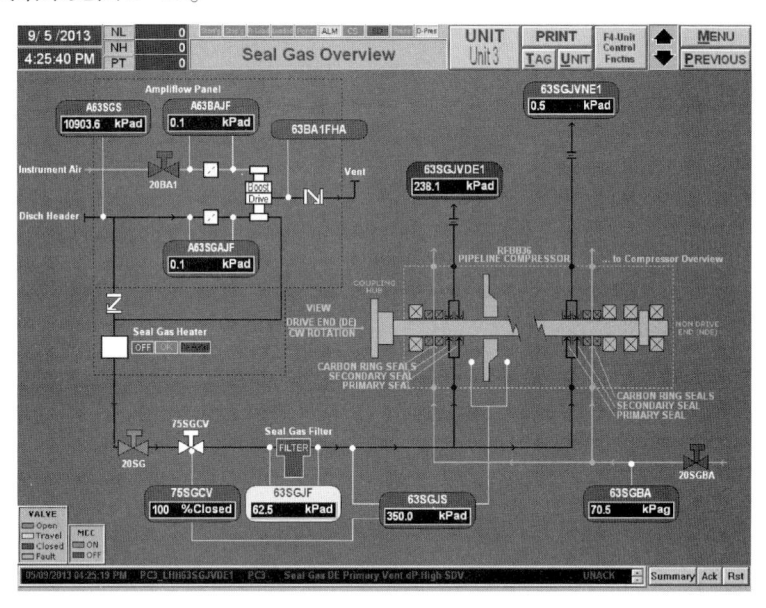

图 5-75　静态测试结果

(8) 压缩机轴向无法串动，目前判断最大可能性为平衡鼓侧迷宫密封损坏，断裂块堵塞轴向间隙，导致转子无法串动。通过测量驱动端轴头与轴承座端面距离结果判断，压缩机转子向驱动端串动约为 5mm，由此判断转子叶轮与隔板可能发生摩擦，具体损伤程度需要解体检查后确定。

三、改进措施及建议

根据现场检查结果，改进措施及建议如下：

(1) 鉴于转子无法串动，且平衡鼓迷宫密封可能存在损坏，故必须对 3#压缩机现场抽芯解体，检查转子及隔板密封、级间气封、平衡鼓等状态，并视情况更换各级迷宫密封。

(2) 在役运行的该型机组压缩机平衡气管线紧固螺栓更换周期由目前的 720 运行小时提高至 1500 运行小时，更换下的螺栓必须做好相应记录，并全部进行无损检测分析。

(3) 执行 2 个 1500 运行小时的强制更换周期后，根据更换下的落实的无损检测结果，由生产运行处组织，视情况延长螺栓更换周期。

(4) 螺栓更换的紧固扭矩为 28lbf·ft(38N·m)，强制更换机组平衡气管线连接法兰两端紧固螺栓时，必须同步更换相应法兰密封圈。

(5) 延长更换周期后，在机组运行备用期间，每月通过扭矩扳手按规定扭矩紧固及可燃气检漏、目视检查的方式，对螺栓状态进行检查，发现异常立即停机泄压，并更换相应螺栓。

案例 5-20 螺杆式空压机高压转子抱死故障

一、故障描述

2016年12月12日,某压气站 SCADA 出现"空压机 A 综合报警",查询后发现空压机 A 因主机1出口温度225℃报警,随后上升至236℃(停机值设定为235℃),导致空压机 A 故障停机(图5-76)。

图 5-76 报警信息(温度236℃)

二、故障处理过程及原因分析

1. 故障处理

(1)更换空压机 A 入口空气过滤器(图5-77);重启空压机,发现中间冷却器出口压力达到3.5bar(正常压力值为2.0~2.5bar),主机1出口温度迅速上升,并紧急停机,随后手动盘车失败。

(2)拆卸高压转子进出口管路后,发现高压转子表面部分石墨涂层已脱落,转子表面存在新的划痕(图5-78)。判断为转子黏连抱死。

图 5-77 更换入口空气过滤器

图 5-78 高压转子表面划痕

(3)采用反吹方式对高压转子表面进行吹扫,再次手动盘车失败。

(4)采用除锈剂浸泡高压转子(图5-79),可手动盘车,但力矩较大。

(5)再次用仪表风吹扫高压转子表面,拆卸水分收集器观察高压转子发现较多划痕、部分石墨脱落、壳体生锈,划痕表面光滑、无棱角(图5-80)。

(6)再次启动空压机 A,转子声音异常,带载运行后主机1出口温度迅速上升,中间冷却器出口压力上升至 4bar；测振后发现高压转子驱动端振动值为 55dB，非驱动端振动值为 46dB，均大于正常值 35dB。

（7）拆卸后发现润滑油中存在已经破碎的高压转子的保持架。

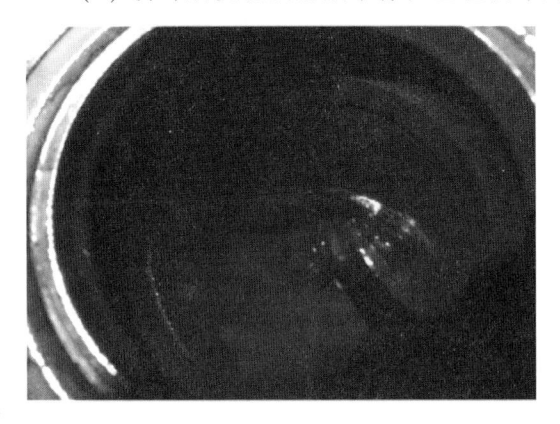

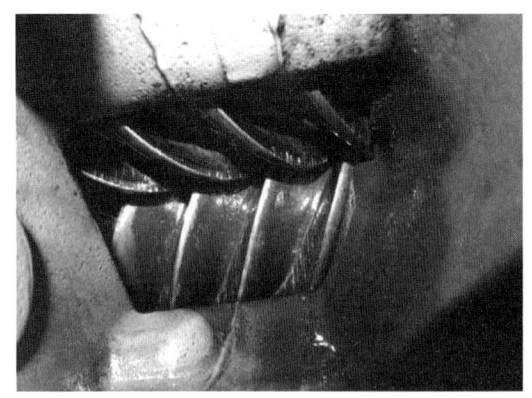

图 5-79　浸泡高压转子　　　　　　　图 5-80　高压转子石墨脱落

2. 原因分析

空压机 A 转子故障，导致压缩气体在低压转子出口堆积，造成主机 1 出口温度过高而停机。

高压转子黏连、抱死，导致高压转子表面部分石墨涂层脱落，转子表面出现划痕。

三、改进措施及建议

（1）加强每日检查。检查及操作内容包括：运行状态、报警信息，手动排污一次，电气元件异常情况，过滤器压差，排污接收器的排凝情况，消音器工作情况，水露点、压力及温度等参数信息。

（2）加强每周检查。检查内容包括：运转机械声响，传感器接头，电控箱接线、继电器及仪表工作情况，润滑油乳化情况，内部橡胶管老化现象，电子排污阀、气动蝶阀、四通电磁阀及升压电磁阀运行情况。

（3）加强对长期停运的空压机的维护和检查。对于已投运的阿特拉斯空压机，做好每两天热备启动运行 30min 后对转子进行反吹，排尽空气；做好热备运行时的全面检查及每周的例行检查。对于已投运的英格索兰空压机，做好每两天热备启动运行 30min 时的全面检查及每周的例行检查。

案例 5-21　防喘阀卡顿导致离心压缩机振动故障

一、故障描述

停机报警信息（图 5-81）：ALM 安全系统共用停车信号；ALM 压缩机驱动端 X 振动高停车；ALM 压缩机驱动端 Y 振动高停车。

现象：1#RR 压缩机由于驱动端振动高保护停车，本特利系统对应振动通道报警，燃

— 285 —

料气系统放空。

时间	事件	标识	状态
03/31/16 20:45:08.031	EVT 燃料气处理系统加热器控制盘启动	O95FGH_01	OFF
03/31/16 20:45:08.046	ALM 安全系统共用停车讯号	LAH86SRSX_01	SDL
03/31/16 20:45:08.171	EVT GG 空气放泄控制阀讯号至顺序控制PLC	O65GGBV_11	OFF
03/31/16 20:45:08.171	EVT 燃料气控制系统GG 低速轴速度设定低限讯号	o65fcnll_11	ON
03/31/16 20:45:08.171	EVT GG 润滑油执行器旁通位置	o65fcbyp_11	ON
03/31/16 20:45:08.171	EVT FC-动力涡轮转速控制中	LEE65UC005_11	OFF
03/31/16 20:45:08.171	EVT FC 显示#04-动力涡轮转速控制中	DLACT04_11	OFF
03/31/16 20:45:08.171	EVT 燃料气启动气压控制阀	O20FGR_11	OFF
03/31/16 20:45:08.296	EVT 燃料气控制系统点火完成讯号	o65fcign_11	OFF
03/31/16 20:45:08.296	EVT FC 显示#13-BOV's 状态	DLACT13_11	OFF
03/31/16 20:45:08.296	EVT FC-GG 急速转速阶段完成	LEE65UC001_11	OFF
03/31/16 20:45:08.296	EVT FC-GG 低速轴转速设定最低	LEE65UC017_11	ON
03/31/16 20:45:08.296	EVT FC-燃料气控制气允许操作	LEE65UC046_11	ON
03/31/16 20:45:08.296	EVT FC-GG 润滑油三向阀运行位置反馈	LEE65UC033_11	OFF
03/31/16 20:45:08.296	EVT GG 润滑油三向阀旁通位置允许启动	LEE65UC029_11	Perm
03/31/16 20:45:08.296	EVT FC-GG 低速轴最高设定中	LEE65UC011_11	OFF
03/31/16 20:45:08.296	EVT GG 润滑油执行器控制阀#2关信号值	i33qgsv2c_11	ON
03/31/16 20:45:08.296	EVT GG 润滑油执行器控制阀#1关信号值	i33qgsv1c_11	ON
03/31/16 20:45:08.296	EVT GG 润滑油执行器控制阀#2	o20qgsv2_11	OFF
03/31/16 20:45:08.296	EVT GG 润滑油执行器控制阀#1	o20qgsv1_11	OFF
03/31/16 20:45:08.296	EVT GG 空气放泄控制阀	o20ggbv_11	OFF
03/31/16 20:45:08.625	ALM 压缩机驱动端X振动高停车	LHH39CPDEX_31	ALM
03/31/16 20:45:08.625	ALM 压缩机驱动端Y振动高停车	LHH39CPDEY_31	ALM
03/31/16 20:45:08.968	EVT 压缩机出口单向阀开信号	LI33PGDCO_01	OFF
03/31/16 20:45:08.968	EVT GG 润滑油阀旁路位置	LPS09_01	ON
03/31/16 20:45:08.968	EVT 燃料气阀门正确	LPS11_01	OFF
03/31/16 20:45:09.046	ALM 压缩机进口差压信号故障报警	LFF63PGJS_01	ALM
03/31/16 20:45:09.625	ALM 压缩机驱动端X振动高报警	LH39CPDEX_31	ALM
03/31/16 20:45:10.609	ALM 压缩机驱动端Y振动高报警	LH39CPDEY_31	ATM

图 5-81 机组跳机信息

二、故障处理过程及原因分析

2016年3月31日，某压气站调度人员发现 RR 机组监控界面 FT210 显示 ALM 安全系统共用停车信号；ALM 压缩机驱动端 X 振动高停车；ALM 压缩机驱动端 Y 振动高停车，压缩机组故障停车，立即汇报值班领导，经请示后站场人员立即启动 2#机组。启机成功后，站内值班领导及岗位人员排查故障原因，排查过程及结果如下：

（1）排除因信号问题导致停机的可能性。为查找振动高原因，仪表人员对机组本特利振动系统的间隙电压（包括压缩机、PT、GG）、通道、本特利机架）进行了检查测量发现无异常，随后对振动系统的接线进行了检查，发现无松动，判断本特利振动检测系统无异常。

（2）通过查阅趋势图发现，机组在停机前转速从 3823r/min 升越至 3873r/min，此时控制模式为 PT 转速控制模式，PT 设定转速为 3820r/min，未进行转速调节，此次转速升越发生在压缩机振动之后（当压缩机驱动端 X 振动由正常值升至 59.01μm 时），判断为因机组振动干扰转速检测所致，但是此时 PT 驱动端振动却无明显变化，因此转速升越具体原因暂时不详，需上级提供技术支持。

（3）怀疑振动高原因为防喘阀卡顿所致。通过查找趋势图对比发现，停机前防喘阀控制输出要求升高，关度要求由 96.56%升至 97.76%，但从反馈来看防喘阀未动作，始终保持原有开度，随后压缩机振动增高，控制系统发出防喘阀降低，关度由 97.76%降至

94.02%，但防喘阀仍保持开度在原有位置，怀疑防喘阀存在卡顿。停机后，仪表人员对防喘阀进行了功能性测试，对停机前的开度进行了反复强制开关实验，防喘阀未出现卡顿情况，因此时压缩机防喘阀内已放空，参考意义不大。

（4）根据上级部门要求将打开压缩机进口短节进行孔探检查。2016 年 4 月 4 日，进口短节打开，经检查无异常，将压缩机进口过滤器网拆除。

（5）防喘阀的控制输出与位置反馈有偏差，在防喘裕度低于 20% 时，防喘控制要求防喘阀开启，可能存在由于压缩机流量太小（停机振动前根据进口眼差压判断流量减小）导致运行工况不稳。因压缩机组在流量偏小，低转速运行存在一定的风险，建议尽量让压缩机组在合理的工况下运行。

（6）生产技术人员于 4 月 2 日到站解决 1#机组 PT 轴向位移偏高问题及此次振动异常问题，待原因分析确认后上报；4 月 2 日至 4 日，生产技术人员判断防喘阀卡顿等原因可能造成喘振情况；可能存在 RR 机组喘振线不准确的情况，具体原因目前未给出。

（7）2015 年 8 月 8 日正常运行中的 1#机组突然出现了压缩机驱动的 X 振动高报警信息及与此相关的一系列报警，当时某压气站已编制《关于压气站 1#机组 PT 轴向位移高及压缩机短时间振动高的问题汇报》材料上报。

维抢修人员进行压缩机进口短节打开检查作业，4 月 2 日将配合生产技术人员进行故障原因确认；待进一步查明后汇报上级部门。4 月 4 日，压缩机进口短节打开，经检查无异常，对压缩机进口过滤器滤网进行了拆除。

4 月 2 日至 4 日，生产技术人员判断判断为防喘阀卡顿等原因可能造成压缩机喘振情况出现。

三、改进措施及建议

压缩机防喘阀作为压缩机本质安全的重要部件，在定期检修中进行全行程测试，并结合检修情况对气路控制相关耗材进行更换，并在中修大修中视情况对防喘阀进行现场拆检并更换密封件。压缩机入口滤网作为投产前期保护的临时措施，在长时间气流冲刷后，其焊接部位会产生疲劳裂纹导致掉块，进而造成压缩机叶轮损伤，在稳定运行一定时间后，应对滤网进行拆除，保证本质安全。

案例 5-22 压缩机组防喘阀无法打开故障

一、故障描述

2018 年 7 月 21 日某压气站按照作业计划：110kV 外电倒闸作业，向北调申请停机，倒闸完毕后，再度启机时发现 1#压缩机组启机前检查界面 ANTISURGE VALVE OPEN 为红色，同时机组 HMI 上显示防喘阀命令为 0%，阀位反馈为 92.91%。

二、故障处理过程及原因分析

导致防喘阀无法打开的原因主要有：防喘阀阀位控制信号回路故障，防喘阀阀位反馈信号回路故障，防喘阀阀芯卡塞，防喘阀气路故障。

(1) 防喘阀阀位控制信号回路故障排查与处理。

此种故障主要的现象是防喘阀阀位控制信号回路存在 20mA（全关）的电流信号。在机柜间用万用表测量回路电流为 3.94mA（全开），证明防喘阀阀位控制信号回路正常没有问题，此种可能排除。

(2) 防喘阀阀位反馈信号回路故障排查与处理。

此种故障主要的现象是现场实际阀位为全开，但机组 HMI 上阀位反馈显示为全关。现场查看防喘阀的机械阀位为全关，证明防喘阀阀位反馈信号回路正常没有问题，此种可能排除。

(3) 防喘阀阀芯卡塞排查与处理。

针对此种可能，现场人员关闭防喘阀动力气源，手动对防喘阀进行排气，发现防喘阀随着气体的排出正逐渐打开，直至气体全部排出，防喘阀全开到位。证明防喘阀阀芯正常，没有问题，此种可能排除。

(4) 防喘阀气路故障排查与处理。

现场对防喘阀气路进行检查发现，防喘阀阀位控制器输出压力为 45psi（全开状态下应为 0psi），所以判定为防喘阀阀位控制器故障。

该阀位控制器为 FISHER DVC6010，工作方式为接收来自 PLC 的 4~20mA 直流阀位设定信号，并将阀门定位在该点（图 5-82）。

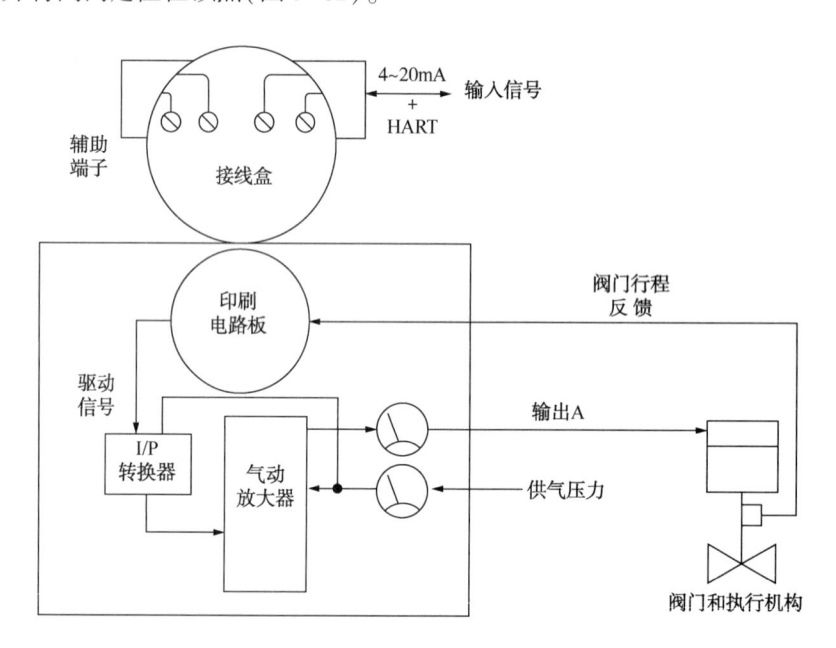

图 5-82 阀位控制器控制方块图

输入电流同时也为控制器提供电源。输入信号进入印刷电路板，微处理器根据控制算法，给出 I/P 转换器驱动信号。具体开关阀过程如图 5-83 所示。

关阀（或开阀）时，输入信号（即 4~20mA 信号）增加（或减小），I/P 转换器线圈与衔铁距离减小（或增加），带动挡板接近（或远离）喷嘴，引起喷嘴背压增加（或降低），该背压作为调制压力进入阀位控制器内部的气动放大器，该组件将 I/P 转换器来的小气动压力信号转换为执行机构需要的较大的气动输出 A 压力信号(图 5-83)，该气动输出 A 压力信号进入外部气动放大器(图 5-82 中 10)中，该外部气动放大器将气动输出 A 压力信号转化成更大的启动压力进行输出，并驱动阀杆动作。这部分压力随着 I/P 转换器的调制压力增加(或减少)而增加(或减少)时，将会驱动阀杆向下(或向上)运动，最终使阀门关闭(或打开)。

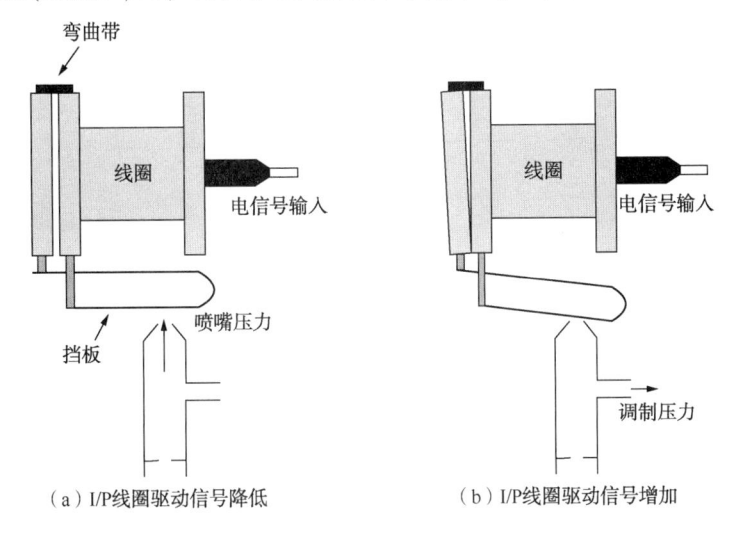

图 5-83　I/P 转换器原理图

综上所述，造成防喘阀阀位控制器输出压力为 45psi 的原因，极有可能是 I/P 转换器的喷嘴故障，接下来需要对 I/P 转换器的喷嘴进行检查。

(1) 打开防喘阀阀位控制器外壳，如图 5-84 所示，左边为 I/P 转换器，中间为气动放大器，右边为输入输出压力表。

图 5-84　I/P 防喘阀阀位控制器内部

(2) 拆掉 I/P 转换器的保护架，取下 I/P 转换器，检查喷嘴，如图 5-85、图 5-86 所示，发现喷嘴处有水流出，背板上有水渍，将水清理完毕后再度检查，未发现其他异常情况。

(3) 回装 I/P 转换器与其保护架，安装防喘阀阀位控制器外壳，打开气源，测试防喘阀开关，防喘阀恢复正常。

图 5-85　I/P 转换器背板(一)　　　　　　图 5-86　I/P 转换器背板(二)

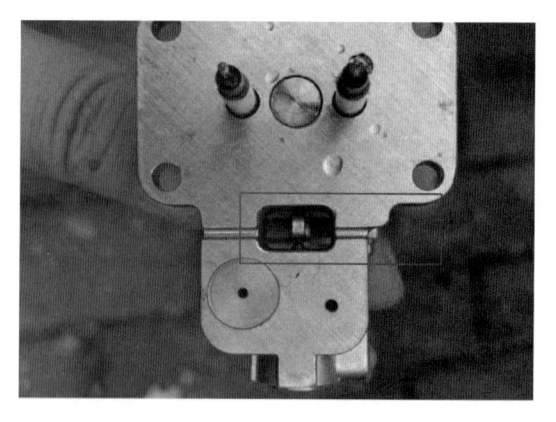

三、改进措施及建议

此次故障是由于仪表风管线含水，导致防喘阀阀位控制器的 I/P 转换器喷嘴堵塞，进而造成防喘阀阀位控制器一直输出全关信号，最终造成防喘阀无法打开。

（1）停机后要对压缩机组的关键设备进行检查，以便让机组处于良好的备用状态。

（2）为了确保机组在运行时，防喘阀能正常动作避免喘振的发生，在空压机水露点高的情况下，一定要定期对仪表风管线进行排水，以保证机组的正常运行。

案例 5-23　压缩机组防喘阀执行机构排气放大器故障

一、故障描述

某压气站电驱压缩机组发生防喘阀反馈无法追踪开度报警，防喘阀异常全开。4min 后压缩机出口温度高高报警，触发压缩机组保压停机。对该防喘阀进行独立测试，在给定阀位关度后，防喘阀执行机构的排气放大器持续向外排气，判断为该排气放大器故障。

二、故障处理过程及原因分析

压缩机组停机原因：防喘阀排气放大器失效，导致防喘阀无法关闭，只能处于全开位置，此时机组回流量突然增大，外输气量减少，工艺气温度持续升高，触发压缩机出口温度高高报警导致停机。

单独启停测试防喘阀，防喘阀执行机构控制回路正常，排气放大器非正常漏气，阀门不动作。

拆解排气放大器上端，发现上皮膜损坏，如图 5-87 所示。

更换防喘振阀排气放大器后，测试防喘振阀工作正常。

三、改进措施及建议

防喘阀气路正常是保证防喘阀正常工作的关键，在日常检修中应对气路进行检查，对各个易损件功能进行检查，并备适量的排气放大器膜片以及防喘阀其他易损件。

第五章 离心压缩机及辅助系统故障分析与处理

图 5-87 上皮膜损坏

案例 5-24 燃驱机组自动放空阀故障

一、故障描述

2014年4月27日，2#GE 燃驱压缩机组 HMI 界面同时出现报警"PROC. COMPR. VENT MAIN MISSING FEADB. ALM"和"PROCESS INCORRECT VALVES POSTION"，运行中的2#机组出现保压紧急停机，初步判断原因是压缩机组自动放空阀 XV784 反馈信号丢失，引起压缩机组阀位反馈错误，导致机组紧急停机。图 5-88 为紧急停机信息报警界面。

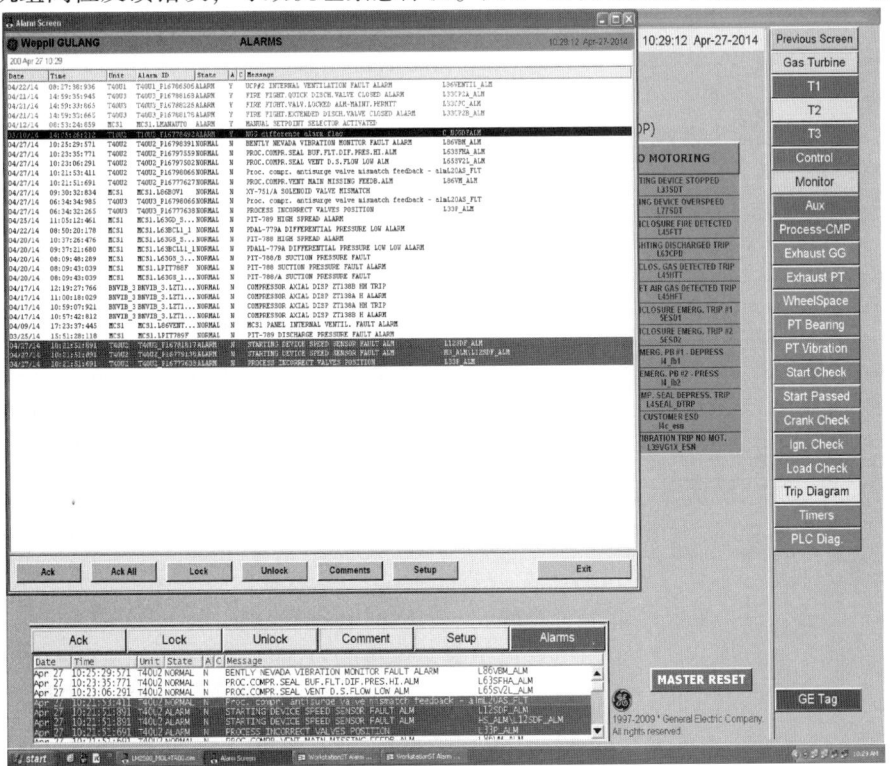

图 5-88 紧急停机信息报警界面

图 5-89 为压缩机跳机报警界面：报警信息 "PROC. VALVE INCORR. POS. TRIP. L33P1"。

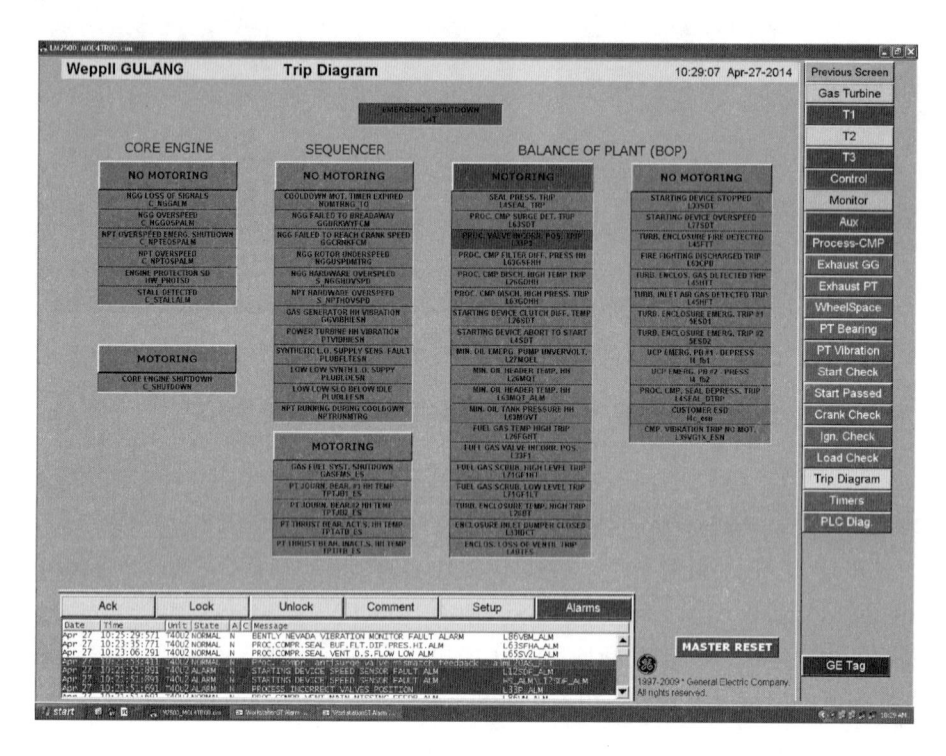

图 5-89 压缩机跳机报警界面

二、故障处理过程及原因分析

2014 年 4 月 27 日，2#压缩机组 HMI 界面同时出现报警 "PROC. COMPR. VENT MAIN MISSING FEADB. ALM" 和 "PROCESS INCORRECT VALVES POSTION"，运行中的 2#机组出现保压紧急停机，初步判断原因是压缩机组自动放空阀 XV784 反馈信号丢失，引起压缩机组阀位反馈错误，导致机组紧急停机。从系统调取的信号趋势如图 5-90 所示。

由图 5-91 看出，机组停机之前，机组同时发出的两条报警信息分别为 "PROC. COMPR. VENT MAIN MISSING FEADB. ALM" 和 "PROCESS INCORRECT VALVES POSTION"。压缩机组主放空阀反馈信号丢失，系统给出压缩机组主出口阀门关阀信号，出现工艺气阀位反馈错误引启机组紧急停机。控制逻辑如图 5-91 所示。

由控制逻辑图推断，引起压缩机出口阀 XV-4203 关闭命令的触发条件主要为：压缩机放空阀阀位反馈、压缩机入口阀压差、机组保压停机状态、压缩机主阀控制信号所控制，结合上述报警及历史曲线截屏可排除压缩机入口阀压差、机组保压停机状态、压缩机主阀控制信号控制条件，由此看出引启机组紧急停机的原因为压缩机主放空阀反馈信号丢失，系统给出压缩机组主出口阀门关阀信号，导致工艺气阀位反馈错误从而引启机组紧急停机。图 5-92 为检查紧固放空阀 XV-784 信号盘柜接线端子。

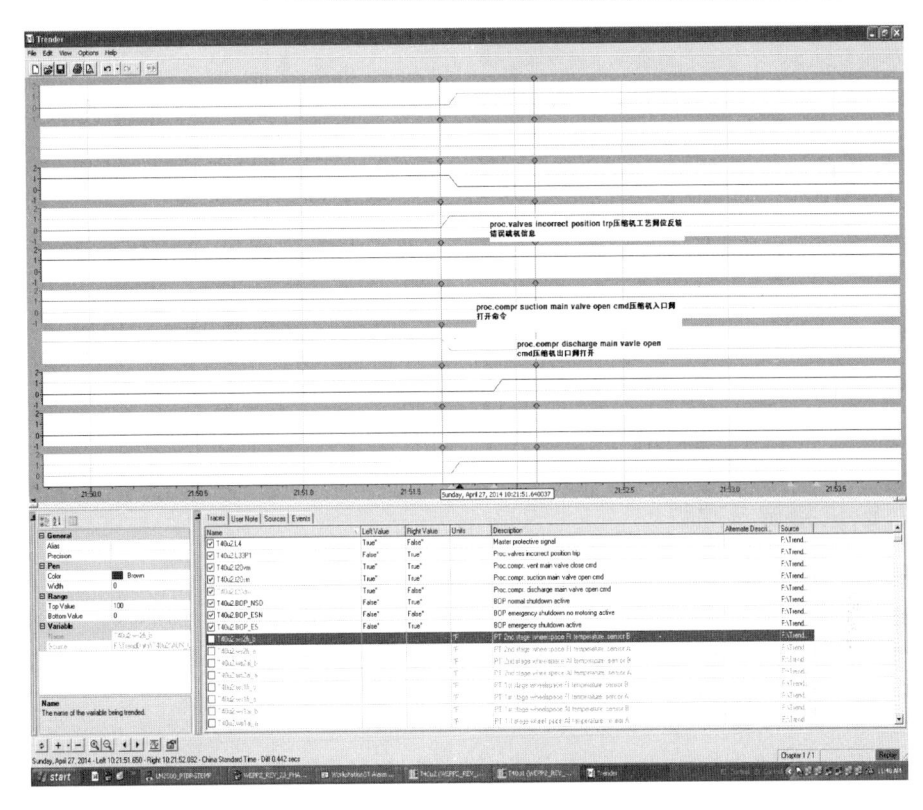

第五章　离心压缩机及辅助系统故障分析与处理

图 5-90　信号趋势图

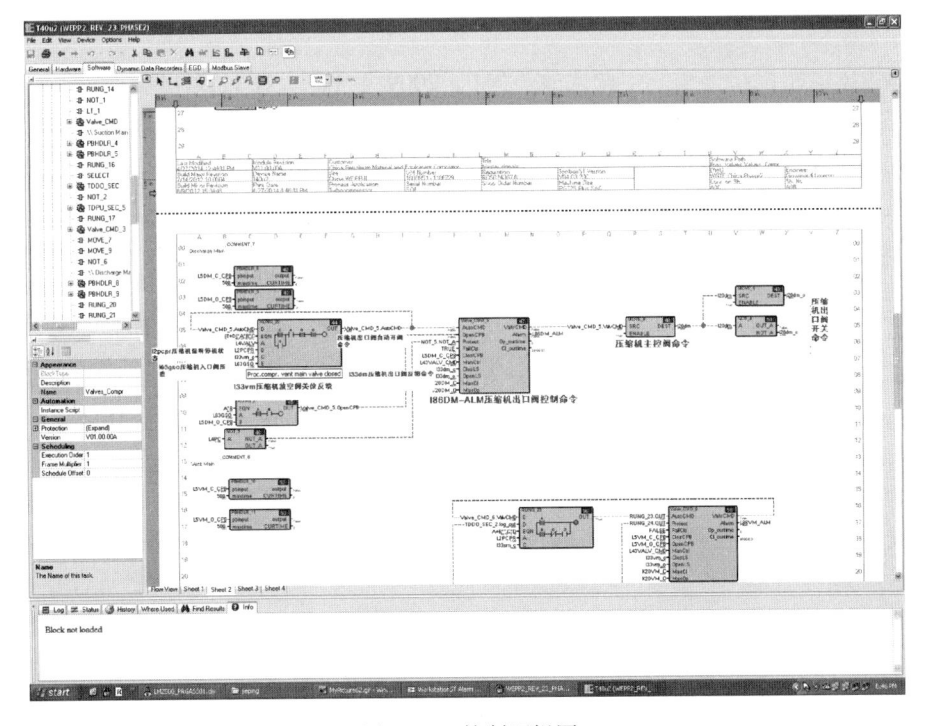

图 5-91　控制逻辑图

2014年4月28日，站内对2#压缩机组自动放空阀XV-784盘柜的接线端子逐一进行紧固，未发现有松动现象，并进入TOOLBOX控制系统对2#压缩机组自动放空阀XV-784进行多次强制开关测试，现场阀位反馈与HMI界面显示正常，发现现场阀位接触点发生轻微偏移，经调试已恢复正常。2014年4月28日，申请北调对2#机组进行怠速测试，机组点火成功，经怠速测试运行正常，2#机组恢复备用。

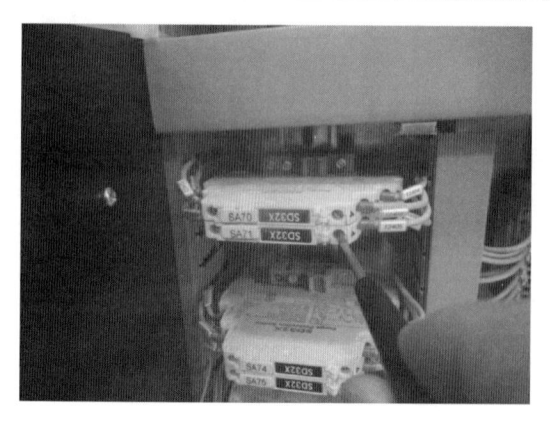

图5-92 放空阀XV-784信号盘柜接线端子

三、改进措施及建议

由于接线松动造成机组停机的情况时有发生，为了避免松动，在日常检修时需要对每个接线端子、探头接线的紧固性进行检查，确保均安装专用线鼻子接线牢靠。同时在停机后及启机前的检查时，对延长电缆、航插探头等可直接检查的接线进行检查，避免由于机组振动造成信号跳变导致机组非计划停机。

案例5-25 电驱机组后空冷旁通阀故障

一、故障描述

某站RR电驱机组连续发生两次故障停机（2009年11月21日及11月27日），控制界面显示停机原因均为"空冷旁通阀故障停车"，经现场检查，未发现旁通阀的电动头有故障。排查供电线路，未发现接线松动或通信故障。机组重新启机，运行正常。经排查此故障与机组运行时的工艺气体工况及旁通阀控制逻辑有关。

二、故障处理过程及原因分析

压缩机组后空冷器将压缩机出口工艺气的温度限制在一定的范围，防止天然气温度过高降低管道的输气量，对管道内壁的涂层造成影响；同时，避免天然气温度过低造成天然气析烃、析水、生成天然气水合物，造成管道可用的管径减小，增加清管作业。

该站后空冷器位于压缩机出口，安装有空冷器旁通阀。其控制逻辑为：当空冷后温度小于43 ℃时，打开空冷旁通阀；当空冷后温度高于45 ℃时，关闭空冷旁通阀。该旁通阀开命令或关命令发出后，需在400s内反馈开到位或者关到位信号，否则会发出故障，导致停机。

空冷器启停控制逻辑为：当压缩机出口温度大于设定值（55 ℃）时，启动空冷器冷却风扇，直至空冷器出口温度降至45 ℃。空冷器的冷却风扇共8台（序号从1到8），根据出口温度与设定值的温差进行启停逻辑控制。达到冷却风扇启动条件时，首先启动第1台冷却风扇，2s后，如果与设定值的温差大于2 ℃（出口温度大于57 ℃），继续启动第2台冷却风扇，直至温差值小于等于0℃；当第2台冷却风扇启动4.5s后，如果温差大于4℃（出口温度大于59℃），继续启动第3台冷却风扇，直至温差值小于等于2℃；以此类推，以2℃的温差为一个等级直到8个冷却风扇全部打开。

查询21日（图5-93）及27日后空冷前后温度变化趋势（图5-94）可知，两次停机的历史数据曲线相似。显示数据21日温度降为4.01℃，27日温度降为4.55℃，温降变化明显，但是温差变化前压缩机出口温度大于45℃，由此推测后空冷风扇的程序控制出现问题，未达到启动条件（55℃）自动打开，促使天然气冷却温度降低。分析趋势图可知，冷却风扇自动打开后一直关闭，直到停机。

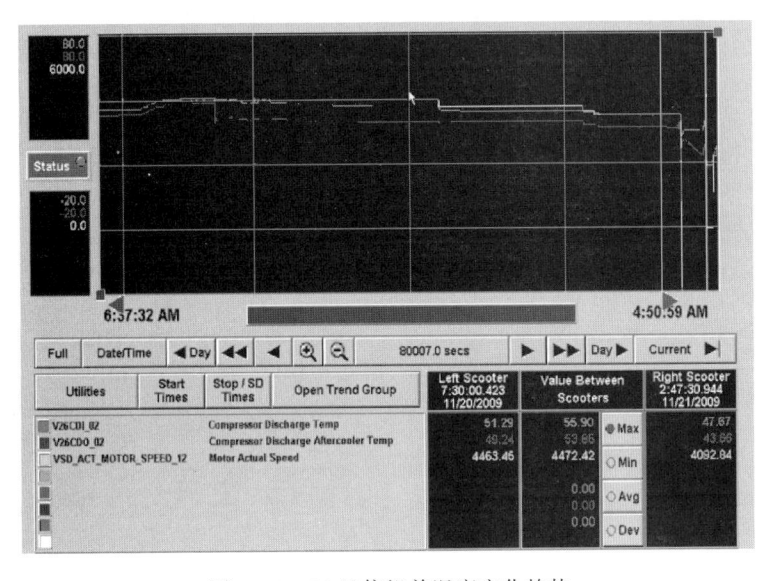

图5-93 21日停机前温度变化趋势

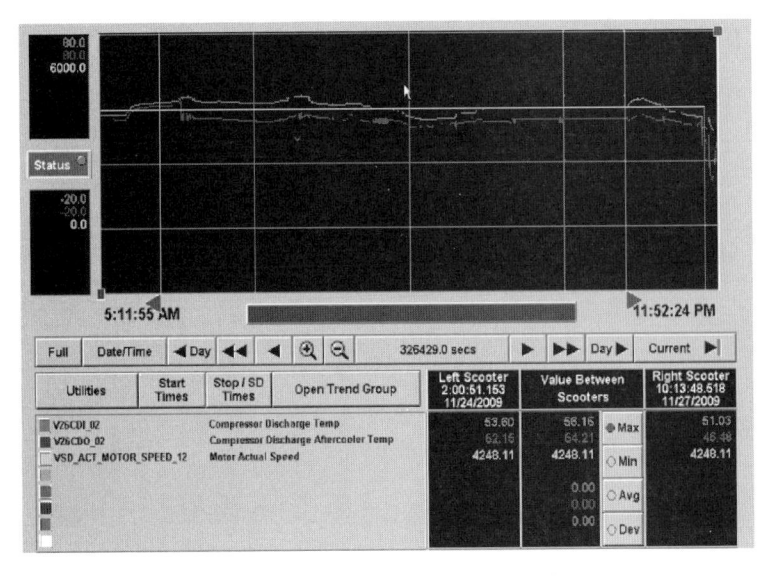

图5-94 27日停机前温度变化趋势

观察机组停机前几分钟之内空冷器前后温度变化情况(图 5-95 和图 5-96)，同时结合报警文挡(图 5-97 和图 5-98)。当出口温度 V26CDO 开始变化的时候，旁通阀执行开阀动作，部分空冷器上游温度高的工艺气体直接进入空冷器下游，使空冷后温度开始升高。当旁通阀还在开阀过程中时，热气和冷气混合后的工艺气温度又达到了关闭旁通阀的条件，旁通阀按照逻辑执行关阀命令，使空冷后温度开始下降。当旁通阀在关闭的过程中时，空冷后温度又达到了旁通阀开启条件，旁通阀又执行开阀命令，反复开关，400s 后未收到开阀或关阀到位信号，导致故障停机。

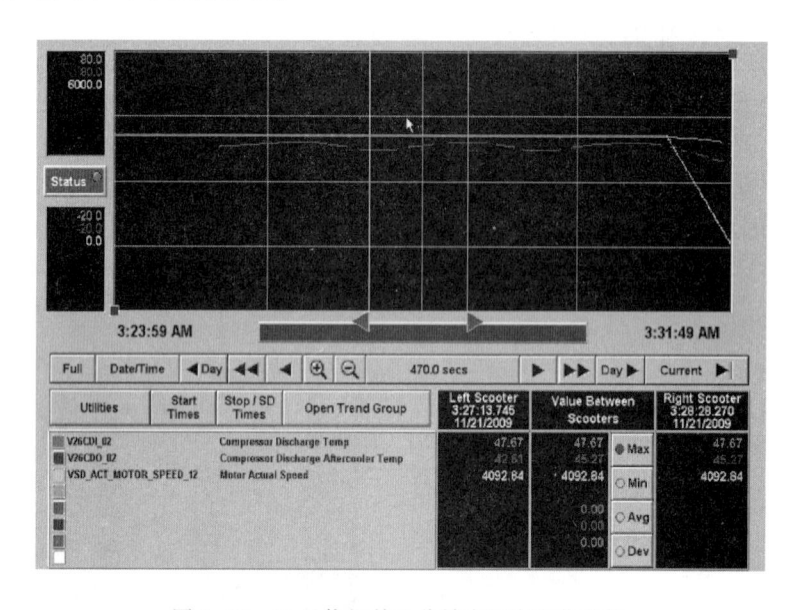

图 5-95　21 日停机前几分钟内温度变化趋势

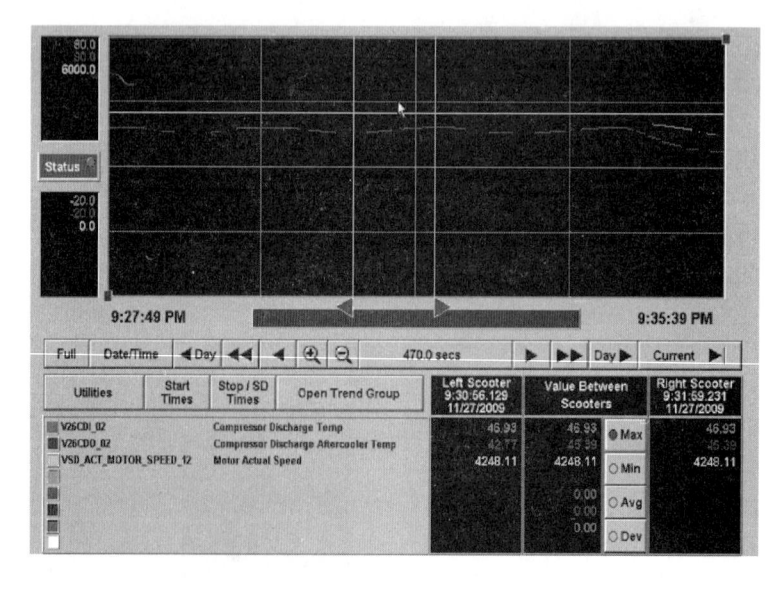

图 5-96　27 日停机前几分钟内温度变化趋势

```
Nov 21 03:24:18 EVT I/O  Bypass Valve Open Command Mapped        L020BVO_02       Unit2    OPEN
Nov 21 03:24:18 EVT I/O  Bypass Valve Closed Limit Switch Mapped LI33BVC_02       Unit2    OFF
Nov 21 03:25:58 EVT I/O  Bypass Valve Open Command Mapped        L020BVO_02       Unit2    Off
Nov 21 03:26:19 EVT I/O  L.O. Cooler Fan 1 Control               L03QF1_02        Unit2    ON
Nov 21 03:26:59 EVT I/O  Bypass Valve Open Command Mapped        L020BVO_02       Unit2    OPEN
Nov 21 03:28:06 EVT I/O  Bypass Valve Open Command Mapped        L020BVO_02       Unit2    Off
Nov 21 03:29:05 EVT I/O  Bypass Valve Open Command Mapped        L020BVO_02       Unit2    OPEN
Nov 21 03:29:58 EVT I/O  L.O. Cooler Fan 1 Control               L03QF1_02        Unit2    OFF
Nov 21 03:30:08 EVT I/O  Bypass Valve Open Command Mapped        L020BVO_02       Unit2    Off
Nov 21 03:30:58 ALM DISC Bypass Valve Travel Timer SDNL          LSS_BYPASS_VLV_  Unit2    SDNL UNACK_ALM
Nov 21 03:30:58 EVT I/O  Seq Complete Status                     LUS026_02        Unit2    OFF
```

图 5-97 21 日故障停机旁通阀动作记录

```
Nov 27 21:27:38 EVT I/O  Bypass Valve Open Command Mapped        L020BVO_02       Unit2    Off
Nov 27 21:27:39 EVT I/O  Bypass Valve Open Limit Switch Mapped   LI33BVO_02       Unit2    OFF
Nov 27 21:28:35 EVT I/O  Bypass Valve Open Command Mapped        L020BVO_02       Unit2    OPEN
Nov 27 21:29:31 EVT I/O  Bypass Valve Open Command Mapped        L020BVO_02       Unit2    Off
Nov 27 21:30:38 EVT I/O  Bypass Valve Open Command Mapped        L020BVO_02       Unit2    OPEN
Nov 27 21:31:38 EVT I/O  Bypass Valve Open Command Mapped        L020BVO_02       Unit2    Off
Nov 27 21:32:48 EVT I/O  Bypass Valve Open Command Mapped        L020BVO_02       Unit2    OPEN
Nov 27 21:33:53 EVT I/O  Bypass Valve Open Command Mapped        L020BVO_02       Unit2    Off
Nov 27 21:34:19 ALM DISC Bypass Valve Travel Timer SDNL          LSS_BYPASS_VLV_  Unit2    SDNL UNACK_ALM
Nov 27 21:34:19 EVT I/O  Seq Complete Status                     LUS026_02        Unit2    OFF
```

图 5-98 27 日故障停机旁通阀动作记录

综上所述，对该停机故障的主要原因为：后空冷器冷却风扇自动开启后未停止运行，造成旁通阀反复启停，经过 400s 后未反馈开关到位信号造成故障停机。

通过查看 UCP 程序梯形图逻辑（图 5-99），进一步排查后空冷风扇停止逻辑问题，在 UCP_ TimeClass2 Folder 中的 DISCH_ FANS 子程序中查看后空冷风扇停止逻辑判断语句。

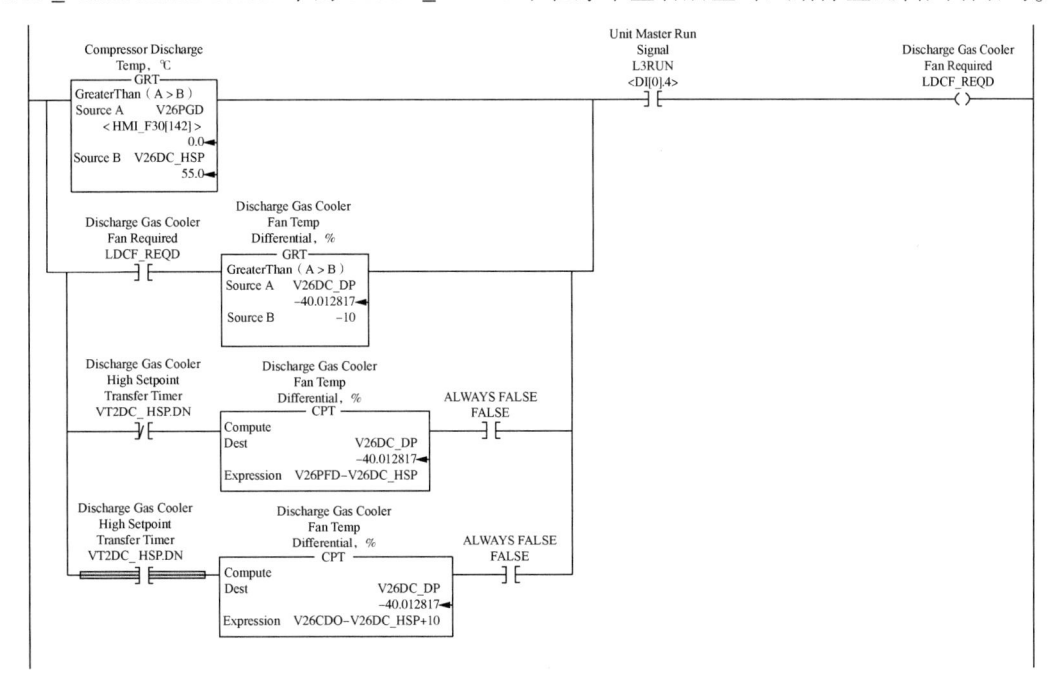

图 5-99 后空冷风扇启动判断闭锁逻辑（电驱）

由逻辑图得知后空冷温差 V26DC_ DP 小于等于 -10 ℃为后空冷风扇启动信号关闭条件，V26DC_ DP 的两条判断语句为：

（1）当空冷高设定值传送计时器 VT2DC_ HSP 完成信号为逻辑 0 时：

V26DC_ DP = V26PGD-V26DC_ HSP

（2）当空冷高设定值传送计时器 VT2DC_ HSP 完成信号为逻辑 1 时：

V26DC_ DP = V26CDO-V26DC_ HSP+10

其中，V26PGD 为压缩机出口温度，V26CDO 为空冷器后温度，V26DC_ HSP 为空冷器高温设定值，其值为 55。

由此，当计时器 VT2DC_ HSP 完成信号为逻辑 0 时，后空冷风扇停止条件为压缩机出口温度 V26PGD 小于等于 45 ℃；当计时器完成信号为逻辑 1 时，后空冷风扇停止条件为空冷后温度 V26CDO 小于等于 35 ℃。

通过 Go To Cross Reference 命令在 RSLogix 5000 中搜索 V2DC_ HSP 计时器时，在程序中未找到该计时器的触发指令。因此，当 VT2DC_ HSP 无法触发时，则上述闭锁逻辑中的判断语句即为无效。而 V26DC_ DP 的取值选择取决于 VT2DC_ HSP. DN 的默认状态。在线查看 VT2DC_ HSP 结构体状态发现，VT2DC_ HSP. DN 恒为逻辑 1(图 5-100)。

⊟VT2DC_HSP	{...}	{...}		TIMER	Discharge Gas Cooler High Setpoint Transfer Timer
⊞VT2DC_HSP.PRE	10000		Decimal	DINT	Discharge Gas Cooler High Setpoint Transfer Timer
⊞VT2DC_HSP.ACC	10000		Decimal	DINT	Discharge Gas Cooler High Setpoint Transfer Timer
VT2DC_HSP.EN	1		Decimal	BOOL	Discharge Gas Cooler High Setpoint Transfer Timer
VT2DC_HSP.TT	0		Decimal	BOOL	Discharge Gas Cooler High Setpoint Transfer Timer
VT2DC_HSP.DN	1		Decimal	BOOL	Discharge Gas Cooler High Setpoint Transfer Timer
VT2DC_HSP.FS	0		Decimal	BOOL	Discharge Gas Cooler High Setpoint Transfer Timer
VT2DC_HSP.LS	0		Decimal	BOOL	Discharge Gas Cooler High Setpoint Transfer Timer
VT2DC_HSP.OV	0		Decimal	BOOL	Discharge Gas Cooler High Setpoint Transfer Timer
VT2DC_HSP.ER	0		Decimal	BOOL	Discharge Gas Cooler High Setpoint Transfer Timer
⊞VT2DC1	{...}	{...}		TIMER	Discharge Gas Cooler Fan ON Delay Timer 1

图 5-100　VT2DC_ HSP 计时器结构体状态

根据上述逻辑当空冷后温度 V26CDO 小于等于 35 ℃时空冷风扇停止，但是当 V26CDO 降低到 43 ℃时空冷旁通阀打开，混合后的温度升到 45℃时空冷旁通阀关闭。风扇无法达到停止条件。

追溯该问题，由于 RR/SIEMENS 电驱机组的 UCP 逻辑控制程序是由 RR 燃驱机组的 UCP 逻辑控制程序修改所得，对燃驱机组的 UCP 控制程序进行查阅，发现燃驱机组的 UCP 控制程序同样存在 VT2DC_ HSP 定时器无法触发的问题。

查询 VT2DC_ HSP 参数设置：空冷器高设定点 V26DC_ HSP 赋值的命令位于 UCP_ TimeClass_ 3 的任务中的 SETPOINTS 子程序，刷新时间为 500ms。而操作空冷器风机的子程序 DISCH_ FANS 位于 UCP_ TimeClass_ 2 任务中，刷新时间是 100ms。因此，UCP_ TimeClass_ 3 中的指令的运行频率远小于 UCP_ TimeClass_ 2，运行顺序滞后。为防止 VT2DC_ HSP 参数未赋值期间造成空冷器风机不可控的后果，采用 VT2DC_ HSP 对其进行控制。

经分析后发现 V26DC_ HSP 的赋值为定值。同时当前程序中对其赋值语句没有输入条件，该定时器未赋值的时间在 PLC 开始运行程序的前 1s，且 V26DC_ HSP 参数相关的逻辑是由机组总运行状态变量 L3RUN 或 L3RUN 控制的空冷风扇需求标签变量 LDCF_ REQD 作为串联条件存在。机组未运行时，V26DC_ HSP 在未赋值状态下的随机值无法影响任何其他控制标签。在机组运行操作中，机组 PLC 进入运行的 1s 属于机组调试动作，运行过程中 PLC 不中断。在调试过程中，操作人员在机组 PLC 刚开始运行的 1s 之内就进行启机的概率是不存在的，因此使用 VT2DC_ HSP 进行保护是没有必要的。

综上所述，V26DC_HSP 的计时器对 V26DC_DP 的赋值选择是没有必要的，可去掉其条件判断，保留正常公式用来作为后空冷风扇启闭的条件。空冷旁通阀开阀条件为空冷后温度小于43℃，当空冷后温度为45℃时关闭风扇就排除了出现前文所述故障停机的可能，程序逻辑变更如图 5-101 所示。

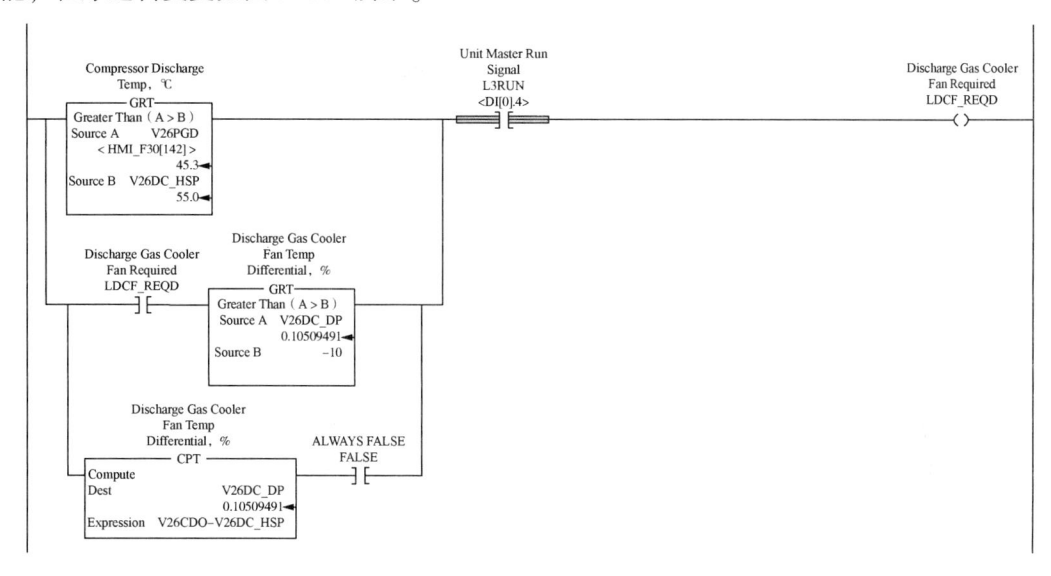

图 5-101　电驱机组逻辑更改结果

三、改进措施及建议

此次后空冷器旁通阀故障的主要原因是后空冷风机停止条件未触发，控制程序逻辑错误导致。改进措施及建议如下：

（1）全面梳理控制程序，对于存在问题、有较大漏洞的逻辑进行修正和变更。

（2）对机组辅助系统进行逻辑测试，及时完善相关程序。

案例 5-26　压缩机后空冷器旁通阀故障

一、故障描述

某压气站有 2 台 22MW 西门子电驱 RR 压缩机组（一用一备），2013 年 7 月 20 日，发生一起由 1#压缩机组出口空冷旁通阀故障导致的压缩机停机事件，报警显示为"出口空冷旁通阀故障造成停车"。

二、故障处理过程及原因分析

1. 故障原因排查

空冷器通过打开和关闭后空冷旁通阀控制运行，保证压缩机出口天然气的温度。现场关闭旁通阀门，仍频繁出现开关反馈报警，证明通信线路存在问题。空冷旁通阀通信线路路径为：机柜—电动执行机构—现场接线箱段—RR 机柜，由于机柜内出现线路故障的可能性较小，故对其他线路进行分段排查。

1）排查电动执行机构到现场接线箱线路

现场利用 fluke1520 测量现场电动执行机构到接线箱线路每根导线对地绝缘电阻，测量结果均大于 1MΩ，数值正常，排除了该段线路故障发生的可能性，恢复该段接线。

2）排查现场接线箱到 RR 机柜线路

在现场查阅图纸后，对相应信号线进行拆除，并做好标记。利用 fluke1520 测量每根导线对地绝缘电阻，结果测得 24V 正极导线对地绝缘电阻仅为 0.004MΩ，由此判断该 24V 正极导线出现接地现象。

2. 故障处理

经现场仔细查找，该段线路有 3 根备用电缆，按照接线顺序将破损电缆进行替换，替换后对 380V 动力电及 24V 信号电进行上电操作，现场再次开关阀门，持续观察 20min，上位机未出现频繁开关报警，设备运转良好，由此进一步证实了导致该故障的原因为该段 24V 正极导线接地。现场将破损电缆抽出，再继续查看备用电缆，无破损、老化现象，至此该故障彻底解决。

3. 原因分析

1）直接原因

进一步现场排查，发现该段线路所在的电缆沟内有积水，该段电缆沟是日常巡检的一个盲点，电缆长期处于潮湿的环境中，阀门信号线绝缘层老化，出现信号线接地是造成这一故障的直接原因。

2）控制回路动作逻辑分析

后空冷旁通阀对应的控制逻辑为：给出关阀命令，电磁线圈就会通电，触点导通，并开始 400s 倒计时。如果超过 400s 阀门还未关到位，就会出现报警、停机。对应到本次故障触发命令，后空冷旁通阀接收到关阀命令，在 400s 倒计时内没有关到位，就会导致机组停机。上位机的报警记录显示后空冷旁通阀出现未关到位报警到停机，正好 400s，如图 5-102 所示。图 5-103 为该控制回路实际电路图。

时间	事件	描述	标签	状态
07/20/13 15:18:55.953	EVT	工艺空冷旁通阀关位信号	LI33BVC_01	Off
07/20/13 15:25:35.953	EVT	所有配电柜自动状态	LPS07_01	ON
07/20/13 15:25:35.953	EVT	压缩机进口阀开信号输出	L020PGS_01	OFF
07/20/13 15:25:35.953	EVT	压缩机出口阀开信号输出	L020PGD_01	OFF
07/20/13 15:25:35.953	EVT	机组停止目前状态	LUS010_01	ON
07/20/13 15:25:35.953	EVT	压缩机防喘电磁阀信号输出	L020SV1_01	开
07/20/13 15:25:35.953	EVT	所有报警确认	LPS05_01	ON
07/20/13 15:25:35.953	EVT	可变速电动机起/停信号	LO3MTRSTRT STOP_01	OFF
07/20/13 15:25:35.953	BVT	锁定停车允许启动	LPS03_01	ON
07/20/13 15:25:35.953	EVT	机组在后润滑状态	LUS006_01	ON
07/20/13 15:25:35.953	EVT	主润滑油箱温度允许启动	LPS02_01	ON
07/20/13 15:25:35.953	EVT	站控系统允许启动	LPS10_01	ON
07/20/13 15:25:35.953	EVT	机组启动	LUS002_01	OFF
07/20/13 15:25:35.953	EVT	运行命令	L3RUN_01	OFF
07/20/13 15:25:35.953	EVT	控制柜DC电压正常	LPS09_01	ON
07/20/13 15:25:35.953	EVT	机组控制模式正确	LPS01_01	ON
07/20/13 15:25:35.953	EVT	VSD控制系统允许启动	LPS11_01	ON
07/20/13 15:25:35.953	EVT	启动顺序进程完成	LUS026_01	OFF
07/20/13 15:25:35.953	EVT	机组准备加载-暖机结束	L3RTLD_01	OFF
07/20/13 15:25:35.953	EVT	机组启动完成允许加载状态	LUS029_01	OFF
07/20/13 15:25:35.953	EVT	机组在停车状态	L030SD_01	ON
07/20/13 15:25:35.953	EVT	主润滑油箱油位正常	LPS08_01	ON
07/20/13 15:25:35.953	ALM	出口空冷旁通阀故障停车	LSS_BYPASS VLV_01	SDNL

图 5-102 上位机的报警记录显示

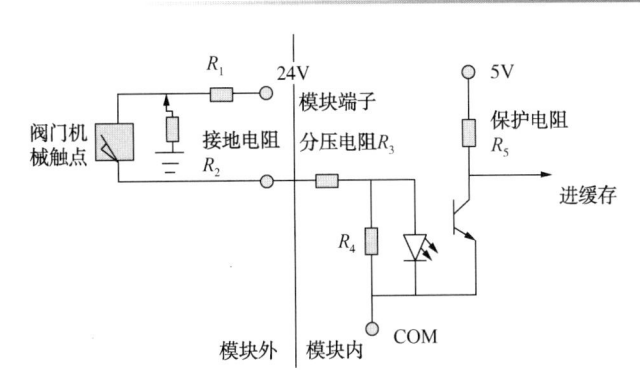

图 5-103 控制回路实际电路图

当阀门关到位后，阀门机械触点关闭，回路上无 R_1 和 R_2，24V 电压大部分加在电阻 R_3 上（因为发光二极管的导通电阻最大不过 0.7V，所以 24V 大部分分到了 R_3 上，R_4 上只需要分得二极管的导通电压），二极管一旦导通，就会发光，通过与三极管的光电效应，导通三极管。这时模块内的 5V 电压大部分分到 R_5 上，所以进入缓存的电压就会很小，接近于 0（当进入缓存的电压小于一定的值就会在上位机上出现阀门关到位的报警），上位机上就会出现关到位的报警。如果出现接地现象，就会有产生接地电阻 R_2，同时电缆上也会由于部分破坏产生电阻 R_1，这时 R_1 和 R_2 上就会分得一部分电压，到阀门机械触点正极上的电压就小于 24V。阀门机械触点接通，R_3 上分得大部分电压，这样 R_4 上分得的电压可能达到临界值，二极管频发的导通截止，进入缓存的电压就会在设定值上下频繁波动，上位机就会频繁出现阀门开关报警，若某次的波动时差大于等于 400s，就会导致停机。

三、改进措施及建议

后空冷器作为压缩机的重要辅助设备在站场日常运行维护中占有举足轻重的位置，通过日常认真巡检，后空冷器在运行中出现的一些异常现象是很容易被发现的。通过对一起后空冷器旁通阀故障导致的停机故障深层次原因分析，提出了处理方法和预防措施，类似站场出现类似问题时就可以举一反三，从而提高站场压缩机组系统运行的可靠性。

（1）加强值班人员责任意识，遇到不明白的报警不能仅仅确认/复位，不了了之，应该引起重视，切实提高风险辨识、风险管控、应急处置三种能力。

（2）汛期要做好设备防水，电缆沟及时做好排水，防止雨水进入设备内部及电缆沟。定期检查设备，计划性维护保养，对信号电缆进行绝缘测试，遇有测试数据不合格的要及时更换电缆，做到防患于未然。

（3）提高站场岗位人员对压缩机设备知识、技术的掌控能力，掌握每种可能导致停机的因素，并熟悉导致停机的预报警信息，能提前引起警惕，做好预防。

案例 5-27 压气站气质较差引起停机

一、故障描述

2011 年 7 月 8 日，某压气首站值班调度接计量站调度通知，其上游管道开始进行清管作业。7月15日，距离该压气首站432km处管段清管作业完成。7月16日21：46，该压气首站1#压缩机组进口过滤器压差突然升高，多次对1#机组降速运行尝试降低进口过滤器压差，效果不明显。7月17日5：10，1#机组机组进口过滤器压差达76kPa，超过报警值导致停机。该压气首站立即切换4#机组运行，在备用机组投用后，出现进口过滤器压差迅速升高超过报警值的状况，4台机组先后因压差超过报警值停机。

二、故障处理过程及原因分析

7月18日，分别对4台机组采取放空、排污等措施，尝试缓解进口过滤器压差过高问题，并对气液聚结器进行放空、排污及切换备用管路，均无明显效果。因此开始更换1#气液聚结器滤芯，7月19日5：00，1#气液聚结器98个滤芯全部更换完毕。对失效滤芯进行检查，发现滤芯表面附着大量黑色粉尘，随即安排对4#机组进口过滤器进行检查，发现过滤网表面也附着大量黑色粉尘。同时，在对机组干气密封过滤器检查过程中也发现大量黑色粉尘，如图5-104至图5-106所示。

图5-104 气液聚结器滤芯

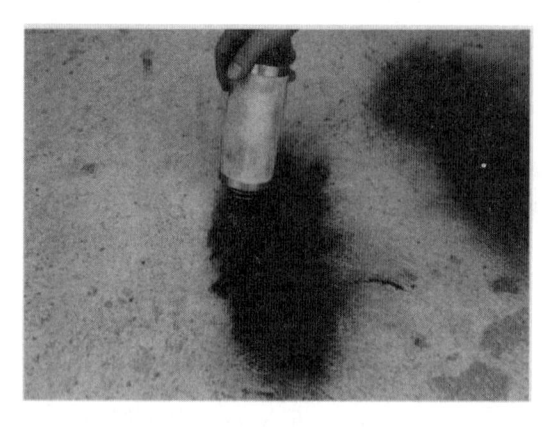

图5-105 干气密封过滤器滤芯

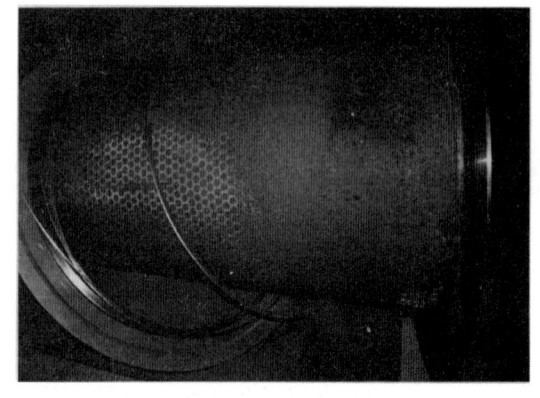

图5-106 进口过滤器芯

7月23日，4#机组进口过滤器滤芯更换完毕并通过升压测试，启机成功，但运行过程中干气密封系统过滤器压差频繁高报，需频繁更换滤芯以保证机组正常运行。

针对压气首站出现的问题，对清管作业下游的沿线各站过滤器进行检查，发现某些压气站气液聚结器滤芯、干气密封过滤器滤芯、卧式过滤器中也有大量黑色粉。

三、改进措施及建议

清管作业会导致管道内粉尘含量增加，有可能导致下游压缩机机组及其辅助系统，尤其是干气密封系统面临较大安全风险，需密切关注，主要有以下几个方面：

（1）在气质变差甚至恶化情况下，对机组干气密封、气液聚结器、卧式过滤器使用寿命造成较大影响。频繁拆装压缩机进口过滤器，也可能导致螺栓损坏，导致机组不能备用。

（2）压缩机机组干气密封、气液聚结器、卧式过滤器的滤芯更换，将产生的大量放空，使全线管输损耗增加。

（3）粉尘杂质存在于管道中，随着管道运行，可能损坏阀门密封，降低阀门密封性能。

（4）导致备件消耗增大，可能导致备件供应不足，导致机组无法及时修复使用。

第六章 压缩机组可靠性提升措施

任何设备、设施或系统的存在都是为了完成某种特定功能。那么某设备、设施或系统完成其预定功能的能力怎么样呢？换句话说，它能在多大程度上完成其预定功能呢？要回答这些问题，就必须运用可靠性这一工具。可靠性是指研究对象在规定条件下和规定时间内，完成规定功能的能力。管网系统可靠性则是指管网在规定时间内，在所受的外部作用条件（环境条件、维修条件、使用条件）下，完成规定输送任务的能力。

可靠性主要包括4个方面的内容：一是可靠性指标，用什么标尺来度量其完成功能的能力；二是可靠性计算，建立计算方法来计算单元及系统的可靠度；三是目标可靠度确定及分配，确定系统及单元可靠度需要达到什么程度，其薄弱环节在哪里；四是可靠性增强，针对系统薄弱环节，如何采取措施修补加强。

19世纪30年代初，可靠性的概念最早出现在保险精算业务中，特别是对人类生存概率方面的研究。对结构可靠性和疲劳故障的研究始于19世纪30年代末。第二次世界大战后，由于战争期间使用了相对复杂的电子设备，并且这些设备尤其是电子管暴露出相当高的故障率，使可靠性研究快速发展。一些国家的商业航空公司成立了相应的航空无线电设备公司用来提高航空电子设备的可靠性。另外，1950年，美国空军成立特别小组以提高设备可靠性，1952年美国国防部成立电子设备可靠性咨询小组，提出新系统可靠性试验与验证要求。

我国20世纪60年代开始在通信、电子等行业启动了系统可靠性工程。以电力可靠性发展为例：70年代末，电力行业开始开展系统可靠性研究，当时系统可靠性低，且无法量化。经过如下三个阶段的发展：一是提升设备单元可靠性，使系统可靠性达到0.90~0.99；二是改善系统可靠性逻辑结构，使系统可靠性达到0.990~0.999；三是形成基于可靠性管理体系，系统可靠性高于0.999（国家电网）。1992—2012年，10kV用户平均停电时间从72.29h/a降至4.53h/a，100MW火电动机组非计划停运从7.85次/(台·车)降至0.6次/(台·年)。电力公司开始运用可靠性方法推动电力规划、设计、研究和制造部门在系统规划和工程设计中进行可靠性评估。

在压缩机组管理中，运用可靠性技术，在设计阶段对压缩机组提出可靠性要求，实行等可靠性设计，使压缩机组功能利用最大化，既满足要求，又不浪费资源。在运营阶段，识别压缩机组管理薄弱环节或冗余环节，采取增强措施，提升设备设施维修维护要求，以满足功能需求。通过可靠性技术应用，清晰地知道机组可靠性情况，既满足系统功能需求，又最大限度节约资源配置。

压缩机组可靠性提升主要体现在设备的全生命周期管理上，提升措施包括两个方面，一是技术提升，二是管理改进。

第六章 压缩机组可靠性提升措施

第一节 技术提升

随着科学技术进步,将一些先进科学技术应用到压缩机组管理过程中,可以显著提升压缩机组的可靠性。目前,这些先进技术包括人工智能技术、大数据技术、物联网技术及区块链技术等。

一、工人智能技术应用

人工智能技术目前已经在各行各业展示了其强大的生命力,压缩机组管理工作也可以引进人工智能技术来提高管理水平、提升可靠性。

人工智能技术三大要素:算力、算法和数据。

首先是算力,人工智能技术要求计算能力强,需要用 GPU(图形处理单元)进行处理。现在全球的大型 IT 企业,都纷纷把自己的计算能力放到互联网平台上,而且对外开放。现在有了云计算开放平台,只需要接入互联网,就能享受到 Facebook、Google 这样的公司提供的最强大的计算能力的支持。算力问题得到解决。

其次是算法,人工智能算法是开源的,而且随着它的迅速扩散,变得越来越开源、越来越通用。例如,谷歌就开源了自己的人工智能的开发系统(TensorFlow)。当然是为了配合它的 TPU(Tensor Processing Unit),也是我们简单理解成人工智能处理的硬件。那么,由于它开源了这个人工智能的开发系统,很多不懂人工智能算法的人,也可以调用很多人工智能的复杂处理方法去做人工智能的开发。所以,以前需要有专业技能才能实现的开发,现在无须专业技能也能实现。门槛降得越来越低,可以被越来越多的人掌握。算法问题也得到解决。

第三是数据,人工智能能否很好运用的关键在于数据,这也是制造、设计及运行管理者的优势所在,有数据的人才有竞争优势。

因此,在压缩机组管理中应用人工智能,收集积累相关数据,建立算法模型,通过智能算法分析机组状态,为机组的状态诊断及维修维护提供支撑。具体来说,可以有如下应用。

1. 压缩机组故障智能诊断

通过对压缩机组运行状态进行监测与评估,采用专家知识库与机器学习算法相结合的方式,对压缩机组故障问题进行智能诊断,针对监测系统预判提示的报警信息,故障诊断人员根据振动图谱形状特征,进行数据分析,自主识别机械故障、假信号、误报警、干扰信号、数据传输异常、传感器异常等,并进行故障原因分析和诊断。通过积累形成包含故障样本信息、专家经验和机组运行数据信息的压缩机组故障模式库,持续完善诊断系统功能。实现振动、喘振以及劣化过程等复杂故障问题分析,大幅降低核心压缩机组的故障发生率,实现关键设备、零件的动态健康监测、风险评价、故障诊断、安全评价。

2. 压缩机组故障综合智能预警

基于压缩机组润滑、干气密封等辅助系统监测数据,研究压缩机辅助系统故障与数据间的关联规则，挖掘故障与数据之间的内部潜在关系。通过深度学习、建模与参数优化等人工智能方法，建立压缩机组辅助系统异常的智能预警模型，并结合现有的基于振动的压缩机组故障诊断模型，形成基于多源数据的压缩机组综合智能预警模型，能够对管道压缩机组故障进行综合预警，为机组稳定运行提供保障。

3. 压缩机组运行状态智能评估

基于压缩机组工作原理和故障机理，建立能够全面反映机组运行状态的评估指标。综合利用压缩机组长期监测数据，通过时序数据分析方法，构建压缩机组运行状态评价模型，实现对机组运行状态实时评估，并对机组异常及时预警，减少非计划停机次数。

4. 设备智能点检

借助物联网、智能感知（集振动、温度、转速等于一体的感知传感器）、巡检模块化等技术，实现设备状态的自动上传、设备状态数据电子化等功能，为大数据挖掘、设备管理提供数据支撑。

5. 压缩机组预测性维护

基于压缩机大数据库，引入机器学习的方法，可以建立多种分析模型，实现压缩机组的预测性维护及动态备件库存，有效降低设备的故障率，降低设备运维投入。

6. 压缩机组人工智能监控

通过人工智能算法对压缩机组关键部件进行视频实时监控，分析关键部件是否有损坏，或者部件脱落等。通过对压缩机组运行声音进行音频智能分析，预测压缩机组运行状态。

二、大数据技术应用

大数据又可称作巨量数据、海量数据，指的是所涉及的数据量级规模巨大到目前无法通过人工在合理时间内达到截取、管理、处理并整理成人类所能解读的信息。大数据技术就是指从各种各样类型的数据中，快速获得有价值信息的能力。

在压缩机组管理中，充分开展大数据技术研究，开展大数据分析，利用深度学习神经网络、支持向量机等先进人工智能模型开展压缩机组大数据诊断与早期预警技术研究，建立管道压缩机组的故障模式库，实现管道压缩机组的早期预警和诊断。

1. 压缩机组全生命周期数据管理

通过对采集的数据进行数据清洗和整理，采用大数据架构建立压缩机组数据库和数据分析中心。记录压缩机组每个时刻的运行数据、维修数据、失效数据等信息。

2. 压缩机组数字孪生

通过整合压缩机组全生命周期数据，包括压缩机组各部件制造相关数据，利用仿真模拟、数物融合等手段，在全产品生命周期进行更新和维护，及时反馈生产运行数据，形成数字孪生体，时刻掌握压缩机组运行情况。

3. 压缩机组虚拟现实培训

通过 VR、AR 技术，可以让操作人员真实的感受压缩机组的维修过程，了解压缩机组的整体构成和各部件特点。

4. 压缩机组能耗优化

通过压缩机组用能监测数据采集、耗能数据分析，优化压缩机组用能，节省能耗支出。

5. 压缩机组健康状态评估

采集压缩机组所有检测数据，通过降维算法将所有监控数据整合为"健康度曲线"。建立压缩机组健康度模型；针对每个维度数据进行实时分析；从维度状态出发进行分级状态分析及异常预警。通过机器学习算法实现压缩机组健康状态评估。

三、物联网技术应用

物联网技术是近年来兴起的新兴技术。物联网（IoT，Internet of Things），把现实中的东西通过传感器与互联网相互衔接的一种技术。无论是身边的物品，还是社会公共基础设施，任何物品都可以与互联网相互衔接。如此一来，我们便可随时随地采集物品的状态信息、周围环境信息。

物联网实现了对物品的远距离监控，相当于安上了"千里眼"。通过物联网，人们不仅可以实时掌握物品的状态信息，还可以对接下来可能发生的事情做出预判。这将为人们提供前所未有的服务。物联网技术催生的新型服务，必将大大地影响人们的工作和生活方式。

物联网的本质是"云脑"驱动的"自动服务网"。由数据算法驱动，具有自学习、自管理、自修复能力的"云脑"（机器智能），通过自适应、自组织、自协同的物联终端，为每一个人主动、无感、精准提供"所需即所得"的最优个性化服务。

物联网诞生超过 20 年，但直到最近 5 年，云计算、大数据、4G 网络、低价传感器、千元智能机的普及，才激活了消费级物联网产业，使物联网走向普及应用并向农业、工业领域迅速渗透。

物联终端是打通原子世界与比特世界的虫洞，数据上行，服务下行，数据算法高效调配全局实体资源。

将物联网技术引入压缩机组管理中，研发适用压缩机组的多功能传感器，利用高可靠性无线传输网络，实现压缩机组"实时感知，动态预测，精准控制"，提升压缩机组可靠性水平。

四、区块链技术应用

区块链技术是近年来兴起、应用将十分广泛的技术。所谓区块（block），就是一个信息模块，它记录一段时间内发生的所有变化和状态结果信息；所谓链（chain），就是由区块按照发生时间顺序串联而成，是整个状态变化的日志记录，是时间和信息链条。

区块链技术在实现上，首先假设存在一个分布式的数据记录账本，这个账本只允许添加、不允许删除。账本底层的基本结构是一个线性的链表，这也是其名字"区块链"的来源。链表由一个个"区块"串联组成。新的数据要加入，必须放到一个新的区块中。而这个块（以及块里的交易）是否合法，可以通过计算检验。任意维护节点都可以提议一个新的合法区块，然而必须经过一定的共识机制来对最终选择的区块达成一致。

从广义上讲，区块链是一个特殊的账本，它在一个物体，比如一个压缩机组轴承产生时就创立一个区块,记录了关于这个物品的全部信息,在每一次交易(比如从生产车间到仓库)时,记录下它的细节。当每一次这样的交易都记录下来后,实际上就形成了这个轴承的信息链。区块链账本共享、信息可追踪溯源且不可篡改的特性保障了机组各部件信息的真实、可靠和透明,为机组的管理提供详实的数据保障。

在未来,我们不仅能够查出每一个零部件商品出厂后的全部流通过程,而且能够进一步往前查,知道它们原材料来自于哪里。通过区块链技术应用,分析机组更多相关信息,控制可靠性薄弱环节,提高机组可靠性水平。

第二节　管理改进

一、设备制造阶段

制造出质量优良的压缩机组是提高其运行可靠性的根本保障。运行管理方应积极主动地参与到设备制造工作中,将运行维护过程中发现的问题与设备制造商沟通交流,改进设备结构、材料设计,参与并加强设备制造过程监制,制造出质量优良、性能优异的压缩机组产品,是提升机组可靠性水平的根本保障,将为机组可靠运行打下坚实的基础。

二、设计阶段

规划设计应从管网全局出发,合理考虑压缩机冗余配置;根据运行阶段不同厂家、不同设备型号机组的可靠性表现进行设备选型。运行方应与设计单位充分沟通交流,将运行管理中发现的设计问题反馈于设计方,改进机组设计,保证设计质量。

具体包括以下几个方面:

(1)一条输气管线设计之初就需要考虑压气站的选址,为避免机组失效导致上游憋压,应将第一座压气站选址在离气体处理厂下游至少30km处。

(2)天然气站场放空应设计自动点火功能。

(3)当站场有危险执行ESD功能关闭进出站阀时,应设计电动阀门进行连锁执行自动放空,确保站场内的天然气全部放空。

(4)压气站应考虑将站场内的高压和低压放空管线分开敷设,同时将压缩机的干气密封一次放空管线和燃气轮机气启动放空管线单独敷设,以免其他系统放空时对这两个系统形成背压而损坏设备。

(5)由于高海拔氧气稀薄对燃气轮机的出力造成较大的折减,故需将燃气轮机机罩通风系统和燃气轮机空气进气系统设计在压缩机厂房的不同方位。

(6)应考虑压气站的常年风向,避免将燃气轮机空气进气系统设计在下风方向,以免燃气轮机排出的气体影响燃气轮机的空气进气质量。

(7)根据《输气管道工程设计规范》(GB 50251—2003)中10.2.3条规定:"输气站内的工艺管道应使用水作试验介质",考虑压缩机对天然气气质要求较高,故在设计上应考虑在站内管线的低点设计排水阀门,确保管线内的水能放干净。

（8）为确保为机组及其配套系统提供的仪表风干燥和干净，仪表风的管线应选用不锈钢管线，安装提供仪表风设备的房间里的电动机散热风道应设计为可活动的，在夏天将热空气排放到室外，而冬天将热空气排放到室内，确保干燥处理装置的排污管线不发生冰堵，同时避免相关仪表在温度太低时失效。

（9）为确保燃气轮机燃料气干净和干燥，除在调压橇前加装合适的过滤器和加热装置外，在最后过滤器下游的管线必须用不锈钢管线，以免将来管线内的锈渣导致机组自身的调压系统失效。

（10）由于不同供货商的压缩机防喘振的流量测量位置设计不同，为保证流量测量的稳定性，流量差压表安装点的前面直管段应至少大于五倍的管径，以免流量波动太大控制系统误判断压缩机已进入喘振。

（11）为避免压缩机在小流量运行时一直处于喘振线边缘，防喘振阀的频繁动作将导致其失效，建议在工艺流程上增加一套回流装置，在小流量时适当开启此阀门补充压缩机的进口流量。

（12）不同的燃气轮机供货商为机组本身设计的排污管线不同，设计阶段一定要与供货商进行充分的交流，确定每一接口排放的介质、流量和压力，以便确定管线是否合并或分开。

（13）对于没有外供电条件的压气站站场，发电动机应选用两用一备的方式运行，确保一台发电动机失效时仍有一台发电动机能正常供电；对于外供电品质较差的地区，变压器的设计应增加有载调压功能。

（14）对于发电动机房，机组的散热风道应设计为活动的，夏天将热空气排放到室外，冬天将热空气排放到室内，确保发电动机房的备用机组在需要时能及时启动。

（15）为避免误信号导致机组停机，对于压缩机组的仪表和电气的接地，应尊重供货商的建议采用分开接地，控制信号的每一个回路最好有单独的屏蔽线。

（16）为避免低温时变送器失效，对于与机组控制相关的各种变送器必须选用适用于低温的产品，对于安装在室外的变送器必须将变送器本体和导压管增加保温装置。

三、施工阶段

（1）施工时要将每一段管线清理干净，试压前要对管线进行彻底的吹扫，包括爆破吹扫。试压完成后应尽快打开低点排污口将水排出并进行干燥，以免管道生锈。

（2）对于压缩机进口管线过滤器后的进口管段，必须将锈渣和焊渣彻底清除干净，通常的做法是人进入管线里用面团进行清除。

（3）为减小压缩机进出口管线热胀冷缩对压缩机的应力，压缩机的进出口法兰应最后安装，短节的焊接应在环境温度最高时进行，建议压缩机进出口短节同时焊接，且每道焊口由两名焊工对称同时进行。

（4）压缩机进口锥形粗过滤器安装时应保证尖口迎着气流方向，这样保证了过滤器节流最小，遇到杂质时不易损坏。

（5）机组对润滑油的清洁度要求很高，在润滑油管线安装前，应留够充足的时间进行润滑油管线的跑油清洁，在当地风沙大的条件下，至少应留有1个月的跑油时间。跑油不充分，润滑油管线存有杂质，将对调试、投产造成极大影响。

四、投产运行阶段

（1）由于天然气后冷却器是由许多较细的的管道组成，试压的水很难干燥彻底，为避免压缩机在试运初期干气密封失效，建议试运前五个小时期间用外加氮气作为干气密封气源，在这期间加强对站场所有排污系统进行排污，包括压缩机本体的排污，但要注意压缩机进出口要分别进行。

（2）给压缩机充气前必须首先将润滑油系统运转和保证密封气（压缩机出口的天然气）管路畅通，而在投用润滑油系统前必须先投用隔离气（空气）。对于停运的压缩机，必须确认压缩机腔内的天然气放空和轴承温度完全冷却后，才能停运干气密封系统。

（3）由于某些燃气轮机供应商在程序上设置每天定时对后备润滑油泵进行自检，故在机组停运期间，必须确认机组的所有电源（包括机组本身自带的 UPS 电源）断电后才能停运仪表风系统，在恢复机组供电前必须先启动仪表风系统，待仪表风压力正常后才能恢复供电。

（4）冬季运行时，由于气温较低，空压机的排气温度正常情况下不会太高，因此，可将空压机机箱的散热排气直接排到室内，一方面有利于空压机室内温度的保持，另一方面可降低空压机吸入空气的湿度，减少气体压缩后仪表气的含水量，利于燃压机组仪表管路电磁阀等的安全运行。通过此种运行方式，站内空压机储压罐及干燥器排出的水量明显减少，排污次数也明显降低了。目前，西气东输和涩宁兰线所有的压气站基本都采用了这一方法和措施。

（5）空气—氮气天然气置换注意事项：

① 置换气体的压力应逐级升高。在置换过程中不断检测各处连接（包括法兰连接、引压管、仪表头连接等）是否有气体泄漏，特别是在天然气置换时，发现泄漏应及时停止置换，处理完泄漏后再进行置换。

② 置换前操作顺序：先打开隔离气（空气），调节隔离气压力，再打开润滑油泵，最后通入密封气（氮气），以上全部投用后，才能为工艺管线引入氮气/天然气进行置换。

③ 置换后操作顺序：置换后工艺管线内存留有高压天然气，应先放空，关闭密封气（氮气），接着关闭润滑油泵，当润滑油压力降为 0 后，再关闭隔离气。这样做的目的是防止润滑油、压缩机内的杂质、含有杂质的天然气进入密封系统，造成密封系统损坏。

五、运行维护阶段

转动设备故障一般会依次经历初期运行的磨合期，运行一段时间之后的稳定期，而后又是受机组组件使用寿命影响的故障高发期等阶段。机组故障的变化趋势与机组处在初期运行的磨合期是分不开的，同时季节性的环境因素影响是冬季故障高发的又一主要因素，下面分别从专业技术、备品备件、故障分享、定期维护保养、冬季运维特殊性等方面提出针对性的改进措施和应对对策。

1. 关注重点专业与系统

目前，机组两类故障主要来自控制及仪表系统，基于此突出问题，可作如下操作：

（1）探头本身故障及各种原因引起的误报警这一突出问题，必须从施工质量监护抓起，并结合机组4000h、8000h定期保养对机组各系统所有传感器及信号传输线路进行仔细检查和稳定性测试，增加中间电缆固定支架，消除信号波动，排除虚接、信号丢失及不正常接地等问题，必要时可与GE公司协调探头的选型，改进航空插头连接为接线盒端子排连接等，逐步提高机组整体稳定性。

（2）控制系统故障主要包括控制系统电源不能稳定工作、控制柜温度高、控制模块或通道故障、批量数据瞬间丢失引起的停机、控制逻辑缺陷、端子板异常、数据输入输出模块损坏等。针对这类问题，首先要保证控制系统备件，然后结合双冗余系统加强监控和巡检，一旦发现某一路信号传输有误，应及时恢复双冗余网络。同时，进行控制系统改造，针对目前的UCP1系统加装旋风制冷改造，保证模块的运行环境符合标准规定，建议在后续设计中取消远程控制柜UCP1。适时对机组增压橇硬件及控制逻辑、干气密封过滤系统进行改造，逐步完善各辅助系统的运行。

例：燃气发生器可调进口导向叶片控制系统改造

RB211-24G型燃气发生器由于投产时间不同、采购批次不同等原因，包括可调进口导向叶片在内的相关部件在构型上存在较大差别，造成不同构型燃气发生器现场替换时的不匹配。因此，为满足不同构型燃气发生器现场替换后的运行要求，需对压气站现场压缩机组相关部件进行改造。可调进口导向叶片作为燃气发生器上的核心部分，在燃气发生器启停机和正常运转过程中起到了关键的作用，通过研究可调进气导向叶片控制系统基本原理，找出不同构型可调进口导向叶片结构和控制系统硬件差异，针对差异进行更改控制系统软硬件，实现对可调进口导向叶片系统的控制。

（1）传统型替换新型。

在西一线红柳压气站3#机组和陕京三线榆林压气站1#机组的燃气发生器现场替换中，都是用传统型燃气发生器替换原有的新型燃气发生器。以红柳站3#机组燃气发生器现场替换为例，对控制系统改造需要执行以下步骤：

① 检查ECS程序。将参数值dxlcvigv由1改为0。

② 检查硬件模块。新型和传统型燃气发生器RVDT角位置传感器型号相同且RVDT反馈信号均为4~20mA标准信号，因此RVDT位置反馈信号的回路接线保持不变。由于新型控制系统硬件模块配置比传统型多了一个MOOG阀控制模块，因此可以省掉MOOG控制模块，直接由可调进口导向叶片控制模块输出电流，更改接线。

③ 可调进口导向叶片的调试与测试。可调进口导向叶片是燃气发生器控制极其重要的一部分，因此必须保证可调进口导向叶片的稳定准确，如果需要，在程序中重新调准RVDT的零点和量程。零点和量程没有问题后，进行可调进口导向叶片行程测试。首先手动启动合成油泵，给可调进口导向叶片提供液压油。强制伺服阀动作0%、25%、50%、75%、100%，检查反馈信号是否在±2.5%误差内，否则进行可调进口导向叶片行程调试。

④ 启机测试。首先，必须保证燃气发生器各系统的安全保障措施可靠，能够在任何工作状态下立即减速至紧急慢车及紧急停车。其次，检查确认燃气发生器转速直至无量纲转速达到335，进一步验证可调进口导向叶片与转速相匹配。在无量纲转速值超过335的之后，检查确认可调进口导向叶片角度变化情况。如无异常，则系统调试结束。

⑤ 启机成功，可调进口导向叶片在规定的范围内运转，说明改造后的控制系统能够实现对燃气发生器可调进口导向叶片的相应控制。

陕京三线榆林压气站 1#机组进行新型和传统型燃气发生器的现场替换，经过上述改造，同样实现了对燃气发生器可调进口导向叶片的相应控制。

（2）新型替换传统型。

西一线哈密压气站 1#机组的燃气发生器现场替换中，用新型燃气发生器替换原已安装的传统型燃气发生器。需要执行以下步骤：

① 检查 ECS 程序。由于哈密站程序不能适应新型燃气发生器，需要重新下载修改后的 ECS 程序，并更改参数。

② 安装并调试 MOOG 伺服放大器模块。新型比传统型多一个 MOOG 伺服放大器模块，需要在机柜中安装一个 MOOG PI 控制器模块。该控制模块的相关旋钮和拨码开关根据说明书进行调节，最终该模块输入为 4~20mA，输出为-10~6mA。

③ 可调进口导向叶片的调试与测试。

④ 启机测试与运行。燃气发生器启机成功，可调进口导向叶片在规定的范围内运转，各参数正常，机组运行稳定，说明改造后的控制系统能够实现对燃气发生器可调进口导向叶片的相应控制。

对于燃驱机组来说，部分问题比较集中，且反复出现，必须结合运行管理增加相应部分的巡检和监控，提前消除问题，提高机组的备用率。比如矿物油油雾分离器软连接、航空插头、干气密封系统启动升速阀膜片、各种密封等，发现异常立即更换备件，同时根据实际情况将部分故障处理提升为 8000h 或其他固定周期强制更换保养等，提前消除隐患，同时针对各外界原因引起的机组突发情况制定专项预案，保证机组在应急情况下的快速有序处理，使机组迅速恢复备用。

2. 关注冬季机组运行管理的特殊性

极冷季节和寒冷季节在内的冬季是机组各类故障的高发时段，主要体现在站场燃料气橇、空气压缩系统、引压管、机组燃料气等系统和关键点容易发生冰堵、冻堵或失效情况，这些情况均是冬季机组平稳运行的重要风险因素，必须采取有针对性的专项措施予以应对。

（1）加强冬季运行管理，从气质监测、空压机及机组排污、空压机水露点监测、燃料气橇维护、机组辅助系统各电加热器运行检修、电伴热投用效果、油冷器百叶窗清理等方面全面准备有关机组的冬防工作，并在整个冬季按规程持续执行。

（2）加强与天然气气源处理站的沟通，了解天然气处理站的天然气质量动态，保持与天然气处理站的沟通和联系，及时获得天然气处理情况的信息。组织研究，做好天然气质量变化的应对措施，防止不合格天然气影响机组平稳运行，避免不必要的停机和压缩机干气密封损坏等设备安全事故。

（3）梳理机组在冬季需特殊关注的关键点，制定专项预防维护方案，每年在入冬前应组织专业人员开展富有针对性的机组入冬保养维护，保证其完好程度，大大减少运行风险。

（4）加强入冬备件的准备，每年应根据冬季机组高风险点和各类备件的供货周期提前准备备件计划，在入冬前到货，为机组故障处理提供物资保障。

3. 加强机组运行磨合期和高发期的故障分析与备件管理

不同的压缩机组在运行和维护的过程中会出现各种故障，应不断丰富压缩机组的维护和故障的管理台账，重点关注故障的现象、本质原因、处理情况及应当引起注意的事项等。减少同类型故障出现的频率，保证再次出现同样的故障时能快速解决。同时，不仅要加强西二线西段整体机组的横向分析，还要加强每台机组累计运行周期内的纵向分析，了解每台机组的"脾气"和"秉性"，建立"身份档案"，不断总结积累每台机组发生故障的趋势和规律，并进一步完善定期保养方案，逐步提高机组的运维管理水平。以气质原因导致的停机故障为例，均是 PIT—780 高达 100kPa 而导致停机，若第一次发生时及时总结经验教训，可在气质不佳的时段加强全线各站场设备运行监控，从压差监控、卧式过滤器排污等方面入手，避免同样原因引起故障停机。

另外，每年应结合当年机组备件消耗情况对备件储备定额和标准进行修订，降低库存的优化备件的储备，寻求最佳存储额，即同时考虑经济性和安全性，以完善优化的备件储备体系，保证机组故障的快速处理。

4. 加快投产早的管线机组系统升级改造

以西一线燃驱机组为例，一期机组运行超过10年时间，且部分机组都已开展了25K中修和50K大修作业，机组经历了投产之初的磨合期和正常运行的稳定期，机组的故障率也由逐步升高到稳定降低，再趋于低位稳定态势。但是随着机组的持续运行，机组的故障率呈抬头上升趋势，这与机组的部分组件老化，系统整体功能退化等有不可分割的关系，因此需要及时对投产早的管线机组如西一线燃驱站场机组、陕京线电驱机组等进行整体评估，研究整体升级改造的方案和最佳改造时机，以确保沿线机组的整体安全平稳运行。

5. 加强机组运行维护管理技术和经验的总结

各压气站所处的环境条件、地理位置不同，运行管理人员各异，在设备运行、维护和管理过程中，必然会遇到许多新问题。针对不同的问题，不同的管理人员有不同的处理方法和经验，针对沿线各压气站的实际维护情况，定期进行压缩机组运行维护管理的经验交流。针对压缩机组的一些典型问题的分析及其处理经验、维护管理经验以及相关的维护管理意见、建议等进行交流。共同学习，经验共享，互通有无，通过总结交流，技术管理人员的压缩机管理水平都会得到全面提高。同时，根据交流过程中的意见或建议，通过不断改进，使压缩机组维护管理机制越来越完善、管理水平越来越高，大大有利于压缩机组的维护和管理。

参 考 文 献

[1] 姬忠礼，邓志安，赵会军．泵和压缩机[M]．北京：石油工业出版社，2008．

[2] Yang Guoan, Shi Bin. A time-frequency distribution based on amoving and combined kernel and its application in the fault diagnosis of rotating machinery, KEY ENGINEERING MATERIALS, 2003, VL 245(2): 183-189.

[3] 沈庆根，郑水英．设备故障诊断[M]．北京：化学工业出版社，2006．

[4] 张正松，傅尚新．旋转机械振动监测及故障诊断[M]．北京：机械工业出版社，1991．

[5] 钱锡俊，陈弘．泵和压缩机[M]．北京：中国石油大学出版社，2007．

[6] 金续曾．电动机选型及应用[M]．北京：中国电力出版社，2003．

[7] 姚秀平．燃气轮机及其联合循环发电[M]．北京：中国电力出版社，2004．

[8] 王福利．压缩机组[M]．北京：中国石化出版社，2007．

[9] 杨国安．机械设备故障诊断实用技术[M]．北京：中国石化出版社，2007．

[10] 吴斌．大功率变频器及交流传动[M]．卫三民，等，译．北京：机械工业出版社，2008．

[11] 汉隆(PaulC. Hanlon)．压缩机手册[M]．郝点，等，译．北京：中国石化出版社，2003．

[12] 张世康．热工与热机[M]．北京：石油工业出版社，1981．

[13] 王新月，扬清真．热力学与气体动力学基础[M]．西安：西北工业大学出版社，2004．

[14] 乐志成，吕文灿．轴流式压缩机[M]．北京：机械工业出版社，1982．

[15] 朱胜东，邓建，吴家声．无油润滑压缩机[M]．北京：机械工业出版社，2001．

[16] 王世厚．泵和压缩机[M]．北京：中国石化出版社，1992．

[17] 李超俊，余文龙．轴流压缩机原理与气动设计[M]．北京：机械工业出版社，1987．

[18] 王松汉．石油化工设计手册(第三卷)[M]．北京：化学工业出版社，2002．

[19] 陈大禧，李志强．机械设备故障诊断基础知识[M]．湖南：湖南大学出版社，1989．

[20] 审炳正．燃气轮机装置[M]．北京：机械工业出版社，1982．

[21] 朱行健，王雪瑜．燃气轮机工作原理及性能[M]．北京：科学出版社，1992．

[22] 陈大禧，朱铁光．大型回转机械诊断现场实用技术[M]．机械工业出版社，2003．

[23] 丁康，李巍华，朱小勇．齿轮及齿轮箱故障诊断实用技术[M]．机械工业出版社，2005．

[24] 种亚奇，程向荣．离心式压缩机旋转失速故障机理研究及诊断[J]．化工设备与管道，2005，42(1)：37-39.

[25] 卢自州．牵引电动机主动齿轮热套的改进建议[J]．内燃机车，2000，7：34-35.

[26] 王江萍等．机械设备故障诊断技术及应用[M]．西安：西北工业大学出版社，2001，8：149-150.

[27] 张来斌，王朝晖．机械设备故障诊断技术及方法[M]．北京：石油工业出版社，2000．

[28] 丁康．齿轮箱典型故障振动特征与诊断策略[J]．振动与冲击，2001，30(3)：7-12.

[29] 车又向．滚动轴承的故障诊断实例[J]．中国设备管理，2001.2：44-45.

[30] 徐涛，张现清．旋转设备滚动轴承故障诊断实例[J]．中国电力，2003，36(11)：85-86.

[31] 成大先．机械设计手册[M](轴承失效和诊断部分)．北京：化学工业出版，2001．

[32] 张安华．机械设备状态监测及故障诊断技术[M]．北京：机械工业出版社，1998．

[33] 翁史烈．燃气轮机[M]．北京：机械工业出版社，1989．

[34] 翁史烈．燃气轮机与蒸汽轮机[M]．上海：上海交通大学出版社，1996．

[35] 朱梅林. 燃气轮机[M]. 武汉：华中工学院出版社，1982.
[36] 钟芳源. 燃气轮机设计基础[M]. 北京：机械工业出版社，1987.
[37] 王仲奇，秦仁. 透平机械原理[M]. 北京：机械工业出版社，1981.
[38] 黄种岳，王晓放. 透平式压缩机[M]. 北京：化学工业出版社，2004.
[39] 崔天生. 微小型压缩机的使用维护及故障分析[M]. 西安：西安交通大学出版社，2001.

缩略语

4B 轴承：燃气发生器中间球轴承
abs：绝对温度
AC：交流电
AGB：附件齿轮箱
ALF：在后面向前看
CC：离心压缩机
CDP：压气机出口压力
CRF：压气机后机匣
CRFV：压气机后机匣法兰加速器
CFF：压气机前机匣
DC：直流电
ESD：紧急停机
ECS：机组控制系统
EMI：电磁干扰
F&G：火灾和可燃气体（系统）
FMECA：失效模式、影响和危害性分析
FMP：燃油歧管压力
FWD：向前
GCU：干气密封处理装置
GG：燃气发生器
GT：燃气轮机
HMI：机组人机界面
HPC：高压压气机
HPCR：高压压气机转子
HPCS：高压压气机静子
HP recoup：高压补偿气
HPT：高压涡轮
HPTR：高压涡轮转子
HSE：健康、安全和环境
IEGT：电子注入增强栅晶体管
IGBT：绝缘栅双极型晶体管

缩略语

IGB：入口齿轮箱
IGV：入口导流叶片
LCP：就地控制盘
LVDT：线性可调差动传感器
MCC：电动机控制中心
NGG：燃气发生器速度
NOx：氮氧化物
NPT：动力涡轮速度
NS：正常停机程序
OEM：原始设备制造商
OGV：出口导向叶片
P2：压气机入口总压
PID：比例积分微分
PLC：可编程序逻辑控制器
PM：预防性维修
PS3：高压压气机出口静压
PT：动力涡轮
PT5.4：动力涡轮入口总压
QRA：定量风险评估
RCM：以可靠性为中心的维修
RBI：基于风险的检验
r/min：每分钟的旋转次数
RTD：电阻式温度探测器
RVDT：旋转可变差动传感器
SAC：单环形燃烧室
SCADA：监控与数据采集系统
SCS：Station Control System 站控系统
SIL：安全完整性等级
SIS：安全仪表系统
T2：压气机入口总温度
T3：压气机出口温度
T5.4：动力涡轮入口温度
Temp：温度
TGB：传动齿轮箱
TMF：涡轮中机匣
TRF：涡轮后机匣
UCP：机组控制盘
UCS：机组控制系统

UPS：不间断电源

UMD：驱动电动机用不间断电源

VSD：变频器

VIGV：可变进口导流叶片

VSV：可变静子叶片

离心式压缩机组维检级别规定：

Ⅰ级维护检修：分为4K维护检修和8K级维护检修；

4K维护检修指机组每运行4000h进行的维护检修；

8K级维护检修指机组每运行8000h进行的维护检修；

Ⅱ级维检指机组每运行24000h进行的维护检修；

Ⅲ级维检指机组每运行48000h进行的维护检修。

CGT25D/PCL800燃驱机组的维检级别规定：

3K维护检修指机组每3000运行小时的维护检修；

6K维护检修指机组每6000运行小时的维护检修；

Ⅱ级维检指燃驱离心压缩机组大修(24000运行小时的维护检修，48000运行小时的维护检修)。